溶融塩の物性

イオン性無機液体の
構造，熱力学，輸送現象の微視的側面

田巻　繁

アグネ技術センター

まえがき

　液体の物性論は，現代物理学および現代化学における他の諸分野とくらべると，やや見劣りのする分野であると考えられるかもしれない．確かに宇宙の科学は，ヒッグス粒子の存在が実験的に証明できそうな段階となり，さらに多くの謎に満ちたわくわくするような学問分野であることは確かである．翻って現代社会の豊かな物質文明を根本から支えていると考えられている，身近に存在する固体の物性論は，ある意味で完成されている古典的学問分野，例えば力学，熱力学，電磁気学，弾性力学等を根底にして，二十世紀に花開いた量子力学やそれ以前から発展し続けてきた統計力学によって，ほとんど余すところなく解明され集大成されつつある．

　一方，液体の物性論は過去半世紀の間，やはり固体の物性論と同様に，現代物理学の手法ならびに現代理論化学を援用しつつ，ときには固体で開花した手法の援用により，あるいは液体物性解明として独特の手法を開発しながら発展し，現代の最先端科学の基礎，例えば電気化学工業，工業材料開発等に大いなる貢献をしている．例えば，湿式金属精錬，太陽熱貯蔵技術，酸素－水素燃料電池等のエネルギー科学技術，有害廃棄物処理技術等が直ちに思い浮かぶ．

　本書で詳細に述べられている，構成原子・分子・イオンの空間的微細構造を決定するための逆モンテ・カルロ・シミュレーションは，溶融塩を含む液体に対して開発された独特の手法による研究である．また，構成粒子（原子，分子，イオン）の拡散，粘性，電気伝導等の諸物性は液体や溶融塩にのみ見られる重要な現象であることは言うまでもない．

　さて，「物性」なる用語は巷の学術的書籍や斯界の専門家もしくは一般社会人の間でも，しばしば用いられている語句である．「物性」とは，端的には「物質の性質」である，と言ってもよいであろう．

個々の物質は，それを構成している原子，分子，イオンが種々の形の相互作用によって集合体を形成したものであることは言うまでもない．

　したがって，これらの物質がどのような性質を持っているかを調べるためには，この集合体に外部から何らかの刺激—これを物理学や化学では外場という—を与えたとき，平衡状態にあるこれらの相互作用をしている系がどのような反応—あるいはさまざまなゆらぎによってもたらされる応答といってもよい—を示すか，その応答・反応（＝測定）の特性や度合を調べることによって，その物質の性質が判明する．

　具体的に言えば，例えば金属はよく知られているように電気の良導体である．これを調べるには，何らかの刺激に相当する電場を外部からかけて，その応答である電流を測定することによって，その金属の電気的な性質である電気伝導度が判明する．

　それではなんらかの性質を調べようとしている物質に，外部から刺激を与えたとき，その物質はその刺激をどのようにして受け止めているのであろうか．例えば，溶融塩に外部から熱を加える，すなわち温度を上昇させたとすると，その加えられた熱量をその溶融塩全体で貯蔵するけれども，局所的にはその収容量は一定でなく，ゆらぎを持つであろう．そしてそのゆらぎの程度が大きいほど，その溶融塩のある微小空間から隣接する他の微小空間へその熱量を運ぶことができるであろう，と考えられている．換言すれば，局所的な熱のゆらぎの大きさで熱を運ぶ能力—物理量で言えば熱伝導度である—が大きくなることを意味している．専門的には，統計力学でこれを揺動散逸定理という．あるいは久保理論として知られている．

　特に，本書における輸送現象（電気伝導，拡散，熱伝導および粘性）については，外部からなんらかの刺激（外場）を加えたときに，生ずるゆらぎの大きさから溶融塩のもつ性質を同定しようとする，揺動散逸定理を根底にして，得られた結果を集大成したものである，と言えよう．その結果，詳しく論じられている物性の多くは，筆者がその研究に従事していたものであるため，溶融塩の物性に関する教科書というよりも専門的研究書という偏りがある，という批判があるかも知れない．しかし，この問題に数十年に亘り従事した一研究者の苦闘の歴史とし

て，自然系大学院生や若手研究者に読んでいただければ，新たなる展望が開けるであろう，と希望的観測を持っている．

　なお，溶融塩の物性に関する標準的かつ代表的な名著である，アグネ技術センターから出版されている溶融塩・熱技術研究会 編著の「溶融塩・熱技術の基礎」の第2章溶融塩の諸物性を読まれれば，溶融塩の物性の面白さ，深遠さが理解できることを付記したい．

　2013年5月

新潟大学名誉教授　田巻　繁

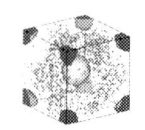

目　次

まえがき ———————————————————————————————————— i

1. イオン結晶における物性の概略 ————————————————————— 1
- 1-1　イオン結晶の周期性　*1*
- 1-2　イオン結晶における構造のいろいろ　*4*
- 1-3　イオン結晶を加熱する；格子欠陥とイオンの拡散　*5*
- 1-4　イオン結晶における電気的性質（伝導性と誘電的性質）と磁気的性質　*9*
- 1-5　イオン結晶における光学的性質　*10*
- 1-6　超イオン導電体における諸性質　*11*
  - 1-6-1　超イオン導電体の構造　*13*
  - 1-6-2　超イオン導電体における可動イオンの集団運動　*15*
  - 1-6-3　超イオン導電体における可動イオンの移動に際して周辺の電子軌道の再編　*16*
- 参考文献　*17*

2. イオン性化合物の熱力学的性質 ————————————————————— 19
- 2-1　相平衡と物質の状態　*19*
- 2-2　イオン性化合物における統計熱力学と熱容量　*23*
- 2-3　イオン結晶は高温で何故融解し溶融塩になるのか（熱力学的理解と動力学的理解）　*25*
  - 2-3-1　フレンケル（Frenkel）理論の再構築　*28*
  - 2-3-2　融解前駆現象と比熱の異常増加との関係　*31*
  - 2-3-3　イオン結晶における融解前駆現象と電気伝導度　*36*
- 2-4　金属性液体，共有結合性化合物液体および溶融塩の相違点　*40*
- 参考文献　*41*

3. 溶融塩における熱力学的性質 ————————————————————— 43
- 3-1　単体液体における内部エネルギー　*43*
- 3-2　溶融塩における内部エネルギー　*44*
- 3-3　溶融塩を含む液体の比熱　*45*

- 3-4　液体における圧縮率と音速　*49*
- 3-5　相転移の熱力学　*51*
- 3-6　液体を中心にした相転移の熱力学　*53*
- 3-7　液体－気体相転移　*56*
- 3-8　表面張力　*61*
- 参考文献　*63*

4. 二元系溶融塩の状態図（組成－温度）；溶質添加による溶媒の融点降下についての熱力学 ―――――――――――――65

- 4-1　よく知られている理想的希薄溶液（ideal dilute solution）における融点降下の理論　*65*
- 4-2　固相で完全に二相分離し，液相で完全に一相になる系（古典的議論）　*66*
- 4-3　固相で完全に二相分離し，液相で完全に一相になる系（近年に展開された手法）　*68*
- 4-4　固相が完全に固溶し，かつ液相が完全に一相となる二元系の融点降下理論Ⅰ（理想溶液の場合）　*70*
- 4-5　固相が完全に固溶し，かつ液相が完全に一相となる二元系の融点降下理論Ⅱ　*73*
- 4-6　固相で完全に二相分離し，液相で完全に一相になるけれども，構成成分の大きさが著しく異なる場合　*75*
- 4-7　具体的計算例―Li_2CO_3-K_2CO_3系―　*77*
- 4-8　具体的応用例―Na_2CO_3-K_2CO_3系―　*78*
- 4-9　二元系溶融塩の固相の成分，1および2の近傍で固溶体を持つ場合　*79*
- 4-10　三元系のそれぞれの二成分が固相で二相分離する場合の融点降下の理論　*83*
- 4-11　計算機シミュレーションによる混合熱の導出　*84*
- 4-12　CALPHAD法　*85*
- 参考文献　*86*

5. 溶融塩におけるイオン間相互作用ポテンシャル，遮蔽効果 ―――― 87

- 5-1　はじめに　*87*
- 5-2　イオン性凝集体のイオン間ポテンシャルについての研究経緯―剛体イオンモデル（Rigid Ion Model）　*88*
- 5-3　イオンの変形に伴うポテンシャルの導入―シェルイオンモデル（Shell Ion Model）　*89*
- 5-4　分極可能イオンモデル（Polarizable Ion Model）　*90*
- 5-5　前節の分極可能イオンモデル（Polarizable Ion Model）に対する評価　*93*

- 5-6 分極と誘電率について　*94*
- 5-7 溶融塩におけるイオン間ポテンシャルの最適表示　*95*
- 5-8 具体的応用例　*96*
- 参考文献　*97*

6. 溶融塩における構造 ─────────── 99

- 6-1 X線回折による単体液体の構造　*99*
- 6-2 液体における動径分布関数の理論　*103*
- 6-3 構造因子（structure factor）　*106*
- 6-4 溶融塩を含む二元系液体における構造因子および動径分布関数　*108*
- 6-5 二元系液体におけるゆらぎと構造因子　*110*
- 6-6 二元系液体の散乱理論と構造因子　*112*
- 6-7 二元系液体における部分構造因子の実験的導出　*115*
  - 6-7-1 同一試料に対してX線，中性子線および電子線回折をおこなう　*115*
  - 6-7-2 アイソトープ・エンリッチメント法（Isotope enrichment method）　*116*
  - 6-7-3 X線異常散乱法による部分構造因子の導出　*116*
  - 6-7-4 X線回折，中性子線回折およびRMC法の組み合わせ　*118*
- 6-8 溶融塩におけるイオン間相互作用ポテンシャルと部分動径分布関数　*118*
- 6-9 溶融塩構造の逆モンテ・カルロ・シミュレーション（Reverse Monte Carlo Simulation）　*124*
- 6-10 液体における動的構造　*128*
- 6-11 溶融塩における動的構造因子　*133*
- 6-12 非弾性X線散乱実験を用いた溶融塩における動的構造因子の実験　*135*
- 参考文献　*136*

7. 溶融塩における輸送現象；電気伝導 ─────────── 139

- 7-1 Newtonの運動方程式と溶融塩における電気伝導度　*139*
- 7-2 溶融塩におけるランジュヴァン方程式と電気伝導度　*142*
- 7-3 溶融塩における速度相関関数　*144*
- 7-4 溶融塩の伝導度に関するグリーン－久保の公式（Green-Kubo formulae）　*148*
- 7-5 伝導度係数とランジュヴァン方程式における記憶関数 $\gamma^{\pm}(t)$ について　*150*
- 7-6 記憶関数のラプラス変換値 $\widetilde{\gamma}(0)$ の導出　*151*
- 7-7 理論的に導出される速度相関関数　*155*
- 7-8 ここまで展開してきた理論の欠陥（もしくは近似の限界）　*156*
  - 7-8-a 統計力学における伝統的な理論展開により $Z_{\sigma}^{\pm}(t)$ と $\gamma(t)$ を求める方法　*157*

目　次　　vii

  7-8-b　具体的計算　*159*
  7-8-c　$\tilde{\gamma}(\omega)$ が求まったとき，$Z_\sigma^\pm(t)$ へどう進めるか　*161*
  7-8-d　上記理論の実際の応用　*163*
 7-9　計算機シミュレーションによる溶融塩の速度相関関数　*167*
 7-10　非等価溶融塩における電気伝導度　*168*
 7-11　擬二元系溶融塩の電気伝導度　*169*
 7-12　溶融 AgI-AgBr 系の部分伝導度　*171*
 7-13　溶融 AgI-CuI 系の部分伝導度　*174*
 7-14　溶融 AlF_3 の電気伝導度　*175*
 参考文献　*178*

8. 溶融塩における輸送現象の理論的基礎 ———————179

 8-1　ランジュヴァン（Langevin）方程式採用の妥当性への基礎付け　*179*
 8-2　速度相関関数について　*185*
 8-3　速度相関関数 $Z_\sigma^\pm(q,\omega)$ へ向けて　*187*
 8-4　外部からの電場によるイオンの分布の変化に伴う伝導度の表式の修正　*191*
 8-5　交流伝導度　*193*
 8-6　$\sigma^\pm(\omega)$ の具体的表示の例－溶融 NaCl の場合－　*197*
 8-7　伝導度と拡散係数における記憶関数（memory function）の相違について　*199*
 8-8　Brüesch らの超イオン導電体における伝導度理論との関連について　*201*
 8-9　溶融塩の電気伝導の知見の重要性　*203*
 参考文献　*204*

9. 溶融塩におけるイオンの拡散係数 ——————— 205

 9-1　液体における拡散　*205*
 9-2　溶融塩における伝導度と拡散係数の大きな相違　*211*
 9-3　溶融アルカリ・ハロゲン化物におけるイオンの拡散係数（MD シミュレーション）　*213*
 9-4　一般化されたランジュヴァン方程式－拡散係数と伝導度の相違に関連して　*216*
 9-5　自己速度相関関数 $Z_D^\pm(t) \equiv \langle v_i^\pm(t) v_i^\pm(0) \rangle$ の短時間範囲内の表現　*217*
 9-6　自己速度相関関数におけるイオン間相互作用の寄与 α^+ および α^- の導出　*218*
 9-7　拡散に関する記憶関数 $\gamma_D^\pm(t)$ について　*220*
 9-8　溶融 NaCl に対する拡散係数の MD シミュレーション　*222*
  9-8-1　$Z_D^\pm(t)$ の MD シミュレーションから求められた $\gamma_D^\pm(t)$　*224*
 9-9　溶融塩におけるイオンの拡散係数の測定方法－伝統的（traditional）　*225*

 9-10 溶融塩におけるイオンの拡散係数の測定方法－新しい方法 *226*
 参考文献 *229*

10. 溶融塩における熱伝導 ——————————————————— 231

 10-1 研究目的 *231*
 10-2 液体における古典的な熱伝導度理論 *232*
 10-3 液体における熱伝導度の分子論的理論 *233*
 10-4 揺動散逸定理に基づく熱伝導度の理論（グリーン－久保の理論） *237*
 10-5 局所的な熱ゆらぎの大きさが熱伝導の度合いを示す *244*
 10-6 混合液体における熱伝導度 *249*
 10-7 溶融塩における熱伝導度 *254*
 10-8 熱の流れから導いた熱伝導度とエネルギーの流れから導いた熱伝導度の同等性 *267*
 10-9 単体液体の場合の具体的計算例 *269*
 10-10 溶融塩系における熱伝導度の具体的計算例 *270*
 10-11 フォノン伝導による熱伝導度との比較 *272*
 10-12 補足A：熱伝導の流体力学的取り扱い *272*
 10-13 補足B：熱伝導に関与する局所圧力と剛体球イオンの充填率 *274*
 参考文献 *277*

11. 溶融塩における粘性 ——————————————————— 279

 11-1 粘性とは *279*
 11-2 粘性係数 η と体積粘性係数 ζ のグリーン－久保公式 *281*
 11-3 η と ζ 導出のための計算式 *284*
 11-4 単純液体における η と ζ の具体的計算例 *289*
 11-5 溶融塩における粘性係数 η および体積粘性係数 ζ *290*
 11-6 溶融塩における粘性の具体的計算例 *295*
 11-7 Kirkwood-Rice学派によって得られた粘性の分子論的表示 *297*
 11-8 Eyringらの反応速度論に基づく粘性係数と拡散係数との関係 *300*
 11-9 マグマの粘性 *302*
 参考文献 *304*

12. 光散乱 ———————————————————————— 305

 12-1 ラマン散乱 *305*
 12-2 レーリー－ブリルアン散乱 *306*

12-3 （塩＋微量金属）の溶融した状態におけるF中心　*308*
参考文献　*309*

13. イオン性の不完全な溶融塩 ―――――――――――――― 311
13-1　イオン性と共有結合性とが共存する溶融塩　*311*
13-2　金属性とイオン性とが共存する溶融塩；Ag-chalcogenides（Ag_2S, Ag_2Se）　*312*
13-3　温度変化に伴い結合変化する溶融塩　*313*
13-4　金属元素同士の結合による溶融塩　*313*
参考文献　*314*

14. 室温溶融塩（イオン性液体）――――――――――――― 315
参考文献　*318*

あとがき ―――――――――――――――――――――――― 320

単位換算表 ――――――――――――――――――――――― 321

索引 ――――――――――――――――――――――――――― 322

1. イオン結晶における物性の概略

 本書の目標は溶融塩の物性の理解にあるが，そのためにはその物質の固体状態，すなわちイオン結晶の物性についてもある程度の理解が必要である．本章ではこのような観点に立脚して話を進めたい．
 われわれの日常生活の中でイオン結晶は，巷にあふれている．その代表はもちろん食塩である．またダイアモンドを除くほとんどの宝石は酸化物系のイオン結晶である．原子物理学の一端を担う固体物性の研究が20世紀の初頭から始まり，当然われわれの生活に密着したイオン結晶や金属結晶の研究が人々の関心を集めた．
 イオン結晶の微視的性質はなんといっても，構造の周期性であろう．それを加熱するとその周期性に乱れが生じ，格子欠陥が発生する．格子欠陥が生ずれば，当然構成イオンの移動，つまり拡散が問題となる．格子欠陥の発生が多数になれば，当然融解前駆現象の問題も起こる．イオンの拡散を促すような格子欠陥と同様な欠陥構造となれば，超イオン導電体の問題に遭遇する．超イオン導電体の研究は，酸素－水素の燃料電池への応用研究の基礎として重要な意味をもつ．
 本章では，これらの問題について最近の重要な研究成果を概説する．

1-1 イオン結晶の周期性

 固体の金属やイオン結晶の熱力学的に安定した構造は，その配置が周期的であるのが一般的である．もちろん，非晶質や準結晶といった完全な周期性を持たない系も最近では多くが知られている．しかし本書ではこれらへの発展は論及しない．

イオン結晶の代表ともいうべき食塩の成分物質であるNa⁺（ナトリウム）イオンとCl⁻（塩素）イオン各1個をとりあげるとしよう．これらのイオンが互いに離れている間は静電引力 $F(r) = -\dfrac{e^2}{r^2}$ （ここで引力の単位はCGSガウス系をとった．もしMKS単位とすると，$-\left(\dfrac{1}{4\pi\varepsilon_0}\right)\left(\dfrac{e^2}{r^2}\right)$ の形をとる）である．イオン間距離を r から無限遠に引き離すためには，次のエネルギーが必要である．

$$\text{P.E.} \equiv V(r) = -\int_r^\infty \left(\dfrac{e^2}{r^2}\right)dr = -\dfrac{e^2}{r} \tag{1-1-1}$$

このエネルギーをポテンシャル・エネルギー（P.E.）という．

しかしイオン間距離を縮めていくと，Na⁺イオン等の陽イオンとCl⁻イオン等の陰イオンのそれぞれの外殻電子軌道が接近し，ついには斥力が働くようになる．その結果，陽イオンと陰イオンとの間のポテンシャルの距離依存性は図1-1-1のようになる．

図のポテンシャルが極小値をとる距離を r_0 とする．つまり $r = r_0$ が二つのイオンを安定に配置できる距離であることは自明である．

もし＋イオン（Na⁺）と－イオン（Cl⁻）とを交互に直線的に並べたらどうなるであろうか．つまり，正負各イオンが交互に無限に並んだ一次元結晶である．全

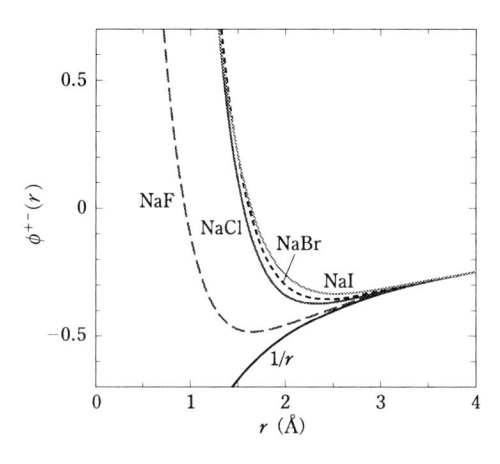

図 **1-1-1** ハロゲン化ナトリウムの陰陽イオン間ポテンシャル．

体のポテンシャルエネルギーは次のような手順で求められる.
(1) イオン間距離は簡単のため，すべて $r = r_0 + \Delta r$ ($\Delta r = $ 一定) である，としよう.
(2) 斥力は最隣接イオン間のような短距離だけに有効である. それを $\dfrac{A}{r^{12}}$ とおく.
(3) 引力項はクーロンポテンシャルだとすると，全体で，

$$-\left(\frac{e^2}{r}\right) \times 2 \left\{ 1 - \left(\frac{1}{2}\right) + \left(\frac{1}{3}\right) - \left(\frac{1}{4}\right) + \cdots \right\} = -2\left(\frac{e^2}{r}\right) \log 2 = -\alpha\left(\frac{e^2}{r}\right) \quad (1\text{-}1\text{-}2)$$

ここで

$$\alpha \equiv 2 \left\{ 1 - \left(\frac{1}{2}\right) + \left(\frac{1}{3}\right) - \left(\frac{1}{4}\right) + \cdots \right\} = 2 \log 2 = 0.60256 \quad (1\text{-}1\text{-}3)$$

は一次元結晶のマーデルング定数 (Madelung constant) と呼ばれるものである.
(4) したがって各 N 個の正負イオンからなる引力項と斥力項の和 $E(r)$ は近似的に，

$$E(r) = -2\left(\frac{e^2}{r}\right) \log 2 + (2N-1)\frac{A}{r^{12}} \quad (1\text{-}1\text{-}4)$$

となる. $\dfrac{dE}{dr} = 0$ になるときにエネルギー E が最小になるので，そのときの r を $r = R$ とおくと，

$$R = 1.0472\, r_0 \quad (1\text{-}1\text{-}5)$$

この結果の導出は演習問題として読者にまかせる.
(5) 三次元の NaCl 結晶では，マーデルング定数が $\alpha = 1.747558$ となり[1]，

$$R = 0.95525\, r_0 \quad (1\text{-}1\text{-}6)$$

のイオン間距離がもっとも安定である.

このように，一次元結晶であれ三次元結晶であれ，エネルギーが最小となるイオン間距離が存在し，それよりも大きくても小さくても高いエネルギー状態となる. 換言すれば，結晶が安定であるためには，一定のイオン間距離を保持する. つまり，周期性が出現する.

因みに筆者の計算によれば，$z = 1$ の場合における二次元正方格子状イオン結晶における内部エネルギーは，

$$E(r) = 4(-1)^{(m+n+1)} e^2 \sum \frac{\left\{\frac{1}{\left(n^2+m^2\right)^{\frac{1}{2}}}\right\}}{r} + \frac{(4N-1)A}{r^{12}} \qquad (1\text{-}1\text{-}7)$$

となる．ここで n, m は正の整数で $n+m \geqq 1$ であり，$n+m$ が偶数のときは同種イオン間斥力，奇数のときは異種イオン間引力である．N はイオン対の数であり，A はある定数である．これを r について微分した結果をゼロとおいたときの r の値が格子間距離である．

1-2　イオン結晶における構造のいろいろ

　前節では引力ポテンシャルを引き起こす起源は点電荷とし，これにイオンの最外殻電子軌道に由来する斥力項を加えて，結晶の安定性もしくは周期性についての初歩的な説明をした．しかし，一般のイオン結晶では引力項といえどもクーロン引力ポテンシャルだけで表現できるわけでない．イオンの外殻電子の軌道は必ずしも球状でなく，また周辺に別のイオンが配置することにより，多かれ少なかれ，変形したりあるいは半径の大きいイオン同志の電子軌道が重なり合ったりして，その結果イオン配置の構造依存性をもつ複雑な引力ポテンシャルをもつ．

　これらのことから，著しいイオン性をもつ結晶にもなれば共有結合性を共存するイオン結晶にもなる．これを反映して多くの結晶構造が存在する．しかし，周期性の制約があるため，結晶の形は，基本形が14種類に分類され，細部の構造の相違までを考慮すると200種類以上になる．このうち，よく知られている結晶形は，NaCl型（図1-2-1），CsCl型（図1-2-2）および立方硫化亜鉛（ジンクブレ

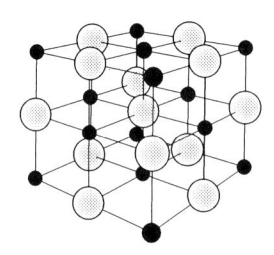

図 1-2-1　塩化ナトリウムの結晶構造．

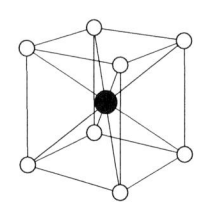

図 1-2-2　塩化セシウムの結晶構造．

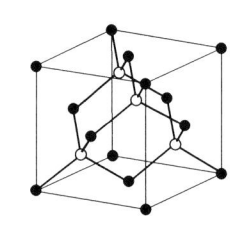

図 1-2-3　立方硫化亜鉛の結晶構造．

ンド = ZnS）型（図1-2-3）である．

　本書の主目的は溶融塩であるが，あとで詳細に述べるように，溶融塩の微視的な短距離構造は，これら固体のイオン結晶の構造を反映したものが多いので，ある程度の知識が必要である．より詳細には固体物理学や固体化学の文献を参照されたい[1, 2]．

1-3　イオン結晶を加熱する；格子欠陥とイオンの拡散

　イオン結晶を加熱すると結晶の内部にはどのような変化が生じるであろうか．

　高温領域において，イオン結晶における種々の物理的性質，例えばイオン伝導度，比熱，熱膨張係数，その他の多くは顕著な温度依存性を持つことが知られている[3-6]．

　いかなる物質も，温度の上昇と共にエントロピーを増加させて自由エネルギーを減らす傾向がある．そのためにイオン結晶では，ショットキー（Schottky）欠陥もしくはフレンケル（Frenkel）欠陥が多数発生する．図1-3-1a, bは，欠陥となるイオンが陰イオンである場合のショットキー欠陥とフレンケル欠陥を示している．

　しかし，イオン結晶では陰陽のイオンの空格子点がほぼ同じ数だけ形成される場合がエネルギー的に有利である．そうでないと，電荷中性条件（charge neutrality condition）を満たさなくなるので高いエネルギー状態となるからである．

　ショットキー欠陥の場合は電荷中性条件を考慮すると，欠陥は正負イオン対

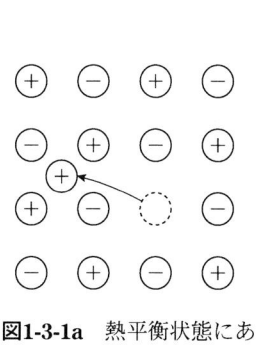

図1-3-1a　熱平衡状態にあるフレンケル欠陥．

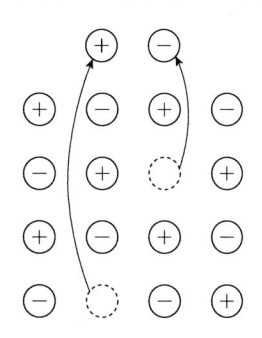

図1-3-1b　熱平衡状態にあるショットキー欠陥．

(pair defects）で議論できる．フレンケル欠陥の場合には特定の正負イオンの組み合わせが必ずしも明瞭でないが，本稿では格子間イオンとなった欠陥イオン近傍の反対符号のイオンをもって欠陥イオン対（a pair of defected ions）と定義しておく．

イオン結晶における欠陥に関する，ショットキー欠陥濃度の温度依存性と生成のエネルギーとの関係は，N 対のイオンから n 対の欠陥生成濃度の温度依存性は，次のようになる．詳しくは固体物理学のテキストを参照のこと．

$$n \fallingdotseq N \exp\left(-\frac{E_{\mathrm{p}}}{2k_{\mathrm{B}}T}\right) \tag{1-3-1}$$

ここで E_{p} は 1 対の欠陥イオン生成のために必要なエネルギーである．

フレンケル欠陥の場合には，格子間に侵入できるイオンが侵入に必要なエネルギーを E_{I} とすると，

$$n \fallingdotseq (NN')^{\frac{1}{2}} \exp\left(-\frac{E_{\mathrm{p}}}{2k_{\mathrm{B}}T}\right) \tag{1-3-2}$$

ここで N' は格子間位置の総数を表す．したがって，もし $N' = N$ の場合には (1-3-1)式に等しい．

(1) イオン間相互作用ポテンシャルの非調和項に伴う体積膨張に加えて，とくにショットキー欠陥の場合には，欠陥に比例した体積膨張が考えられる．
(2) 欠陥の発生により，イオン間相互作用ポテンシャルが変化し，イオンの熱振動に関与する力の定数（force constant）が減少する．実験的にはグリューナイゼン定数（Grüneisen constant）の減少や格子振動（lattice vibration）の振動数スペクトル（frequency spectrum）の広がり（broadening）がある．

これらの格子欠陥の濃度が極めて小さいとき，これらの欠陥の結晶内での分布はランダム（random）であろう．しかし，欠陥の濃度が増加すると，やがて欠陥同志の相互作用が出現するようになる．そのため，欠陥が隣り合ったM中心，その他R中心やV中心と名づけられる欠陥が出現する．詳細は文献を参照されたい[1]．

アルカリハライド中における欠陥同士の相互作用および欠陥分布に関する理論は，黒沢によって半世紀前になされた[7]．彼は，系に対してデバイ–ヒュッケル

近似（Debye-Hückel approximation）を適用し，欠陥の温度変化を定量的に計算した．この欠陥－欠陥間相互作用により，欠陥の形成自由エネルギー（free energy of defect formation）が低められ，更なる欠陥の増加が促される．

ハイノフスキィとメイヤー（Hainovsky and Maier）は，AgCl, AgBr, PbF_2におけるこの欠陥(フレンケル欠陥)の急激な増加を融解前駆現象もしくは局所融解（premelting or sublattice melting）として捉え，現象論的熱力学を展開し，融解前の比熱の異常増加を説明することに成功している[8]．融解直前のイオン結晶における物性の異常な振る舞いについては，後で詳しく述べる．

格子欠陥の存在とは別に，固体の結晶に外部からせん断応力を加えると，二次元的もしくは三次元的な欠陥が発生する．これらは転位（dislocation）と呼ばれているが，溶融塩との直接の相関はないので，ここで論及の必要はない．

格子欠陥をもつ結晶内のイオンは欠陥の場所（defect's site）を媒介にして移動することが出来る．これが拡散とよばれる現象である．もし，この系に外から電場をかけたときはイオン伝導が発生する．固体イオン結晶に分類される中で，超イオン導電体のイオン伝導は固体電池やセンサーなどの実用的利用価値が極めて高く，その研究が推進されている．わが国におけるこの分野の研究水準は世界のトップクラスである．これについては1-6節で解説する．

多くのテキストでは，固体内の原子もしくはイオンの拡散について，濃度勾配を前提にした拡散方程式が導入されている．ここでは濃度勾配を前提にせず，原子もしくはイオンのランダムウォークの概念から拡散について考えることにする．

図1-3-2のように，一次元の単原子格子があり，位置x_0に欠陥があるとしよう．欠陥の両隣りのx_1およびx_1'位置する原子は共にx_0に移動することが可能である．それぞれの原子の移動の確率は$\frac{1}{2}$である．もし仮にx_1に存在する原子がある時間後にx_0に移動したとする．同様にして，はじめの状態から考えるとx_2からx_1

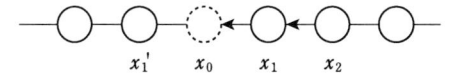

図 1-3-2　一次元単原子格子の欠陥の移動．

に移る確率は$\frac{1}{4}$となる．これらの現象は，見方を変えれば始めにx_0に在った空格子点（欠陥）が時間とともにx_2に移動したことになる．いわば，空格子点のランダムウォークもしくはブラウン運動である．

三次元結晶格子における空格子点のランダムウォークに伴う拡散は以下のように一般化した取扱いが可能である．

はじめに原点にあった空格子点が$N(\gg 1)$回のランダムウォーク後，格子点rになる確率$W(r)$は，

$$W(r) = \left\{\frac{1}{\left(\frac{2}{3}\pi N b^2\right)^{\frac{3}{2}}}\right\} \exp\left(-\frac{3r^2}{2Nb^2}\right) \tag{1-3-3}$$

ここでNb^2はr^2の平均値$\langle r^2 \rangle$に等しい．

空格子点のランダムウォークの単位時間当たりの歩みをn回とし，t時間後にN回の歩みだとすると，$N=nt$となる．三次元の空格子点の移動可能方向は左右，前後，上下の6通りであり，1回の歩みで移動距離の自乗平均は$\frac{\langle r^2 \rangle}{N}$であるから，

$$D = \frac{1}{6}\frac{\langle r^2 \rangle}{t} \tag{1-3-4}$$

を定義すると，

$$W(r) = \left\{\frac{1}{(4\pi Dt)^{\frac{3}{2}}}\right\} \exp\left(-\frac{r^2}{4Dt^2}\right) \tag{1-3-5}$$

ここで(1-3-4)式のDは拡散係数と呼ばれる．その物理的意味は，単位面積を通過する物質が単位時間当たりにどれだけの長さを移動することができるか，ということを示している．

(1-3-5)式をテーラー展開すると，次のような拡散方程式がえられる．

$$\left(\frac{\partial W}{\partial t}\right) = D\nabla^2 W \tag{1-3-6}$$

固体物理学によれば，空格子点の拡散係数D（実際に移動するのは空格子点に隣接する原子であるが）は温度と共に次のように変化することが知られている．

$$D = D_0 \exp\left(-\frac{E}{k_B T}\right) \tag{1-3-7}$$

ここで E は拡散過程における活性化エネルギーである.

固体アルカリ・ハロゲン化物のイオン結晶におけるショットキー型のイオンの活性化エネルギーは, 0.3~0.9 eVである. これに対しこれらの化合物の溶融状態における活性化エネルギーは0.1 eV以下であり, 拡散の機構が活性化のプロセスでない, もしくは全く別の機構に基づくことを強く示唆する. ここでは, 固体の場合と溶融状態における拡散の概念の本質的な相違を把握してもらうためにとりあげた. また, 固体イオン結晶における電気伝導度 σ は次節で述べるように, イオンの拡散によって与えられるので拡散係数 D に比例することが知られている. この比例関係をネルンスト–アインシュタイン関係式（Nernst-Einstein relationもしくはN-E relation）というが, 溶融塩ではこの比例関係は厳密には成立しない. このことは後で詳しくのべる.

1-4　イオン結晶における電気的性質（伝導性と誘電的性質）と磁気的性質

イオン結晶に外部から電場をかけると, 空孔を通してイオン伝導が生ずることは前節でのべた. 欠陥のない完全イオン結晶に外から電場をかけると, イオン内部の電子による分極とイオンの変位に伴う分極とが発生する. これら分極の度合いは誘電率によって表現される. 図1-4-1に示すように, あるイオン結晶をはさ

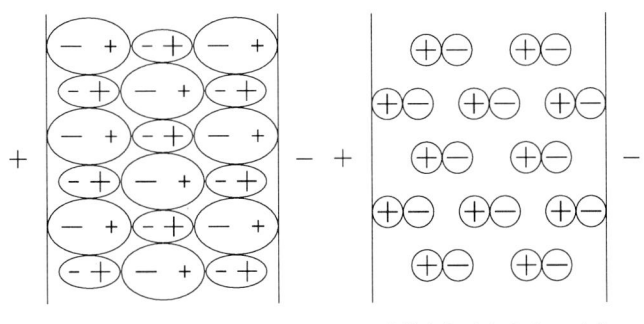

電場をかけたとき, イオン内部の電子による分極　　電場をかけたとき, イオンの変位に伴う分極

図 1-4-1　外場（電場）によるイオン結晶内のイオンの分極.

んだコンデンサーに電場Eをかける．すると，イオン結晶内の分極によって外部電場Eと同じ方向に分極電場Pが発生する．もちろん，PはEに比例する．

電気変位Dを次のように定義する．

$$D = \varepsilon_0 E + P = \varepsilon E \tag{1-4-1}$$

ここで，ε_0は真空誘電率である．また，εは媒質の誘電率とよばれる．電気変位Dの物理的意味は次のとおりである．ファラディ（Faraday）が考えたように，真空中に発生する分極も$\varepsilon_0 E$であるとすると，電気変位は全体の分極のために現われた電気ということになる．

イオン結晶の分極率は，構成イオンの電子分極率によっても，またイオンの変位に伴う分極によっても大きく異なる．外部ならびに周辺から電場の影響を受けた構成イオン内部の電子分布は，多かれ少なかれひずみを生じる．そのひずみの度合いを示す物理量が電子分極率である．またイオンの変位に伴う分極は，応用工学的に重要であるが，専門書を参照することを薦めたい．

電気変位や誘電率の概念は，後述するように溶融塩における有効イオン間ポテンシャルを議論する際に重要である．また，融解前駆現象の解析に際しても，電気伝導度との関連性から引用される．

イオン結晶の磁気的性質で特記すべき系は鉄族イオンや希土類イオンを陽イオンとする場合であろうが，それらの系が液体状態になったとしてもそれほど興味深い事象が発生するとは考え難い．それゆえ，固体状態におけるこれらの特性をここで取り上げる必要性がないので，これ以上の議論は省略したい．

1-5 イオン結晶における光学的性質

純粋なアルカリ・ハロゲン化物の結晶はスペクトルの可視領域全体にわたって透明である．つまり可視光を吸収してエネルギー状態が変化するような電子構造が存在しないのである．それに対し，構成イオンが遷移金属イオンや化合物陰イオンの場合には，構成イオンそのものが可視光を吸収する系がある．詳しいイオン結晶の光学的性質については，キッテル（Kittel）のテキストや岩波講座現代物理学の基礎を参照されたい[9, 10]．

ここでは結晶として光を吸収する場合について考察しよう．

イオン結晶が光を吸収できる機構として考えられるフレンケル型の励起子 (exiton) として知られる状態がある．これは系の主として陰イオンの外殻電子1個が光を吸収しつつそのイオンの周りに局在した，いわば電子と正孔 (hole) とが，同じイオンに局在した励起状態である．このタイプの吸収スペクトルは紫外線より短い．

これに対し，電子の伝導帯エネルギーより下の励起子準位に励起した電子が存在し，元の価電子帯に残される正孔との組み合わせによる弱い励起子の結合エネルギーは，物質によっては可視光線の領域に入るので，その光を吸収した結晶は着色される．例えば，Cu_2O, $Fe(OH)_3$ で赤褐色になるし，AgI では黄色，$Ni(OH)_2$ では青緑色に着色することが知られている．しかし電子の価電子帯と伝導帯とのエネルギーギャップの議論を詳細に論ずることは，本書の範囲でないのでこれ以上の論及はしない．詳しくは固体物理学のテキストを参照されたい[9]．

純粋のアルカリ・ハロゲン化物結晶は，可視光領域全体にわたって透明であるが，これらに微量のアルカリ金属を加えたり，あるいはX線を照射したりすると着色する．その最も簡単な場合がF中心と呼ばれるもので可視光領域に中心をもつ光を吸収する．これは負イオンの空格子点に電子1個を束縛し，その電子は空格子と隣り合ったまわりの陽イオンの上にあると言われている[9,10]．その他の色中心も固体では考えられているが，溶融塩との比較の観点でいえば，F中心だけで十分であろう．アルカリ・ハロゲン化物結晶のF中心の吸収エネルギーの実験値は，LiFを除いて 1.8～3.6 eV の可視光領域にあるので[9]，溶融した（塩＋微量金属）の吸収エネルギーとの比較が興味深い．この事は後で議論される．

イオン結晶におけるF中心の吸収エネルギーに関する量子論的取り扱いについては，フォノン場における局在電子の光吸収・放出スペクトルの理論として岩波講座・物性IIに詳しく述べられている[10]．

1-6　超イオン導電体における諸性質

ヨウ化銀AgIは146℃以上では，固体状態でありながら溶融塩や電解質水溶液と同程度のイオン伝導性をもつことが知られている．このような特性をもつイオ

ン結晶性固体を総称して超イオン導電体（superionic conductor）という．従って現象論的には，固定された結晶性格子イオンの中を可動イオンがあたかも液体のように振舞う．

　超イオン導電体に関する研究の歴史は古く，150年以上前にファラディ（Faraday）によって議論されて以来，その研究は今日まで延々と継続，発展されてきつつある．安仁屋の学位論文にその歴史的経緯の詳細がなされている[11]．

　超イオン導電性を示す物質として，1) 相転移を伴い，高温側で陽イオンが導電性を示す α-AgI, α-CuI, α-Ag$_2$S, RbAg$_4$I$_5$等，2) 温度上昇とともに連続的に導電性が増大する陰イオン（フッ素イオン）導電体である PbF$_2$, CaF$_2$等，3) 二次元的ないし一次元的集団運動をする化合物，例えばNa-βアルミナ，4) 高温で酸素イオンが導電性を示すジルコニア化合物，CaO・ZrO，イットリア安定化ジルコニウム等が挙げられる．

　これらのいくつかは現在ならびに将来的に応用技術分野で重要な役割を果たす．例えば，安定化ジルコニアは酸素－水素系燃料電池の利用に欠かせないし，また，Na-βアルミナは，300℃以上になるとNaイオンが液体のような可動イオンとなる．この性質を利用して，筆者は液体Na合金の熱力学的性質を調べる実験に用いたことがある．

　わが国における超イオン導電体に関する先駆的研究は，1960年代から名古屋大の高橋教授（物質開発，故人），新潟大の宮谷教授（後に金沢大に転出，実験的研究，故人）と横田教授（理論的研究，故人）により始まり，1970年代の研究総合班結成には，超イオン導電体の命名者である東大物性研の星埜教授（故人）も参加．その後，固体イオニクス討論会として現在まで研究が継続・発展している．

　このような超イオン導電体が，なぜ高いイオン導電性を示すのであろうか．この課題が解明されれば，さらなる高い導電性をもつ物質の探求も可能となる．

　なぜ高い導電性をもつか，との課題に対してこれまでに判明したことは，
(1) 可動イオンの配置が動き易い構造をもっていること，
(2) その可動イオンの移動はランダムな個別運動でなく，集団として移動し易いこと，

(3) 可動イオンの移動に際して，その周辺の電子軌道が再編すること，
以上の事象が連携して導電性をもたらす，と考えられている．以下でそれぞれについて論証したい．

1-6-1 超イオン導電体の構造

任意のある陽イオンから見て陰イオンの構造配置と陰イオンからのそれとが等しいイオン結晶としてよく知られている系が，6配位の塩化ナトリウム型構造，8配位の塩化セシウム型構造および4配位の立方硫化亜鉛型構造である．

これらの結晶構造を決定する要素としてフィリップスとヴァン・ヴェクテン (Phillips and Van Vechten) による電気陰性度の理論から導出された陰陽イオンによる化合物のイオン度 (ionicity) を考えることができる[12,13]．歴史的にはイオン度についての理論的研究としてポーリング (Pauling) やクールソン (Coulson) の取り扱いもあるが，固体物理学の全盛期以前の理論であり，関心をもつ読者はフィリップス (Phillips) のレビューを参照されたい[12]．

このフィリップスによれば，化合物結晶における電子の結合状態と反結合状態とのエネルギー・ギャップ E_g は次のようにおくことができる．

$$E_g^2 = E_h^2 + C^2 \quad (1\text{-}6\text{-}1)$$

ここで，E_h は共有結合の等極成分によって得られるエネルギー・ギャップである．C は構成元素間の電荷移動によって生ずる非等極成分によるエネルギー・ギャップであり，構成元素のイオン化エネルギーと電子親和力の和を 2α と定義したときのそれぞれの α の差に対応する，という[8]．

フィリップスはイオン度を，

$$f_i = \frac{C^2}{E_h^2 + C^2} \quad (1\text{-}6\text{-}2)$$

と定義した．従って，完全な共有結合状態では $E_h = E_g$ となる．

このようにして求められた $A^N B^{8-N}$ 型の化合物におけるイオン度は，NaCl型の結晶では f_i の値が0.9よりも大きい．それに対し，立方硫化亜鉛型の結晶では，f_i の値はかなりのばらつきはあるけれども0.5前後である．換言すれば，前者は紛

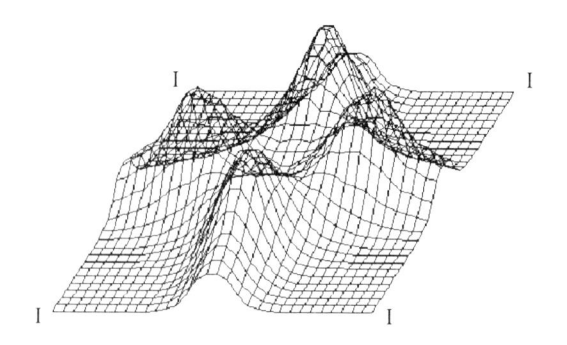

図1-6-1 α-AgIにおいて体心立方格子を形成するI⁻イオンの(1 0 0)面上のAg⁺イオン配置の分布.

れもなくイオン性の高い結晶であるが,後者は明らかに共有結合性とイオン結合性とが共存する系である.

イオン度の高いAB型化合物結晶では,配位数も高く,陰陽イオンの対称性もよい.これに対し,超イオン導電体の結晶では,イオン度も0.8以下となり,陰陽イオンの構造配置も対称的でなくなる.

例えばAgIの場合の0 Kから146℃までのβ-AgIは,立方硫化亜鉛構造をとる.これはAgイオンから見ても,Iイオンから見ても正四面体をなす化学結合であり,可動イオンとなるAgイオンが前述の(1),(2)の条件を満足しない.ところが,α-AgI構造は,図1-6-1で示すように,ヨウ素イオンが体心立方格子を形成しているけれども,銀イオンはその中のいくつかの特定の位置―以前,結晶学者たちが12d sitesおよび24h sitesと名付けた―を中心にしてブロードな存在確率をもって分布することがMDシミュレーションの結果であることを考えると,1980年代まで主流派であった,特定の位置,すなわち6b sites, 12d sitesおよび24h sites,だけに存在するという結晶学的な分布は否定されるであろう[14]).

α-AgIは上述のように,bccを形成するI⁻イオン格子の中に2個のAg⁺イオンが分布するが,日下部は松永の用いた場合と同一のポテンシャルにより,8×8×8の基本セル(Ag⁺イオン1024個,I⁻イオン1024個)でMDを遂行し,計

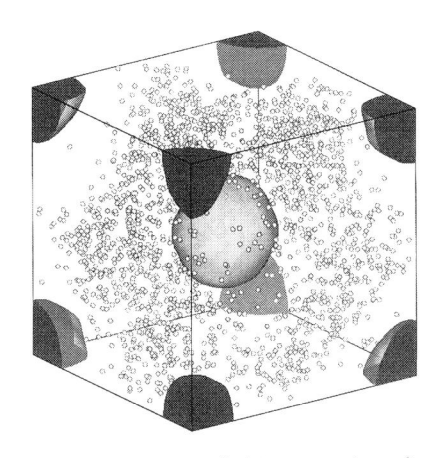

図 1-6-2 α-AgI の 8×8×8 の基本セルのスナップショット.

算後に Ag⁺ イオンすべてを単位胞に還元した配置が図 1-6-2 のようになることを確かめた[14]).

X 線異常散乱により得られた銀イオンの分布は液体状態のそれと全く変わりないような結果を示している. すなわち, ヨウ素イオンの格子の間の隙間に銀イオンが分布し, これらの図で示される銀の分布の極大位置に対応して, 分布関数が極大値を持っていることが見出されている[15]).

1-6-2 超イオン導電体における可動イオンの集団運動

上で調べたように, 超イオン導電体内における可動イオンの構造配置は, その集団運動を可能にしている.

岡崎は, 超イオン導電体 α-AgI における可動銀イオンの拡散係数を測定し, イオン伝導度と拡散係数との間の関係式, すなわちアインシュタイン (Einstein) 関係式が満たされないことを見出した[16]). すなわち,

$$\frac{\sigma}{ne} = \mu = \frac{cD}{k_B T} \equiv \frac{1}{H_R} \frac{D}{k_B T} \tag{1-6-3}$$

ここで $c \equiv \dfrac{1}{H_R}$ はアインシュタイン関係式からのズレを示すパラメーターであり, H_R は特にハーヴェン比 (Haven ratio) と呼ばれており, 超イオン導電体研究者

の殆どはこの物理量で議論することが多い.

アインシュタイン関係式が満たされるならば, $c = 1$ となるが, われわれは, α-AgI 系で c の値が約2程度, すなわち H_R ~0.5, になること確認している. その際, イオン伝導度は交流電場による測定, 拡散係数はわれわれの開発した分極電場の減衰緩和法から導出した[17].

横田はこのアインシュタイン関係式からのズレすなわちハーヴェン比を, 電場を加えてイオン伝導度を測定する場合には, 可動イオンが一体となって, あたかも毛虫のような動き（caterpillar motion）をなすためであると説明した[18]. これは, 正しく超イオン導電体における可動イオンの集団運動である. しかし, 全ての超イオン導電体系が必ずしもハーヴェン比が1以下になるわけではない.

1-6-3 超イオン導電体における可動イオンの移動に際して周辺の電子軌道の再編

超イオン導電体 α-AgI における可動銀イオンの動的振る舞いを計算機シミュレーションによって説明するためにヴァシシュターラーマン（Vashishta and Rahman）はそれぞれのイオン電荷が0.6とすることによって実験結果とのよい一致を示すことを見出した[19]. もし, この系が高いイオン性というかイオン度が完璧であれば, 当然イオン間ポテンシャルのクーロン項は1.0の電荷を持つはずである. それにもかかわらず0.6ということは, 銀イオンと隣接ヨウ素イオン間の結合性として, 共有結合の要素を持つことを意味している.

α-AgI におけるあるヨウ素イオンと結合している周囲の銀イオンに着目する. この結合は, 共有結合を表わすそれぞれの波動関数の等極的重ね合わせによる共有結合部分と電荷移動によるイオン性結合の和からなる.

この系では, あるヨウ素イオンと隣接し結合して, ある位置の銀イオンが活性化されて移動する際に, 同一のヨウ素イオンと結合している第2隣接位置にある銀イオンが, 移動した銀イオンと集団的に動くと考えるのが集団的移動である. 従って, この集団的移動に際して, 考えているヨウ素イオンの周辺の銀イオンとの間の等極的結合をもつ共有結合の電子軌道は, 当然再編成することになる. 勿論, 移動遊離する銀は +1 価のイオンとしてふるまうであろう.

安仁屋はこのようなモデルで貴金属ハロゲン化物系超イオン導電体における導電性の機構を説明している[20]．

参考文献

1) C. Kittel, 宇野その他 共訳, 固体物理学入門, 丸善, 1966.
2) N. N. Greenwood, 佐藤経郎・田巻 繁 共訳, イオン結晶論, 裳華房, 1974.
3) P. F. Green, *Kinetics, Transport, and Structure in Hard and Soft Materials*, Taylor &Francis, London, 2005.
   Y-M. Chiang, D. P. Birnie and W. D. Kingery, *Physical Ceramics: Principles for Ceramic Science and Engneering*, John Wiley & Sons, New York, 1997.
4) W. Jost and P. Kubaschavski, Z. Phys. Chem., **60** (1968) 69.
   R. W. Christy and A. W. Lawson, J. Chem. Phys., **19** (1951) 517.
   H. Kanzaki, Phys. Rev., **81** (1951) 884.
5) B. R. Lawson, Acta Cryst., **16** (1963) 1163.
6) S. Yamamoto, I. Ohno and O. L. Anderson, Phys. Chem. Solids, **48** (1987) 143.
   W. C. Hughes and L. S. Cain, Phys. Rev. B, **53** (1996) 5174.
   L. S. Cain and G. Hu, Phys. Rev. B, **64** (2001) 104104.
7) T. Kurosawa, J. Phys. Soc. Japan, **12** (1957) 338.
8) N. Hainovsky and J. Maier, Phys. Rev. B, **51** (1995) 15789.
9) C. Kittel, *Introduction to Solid State Physics*, John Wiley & Sons, New York, 1986.
10) 岩波講座 現代物理学の基礎 7, 物性 II, 岩波書店, 1978.
11) 安仁屋 勝, 博士学位論文, 新潟大学, 1991 年.
12) J. C. Phillips, Rev. Mod. Phys., **42** (1970) 317.
13) J. A. Van Vechten, Phys. Rev., **182** (1969) 891.
14) S. Matsunaga, Prog. Theor. Phys., Supplement, **178** (2009) 113-119.
    J. Non-Cryst. Solids, **353** (2007) 3459-3462. 及び田巻への私信.
    日下部政信, 田巻への私信.
15) Y. Tsuchiya, S. Tamaki and W. Waseda, J. Phys., **C12** (1979) 5361.
16) H. Okazaki, J. Phys. Soc. Japan, **23** (1967) 355.
17) T. Koishi, M. Kusakabe and S. Tamaki, Chemistry and Material Scie., **5** (1999) 100-105.
18) I. Yokota, J. Phys. Soc. Japan, **21** (1966) 420.

19) P. Vashishta and A. Rahman, Phys. Rev. Lett., **40** (1978) 1337.
20) M. Aniya, *Chemical bonding in superionic conductors*, in *Physics of Solid State Ionics*, ed. T. Sakuma and H. Takahashi, 2006, pp. 45-64.

2. イオン性化合物の熱力学的性質

　イオン結晶を加熱すると，その熱量を収容するために熱膨張，格子振動および格子欠陥あるいは相転移が発生することは既に概略した．以下では，その熱力学的性質についてより詳しく論じよう．

　イオン結晶を含む物質が加熱された場合，温度，圧力や体積などを変数として，その状態を表示することが熱力学である．また，どのように状態が変化するかを決定しているのは，その系のGibbsの自由エネルギーである．本章では，イオン結晶が温度変化に伴って，その自由エネルギーがどのように変化しているかを示し，とくに融解前駆現象として，局所的な部分融解の発生を証明するために，その熱力学的性質の詳細を説明する．

　本章を概観することによって，イオン結晶はもちろんのこと，金属結晶や分子性結晶における融解前駆現象に関する分野の研究に直ちに着手できる，もしくはさらなる発展的研究に従事されることができる，と確信している．

2-1　相平衡と物質の状態

　まず考えている系に対する外からの圧力がそれほど大きくない（<100気圧）とする．一方，この系の等温圧縮率（isothermal compressibility）χ_T は次のように定義される．

$$\chi_T = -\frac{1}{V}\left(\frac{\partial V}{\partial P}\right)_T \tag{2-1-1}$$

この式から

$$V(T,P) = V(T,0)\exp(-\chi_T P) \sim V(T,0)(1-\chi_T P) \tag{2-1-2}$$

$\chi_T < 10^{-4}$ atm^{-1} が一般的であるから, $\chi_T P \sim 0$ とおける.

次に熱膨張係数 (thermal expansion coefficient) α_V は次のように定義される.

$$\alpha_V = \frac{1}{V}\left(\frac{\partial V}{\partial T}\right)_P \tag{2-1-3}$$

この式を (2-1-2) 式と同様に展開すると,

$$V(T,P) \sim V(0,0)\{1 + \alpha_V T_0 + \alpha_V (T-T_0)\} = V_0(1+bt) \tag{2-1-4}$$

ここで, T は絶対温度であり, T_0 K = 273 K = 0℃, t は℃で表わす温度である. また, V_0 は 0℃における体積を表わす. $V(0,0)$ は絶対零度・圧力ゼロの場合の体積である. それゆえ系の体積膨張係数 b は

$$b = \frac{\{V(0,0)\alpha_V\}}{V_0} \tag{2-1-5}$$

となる.

これらはギブス (Gibbs) の自由エネルギーを求めるために展開した議論である. しかし, その前に Gibbs の自由エネルギーと相平衡との関係について述べよう.

具体的には, 系の固相と液相間の相平衡について考える. いま, 断熱, 全体積一定の箱の中に同一物質の固相 (n'' モル, エントロピー, 内部エネルギーおよび体積がそれぞれ S'', U'', V'' だとする) と液相 (n' モル, S', U', V' だとする) とが共存し平衡状態に置かれているとしよう.

そうすると, 全エントロピー S は,

$$S = n'S' + n''S'' \tag{2-1-6}$$

平衡の条件はエントロピーの変分がゼロ, すなわち $\delta S = 0$ であるから,

$$S'\delta n' + S''\delta n'' + n'\delta S' + n''\delta S'' = 0 \tag{2-1-7}$$

$S' = S'(V', U')$, $S'' = S''(V'', U'')$ とおき, 熱力学の関係式を用いると,

$$\delta S' = \left(\frac{P'}{T'}\right)\delta V' + \left(\frac{1}{T'}\right)\delta U' \tag{2-1-8}$$

$$\delta S'' = \left(\frac{P''}{T''}\right)\delta V'' + \left(\frac{1}{T''}\right)\delta U'' \tag{2-1-9}$$

(2-1-8)と(2-1-9)を(2-1-7)式に代入し, ラグランジェ (Lagrange) の未定係数法

2. イオン性化合物の熱力学的性質

（未定係数 λ, μ, ν）を用いると，

$$T' = \frac{1}{\nu} = T'' \tag{2-1-10}$$

$$\frac{P'}{T'} = -\mu = \frac{P''}{T''} \tag{2-1-11}$$

$$S' - \left(\frac{P'V'}{T'}\right) - \left(\frac{U'}{T'}\right) = -\lambda = S'' - \left(\frac{P''V''}{T''}\right) - \left(\frac{U''}{T''}\right) \tag{2-1-12}$$

それゆえ，

$$T' = T'', \ P' = P'', \ U' - T'S' + P'V' = U'' - T''S'' + P''V'' \tag{2-1-13}$$

最後の等式は固相と液相におけるそれぞれ1モルのGibbsの自由エネルギーである．したがって，

$$G^s = G^\ell \tag{2-1-14}$$

もしくは，それぞれの化学ポテンシャル μ^s, μ^ℓ が平衡状態では相等しい．

それゆえ，温度変化に伴う相変化は G（もしくは化学ポテンシャル μ）の温度依存性に帰着する．凝縮相の化学ポテンシャル $\mu^{(s\,or\,\ell)}$ は

$$\mu^{(s\,or\,\ell)} = h - Ts + Pv \quad \left(h = \frac{H}{N_A},\ s = \frac{S}{N_A},\ v = \frac{V_M}{N_A}\right) \tag{2-1-15}$$

である．

熱力学の関係式 $\left(\frac{\partial h}{\partial P}\right)_T = v - T\left(\frac{\partial v}{\partial T}\right)_P$ を用いると，

$$h(T, P) = h(0,0) + \int_0^T c_P(T,0)\,dT + \int_0^P v(1 - \alpha_V T)\,dP \tag{2-1-16}$$

に $v(T,P) \sim v(T,0)(1 - \chi_T P)$ を代入すると，

$$h(T,P) \sim h(0,0) + \int_0^T c_P(T,0)\,dT + Pv(T,0)(1-\alpha_V T)\left\{1 - \left(\frac{1}{2}\right)\chi_T P\right\}$$

$$\sim h(0,0) + \int_0^T c_P(T,0)\,dT$$

$$\tag{2-1-17}$$

同様にして，

$$s(T,P) = s(0,0) + \int_0^T \left\{\frac{c_P(T,0)}{T}\right\} dT + \int_0^P \left(\frac{\partial v}{\partial T}\right)_P dP$$

$$\sim s(0,0) + \int_0^T \left\{\frac{c_P(T,0)}{T}\right\} dT \qquad (2\text{-}1\text{-}18)$$

それゆえ化学ポテンシャルは

$$\mu^{(s\,or\,l)} = h(0,0) - Ts(0,0) + \int_0^T c_P(T,0) dT - T\int_0^T \left\{\frac{c_P(T,0)}{T}\right\} dT$$

$$+ Pv(T,0)(1-\alpha_V T)\left\{1-\left(\frac{1}{2}\right)\chi_T P\right\}$$

$$\sim h(0,0) - Ts(0,0) + \int_0^T c_P(T,0) dT - T\int_0^T \left\{\frac{c_P(T,0)}{T}\right\} dT \qquad (2\text{-}1\text{-}19)$$

で与えられる．

ある温度で物質が固体から液体に相転移する場合には，Gibbsの自由エネルギーの温度依存は図2-1-1で示されるようになるので，転移に際してエントロピーや体積は不連続な値をとる．それに対し，固体の合金で見られるように規則－不規則転移をする場合にはエントロピーや体積は転移温度（転移点ともいう）で連続的である．前者は第1次の相転移，後者は第2次の相転移と呼ばれ

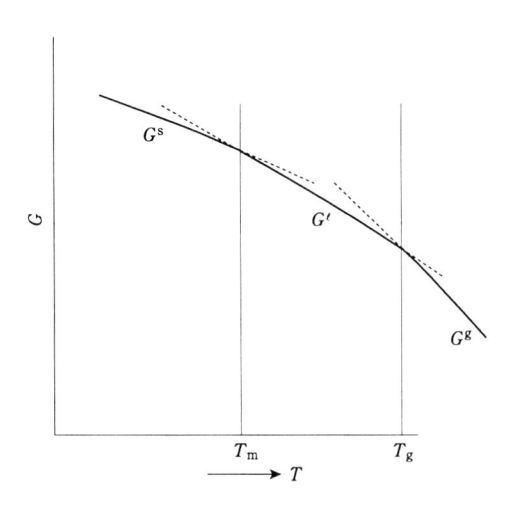

図2-1-1 物質のGibbsの自由エネルギーの温度依存性．

ている．

　固体－液体の相転移に関する実際の応用は後の章で示される．

2-2　イオン性化合物における統計熱力学と熱容量

　単体固体の場合，低温から常温に至るまでの熱容量すなわち比熱は，デバイ (Debye) モデルやアインシュタイン・モデルによって0からおおよそ6 cal/mol·deg の値をとり，実験値を再現することが知られている．1モルの単体固体の常温比熱が 6 cal/mol·deg であることは古くからよく知られ，デューロン－プチ (Dulong-Petit) の法則と呼ばれてきた．

　等価イオン結晶では1モルのイオン数は単体の2倍であるから，常温比熱はほぼ2倍の 12 cal/mol·deg である．以下では統計熱力学を用いてこの値を導出する．

　簡単のために，正負イオンが直線的に並んだ1次元結晶を想定しよう．またこの系に働く相互作用ポテンシャルは最隣接イオン間によって近似的に表わされると仮定する．このような二体のイオン間ポテンシャル $\phi^{+-}(r)$ は図1-1-1のように書けるはずである．例えば原点に陰イオンをおき，そこから平衡距離 r_0 の位置に陽イオンが存在するとしよう．ポテンシャル $\phi^{+-}(r)$ は r_0 を中心にして次のように表現される．

$$\phi^{+-}(r) = \phi^{+-}(r_0) + cx^2 - gx^3 - fx^4 \quad (x \equiv r - r_0) \tag{2-2-1}$$

あるいは

$$\phi^{+-}(r) - \phi^{+-}(r_0) = V(x) = cx^2 - gx^3 - fx^4 \tag{2-2-2}$$

原点の陰イオンを固定して温度を上げると，r_0 の位置にある陽イオンは振動する（熱振動）．ポテンシャル $V(x)$ から得られる振動の分配関数 $Z_{\text{pot}}(x)$ は，

$$Z_{\text{pot}}(x) = \int_{-\infty}^{+\infty} \exp\left\{-\frac{V(x)}{k_B T}\right\} dx \tag{2-2-3}$$

(2-2-1) 式の g, f の項はポテンシャルの非調和項であるから g, f の値はかなり小さい．それゆえ，$\exp\left\{-\dfrac{cx^2}{k_B T}\right\}$ を中心にして展開できる．すなわち，

$$Z_{\text{pot}}(x) = \int_{-\infty}^{+\infty} \exp\left\{-\frac{V(x)}{k_B T}\right\} dx$$

$$\sim \int_{-\infty}^{+\infty} \exp\left\{-\frac{cx^2}{k_B T}\right\}\left\{1 - \left(\frac{fx^4}{k_B T}\right) + \left(\frac{1}{2}\right)\left(\frac{g^2 x^6}{k_B^2 T^2}\right)\right\} dx$$

$$= \left(\frac{\pi k_B T}{c}\right)^{\frac{1}{2}}\left\{1 + \left(\frac{3}{4}\right)\left(\frac{f}{c^2}\right)k_B T + \left(\frac{15}{16}\right)\left(\frac{g^2}{c^3}\right)k_B T\right\} \tag{2-2-4}$$

ここまで考えてきた系は1次元であったので，3次元ではこの3倍だと仮定してイオン1個あたりの内部エネルギーへの寄与は，

$$u_{\text{pot}} = 3k_B T\left(\frac{\partial \ln Z_{\text{pot}}}{\partial T}\right) \sim \left(\frac{3}{2}\right)k_B T + \left(\frac{9}{4}\right)\left\{\left(\frac{f}{c^2}\right) + \left(\frac{5}{4}\right)\left(\frac{g^2}{c^3}\right)\right\}(k_B T)^2 \tag{2-2-5}$$

同様にして系のイオン1個あたりの運動のエネルギーに関する分配関数 Z_{kin} は，

$$Z_{\text{kin}} \sim \left\{\ln\left(\frac{V}{N}\right) - \left(\frac{3}{2}\right)\left(\frac{1}{k_B T}\right)\right\} \tag{2-2-6}$$

で与えられる[1]．したがって内部エネルギーへの寄与は，

$$u_{\text{kin}} \sim \left(\frac{3}{2}\right)k_B T \tag{2-2-7}$$

それゆえイオン1個あたりの熱容（比熱）量は，

$$c = \left\{\frac{\partial(u_{\text{pot}} + u_{\text{kin}})}{\partial T}\right\} \sim \left(\frac{6}{2}\right)k_B + \left(\frac{9}{2}\right)k_B\left\{\left(\frac{f}{c^2}\right) + \left(\frac{5}{4}\right)\left(\frac{g^2}{c^3}\right)\right\}(k_B T) \tag{2-2-8}$$

この式は暗々裏に定積比熱を想定している．

したがって，常温以上における1モルあたりの等価イオン結晶の熱容量は $C_V = 2N_A c \sim 6R \sim 12$ cal/mol·deg である．

溶融塩では(2-2-8)式のように単純な表式では表現できないが，比熱そのものは固体イオン結晶のそれに近い．これについては後で詳しく述べる．

2-3 イオン結晶は高温で何故融解し溶融塩になるのか
（熱力学的理解と動力学的理解）

　常圧下で多くの物質は高温になると液化する．液化したイオン性化合物は溶融塩とよばれる．前述のように，イオン結晶は高温になると，外から加えられた熱エネルギーを内蔵するために，イオン全体が熱振動を起こすと同時に結晶格子の一部（ほんのわずかであるけれども）の欠陥が発生する．これを熱力学的見地から考察する．格子欠陥については1-3節で概説したので，ここでは文献だけを引用しておく[3-7]．

　温度の上昇に伴い，欠陥の濃度が増加し，結晶の物理的特性に影響を与えるに十分な程度に欠陥-欠陥相互作用の効果が大きくなると，当然欠陥の分布のゆらぎ（fluctuation）が大きくなり，局所的に欠陥のあまりない部分と非常に多い部分とが混在するようになるであろう．前者をA-state，後者をB'-stateとする．これは丁度液体Heにおける二流体モデルのようなもので，熱力学的には一相であるにも拘らず異なる性質を代表する二つの流体の混合状態として取り扱う理論に対応する．即ち，上記の取扱いは，厳密な取扱いでなく，格子欠陥の分布による局所的性質の両極端を代表させたものである．

　やがて，欠陥の増加と共に格子の不安定性（instability）が生じ，液体状態Bへの一次相転移が起こる．これを示すと，

　　　　　　　　　　　　　　　　　　転移1　　　　　　　　転移2
（完全結晶に近い固体 A）─────→（AとB'の混合状態）─────→（液相B）

　転移1は規則-不規則転移（order-disorder transition）のような一種の高次相転移（higher order transition）とみなして考えることができる．転移2は明らかに1次相転移（first order transition）である．

　また，熱力学的つまり巨視的（macroscopic）な観点でいえば，（AとB'の混合状態）は一相として考えればよいであろう．ただし，Aを表現する化学ポテンシャル（chemical potential）μ_AとB'を表現する化学ポテンシャル（chemical potential）$\mu_{B'}$は，あくまでもその局所部分（local part）で構成される自由エネルギー（free energy）から導かれる，と考えられるので異なった値をとる，としよう．

B'-state は，欠陥を多量に含有したいわば液体状態 phase B，すなわち化学ポテンシャル μ_B に近い状態と仮定することは受容可能であろう．戸田[8]は，固相 ⟷ 液相遷移について，メイヤー（Mayer）に始まる気体の凝縮理論の発展の中で，気体の相（phase）の中に小さなクラスターもしくは液滴（small cluster or droplet）の液体を統計力学的に取り扱ったバンド（Band）[9]やフレンケル（Frenkel）[10]の理論を詳しく説明している．

まず本節では，熱力学的な変数のゆらぎの観点からの議論を展開し，前節での取扱いとの関連を調べよう．

いま，熱力学的変数 $\alpha = (\alpha_1, \alpha_2, \alpha_3, \cdots)$ とし，それが最も確からしい値（＝平衡値）をもつ大きな体系IIの変数 $\alpha^* = (\alpha_1^*, \alpha_2^*, \alpha_3^*, \cdots)$ からのはずれを表わす部分系Iの変数 $\alpha' = (\alpha_1', \alpha_2', \alpha_3', \cdots)$ を実現する確率 $P(\alpha')$ は，次式によって与えられる[11]．

$$P(\alpha') = C \exp\left\{ \frac{-W_{\min}(\alpha^*, \alpha')}{k_B T^*} \right\} \tag{2-3-1}$$

ここで C は規格化定数であり，また

$$W_{\min}(\alpha^*, \alpha') = -\frac{(\Delta P \Delta V - \Delta T \Delta S - \Delta \mu_1 \Delta N_1)}{2} \tag{2-3-2}$$

である．すなわち，α' は平衡値 α^* らのゆらぎを表わす．したがって ΔP, ΔV, $\Delta \mu_1$, ΔN_1 等は大きい体系Iに対する部分系IIにおける各熱力学変数のゆらぎの量を表わす．ここで，μ_1 は欠陥対の化学ポテンシャルであり，N_1 は欠陥対の総数を表わす．

$\Delta T = 0$ の条件下で，ΔP と ΔN_1 の関数として（2-3-2）式は次のようになる．

$$W_{\min}(\alpha^*, \alpha') = \frac{1}{2}\left\{ -\left(\frac{\partial V}{\partial P}\right)_{T,N} (\Delta P)^2 + \left(\frac{\partial \mu_1}{\partial N_1}\right)_{T,P} (\Delta N_1)^2 \right\} \tag{2-3-3}$$

それゆえ (ΔN_1^2) の統計平均は

$$\left(\Delta N_1^2\right)_{av} = \frac{k_B T^*}{\left(\dfrac{\partial \mu_1}{\partial N_1}\right)} \tag{2-3-4}$$

一方，N_1 個のショットキー型の欠陥対をもつ系のGibbsの自由エネルギーは次式

2. イオン性化合物の熱力学的性質

で与えられる．

$$G = \left(E^*_{\text{perfect}} - T^* S^*_{\text{perfect}}\right) + N_1 E_V - k_B T^* \ln\left\{\frac{N!}{N_0! N_1!}\right\} \tag{2-3-5}$$

右辺第1項は完全結晶のGibbsの自由エネルギーであり，残りの項は欠陥生成に伴う自由エネルギーである．これをN_1で偏微分すると，

$$\mu_1 = \left(\frac{\partial G}{\partial N_1}\right)_{P,T} \sim E_V + k_B T^* \ln N_1^* \tag{2-3-6}$$

ここでは欠陥-欠陥間に関する偏微分項は省略した．E_VのN_1依存性を無視して，この式をもう一度N_1で偏微分すると，

$$\left(\frac{\partial \mu_1}{\partial N_1}\right) = \frac{k_B T^*}{N_1^*} \tag{2-3-7}$$

これを(2-4)式に代入すれば，

$$\left(\Delta N_1^2\right)_{\text{av}} = N_1^* \tag{2-3-8}$$

偏微分の際に，もしE_VのN_1依存性を考慮すれば欠陥の平均自乗変位はN_1^*よりも更に大きくなる．

(2-3-8)式の条件下でもしΔN_1の存在確率分布$P(\Delta N_1)$がガウス分布だとすると，その表式は次のように書ける．

$$P(\Delta N_1) = \left(\frac{1}{2\pi N_1^*}\right)^{\frac{1}{2}} \exp\left\{-\frac{(\Delta N_1)^2}{2N_1^*}\right\}, \quad (\Delta N_1) = \left(N_1 - N_1^*\right) \tag{2-3-9}$$

(2-3-9)式が適用されるとすると，10個の欠陥対($=N_1$)についてゆらぎΔN_1は容易に$\pm\left(\frac{N_1^*}{2}\right)$個に達することを示している．それゆえ，前節であらかじめ想定したような欠陥の大きなゆらぎはこのような統計力学的取扱いによっても傍証される．

最近の計算機シミュレーションによれば，融解前の高温固体では激しい格子振動のため，原子(分子)間の衝突のため局部的に液体状のクラスターが発生しているという[12]．これらはリンデマン不安定性（Lindemann instability）と呼ばれている．

2-3-1 フレンケル (Frenkel) 理論の再構築

本節ではフレンケル (Frenkel) の理論[10]を再構築して発展させ，最近までに得られている熱力学的データを採用して，(AとB'の混合) 相の微視的様相 (microscopic feature) の詳細を求める理論を展開する．

対象として考える系は，融解前駆現象として知られる融点直下の温度領域にあるイオン結晶の (AとB'の混合) 相である．前節で仮定したように，$\mu_{B'} \sim \mu_B$ とする．以下，1価イオン結晶 (monovalent ionic crystal) の (AとB'の混合) があり，B'部分は微小溶融集合体 (small molten clusters) とする．全系は，$N^+(=N)$個の＋イオンと$N^-(=N)$個の－イオンとからなるとし，溶融塩Bおよび溶融前駆状態B'のイオン対密度 (pair's number density) を $n_0 \left(\dfrac{N}{V_M}; V_M = 1 \text{モルの体積} \right)$ とする．

いま，ある一つのB'-クラスターがs-対 (s-pairs) からなり，その表面エネルギーを最小にするために球状だとしよう．とすると，

$$s\text{-pairs} = n_0 \left(\frac{4\pi r^3}{3} \right)$$

この球状クラスター (spherical cluster) の表面積は $4\pi \left(\dfrac{3s}{4\pi n_0} \right)^{\frac{2}{3}}$ で与えられるので，表面形成の自由エネルギーは $4\pi\sigma \left(\dfrac{3s}{4\pi n_0} \right)^{\frac{2}{3}}$ である．ここで，σ は単位面積当たりの表面張力である．したがって，このクラスターclusterの全化学ポテンシャル (total chemical potential) は $\left(s\mu_B + \alpha s^{\frac{2}{3}} \right)$ で与えられる．ただし，$\alpha = 4\pi\sigma \left(\dfrac{3}{4\pi n_0} \right)^{\frac{2}{3}}$ である．

A-相に属するイオン対数をN_Aとし，s対のイオンのクラスターが全部でg_s個あるとすると，融解前駆状態のギブスの全自由エネルギー (total Gibbs free energy) G_{total} は次式によって表わされる．

$$G_{\text{total}} = N_A \mu_A + \sum_{s=s_0} g_s \left(s\mu_B + \alpha s^{\frac{2}{3}} \right) + S_{\text{mix}}(g_s, T) \qquad (2\text{-}3\text{-}10)$$

ただし，s_0は最小クラスターのイオン対の数をあらわす．というのは，数個のイオン対ではクラスターとして形成されないからである．また，$S_{\text{mix}}(g_s, T)$は混

2. イオン性化合物の熱力学的性質

合のエントロピーであり，その簡単化された表式は次のように与えられる．

$$S_{\text{mix}}(g_s, T) = k_B T \left[N_A \ln \left\{ \frac{N_A}{N_A + \sum g_s} \right\} + \sum_s g_s \ln \left\{ \frac{g_s}{N_A + \sum g_s} \right\} \right] \quad (2\text{-}3\text{-}11)$$

全体のイオン対数は一定（N対）である．すなわち，

$$N_A + \sum_s s \cdot g_s = N \quad (2\text{-}3\text{-}12)$$

or

$$\varphi = N - \left(N_A + \sum_s s \cdot g_s \right) = 0 \quad (2\text{-}3\text{-}13)$$

ラグランジェ（Lagrange）の未定係数法を用いると，G_{total} が極小になる条件 φ は，

$$\left\{ \left(\frac{\partial G_{\text{total}}}{\partial N_A} \right) + \left(\frac{\lambda \cdot \partial \varphi}{\partial N_A} \right) \right\} dN_A + \left\{ \left(\frac{\partial G_{\text{total}}}{\partial g_s} \right) + \left(\frac{\lambda \cdot \partial \varphi}{\partial g_s} \right) \right\} dg_s = 0 \quad (2\text{-}3\text{-}14)$$

$\lambda = -\ln C$ とおくと，

$$\left\{ \frac{g_s}{N_A + \sum g_s} \right\} = C^l \exp \left[-\beta \left(s\mu_B + \alpha s^{\frac{2}{3}} \right) \right] \quad (2\text{-}3\text{-}15)$$

および

$$\left\{ \frac{N_A}{N_A + \sum g_s} \right\} = C \exp \left[-\beta \mu_A \right] \quad (2\text{-}3\text{-}16)$$

ただし，$\beta = \frac{1}{k_B T}$ である．また，l はある定数である．

したがって, (2-3-15), (2-3-16)および(2-3-12)より，

$$g_s = \left(N_A + \sum g_s \right) \left\{ \frac{N_A}{N_A + \sum g_s} \right\}^l \exp \left[-\beta \left\{ s(\mu_B - \mu_A) + \alpha s^{\frac{2}{3}} \right\} \right] \quad (2\text{-}3\text{-}17)$$

全体としてクラスターの割合（fraction）はかなり小さいだろうから，$\sum g_s \ll N_A \sim N$ である．それゆえ，

$$g_s \simeq \left(N_A + \sum g_s \right) \left\{ 1 - \frac{l \sum g_s}{N_A} \right\} \cdot \exp \left[-\beta \left\{ s(\mu_B - \mu_A) + \alpha s^{\frac{2}{3}} \right\} \right]$$
$$\simeq N \exp \left[-\beta \left\{ s(\mu_B - \mu_A) + \alpha s^{\frac{2}{3}} \right\} \right] \quad (2\text{-}3\text{-}18)$$

一方,融点 (T_m) 直下の温度 $T(\sim T_m)$ では,化学ポテンシャル (chemical potentials) μ_A および μ_B は熱力学によって次式で表現される.

$$\mu_B - \mu_A = \left\{ \left(\frac{\partial \mu_B}{\partial T}\right)_{T_m} - \left(\frac{\partial \mu_A}{\partial T}\right)_{T_m} \right\}(T - T_m)$$
$$= \left\{ (s_A)_{T_m} - (s_B)_{T_m} \right\}(T - T_m) \tag{2-3-19}$$

ここで $(s_A)_{T_m}, (s_B)_{T_m}$ は,融点におけるそれぞれ状態 A および B におけるエントロピーである.それゆえ,融解潜熱 L_m を用いると,

$$\left\{ (s_A)_{T_m} - (s_B)_{T_m} \right\} = -\left(\frac{L_m}{NT_m}\right) \tag{2-3-20}$$

と表現される.したがって

$$\mu_B - \mu_A = -\left(\frac{L_m}{NT_m}\right)(T - T_m) \tag{2-3-21}$$

(2-3-21) 式を (2-3-18) 式に代入すると,

$$g_s = N \exp\left[-\beta \left\{ s\left(\frac{L_m}{NT_m}\right)(T_m - T) + \alpha s^{\frac{2}{3}} \right\}\right] \tag{2-3-22}$$

(2-3-15), (2-3-16) より,

$$\ln\left\{\frac{N_A}{N_A + \sum g_s}\right\} = \ln C - \beta \mu_A \tag{2-3-23}$$

および

$$\ln\left\{\frac{g_s}{N_A + \sum g_s}\right\} = l \ln C - \beta \left(s\mu_B + \alpha s^{\frac{2}{3}}\right) \tag{2-3-24}$$

(2-3-10), (2-3-11), (2-3-23) および (2-3-24) より,

$$G_{total} = N k_B T \cdot \ln C = N \mu_A - N k_B T \cdot \ln\left\{\frac{N_A}{N_A + \sum g_s}\right\}$$
$$\sim N \mu_A - N k_B T \cdot \left(\frac{\sum g_s}{N_A}\right) \tag{2-3-25}$$

(2-3-22) 式を代入すると,

$$G_{total} = N \mu_A - N k_B T \sum_{s=s_0} \exp\left[-\beta \left\{ s\left(\frac{L_m}{NT_m}\right)(T_m - T) + \alpha s^{\frac{2}{3}} \right\}\right] \tag{2-3-26}$$

クラスター内のイオン対数が最小値 s_0 を下限として連続的であれば総和を積分で表現でき,

$$G_{\text{total}} = N\mu_A - Nk_B T \int_{s_0}^{\infty} \exp\left[-\beta\left\{s\left(\frac{L_m}{NT_m}\right)(T_m - T) + \alpha s^{\frac{2}{3}}\right\}\right] ds \tag{2-3-27}$$

ギブス－ヘルムホルツ（Gibbs-Helmholtz）の式を用いることにより,(2-3-27)式の右辺第2項に対応するエンタルピー（enthalpy）変化 ΔH は,

$$\Delta H = L_m \int_{s_0}^{\infty} s \cdot \exp\left[-\beta\left\{s\left(\frac{L_m}{NT_m}\right)(T_m - T) + \alpha s^{\frac{2}{3}}\right\}\right] ds \tag{2-3-28}$$

2-3-2 融解前駆現象と比熱の異常増加との関係

前前節で述べたように,ハイノフスキーとメイヤー（Hainovsky and Maier）はイオン結晶におけるフレンケル欠陥を融解前駆現象として熱力学的性質,とくに温度の上昇と共に欠陥の増大による比熱の異常性を説明した.彼らは,現象論的ではあるが定量的に満足すべき結果を得ている.

われわれは,H-M理論とは別の観点から,融点における異常比熱（anomalous specific heat）の絶対値を (2-3-27) 式から導出し,その値が $(T_m - T)$ と共にどのように変化するかを検討する.

マックスウェル（Maxwell）の関係式を適用することにより,$T = T_m$ の比熱は次式によって与えられる.

$$C_P(T_m) = C_P^A(T_m) + \left(\frac{L_m^2}{Nk_B T_m^2}\right) \int_{s_0}^{\infty} s^2 \cdot \exp\left[-\beta\alpha s^{\frac{2}{3}}\right] ds \tag{2-3-29}$$

ここで $C_P^A(T_m)$ は融点における,欠陥－欠陥相互作用（defect-defect interaction）が無視しうるほど小さな状態Aにおける通常の定積比熱を意味する.(2-3-29)式の右辺第2項もまた,戸田によって得られている[8].

この結果を観測されている異常比熱とどのように結びつけるのかがわれわれの仕事である.

(2-3-29) 式を部分積分することにより次式が得られる.

$$C_P(T_m) = C_P^A(T_m) + \left(\frac{3}{2}\right)\left(\frac{L_m^2}{Nk_B T_m^2}\right) \times$$
$$\left[\left(\frac{1}{\beta\alpha}\right)s_0^{\frac{7}{3}}\exp\left\{-\beta\alpha s^{\frac{2}{3}}\right\} + \left(\frac{17}{6\beta\alpha}\right)\int_{s_0}^{\infty} s^{\frac{4}{3}} \cdot \exp\left\{-\beta\alpha s^{\frac{2}{3}}\right\}\right]ds$$
(2-3-30)

もしクラスターの大きさが，s_0 に近いある値 $\hat{s}$ を中心にした幅狭い分布（sharp distribution）であると仮定すると，融点における比熱は，(2-3-30) 式の代わりに次式のようになる．

$$C_P(T_m) \sim C_P^A(T_m) + \left(\frac{3}{2}\right)\left(\frac{L_m^2}{Nk_B T_m^2}\right) \times$$
$$\left[\left(\frac{1}{\beta\alpha}\right)\hat{s}^{\frac{7}{3}} \cdot \exp\left\{-\beta\alpha\hat{s}^{\frac{2}{3}}\right\} + \left(\frac{17}{6\beta\alpha}\right)\hat{s}^{\frac{4}{3}} \cdot \exp\left\{-\beta\alpha\hat{s}^{\frac{2}{3}}\right\}\right]$$
$$\sim C_P^A(T_m) + \left(\frac{3}{2}\right)\left(\frac{L_m^2}{Nk_B T_m^2}\right)\left[\left(\frac{1}{\beta\alpha}\right)\hat{s}^{\frac{7}{3}} \cdot \exp\left\{-\beta\alpha\hat{s}^{\frac{2}{3}}\right\}\right]$$
(2-3-31)

また，s の数値を $\hat{s}$ だけで取り扱うことができるとすると，(2-3-26) 式は $\hat{s}$ と T だけの関数となり，$T \sim T_m$ 近傍で $C_P(T)$ は次式のように表わされる．

$$C_P(T) \sim C_P^A(T_m) + \Delta C_P(T_m) \cdot \exp\left[\frac{L_m \hat{s}}{Nk_B T_m}\right] \cdot \exp\left[-\frac{L_m \hat{s}}{Nk_B T_m}\right] \quad (2\text{-}3\text{-}32)$$

ここで，

$$\Delta C_P(T_m) + \left(\frac{3}{2}\right)\left(\frac{L_m^2}{Nk_B T_m^2}\right)\left[\left(\frac{1}{\beta\alpha}\right)\hat{s}^{\frac{7}{3}} \cdot \exp\left\{-\beta\alpha\hat{s}^{\frac{2}{3}}\right\}\right] \quad (2\text{-}3\text{-}33)$$

イオン結晶における異常比熱項を含まない項 $C_P^A(T)$ は，通常古典的なデューロン-プチ（Dulong-Petit）の値に加えて欠陥形成エネルギー（defect formation energy）と格子振動（lattice vibration）における非調和項（anharmonic term）によって与えられ，実験的には温度に比例する．この温度に緩やかに比例する通常の比熱の項に加えて(2-3-31) 式右辺第 2 項の異常比熱が加わるものと考えられる．次節以降で異常比熱の観測値および溶融塩における表面張力の値を用いて平均クラスター内のイオン対数 $\hat{s}$ を導出しよう．

擬似液体 B' がどのような割合で存在するかを議論しよう．簡単のため，前節

と同様クラスター内のイオン対の数は平均値 $\hat{s}$ だけとする．クラスターを形成しているイオン数の全体のイオン数に対する割合 g(clusters) は，(2-3-12) および(2-3-18) 式により

$$g(\text{clusters}) = \frac{\hat{s}g_s}{N} = \hat{s}\cdot\exp\left[-\beta\left\{s(\mu_B - \mu_A) + \alpha s^{\frac{2}{3}}\right\}\right] \tag{2-3-34}$$

$T \sim T_m$ では，(2-3-21) 式により，

$$g(\text{clusters}) = \hat{s}\cdot\exp\left[-\beta\left\{\hat{s}\left(\frac{L_m}{NT_m}\right)(T_m - T) + \alpha \hat{s}^{\frac{2}{3}}\right\}\right] \tag{2-3-35}$$

$T = T_m$ では，

$$g(\text{clusters, at } T_m) = \hat{s}\cdot\exp\left[-\beta\left(\alpha\hat{s}^{\frac{2}{3}}\right)\right] \tag{2-3-36}$$

例としてここでは，NaCl, AgBr について定量的議論を考えている．

(a) NaCl（ショットキー型欠陥）

固体の NaCl の融点（＝1073 K）における比熱，$C_P(T_m) = 15$ cal/mol·deg，$C_P^A(T_m) = 7$ cal/mol·deg，異常比熱を $\Delta C_P = 8$ cal/mol·deg 程度とする．また，融解潜熱 $=7220$ cal/mol，$\sigma = 116$ CGS unit，$\alpha = 1.38\times 10^{-13}$ CGS unit，$\beta\alpha = 1/6.6$ である．これらを(2-3-31)式に代入すると，

$$\Delta C_P = 5.145\, \hat{s}^{\frac{7}{3}} \cdot \exp\left[-0.1515\, \hat{s}^{\frac{2}{3}}\right]$$

$$\log 8 = 2.333 \log \hat{s} - 0.0658\, \hat{s}^{\frac{2}{3}}$$

この数値解はグラフ解析もしくは手動計算により容易に求められる．すなわち，

$$\hat{s} \sim 856$$

このようにして平均的クラスター内には，＋イオンと－イオンとがそれぞれ856個程度存在する．ここでは球状のクラスターを想定したが，大きさとしては一辺に＋－の各イオンが約9.5個並んでいる立方体内のイオン対数に相当する．

また，上記で得られる $\hat{s} \sim 856$ を (2-3-36) 式に代入すると，

$$g(\text{clusters, at } T_m) = 1.00\times 10^{-3}$$

が得られる．割合（fraction）としては妥当な値であるように思われる．

(b) AgBrの場合（フレンケル型欠陥）

比熱に関する実験的研究はヨストークバチェフスキィ（ost-Kubaschavski）によって遂行されている[13]．ここではその結果も用いる．

T_m = 705 K, L_m = 2199.1 cal/mol, $C_P(T_m)$ = 14.85 cal/mol·deg, $C_P^A(T_m)$ = 8.15 cal/mol·deg，異常比熱 ΔC_P = 6.7 cal/mol·deg，$\beta\alpha$ ~ 1/7 を代入すると，

$$\hat{s} \sim 1553$$

これは一辺に正負イオンが約11.6個並んでいる立方体の大きさに相当する．また，

$$g \sim 0.74 \times 10^{-5}$$

となり，クラスターとなる割合はNaClのそれに比して小さい．

なぜ（AとB'の混合体）⟶（液相B）のような1次相転移（first order transition）が起こるのかについての問題解決のためには，これらの統計熱力学的理論とイオン・ダイナミクス（ion dynamic）との両方の観点からの理論的アプローチがこれまで多くの報告がある[13-15]．今後の発展のためには，それぞれの観点双方からの矛盾の無い議論が必要である．

NaClにおける場合のように，クラスターに参与するイオンの全体のイオンに対する割合が，g(clusters, at T_m) = 1.00×10^{-3} 程度であるということは，擬似液体（pseudo liquid clusters）の存在比率が g(clusters, at T_m) の分布がもし仮に二項分布関数（binominal probability distribution function）で表わされるとすると，クラスターの分布は図のようになり，クラススターークラスター間距離がクラスターの直径の3倍程度になる確率が存在する．ちなみに，クラスターークラスター間距離の最も可能性の高い距離（most probable distance）はクラスターの直径の10倍程度である．また，それぞれの確率は，0.015，0.175である．

このような状態は，イオンの一体分布関数が逆格子周期によって表現されることを著しく困難にさせることを示唆している．

本研究ではまた，欠陥の濃度そのものについては議論していないが，ハイノフスキーーメイヤー（Hainovsky-Maier）の論文にあるように，フレンケル型欠陥

の AgCl や AgBr では融点近傍で大体 $f \sim 1.00 \times 10^{-4}$ 程度である．われわれのクラスター内での欠陥の割合を f' すると，当然 $f' \geqslant 1.00 \times 10^{-4}$ となる．もし，$f' = 10^{-2} \sim 10^{-3}$ の範囲にあれば，クラスター内での固体状態の格子振動（lattice vibration）の維持は困難になるであろう．つまり，格子不安定性（lattice instability）が生ずることになり，あらかじめ仮定したクラスター＝微小集合体（cluster）の液体状立体構成（liquid-like configuration）は受容可能である．

また，融点を臨界現象の立場で考えるならば，固体から液体へ相転移に伴ってクラスターの平均直径そのものが $\left(\dfrac{4\pi}{3}\right)\left(\dfrac{3\hat{s}}{4\pi n_0}\right)$ から無限大になることを示している．

(2-3-26) もしくは(2-3-27) 式からわかるように，融点直下では擬液状態 B' のクラスター出現に伴い，本来の結晶の状態Aとの間の混合のエントロピーによって Gibbs の自由エネルギーが図 2-3-1 のように，わずかながら減少する．

融点直上 Gibbs の自由エネルギーの融点近傍における温度変化は，融点 T_m をはさんだ数度の温度範囲で，図のような修正が微小空間範囲（microscopic range）で必要となる．ただし，その絶対値は(2-3-26) あるいは(2-3-27)式 から推定で

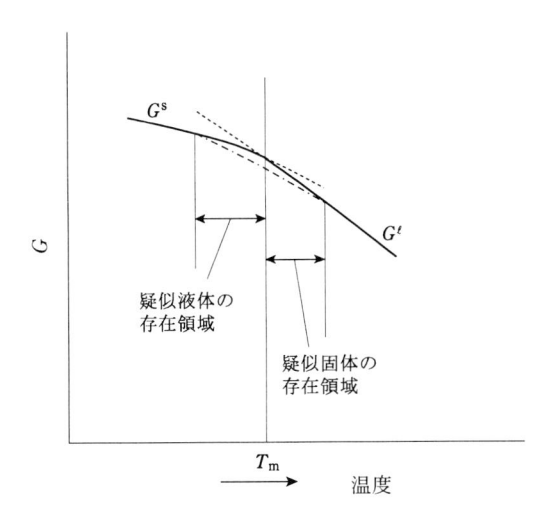

図2-3-1 擬似液体と固相の共存，擬似固体と液相の共存の場合のGibbsの自由エネルギー．

きるように，0.005 cal/mol の程度であるので，観測可能領域（observable scale range）よりも小さい．

2-3-3 イオン結晶における融解前駆現象と電気伝導度

前節で，イオン結晶における融解直前の比熱の異常性を融解前駆現象として捉え，本来のイオン結晶状態A-stateと局所的な擬似液体B'-stateのクラスターからなる混合系として解析し，NaClおよびAgBrのクラスターの大きさまでを特定することができた．

ここでは，融解直前における電気伝導度の増加を，同様な混合系出現に伴う結果として解析するための理論的考察である．

イオン結晶系全体にわたって，擬似液体B'がどのような割合で存在するかについては前回に十分な議論をてんかいした．その結果，クラスター内のイオン対の数は平均値$\hat{s}$だけとする簡単化した仮定の下，クラスターを形成しているイオン数の全体のイオン数に対する割合（fraction of clusters），$x_{B'}$は，

$$x_{B'} = \frac{\hat{s} g_s}{N} = \hat{s} \cdot \exp\left[-\beta\left\{s(\mu_B - \mu_A) + \alpha s^{\frac{2}{3}}\right\}\right] \quad (2\text{-}3\text{-}37)$$

$T \sim T_m$ では，

$$x_{B'}(T) = \hat{s} \cdot \exp\left[-\beta\left\{\hat{s}\left(\frac{L_m}{NT_m}\right)(T_m - T) + \alpha \hat{s}^{\frac{2}{3}}\right\}\right] \quad (2\text{-}3\text{-}38)$$

$T = T_m$ では，

$$x_{B'}(\text{clusters, at } T_m) = \hat{s} \cdot \exp\left[-\beta\left(\alpha \hat{s}^{\frac{2}{3}}\right)\right] \quad (2\text{-}3\text{-}39)$$

ここでαはクラスターを形成するB'状態の表面張力である．また，$\beta = \frac{1}{k_B T}$である．

フレンケル（Frenkel）[17]および後にこれを追認したエーゲルスタッフ-ウィドム（Egelstaff-Widom）[18]によれば，次のような現象論的な，しかし有用な関係式ある．

$$\chi_T \alpha \sim L \quad (長さの次元を持つ定数) \quad (2\text{-}3\text{-}40)$$

ここでχ_Tは擬似液体の等温圧縮率であるが，以下の取り扱いでは融点における

溶融塩の等温圧縮率を用いることにする．ほとんどの溶融塩で，L は 0.35 Å 程度である[19]．

(2-3-40) 式を用いると，

$$\beta\alpha \sim \frac{1}{7} \tag{2-3-41}$$

どのようにしたら擬似液体クラスターの割合（fraction）$x_{B'}$ を電気伝導度から導出できるかを次節以下で示す．

いま σ_A の電気伝導度をもつイオン結晶 A-state のなかに，電気伝導度 $\sigma_{B'}$ をもつ擬似液体 B'-状態のクラスターがあるとしよう．このとき，融点 T_m で観測される電気伝導 $\sigma_{obs}(T_m)$ は，どう表現されるであろうか？

A-状態と B'-状態の伝導度の代りに，それらの誘電率 ε_A と $\varepsilon_{B'}$ とを考える．簡単のため，クラスターは図 2-3-2 で示すような球状態だとする．

この系に外部から電場 E_0 を加えるとする．図の中心軸を通過する電気力線について，クラスター内において中心から距離 r にある位置の内部電位 $V_i(r)$ は

$$V_i(r) = -\left\{\frac{3\varepsilon_A}{(\varepsilon_B + 2\varepsilon_A)}\right\} E_0 r \tag{2-3-42}$$

である．したがって，内部に働く電場の強さは E_0 でなく $\left\{\dfrac{3\varepsilon_A}{\varepsilon_B + 2\varepsilon_A}\right\} E_0$ である．類推から，

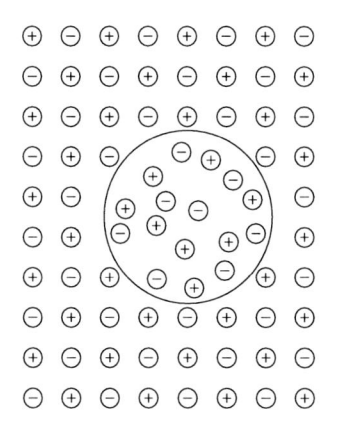

図 2-3-2　球状擬似液体（円内部）と結晶の共存の模型図．

$$E' = -\left\{\frac{3\sigma_A}{\sigma_B + 2\sigma_A}\right\}E_0 \tag{2-3-43}$$

と変換されることは容易に理解されよう.

したがってクラスター球内の電流密度は, $\sigma_{B'} \times \left\{\dfrac{3\sigma_A}{\sigma_{B'} + 2\sigma_A}\right\}E_0$ である. また, クラスターの全体の割合が $x_{B'}$ である. これらのことは, あたかも擬似液体クラスターの存在のために, 伝導度が次のように変化することを示している.

$$\sigma_{obs}(T_m) \equiv \sigma_m = (1 - x_{B'})\sigma_A + x_{B'}\left\{\frac{3\sigma_A \sigma_{B'}}{\sigma_{B'} + 2\sigma_A}\right\} \tag{2-3-44}$$

$$= \left[1 - \hat{s}\cdot\exp\left\{-\beta\left(\alpha\hat{s}^{\frac{2}{3}}\right)\right\}\right]\sigma_A + \hat{s}\cdot\exp\left\{-\beta\left(\alpha\hat{s}^{\frac{2}{3}}\right)\right\}\left\{\frac{3\sigma_A \sigma_{B'}}{\sigma_{B'} + 2\sigma_A}\right\} \tag{2-3-45}$$

一方, 融点直下のような高温状態のイオン結晶の電気伝導度 σ_A は, 正負双方のイオンが伝導に関与し, アルカリ・ハロゲン化物結晶の真性電気伝導度は次式で与えられることが知られている (フラー－ライリーの論文参照)[20].

$$\sigma_A T = \sigma_c T = \sigma_a T = C_0 \exp\left(-\frac{W_c}{k_B T}\right) + A_0 \exp\left(-\frac{W_c}{k_B T}\right) \tag{2-3-46}$$

ここで, σ_c および σ_a は陽イオンおよび陰イオンの部分電気伝導度である.

フラー－ライリー (Fuller-Reilly) は固体の NaCl, KCl および RbCl に対して, C_0, W_c, A_0 および W_c 等を表にまとめられてあるので, 参考にできる[20].

観測された $\sigma_{obs}(T_m)$ と $\sigma_{B'}(T_m)$ (ただし, 溶融塩の融点における伝導度を用いる), (2-3-46) 式で導出される σ_A を (2-3-45) に代入し, (2-3-41) を用いると, 擬似液体球内のイオン対数 $\hat{s}$ がもとめられる.

ひところ, 不規則系あるいは乱れた系にある程度の効力を発揮した理論としてコヒーレント・ポテンシャル近似 (CPA) が流行した[21]. もちろん, CPA は物性におけるミクロな描像に適用されたものである. この CPA の拡張の一つとして, 以下のような有効媒質近似 EPA (Effective Medium Approximation) が, マクロなランダムな混合状態に適用された.

マクロなサイズを持つ上記で考えたような 2 種類の物質, A-状態と B'-状態とが完全にランダムにまじり合っているとしよう. それぞれの誘電率は, ε_A と $\varepsilon_{B'}$

であり，系全体で実効誘電率はε_mだとする．図2-3-2のように，半径aの球でくりぬいて，その外側が誘電率はε_mをもつ有効媒質であるとする．

この球がA-stateで出来ているとき，外部電場の強さE_0に対して球の内部に作られる単位体積当たりの分極の強さP_Aは，MKS表示で，

$$P_\mathrm{A} = \left\{ \frac{3\varepsilon_\mathrm{m}(\varepsilon_\mathrm{A} - \varepsilon_\mathrm{m})}{\varepsilon_\mathrm{A} + \varepsilon_\mathrm{m}} \right\} E_0 \tag{2-3-47}$$

同様に

$$P_\mathrm{B} = \left\{ \frac{3\varepsilon_\mathrm{m}(\varepsilon_\mathrm{B'} - \varepsilon_\mathrm{m})}{\varepsilon_\mathrm{B'} + \varepsilon_\mathrm{m}} \right\} E_0 \tag{2-3-48}$$

EPAの要請は，

$$x_\mathrm{A} P_\mathrm{A} + x_\mathrm{B'} P_\mathrm{B} = 0 \tag{2-3-49}$$

および

$$x_\mathrm{A} + x_\mathrm{B'} = 1 \tag{2-3-50}$$

である．したがって，

$$x_\mathrm{A} \left(\frac{\varepsilon_\mathrm{A} - \varepsilon_\mathrm{m}}{\varepsilon_\mathrm{A} + \varepsilon_\mathrm{m}} \right) + x_\mathrm{B'} \left(\frac{\varepsilon_\mathrm{B'} - \varepsilon_\mathrm{m}}{\varepsilon_\mathrm{B'} + \varepsilon_\mathrm{m}} \right) = 0 \tag{2-3-51}$$

類推から，

$$(1 - x_\mathrm{B'}) \left(\frac{\sigma_\mathrm{A} - \sigma_\mathrm{m}}{\sigma_\mathrm{A} + \sigma_\mathrm{m}} \right) + x_\mathrm{B'} \left(\frac{\sigma_\mathrm{B'} - \sigma_\mathrm{m}}{\sigma_\mathrm{B'} + \sigma_\mathrm{m}} \right) = 0 \tag{2-3-52}$$

この式に測定値を代入して$x_\mathrm{B'}$を求め，擬似液体球内のイオン対数$\hat{s}$を導出する．

しかし，EPAが特に効果的であるのは，多分x_Aと$x_\mathrm{B'}$の割合が同程度の場合であろうから，今の場合のように，$x_\mathrm{A} \gg x_\mathrm{B'}$の条件下で$x_\mathrm{B'}$を求めることは，近似の妥当性の観点から考えると，多少疑問がないでもない．

しかしながら，融点近傍における比熱の実測値がなくても，もし電気伝導度の測定値が知られておれば，大雑把な近似として，前節で議論したようなイオン結晶内での擬液体状のクラスターの大きさを知ることが出来る．

松永と田巻は，フラー－ライリーにより得られた融点直下のKClに対する実験データを(2-3-52)式に代入し，擬似液体球内のイオン対数$\hat{s}$を計算した．その結果は$\hat{s} \sim 790$であり，異常比熱から計算した値$\hat{s} \sim 800$とよい一致を示す[22]．

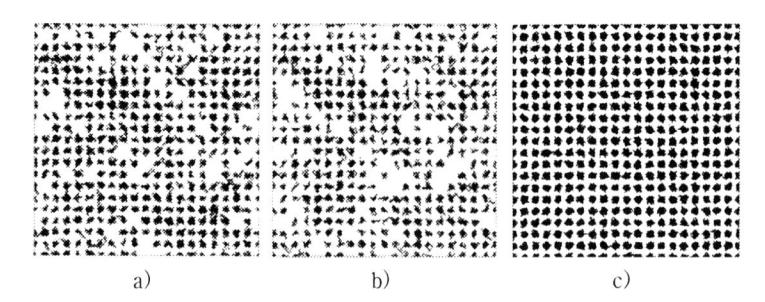

図 2-3-3 MD による NaCl の融点近傍における融解前駆現象. a) Na の分布の乱れ, b) Cl の分布の乱れ, c) 乱れのない場合.
(Reproduced with permission from S. Matsunaga and S. Tamaki, J. Phys. Condens. Matter, 20 (2008) 114116. Copyright 2008, IOP Publishing.)

また, 3-2 節で述べたように, 融解前駆現象を MD シミュレーションによって示すことができる. 図 2-3-3 は, 松永-田巻による NaCl の融点近傍における融解前駆現象を MD によって描像化したもので, a) Na サイトの乱れた場所, b) Cl サイトの乱れた場所, および c) 乱れのない場所, を取り出している. この図は 2007 年, ロシアのエカテリンブルグで開催された液体ならびに非晶質金属国際会議のプロシーディングの表紙となったものである[12].

2-4　金属性液体,共有結合性化合物液体および溶融塩の相違点

物質(固体および液体)を物性的観点から分類する場合, 構成原子の結合状態によって分類される. 原子間の結合の特性は, 言うまでもなく, 金属結合, イオン結合および共有結合である.

金属結合では, 構成原子の最外殻に位置する電子が原子の凝集集合体の中を比較的自由に運動する伝導電子となるため, これらの電子は特定のイオンに所属するわけでない. この特性が全伝導電子と構成する全イオンとの引力ポテンシャルとなり, 凝集体となる.

これに対し, 共有結合の場合はそれぞれの構成原子から供給される外殻電子が結合相手の原子の外殻電子と共有閉軌道を構成し, その電子とペアになった2原子(イオン)とのクーロン引力が凝集性をもたらす.

イオン結合は陽イオンと陰イオンとになった系のクーロン力ポテンシャルが凝

集性をもたらすのは勿論である.

　このようにして，金属結合と共有結合の場合，結合もしくは凝集に寄与する電子はそれを供給した原子（イオン）間の配置すなわち構造によって結合性が変化することが考えられる．実際GeやSiの場合，低温の固体では原子の配置を与える空間的構造は，正四面体の中心および各頂点の位置にそれぞれの原子が配列された（これを4配位という）純粋な共有結合である．換言すれば，外殻にあるspの4個の電子が4配位に分配され，相手の原子から供給される電子との間に共有電子対が形成され，共有結合となる．液体になると，各原子の周りの最近接原子数は10～11個になる．それゆえ，共有電子対を形成するのが不可能となり，金属化する．GeやSiが液体状態で金属であることは電気伝導度の測定から容易に判明する.

　このように，結合の性質は結合に参与する原子の最隣接配位数と外殻電子数とに強く依存する.

　同様にして，イオン結晶の$AlCl_3$も液体状態になると，部分的な共有結合が発生し，分子性化合物Al_2Cl_6の集合体になることが判明している.

参考文献

1)　F. Reif, *Fundamentals of Statistical and Thermal Physics*, McGraw-Hill, Kogakusha, Tokyo, 1965.
2)　T. Kurosawa, J. Phys. Soc. Japan, **12** (1957) 338.
3)　S. Strässler and C. Kittel, Phys. Rev. A, **139** (1965) 758.
4)　M. J. Rice, S. Strässler and G. A. Toombs, Pys. Rev. Lett., **32** (1974) 596.
5)　R. A. Huberman, Phys. Rev. Lett., **32** (1974) 1000.
6)　N. Hainovsky and J. Maier, Phys. Rev. B, **51** (1995) 15789.
7)　A. R. Ubbelohde, *Melting and Crystal Structure*, Clarendon Press, Oxford, 1965.
8)　戸田盛和，液体構造論，共立出版，東京，1947.
9)　Band, J. Chem. Phys., **7** (1939) 324, 927.
10)　J. Frenkel, J. Chem. Phys., **7** (1939) 200, 538.
11)　久保亮五他，熱学・統計力学，裳華房，東京，1978
12)　Z. H. Jin, P. Gumbsch, K. Lu and E. Ma, Phys. Rev. Lett., **87** (2001) 55703.

S. Matsunaga and S. Tamaki, J. Phys. Condens. Matter, **20** (2008) 114116.

S. Matsunaga and S. Tamaki, Eur. Phys. J. B, **10** (2008) 1140.

13) W. Jost and P. Kubaschavski, Z. Phys. Chem., **60** (1968) 69.

14) J. G. Kirkwood and E. Monroe, J. Chem. Phys., **8** (1940) 623.

R. Brout, *Phase Transitions*, W. A. Benjamin, New York, 1965.

15) M. Born, J. Chem. Phys., **7**(1939) 591.

M. Born and H. Huang, *Dynamical Theory of Crystal Lattices*, Clarendon Press, 1988.

16) F. Lindemann, Z. Phys., **11** (1910) 609.

17) J. Frenkel, *Kinetic Theory of Liquids*, Oxford, 1942.

18) P. A. Egelstaff and B. Widom, J. Chem. Phys., **53** (1970) 2667.

19) N. H. March and M. P. Tosi, *The Atomic Dynamics in Liquids*, MacMillan Press, London, 1976.

20) R. G. Fuller and M. H. Reilly, Phys. Rev. Letters, **19** (1967) 113.

21) R. Landauer, in *Electrical Transport and Optical Properties of Inhomogeneous Media*, AIP Conf. Proc. No.40, edited by J. C. Garland and D. B. Tanner (AIP New York, 1978).

22) S. Matsunaga and S. Tamaki, Eur. Phys. J. B, **10** (2008) 1140.

3. 溶融塩における熱力学的性質

 溶融塩における熱力学を論ずる前に単体液体の場合の熱力学的性質について調べ，それが溶融塩に対してどのように発展されているかを論じよう．

 固体における比熱は，与えられた熱量を収容する機構として，格子振動が考えられた．溶融塩を含む液体でも，構成分子，イオンの運動エネルギーとそれらの間の相互作用による，という観点から考えると固体と同様な物理量で与えられる．どのような溶融塩系で比熱が大きくなるかの理論的指導原理が明らかになれば，太陽熱貯蔵への応用等，今後の問題の基礎として位置づけられるであろう．また，液体におけるミクロなイオン・分子間相互作用と巨視的な物理量である圧縮率や表面張力との間の因果関係や，固体－液体－気体の相転移における微視的解釈も興味ある問題であろう．

3-1 単体液体における内部エネルギー

 体積 V における単体液体を構成する N 個の分子全体の分子間相互作用ポテンシャルエネルギー Φ は二体分子間ポテンシャルの総和で与えられるとすると，

$$\Phi(\boldsymbol{r}_1, \boldsymbol{r}_2, \cdots\cdots \boldsymbol{r}_N) = \sum_{j \neq i} \phi\left(\left|\boldsymbol{r}_j - \boldsymbol{r}_i\right|\right) \equiv \sum_{j \neq i} \phi(\boldsymbol{r}_{ji}) \tag{3-1-1}$$

与えられた絶対温度が T のとき，系の運動エネルギーは1個当たり $\left(\dfrac{3}{2}\right) k_B T$ とすると，系のエネルギー E は[1,2]，

$$E = \frac{3}{2} N k_B T + \langle \Phi \rangle \tag{3-1-2}$$

$$\langle \Phi \rangle = Z^{-1} \int \cdots\cdots \int \exp\left(-\frac{\Phi}{k_B T}\right) \Phi \, \mathrm{d}\boldsymbol{r}_1 \, \mathrm{d}\boldsymbol{r}_2 \cdots\cdots \mathrm{d}\boldsymbol{r}_N \tag{3-1-3}$$

ここで Z は分配関数である．即ち，

$$Z = \int \cdots\cdots \int \exp\left\{-\frac{\Phi}{k_B T}\right\} d\boldsymbol{r}_1 \, d\boldsymbol{r}_2 \cdots\cdots d\boldsymbol{r}_N \tag{3-1-4}$$

二体の動径分布関数 $g(r)$ を用いると $\langle\Phi\rangle$ は次のように書ける．即ち，

$$\langle\Phi\rangle = \frac{1}{2}\rho^2 V \int_0^\infty \phi(r) g(r) 4\pi r^2 \, dr \tag{3-1-5}$$

それゆえ

$$E = \frac{3}{2} N k_B T + \frac{1}{2} N \rho \int_0^\infty \phi(r) g(r) 4\pi r^2 \, dr \tag{3-1-6}$$

一方，分配関数 Z を温度 T で偏微分すると，

$$\left(\frac{\partial Z}{\partial T}\right) = \left(\frac{1}{k_B T^2}\right) \langle\Phi\rangle \tag{3-1-7}$$

それゆえ，

$$E = \left(\frac{3}{2}\right) N k_B T + \left(k_B T^2\right)\left(\frac{\partial \ln Z}{\partial T}\right) \tag{3-1-8}$$

と書くこともできる．この式は比熱の議論で必要になる．

同様にしてヴィリアル（Virial）の定理から，系の圧力 P は，

$$P = \rho k_B T - \left(\frac{\rho^2}{6}\right) \int_0^\infty r \left\{\frac{\partial \phi(r)}{\partial r}\right\} g(r) 4\pi r^2 \, dr \tag{3-1-9}$$

3-2 溶融塩における内部エネルギー

体積 V の中に $N^+ = N^- = N$ $\left(\dfrac{N}{V} = \rho\right)$ の溶融塩の系があるとする．この系の内部エネルギーは(3-1-6)式と同様に次のように書ける．即ち，

$$E = \frac{3}{2} N k_B T + \langle\Phi_{ms}\rangle \tag{3-2-1}$$

ここで

$$\langle\Phi_{ms}\rangle = \frac{1}{2} N \rho \int_0^\infty \left\{\phi^{++}(r) g^{++}(r) + 2\phi^{+-}(r) g^{+-}(r) + \phi^{--}(r) g^{--}(r)\right\} 4\pi r^2 \, dr \tag{3-2-2}$$

$g^{\alpha\beta}(r)$ はそれぞれ同種イオン間もしくは異種イオン間の二体の部分動径分布関数を表わす.

同様にして系の圧力 P は,

$$P = 2\rho k_B T - \left(\frac{\rho^2}{6}\right)\int_0^\infty r\left[\left\{\frac{\partial \phi^{++}(r)}{\partial r}\right\}g^{++}(r) + 2\left\{\frac{\partial \phi^{+-}(r)}{\partial r}\right\}g^{+-}(r)\right.$$
$$\left. + \left\{\frac{\partial \phi^{--}(r)}{\partial r}\right\}g^{--}(r)\right]4\pi r^2\,dr \qquad (3\text{-}2\text{-}3)$$

それゆえ, (3-2-2), (3-2-3) 式の相互作用エネルギーや圧力計算には部分構造の情報が必要となる.

3-3 溶融塩を含む液体の比熱

近年,太陽熱を貯蔵するために溶融塩の熱容量を利用する試みがあり,ある程度実用化もされつつある.溶融塩に限らず,一般的に液体がどのように熱を蓄えるか,すなわち液体の比熱について調べよう.

比熱は内部エネルギーの温度変化で与えられるので,(3-1-6) 式から出発することにしよう.この式で,温度を変化させてもポテンシャル $\phi(r)$ は変化しないと仮定する.そこで ρ を一定にして,温度微分をとると定積比熱 C_V が与えられる.即ち,

$$C_V = \left(\frac{\partial E}{\partial T}\right)_V = \frac{3}{2}Nk_B + \frac{1}{2}N\rho\int_0^\infty \phi(r)\frac{\partial g(r)}{\partial T}4\pi r^2\,dr \qquad (3\text{-}3\text{-}1)$$

二体の動径分布関数 $g(r)$ に関して,$g(r) = \exp\left(-\dfrac{U(r)}{k_B T}\right)$ とおくとき,$U(r)$ を系の平均ポテンシャルという.平均ポテンシャル $U(r)$ を用いると,

$$\left\{\frac{\partial g(r)}{\partial T}\right\} = -\frac{1}{T}\left\{g(r)\ln(r)\right\} \qquad (3\text{-}3\text{-}2)$$

を代入して

$$C_V = \frac{3}{2}Nk_B - \frac{1}{2}\frac{1}{T}N\rho\int_0^\infty \phi(r)\left\{g(r)\ln g(r)\right\}4\pi r^2\,dr \qquad (3\text{-}3\text{-}3)$$

従って,与えられた温度 T における系の粒子密度 ρ と分布関数に関する $\{g(r)\ln g(r)\}$

とが分かれば，定積比熱 C_V をうることができる．

同様に，体積 V の中に $N^+ = N^- = N \left(\dfrac{N}{V} = \rho\right)$ のイオンが存在する溶融塩系では，

$$C_V(ms) = 3Nk_B - \dfrac{1}{2}\dfrac{1}{T}N\rho \times$$
$$\int_0^\infty \left[\phi^{++}(r)\left\{g^{++}(r)\ln g^{++}(r)\right\} + 2\phi^{+-}(r)\left\{g^{+-}(r)\ln g^{+-}(r)\right\}\right.$$
$$\left. + \phi^{--}(r)\left\{g^{--}(r)\ln g^{--}(r)\right\}\right] 4\pi r^2\, dr \tag{3-3-4}$$

で与えられるので，部分構造因子が測定されていれば比熱の値が導出される．

一般的な液体において，分子が拡散できる時間はおおよそ $10^{-11} \sim 10^{-12}$ sec である．このことは，核磁気共鳴における緩和時間から推定される．これについては後の章で詳しい説明する．一方，分子間の相互作用の力は固体のそれと比べてそれほど大きな相違はない．とすれば，与えられた分子が周辺の分子によって受ける分子振動（ここではアインシュタイン振動（Einstein vibration）であるとしよう）の振動の周期は 10^{-13} sec であるから，液体の分子の移動の描像として，数十回の分子振動を繰り返しながら拡散していく，ということが考えられる．

このように考えれば，液体中の分子も固体のそれと同様に熱振動を中心とした観点から考察できるであろう．

系を構成する各分子のまわりの分子の分布はほぼ同様だとする．分子 i が感ずるポテンシャルは，

$$\Phi_i = \Phi_{i0}\left(\left\langle\left|\bm{r}_j - \bm{r}_i\right|\right\rangle\right) + \left(cq_{ix}^2 - gq_{ix}^3 - fq_{ix}^4\right) + \left(cq_{iy}^2 - gq_{iy}^3 - fq_{iy}^4\right)$$
$$- \left(cq_{iz}^2 - gq_{iz}^3 - fq_{iz}^4\right) \tag{3-3-5}$$

ここで，右辺の第 1 項 $\Phi_{i0}\left(\left\langle\left|\bm{r}_j - \bm{r}_i\right|\right\rangle\right)$ は分子 i に働くポテンシャル $\Phi_i = \sum_{j\neq i}\phi\left(\left|\bm{r}_j - \bm{r}_i\right|\right)$ の極小値であり，それぞれの分子がほぼ一定であるとしよう．右辺の残りの項は x, y, z 方向に振動することによって生ずる変位 $q_{ix, or\, y\, or\, z}$ に伴うポテンシャルで，c に関する項が調和振動のポテンシャル項であり，q^3，q^4 の項は調和振動を緩める非調和項である．力の定数，c, g, f は実際にえられるポテンシャルとの比較から導出されるであろう．

3. 溶融塩における熱力学的性質

系のポテンシャルの総和の分配関数は分子分布が等方的であれば次のように書ける.

$$Z = \sum_{i=1}^{N} \exp\left(-\frac{\Phi_{i0}}{k_B T}\right) \sum_{i=1}^{N} \left\{ \int_{-\infty}^{+\infty} \exp\left(-\frac{c q_{ix}^2}{k_B T}\right) \exp\left(\frac{g q_{ix}^3 + f q_{ix}^4}{k_B T}\right) dq_{ix} \right\}^3$$

$$= \left\{ \sum_{i=1}^{N} \exp\left(-\frac{\Phi_{i0}}{k_B T}\right) \right\} N \left\{ \left(\frac{\pi k_B T}{c}\right) \left(1 + \frac{3}{4}\frac{f k_B T}{c^2} + \frac{15}{16}\frac{g^2 k_B T}{c^3}\right) + \cdots \right\}$$

(3-3-6)

系全体の内部エネルギーは,

$$E = \frac{3}{2} N k_B T + \left(k_B T^2\right)\left(\frac{\partial \ln Z}{\partial T}\right)$$

$$\sim \frac{3}{2} N k_B T + \sum_{i=1}^{N} \Phi_{i0} + \frac{3}{2} N k_B T + \frac{9}{2} N k_B^2 T \left\{ \left(\frac{f}{c^2}\right) + \left(\frac{5}{4}\right)\left(\frac{g^2}{c^3}\right) \right\}$$

(3-3-7)

それゆえ,

$$C_V \sim \frac{6}{2} N k_B + \frac{9}{2} N k_B^2 \left\{ \left(\frac{f}{c^2}\right) + \left(\frac{5}{4}\right)\left(\frac{g^2}{c^3}\right) \right\}$$ (3-3-8)

この式はよく知られた固体の格子振動に伴う比熱の表式であり、第1項はよく知られたデューロン－プチ (Dulong-Petit) の項であり、第2項が非調和項による値である.

(2-6) 式における $\sum_{i=1}^{N} \Phi_{i0}$ が液体と固体で異なるはずであるが、この項は温度微分でゼロとなるため、比熱の表式が固体のそれと同一になった.

このようにして、理論的には定積比熱 C_V が定式化されるけれども、観測されるデータは定圧比熱 C_P，すなわち一定圧力下における比熱である.したがって、理論と実験との完全なる比較のためには、観測される C_P およびその他の観測容易量を用いて C_V を導出せねばならない.

そのためには、以下の関係式を用いなければならない.

まず, $dQ = T dS$ より,

$$C_P = T\left(\frac{\partial S}{\partial T}\right)_P, \quad C_V = T\left(\frac{\partial S}{\partial T}\right)_V$$

より，

$$C_P - C_V = T\left\{\left(\frac{\partial S}{\partial T}\right)_P - \left(\frac{\partial S}{\partial T}\right)_V\right\}, \quad \left(\frac{\partial S}{\partial T}\right)_P = \left(\frac{\partial S}{\partial T}\right)_V + \left(\frac{\partial S}{\partial V}\right)_T\left(\frac{\partial V}{\partial T}\right)_P$$

$$\therefore C_P - C_V = T\left(\frac{\partial S}{\partial V}\right)_T\left(\frac{\partial V}{\partial T}\right)_P = T\left(\frac{\partial V}{\partial T}\right)_P\left(\frac{\partial P}{\partial T}\right)_V = \left(\frac{\alpha_V^2}{\chi_T}\right)VT$$

(3-3-9)

ここで，α_V は熱膨張係数（thermal expansion coefficient）であり，χ_T は等温圧縮率（isothermal compressibility）である．すなわち，

$$\alpha_V = \left(\frac{1}{V}\right)\left(\frac{\partial V}{\partial T}\right)_P, \quad \chi_T = \left(\frac{1}{V}\right)\left(\frac{\partial V}{\partial P}\right)_T$$

(3-3-10)

しかしながら，溶融塩を含む液体の高温における熱膨張係数の測定は比較的容易であるが，等温圧縮率 χ_T の測定はかなり困難である．そのためには，次式によって示される音速と密度のデータを用いて得られる断熱圧縮率 χ_S を用いる[3]．

$$\chi_S = \left(\frac{1}{\rho v_S^2}\right)$$

(3-3-11)

一方，ヤコビアンの変換を施すと，

$$\left(\frac{\chi_S}{\chi_T}\right) = \frac{\left\{-\left(\frac{1}{V}\right)\left(\frac{\partial V}{\partial P}\right)_S\right\}}{\left\{-\left(\frac{1}{V}\right)\left(\frac{\partial V}{\partial P}\right)_T\right\}} = \frac{\left\{\frac{\partial(V,S)}{\partial(P,S)}\right\}}{\left\{\frac{\partial(V,T)}{\partial(P,T)}\right\}} = \frac{\left\{\frac{\partial(V,S)}{\partial(V,T)}\right\}}{\left\{\frac{\partial(P,S)}{\partial(P,T)}\right\}} = \frac{\left(\frac{\partial S}{\partial T}\right)_V}{\left(\frac{\partial S}{\partial T}\right)_P} = \frac{C_V}{C_P}$$

(3-3-12)

(3-3-9), (3-3-11), (3-3-12)式から

$$C_V = \frac{C_P^2}{C_P + \rho v_S^2 \alpha_V^2 VT}$$

(3-3-13)

が得られる．

(3-3-13) 式の右辺はすべて観測容易な物理量から成り立っている．理論的に導出された定積比熱は，このようにして得られた定積比熱と比較することができる．

3-4 液体における圧縮率と音速

前節で述べたように,等温圧縮率 χ_T を実験的に測定するのは容易でない,いはば測定困難量である. χ_T を測定容易な物理量から導出するためには,(3-3-9),(3-3-11),(3-3-12) 式を用いればよい.すなわち,

$$\chi_T = \chi_T + \left(\frac{\alpha_V^2 VT}{C_P}\right) = \left(\frac{1}{\rho v_S^2}\right) + \left(\frac{\alpha_V^2 VT}{C_P}\right) \tag{3-4-1}$$

一般に液体中の分子分布が均一でなく,ゆらぎが大きいとき,圧縮率がそれに比例して大きいことを以下に示す.

N 個の分子からなる系で,任意の分子 i が位置 $\boldsymbol{r}_1$ に来る確率密度は,

$$\rho_N^{(1)}(\boldsymbol{r}_1) = \sum_{i=1}^{N} \delta(\boldsymbol{r}_i - \boldsymbol{r}_1) \tag{3-4-2}$$

$\boldsymbol{r}_i$ は分子 i の特定位置である.

同様に, $\boldsymbol{r}_1$ と $\boldsymbol{r}_2$ の位置に一組の分子対がくる確率密度 $\rho_N^{(2)}(\boldsymbol{r}_1, \boldsymbol{r}_2)$ は

$$\rho_N^{(2)}(\boldsymbol{r}_1, \boldsymbol{r}_2) = \sum_{i \neq j=1}^{N} \delta(\boldsymbol{r}_i - \boldsymbol{r}_1) \delta(\boldsymbol{r}_j - \boldsymbol{r}_1) \tag{3-4-3}$$

統計力学[1,2]によれば $\rho_N^{(2)}(\boldsymbol{r}_1, \boldsymbol{r}_2)$ は

$$\rho_N^{(n)}(\boldsymbol{r}_1 \cdots \boldsymbol{r}_n) = \left\{\frac{N!}{(N-n)!}\right\} Z_N^{-1} \int \cdots \int \exp\{-\beta U(\boldsymbol{r}_1 \cdots \boldsymbol{r}_N)\} \mathrm{d}\boldsymbol{r}_{n+1} \cdots \mathrm{d}\boldsymbol{r}_N \tag{3-4-4}$$

$$Z_N = \int \cdots \int \exp\{-\beta U(\boldsymbol{r}_1 \cdots \boldsymbol{r}_N)\} \mathrm{d}\boldsymbol{r}_1 \cdots \mathrm{d}\boldsymbol{r}_N \tag{3-4-5}$$

(3-4-4) の積分を遂行すると,

$$\int \cdots \int \rho_N^{(n)}(\boldsymbol{r}_1 \cdots \boldsymbol{r}_n) \mathrm{d}\boldsymbol{r}_1 \cdots \mathrm{d}\boldsymbol{r}_n = \frac{N!}{(N-n)!} \tag{3-4-6}$$

特に,

$$\int \rho_N^{(1)}(\boldsymbol{r}_1) \mathrm{d}\boldsymbol{r}_1 = N, \quad \iint \rho_N^{(2)}(\boldsymbol{r}_1, \boldsymbol{r}_2) \mathrm{d}\boldsymbol{r}_1 \mathrm{d}\boldsymbol{r}_2 = N(N-1) \tag{3-4-7}$$

N のゆらぎを考えて大きなカノニカル集合 (grand canonical ensemble) をとると,

$$\int \rho^{(1)}(\boldsymbol{r}_1) \mathrm{d}\boldsymbol{r}_1 = \langle N \rangle \tag{3-4-8}$$

$$\iint \rho^{(2)}(\boldsymbol{r}_1, \boldsymbol{r}_2) \mathrm{d}\boldsymbol{r}_1 \mathrm{d}\boldsymbol{r}_2 = \langle N^2 \rangle - \langle N \rangle \tag{3-4-9}$$

$$\int \rho^{(1)}(\boldsymbol{r}_1) \rho^{(1)}(\boldsymbol{r}_2) \mathrm{d}\boldsymbol{r}_1 \mathrm{d}\boldsymbol{r}_2 = \langle N \rangle^2 \tag{3-4-10}$$

が得られる[1]. それゆえ,

$$\iint \left[\rho^{(2)}(\boldsymbol{r}_1, \boldsymbol{r}_2) - \rho^{(1)}(\boldsymbol{r}_1) \rho^{(1)}(\boldsymbol{r}_2) \right] \mathrm{d}\boldsymbol{r}_1 \mathrm{d}\boldsymbol{r}_2 = \langle N^2 \rangle - \langle N \rangle^2 - \langle N \rangle \tag{3-4-11}$$

両辺を $\langle N \rangle$ で割ると,

$$\left(\frac{1}{\langle N \rangle} \right) \iiint \left[\rho^{(2)}(\boldsymbol{r}_1, \boldsymbol{r}_2) - \rho^{(1)}(\boldsymbol{r}_1) \rho^{(1)}(\boldsymbol{r}_2) \right] \mathrm{d}\boldsymbol{r}_1 \mathrm{d}\boldsymbol{r}_2 = \left\{ \frac{\left(\langle N^2 \rangle - \langle N \rangle^2 \right)}{\langle N \rangle} \right\} - 1 \tag{3-4-12}$$

ここで次の関係式を導入する.

$$\langle \rho^{(2)}(\boldsymbol{r}_1, \boldsymbol{r}_2) \rangle = \rho^2 g(r), \quad r = |\boldsymbol{r}_2 - \boldsymbol{r}_1|, \quad \langle \rho^{(1)}(\boldsymbol{r}_1) \rangle = \rho \tag{3-4-13}$$

これらを(3-4-12) 式に代入すると,

$$1 + \rho \int \{g(r) - 1\} 4\pi r^2 \mathrm{d}r = \left\{ \frac{\left(\langle N^2 \rangle - \langle N \rangle^2 \right)}{\langle N \rangle} \right\} \tag{3-4-14}$$

一方, 系の化学ポテンシャル μ を用いると,

$$\langle N^2 \rangle - \langle N \rangle^2 = k_\mathrm{B} T \left(\frac{\partial N}{\partial \mu} \right)_{\mathrm{T,V}} \tag{3-4-15}$$

また

$$\left(\frac{\partial N}{\partial \mu} \right)_{\mathrm{T,V}} = -\left(\frac{1}{\rho^2} \right) \left(\frac{\partial P}{\partial V} \right)_{\mathrm{T,N}} \equiv \left(\frac{1}{\rho V \chi_\mathrm{T}} \right) \tag{3-4-16}$$

を用いると,

$$\left\{ \frac{\left(\langle N^2 \rangle - \langle N \rangle^2 \right)}{\langle N \rangle} \right\} = 1 + \rho \int \{g(r) - 1\} 4\pi r^2 \mathrm{d}r = \lim_{q \to 0} S(q) \tag{3-4-17}$$

であるので, 分子の分布のゆらぎが大きければ圧縮し易いことを意味している. また,

$$\chi_\mathrm{T} = \left(\frac{1}{\rho k_\mathrm{B} T} \right) \left[1 + \rho \int \{g(r) - 1\} 4\pi r^2 \mathrm{d}r \right] = \lim_{q \to 0} S(q) \tag{3-4-18}$$

の関係から，等温圧縮率は構造因子$S(q)$の長波長極限値になっている．単純液体ではこの値は0.025程度である．

因みに，溶融塩における，(3-4-18)式に相当する関係式は，

$$a_{\alpha\beta} = 1 + \rho \int \{g_{\alpha\beta}(r) - 1\} 4\pi r^2 dr \tag{3-4-19}$$

とすると，

$$\rho k_B T \chi_T = \frac{0.25\{(a_{11}+1)(a_{22}+1) - 0.25(a_{12}-1)^2\}}{\{1 + 0.25(a_{11} + a_{22} - 2a_{12})\}} \tag{3-4-20}$$

となる[2]．ただし，溶融塩における部分構造因子から$g_{\alpha\beta}(r)$を導出すること事態が容易でないことに加えて，溶融塩におけるχ_Tの導出にはマクロな表示である(3-4-1)式を用いるべきであることを考えるとき，(3-4-20)式そのものはそれほど重要でなく，溶融塩を含む二元系への拡張が(3-4-18)式の単純な展開でない，ということだけがわかる．

3-5 相転移の熱力学

物質の相転移は，熱力学の重要な課題の一つである．固体から液体へもしくは液体から気体へ相転移に際して，熱力学でよく知られている関係式はクラペイロン-クラウジウス(Clapeyron-Clausius)の式である．各相における熱力学的な状態を記述しているのは，与えられた圧力Pと温度Tの関数として表わされるギブス(Gibbs)の自由エネルギー$G(P,T)$である．

ある単体の固相sと液相ℓとが熱力学的に平衡である，ということは$G^s(P,T) = G^\ell(P,T)$ということになる．従って温度Tを与えれば圧力Pが与えられる．もしくはその逆のことがいえるので，sとℓとの相転移は示強変数のP-Tのグラフで示すことができる．これから次のようなクラペイロン-クラウジウスの関係式を導出することができる．すなわち，それぞれの相のエントロピーSと体積Vを用いて，

$$\left(\frac{dP}{dT}\right) = \frac{(S^\ell - S^s)}{(V^\ell - V^s)} \tag{3-5-1}$$

ここでエントロピーの差$(S^\ell - S^s)$は融解に際してのエントロピー$\dfrac{L_m}{T_m}$に等しい

から，

$$\left(\frac{dP}{dT}\right)_{T=T_m} = \frac{L_m}{T_m(V^\ell - V^s)} \tag{3-5-2}$$

もしくは

$$L_m = T_m(V^\ell - V^s)\left(\frac{dP}{dT}\right)_{T=T_m} \tag{3-5-3}$$

融解潜熱 L_m は融点における固相の内部エネルギーと液相における内部エネルギーの差である．従って，式で表現すれば

$$L_m = \frac{3}{2}Nk_BT_m + \frac{1}{2}N\rho\int_0^\infty \phi(r)g(T_m,r)4\pi r^2 dr - E_0 - \int_0^{T_m} C_P^s(T)dT \tag{3-5-4}$$

である．ここで E_0 は温度が0Kのときの系の結合エネルギーもしくは凝集エネルギー（負の値，つまりこれをばらばらにするためには外から $|E_0|$ のエネルギーに相当する仕事を加えねばならない）である．また最後の項は融点までに系が吸収する熱エネルギーである．

もし，最後の項を $\int_0^{T_m} C_P^s(T)dT = \frac{6}{2}Nk_BT_m$ と近似すると，

$$L_m \sim \frac{1}{2}N\rho\int_0^\infty \phi(r)g(T_m,r)4\pi r^2 dr - E_0 - \frac{3}{2}Nk_BT_m \tag{3-5-5}$$

となる．この式は観測される ρ, $g(T_m,r)$, E_0, T_m を用いて融解潜熱を導出する現象論的理論式である．しかし，熱力学の本来の役割は，測定困難量を測定容易量で表現することである観点でいえば，L_m, ρ, $g(T_m,r)$, E_0, T_m から，E_0 を求めることができる，といったほうがよいかも知れない．

(3-5-4)式の右辺の第2，第3及び第4項の和がほぼ相殺されるとき，エントロピー $\dfrac{L_m}{T_m}$ は $\dfrac{3}{2}Nk_B$ となる．このことはリチャーズ（Richards）の法則に相当する．

溶融塩における(3-5-5)式に相当する関係式は直ちに，

$$\begin{aligned}L_m(ms) \sim &\frac{1}{2}N\rho\int_0^\infty \left[\left\{\frac{\partial\phi^{++}(r)}{\partial r}\right\}g^{++}(r) + 2\left\{\frac{\partial\phi^{+-}(r)}{\partial r}\right\}g^{+-}(r) + \left\{\frac{\partial\phi^{--}(r)}{\partial r}\right\}g^{--}(r)\right] \\ &- E_0 - 3Nk_BT_m\end{aligned} \tag{3-5-6}$$

E_0 の具体的表現は(3-6-18)式で述べられるであろう．

3-6 液体を中心にした相転移の熱力学

温度T, 圧力Pの固体もしくは液体のエントロピー$S(T,P)$と定圧比熱C_Pとの間の熱力学的関係式$C_\mathrm{P} = T\left(\dfrac{\partial S}{\partial T}\right)_\mathrm{P}$より, 一般につぎのように書ける[4].

$$S(T,P) = S(0,0) + \int_0^T \left\{\frac{C_\mathrm{P}(T,0)}{T}\right\}\mathrm{d}T - \alpha_\mathrm{V} PV(T,0)\left\{1 - \frac{1}{2}\chi_\mathrm{T} P\right\} \quad (3\text{-}6\text{-}1)$$

この式の右辺第1項は熱力学の第3法則であるからゼロである. また, 最後の項は$\int_0^P \left(\dfrac{\partial V}{\partial T}\right)_\mathrm{P} \mathrm{d}P$に由来する項で, 固相および液相では無視できるほど小さいので, 以下省略する. それゆえ,

$$S(T,P) = \int_0^T \left\{\frac{C_\mathrm{P}(T)}{T}\right\}\mathrm{d}T \quad (3\text{-}6\text{-}2)$$

それゆえ温度Tにおける液体のエントロピー$S^\ell(T)$は,

$$S^\ell(T) = \int_0^{T_\mathrm{m}} \left\{\frac{C_\mathrm{P}^\mathrm{s}(T)}{T}\right\}\mathrm{d}T + \left(\frac{L_\mathrm{m}}{T_\mathrm{m}}\right) + \int_{T_\mathrm{m}}^T \left\{\frac{C_\mathrm{P}^\ell(T)}{T}\right\}\mathrm{d}T \quad (3\text{-}6\text{-}3)$$

ここでL_mは融解潜熱（latent heat of fusion）であり, T_mは融点である.

$$C_\mathrm{P}^\ell(T) = \left\{\frac{\partial E^\ell(T)}{\partial T}\right\}_\mathrm{P} = \frac{3}{2}Nk_\mathrm{B} + \frac{1}{2}N\rho\int_0^\infty \phi(r)\left\{\frac{\partial g(r)}{\partial T}\right\}4\pi r^2 \mathrm{d}r \quad (3\text{-}6\text{-}4)$$

$$g(r) = \exp\left\{-\frac{U(r)}{k_\mathrm{B} T}\right\} \quad (3\text{-}6\text{-}5)$$

を用いると,

$$C_\mathrm{P}^\ell(T) = \frac{3}{2}Nk_\mathrm{B} + \frac{1}{2}N\rho\int_0^\infty \phi(r)\left\{\frac{U(r)}{k_\mathrm{B} T^2}\right\}\exp\left\{\frac{-U(r)}{k_\mathrm{B} T}\right\}4\pi r^2 \mathrm{d}r \quad (3\text{-}6\text{-}6)$$

$$\begin{aligned}\therefore TS^\ell(T) =\ & T\int_0^{T_\mathrm{m}}\left\{\frac{C_\mathrm{P}^\mathrm{s}(T)}{T}\right\}\mathrm{d}T + T\left(\frac{L_\mathrm{m}}{T_\mathrm{m}}\right) + \frac{3}{2}Nk_\mathrm{B} T\ln\left(\frac{T}{T_\mathrm{m}}\right) \\ & + \frac{1}{2}N\rho\int_0^\infty \phi(r)\left[\left\{\exp\left\{-\frac{U(r)}{k_\mathrm{B} T}\right\}\right\}\left\{\left(\frac{1}{T}\right) + \left(\frac{k_\mathrm{B}}{U(r)}\right)\right\}\right. \\ & \left. - \left\{\exp\left\{-\frac{U(r)}{k_\mathrm{B} T_\mathrm{m}}\right\}\right\}\left\{\left(\frac{1}{T_\mathrm{m}}\right) + \left(\frac{k_\mathrm{B}}{U(r)}\right)\right\}\right]4\pi r^2 \mathrm{d}r \end{aligned} \quad (3\text{-}6\text{-}7)$$

この式の$U(r)=0$における特異点（singularity）は次のような近似によって回避

しよう．すなわち，

$$\left\{\exp\left\{-\frac{U(r)}{k_B T}\right\}\right\}\left\{\frac{k_B}{U(r)}\right\} \sim \left\{\exp\left\{-\frac{U(r)}{k_B T_m}\right\}\right\}\left\{\frac{k_B}{U(r)}\right\} \tag{3-6-8}$$

したがって，

$$TS^{\ell}(T) \sim T\int_0^{T_m}\left\{\frac{C_P^s(T)}{T}\right\}dT + T\left(\frac{L_m}{T_m}\right) + \frac{3}{2}Nk_B T \ln\left(\frac{T}{T_m}\right) + \frac{1}{2}N\rho T\Phi(T,T_m) \tag{3-6-9}$$

ここで

$$\Phi(T,T_m) = \int_0^{\infty}\phi(r)\left[\left\{\exp\left(-\frac{U(r)}{k_B T}\right)\left(\frac{1}{T}\right)\right\} - \left\{\exp\left(-\frac{U(r)}{k_B T_m}\right)\left(\frac{1}{T_m}\right)\right\}\right]4\pi r^2 dr \tag{3-6-10}$$

それゆえ，PV項を無視した温度Tにおける液体のギブスの自由エネルギー$G^{\ell}(T)$は

$$\begin{aligned}G^{\ell}(T) &= E^{\ell}(T) - TS^{\ell}(T) \\ &= \frac{3}{2}Nk_B T + \frac{1}{2}N\rho\int_0^{\infty}\phi(r)g(r)4\pi r^2 dr - T\int_0^{T_m}\left\{\frac{C_P^s(T)}{T}\right\}dT - T\left(\frac{L_m}{T_m}\right) \\ &\quad -\frac{3}{2}Nk_B T \ln\left(\frac{T}{T_m}\right) - \frac{1}{2}N\rho T\Phi(T,T_m)\end{aligned} \tag{3-6-11}$$

一方，PV項を省略した固体のギブスの自由エネルギー$G^s(T)$は，

$$G^s(T) = E_0 + \int_0^T C_P^s(T)dT - \int_0^T\left\{\frac{C_P^s(T)}{T}\right\}dT \tag{3-6-12}$$

$T = T_m$では，$\mu^s(T_m) = \mu^{\ell}(T_m)$である．$\Phi(T_m,T_m) = 0$であるから，

$$\begin{aligned}&\left(\frac{E_0}{N}\right) + \left(\frac{1}{N}\right)\int_0^{T_m}C_P^s(T)dT - \left(\frac{1}{N}\right)T_m\int_0^{T_m}\left\{\frac{C_P^s(T)}{T}\right\}dT \\ &= \frac{3}{2}k_B T_m + \frac{1}{2}\rho\int_0^{\infty}\phi(r)g(T_m,r)4\pi r^2 dr - \left(\frac{1}{N}\right)T_m\int_0^{T_m}\left\{\frac{C_P^s(T)}{T}\right\}dT - \left(\frac{L_m}{N}\right)\end{aligned} \tag{3-6-13}$$

それゆえ，融解潜熱L_mは，

$$L_\mathrm{m} = \frac{3}{2}Nk_\mathrm{B}T_\mathrm{m} + \frac{1}{2}N\rho\int_0^\infty \phi(r)g(T_\mathrm{m},r)4\pi r^2 \mathrm{d}r - \left\{E_0 + \int_0^{T_\mathrm{m}} C_\mathrm{P}^\mathrm{s}(T)\mathrm{d}T\right\}$$
(3-6-14)

によって与えられる．

同様の関係は液相―気相間でも得られる．気相ではPV項（$=Nk_\mathrm{B}T$）は無視できないことに注意すると，

$$G^\mathrm{g}(T) = \frac{3}{2}Nk_\mathrm{B}T - T\int_0^{T_\mathrm{m}}\left\{\frac{C_\mathrm{P}^\mathrm{s}(T)}{T}\right\}\mathrm{d}T - T\left(\frac{L_\mathrm{m}}{T_\mathrm{m}}\right) - \frac{3}{2}Nk_\mathrm{B}T\ln\left(\frac{T}{T_\mathrm{b}}\right)$$
$$- \frac{1}{2}N\rho T\Phi(T_\mathrm{b},T_\mathrm{m}) - T\left(\frac{L_\mathrm{b}}{T_\mathrm{b}}\right) + Nk_\mathrm{B}T$$
(3-6-15)

ここでL_b, T_bはそれぞれ蒸発潜熱と沸点である．それゆえ，沸点T_bでは次の関係式が得られる．

$$L_\mathrm{b} = Nk_\mathrm{B}T_\mathrm{b} - \frac{1}{2}N\rho\int_0^\infty \phi(r)g(T_\mathrm{b},r)4\pi r^2 \mathrm{d}r$$
(3-6-16)

この式の物理的意味は以下の通りである．

沸点T_bで，液体の外部に与えられる運動のエネルギーは$\frac{3}{2}Nk_\mathrm{B}T_\mathrm{b}$である．液体中のポテンシャルに基づいて形成されている結合をバラバラにするために外部から加える仕事は$-\frac{1}{2}N\rho\int_0^\infty \phi(r)g(T_\mathrm{b},r)4\pi r^2 \mathrm{d}r$である．この負の符号は外から加える仕事だからである．この液体に外部から加熱する熱量は$-L_\mathrm{b}$（L_bは正の値）である．この液体が気体になるとき，外部に抗して$PV = Nk_\mathrm{B}T_\mathrm{b}$の仕事をする．こうして出来上がった気体は内部エネルギー$\frac{3}{2}Nk_\mathrm{B}T_\mathrm{b}$をもっている．それゆえ，

$$\frac{3}{2}Nk_\mathrm{B}T_\mathrm{b} - \frac{1}{2}N\rho\int_0^\infty \phi(r)g(T_\mathrm{b},r)4\pi r^2 \mathrm{d}r + Nk_\mathrm{B}T_\mathrm{b} - L_\mathrm{b} = \frac{3}{2}Nk_\mathrm{B}T_\mathrm{b}$$
(3-6-17)

となり，(3-6-16) 式が得られる．

これらを溶融塩の系に拡張することは容易である．その場合，絶対零度における系の結合エネルギーE_0はイオン結晶の凝集エネルギーであり，マーデルング（Madelung）定数α_Mを含む項で表現されることはよく知られている[5]．すなわ

ち，$N^+ = N^- = N$, $z^+ = -z^- = z$ のとき，

$$E_0 = -\left(\frac{N\alpha_M z^2}{r_0}\right)\left\{1-\left(\frac{\lambda}{r_0}\right)\right\} \tag{3-6-18}$$

ここで，λは正負イオン間ポテンシャルの斥力項の遮蔽定数であり，r_0は正負イオン間の最隣接距離である．すでに種々のイオン結晶におけるE_0の実験値および理論値が与えられている[5]．

(3-6-14)と(3-6-16) 式に相当する拡張された関係式はそれぞれ，

$$\begin{aligned}L_m = &\, 3Nk_B T_m \\ &+ \frac{1}{2}N\rho\int_0^\infty \{\phi^{++}(r)g^{++}(T_m,r) + 2\phi^{+-}(r)g^{+-}(T_m,r) + \phi^{--}(r)g^{--}(T_m,r)\}4\pi r^2 dr \\ &- \left\{E_0 + \int_0^{T_m} C_P^s(T)dT\right\}\end{aligned} \tag{3-6-19}$$

$$\begin{aligned}L_b = &\, 2Nk_B T_b \\ &- \frac{1}{2}N\rho\int_0^\infty \{\phi^{++}(r)g^{++}(T_b,r) + 2\phi^{+-}(r)g^{+-}(T_b,r) + \phi^{--}(r)g^{--}(T_b,r)\}4\pi r^2 dr\end{aligned} \tag{3-6-20}$$

となる．

しかし，(3-6-20) 式の中の$g^{\alpha\beta}(T_b, r)$ $(\alpha,\beta = +, -)$ を実測することは不可能であるから，それらのもっともらしい値を求めるためにはMDに依らねばならない．MDによって得られた$g^{\alpha\beta}(T_b, r)$を用いて計算した蒸発潜熱L_bが実測値に近いときは，この近似式が妥当な表式であり且つ使用したポテンシャル$\phi^{\alpha\beta}(r)$が妥当であることになる．

3-7 液体－気体相転移

1モルの不完全気体の状態方程式として，よく知られているファン・デア・ワールス（Van der Waals）の方程式，

$$\left\{P + \left(\frac{a}{V^2}\right)\right\}(V-b) = RT \tag{3-7-1}$$

から導かれる圧力Pの等温曲線は体積Vの3次関数である．実際には，マックス

3. 溶融塩における熱力学的性質

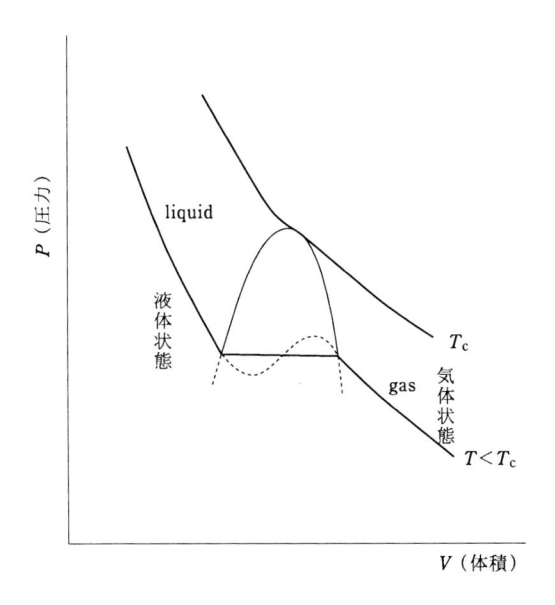

図 3-7-1 Van der Waals の状態方程式の図示，種々の温度における P-V 相関の図.

ウェル (Maxwell) の規則によって，図3-7-1のように，この気体はある体積で一部は液相が出現した二相共存となり，さらに体積を圧縮すると，全部が液化する．温度 T を上げても，このような変化がみられるが，ある臨界温度 (critical temperature) T_c で，気相と液相の体積が等しくなる．このことは多くの熱力学の教科書に述べられている．

見方を少々変えると，次のように述べることもできる．

ある箱の中に液体を入れておくとしよう．温度を上げると，液相は次第に膨張して密度 ρ^l は減少していく．このとき，平衡蒸気圧は次第に増加するから，気相の圧力が増すので気相の密度 ρ^g は増加する．縦軸に圧力 P をとり，横軸に温度をとると，これらの現象は T_c まで続く．こうして作られた液相の密度と気相の密度の温度依存性カーブは臨界温度 T_c で合致する．そして $\dfrac{(\rho^l + \rho^g)}{2}$ の値は温度の上昇とともにわずかに下方に傾斜するが，極めてよい精度で直線となる．図3-7-2参照．これは直線径の法則 (law of rectilinear diameter) と呼

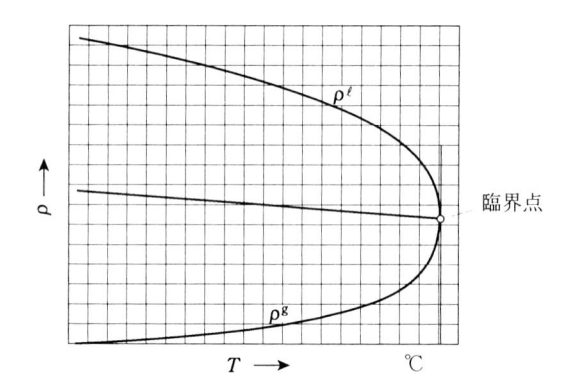

図 3-7-2　カイユテーマティアス（Cailletet-Mathias）の法則を示す実験データの例.

ばれた．この美しい関係式はカイユテーマティアス（Cailletet-Mathias）の法則と呼ばれている．

　この現象を直観的に理解するために，次のように考えられてきた．上記の箱の中に，丁度半分の体積Vの液体を入れたとする．液体の温度を上昇させると，残りの半分の体積中に平衡蒸気圧に達するまで，液体の内部からある数の分子は気体となるであろう．そのとき，液体の内部では分子大の大きさの空孔が発生し，その空孔一個の熱運動は気体となった分子一個の熱運動と同程度のはずである．なぜなら，両者の運動エネルギーは共に$\frac{3}{2}k_B T$であるからである．はじめに気体分子が存在しないときの液体中の分子数をNとし，温度上昇と共にある数N^gの分子が蒸発したとき，液体の数密度は$\rho^\ell = \frac{N-N^g}{V}$であり，平衡蒸気圧下にある気体の数密度は$\rho^g = \frac{N^g}{V}$となる．従って$\rho^\ell + \rho^g = \frac{N}{V} =$一定となる．これが直線径の法則である．実測値が温度上昇とともに少々下降気味なのは液体内の空孔が熱膨張するためである．

　以上のことは，格子気体（lattice gas）の理論とも呼ばれ，統計熱力学のテキストに詳しく述べられている[6]．

　ここでファン・デア・ワールス（Van der Waals）の状態方程式と格子気体の理論との関係についてのべよう．液体の分子間ポテンシャルに基づく内部エネル

ギー E_{pot} から，

$$\left(\frac{E_{\text{pot}}}{N}\right) = -\frac{a}{v}, \quad v = \frac{V}{N}, \quad a = -\frac{1}{2}N\rho \int_0^\infty \phi(r)g(r)4\pi r^2 \mathrm{d}r \tag{3-7-2}$$

これに対応する内部圧力（internal pressure）P_{int} は，

$$P_{\text{int}} = \left(\frac{\partial E_{\text{pot}}}{\partial V}\right)_T = +\left(\frac{a}{v^2}\right) \tag{3-7-3}$$

従って全体の圧力（total pressure）は，飽和蒸気圧 P とこの内部圧力（internal pressure）の和になる．もし，分子間の斥力（repulsive force）が無視できれば，全体の圧力（total pressure）は熱に関する圧力（thermal pressure）とバランスするであろう．この熱に関する圧力（thermal pressure）は分子が熱運動できる空間によって与えられるから，$\frac{k_B T}{v-b}$ である．ここで b は分子の体積を表わす．それゆえ，

$$P + \frac{a}{v^2} = \frac{k_B T}{v-b} \tag{3-7-4}$$

あるいは

$$P = -\left\{\frac{\rho^2 u(0)}{2}\right\} - \frac{k_B T \rho}{1-\rho} \tag{3-7-5}$$

となり，ファン・デア・ワールス（Van der Waals）の状態方程式を得ることができる．ここで，

$$u(0) = \int_0^\infty \phi(r)g(r)4\pi r^2 \mathrm{d}r \tag{3-7-6}$$

一方，テンパーリィ（Temperley）は強磁性体のワイス（Weiss）理論を格子気体に適用して次式を得た[7]．

$$P = -\left\{\frac{\rho^2 u(0)}{2}\right\} - k_B T \ln(1-\rho) \tag{3-7-7}$$

ファン・デア・ワールスの状態方程式と格子気体によるそれとの相違は $\rho \sim 1$ のときに出現するが，それ以外では殆ど等しい．

液体中に空孔が数多く存在するという格子気体の考え方は，簡単な統計熱力学の手法であるという利点はあるが，あくまでも仮想的な考え方であって，実際に空孔が存在するわけでない．しかしイジング・モデル（Ising model）から出発し

たワイス (Weiss) 理論における規則－不規則 (order-disrder) 転移に対応した液体－気体 (liquid-gas) 転移を論ずることができることは興味ある理論展開である.

実際には温度上昇とともに数密度のゆらぎが大きくなる. 数密度のゆらぎの増大に伴って液体状態の存続が不安定になり,気体状態に相転移するような不安定性 (instability) の理論も, テンパーリィ (Temperley) 理論を用いればある程度可能である. そのことについてはブラウト (Brout) のテキストに詳しく述べられている[8].

ワイス (Weiss) 理論の適用によって得られる液体の圧力 P は,

$$P = P_{HC} - \left(\frac{\rho^2}{2}\right)\int g_{HC}(r)\phi(r)4\pi r^2 dr - \left(\frac{\rho^3}{2}\right)\int\int\left\{\frac{\partial g_{HC}(r)}{\partial r}\right\}\phi(r)4\pi r^2 dr \tag{3-7-8}$$

ここで HC の添え字は剛体核近似 (hard-core approximation) を表わす. そうすると,

$$P_{HC} = -k_B T(1-\rho) \tag{3-7-9}$$

もし液体－気体遷移 (liquid-gas transition) が $\left(\frac{\partial P}{\partial V}\right)_T = 0$ で与えられるとすると, (3-7-8), (3-7-9) とから, 近似的に

$$0 = \left\{\frac{1-\rho}{\rho k_B T}\right\} - \left(\frac{N}{\rho^2}\right)\left[2\rho\int g_{HC}(r)\phi(r)4\pi r^2 dr + \left(\frac{5\rho^3}{2}\right)\int\int\left\{\frac{\partial g_{HC}(r)}{\partial r}\right\}\phi(r)4\pi r^2 dr\right] \tag{3-7-10}$$

ここで右辺の大括弧内の第2項を求めるために, よく知られた三体相関を二体相関で近似 (superposition approximation) を用いた次の関係式を利用する[2].

$$k_B T\left\{\frac{\partial g(r)}{\partial P}\right\} = g(r)\int d\mathbf{r}_3 \{g(r_{23})-1\}\{g(r_{13})-1\} \tag{3-7-11}$$

そうすると,

$$\left\{\frac{\partial g_{HC}(r)}{\partial r}\right\} \sim \left(\frac{\rho\chi_T}{k_B T}\right)g_{HC}(r)\int d\mathbf{r}_3\{g_{HC}(r_{23})-1\}\{g_{HC}(r_{13})-1\} \tag{3-7-12}$$

これを (3-7-10) 式に代入して得られる ρ が P-V 曲線における ρ' である. もし,

(3-7-10) 式の最後の項が省略できるときは,

$$\rho^\ell(T_b) \sim 1 - 2Nk_B T \int g_{HC}(r)\phi(r)4\pi r^2 dr \tag{3-7-13}$$

3-8　表面張力

緑葉にのっかっている水滴が球状であることは周知の通りである．これは球形になることによって，表面形成に伴う自由エネルギーを最少にするためである．

表面積が A から $A+\delta A$ となるとき，自由エネルギー（この場合，なされる仕事に相当する）の増加は F から $F+\delta F$ になった，としよう．A の変化と F の変化は比例し,

$$\delta F = \gamma \cdot \delta A \tag{3-8-1}$$

となる．この γ を表面張力という．

1辺の長さ l の立方体の中に z 軸に平行な一面 (x, y) に厚さ d の液体の膜を張ったとする．勿論，$d \gg r_0$（分子間最隣接距離）とする．また，$l \gg d$ とする．$l^3 =$ 一定，として，温度 T が一定のとき，x 方向に $l\varepsilon$ だけ容器を引き伸ばし，z 方向に $l\varepsilon$ だけ縮小させるとき，液面の面積は上下の面がともに $l^2\varepsilon$ だけ増加する．すると，座標は (x, y, z) から次のように (x', y', z') になる.

$$x' = \frac{x}{1-\varepsilon} \sim x(1+\varepsilon), \quad y' = y, \quad z' = z(1+\varepsilon) \sim \frac{z}{1-\varepsilon} \tag{3-8-2}$$

液体内の分子 $i\text{-}j$ 間の距離を r_{ij} とすると,

$$r_{ij} = \left(x_{ij}^2 + y_{ij}^2 + z_{ij}^2\right)^{\frac{1}{2}} = r_{ij}' + \frac{\varepsilon\left(x_{ij}^2 - z_{ij}^2\right)}{r_{ij}'} \tag{3-8-3}$$

$$r_{ij}' = \left\{(x_{ij}')^2 + (y_{ij}')^2 + (z_{ij}')^2\right\}^{\frac{1}{2}} \tag{3-8-4}$$

ポテンシャルは,

$$\sum_{i \neq j} \phi(r_{ij}) \rightarrow \sum_{i \neq j} \left\{\phi(r_{ij}') + \left[\frac{\partial \phi(r_{ij}')}{\partial r_{ij}'}\right]\Delta r_{ij}'\right\}$$

$$\sim \sum_{i \neq j} \left\{\phi(r_{ij}') + \left[\frac{\partial \phi(r_{ij}')}{\partial r_{ij}'}\right]\frac{\varepsilon(x_{ij}^2 - z_{ij}^2)}{r_{ij}'}\right\} \tag{3-8-5}$$

これを分配関数に代入して $\varepsilon \to 0$ の場合における自由エネルギーの変化を表面積の変化, $2l^2\varepsilon$ で割ると表面張力 γ は,

$$\gamma \sim \left(\frac{1}{2l^2\varepsilon}\right) \frac{\int\cdots\int \sum_{i\neq j} \exp\left[-\sum_{i\neq j}\left\{\frac{\phi(r_{ij})}{k_B T}\right\}\right]\left\{\frac{\partial\phi(r_{ij})}{\partial r_{ij}}\right\}\left\{\frac{\varepsilon(x_{ij}^2 - z_{ij}^2)}{r_{ij}}\right\}d\Gamma}{\int\cdots\int \exp\left[-\sum_{i\neq j}\left\{\frac{\phi(r_{ij})}{k_B T}\right\}\right]d\Gamma}$$

$$\sim \left(\frac{\pi\rho^2}{2}\right)\int_0^\infty z\,dz \int_z^\infty (r^2 - z^2)\left\{\frac{\partial\phi(r)}{\partial r}\right\}g(r)\,dr$$

$$= \left(\frac{\pi\rho^2}{2}\right)\int_0^\infty \left\{\frac{\partial\phi(r)}{\partial r}\right\}g(r)\,dr \int_0^r (r^2 z - z^3)\,dz$$

$$= \left(\frac{\pi\rho^2}{8}\right)\int_0^\infty r^4 \left\{\frac{\partial\phi(r)}{\partial r}\right\}g(r)\,dr$$

(3-8-6)

ただし, 液体の表面まで, 液体内部の二体の動径分布関数が変わらない, と仮定している. また $d\Gamma$ は微小空間を表わす. この近似式はファウラー (Fowler) によって導出された[9].

溶融塩における表面張力の表式は直ちに,

$$\gamma_{ms} = \frac{\pi\rho^2}{8}\int_0^\infty r^4 \left[\left\{\frac{\partial\phi^{++}(r)}{\partial r}\right\}g^{++}(r) + 2\left\{\frac{\partial\phi^{+-}(r)}{\partial r}\right\}g^{+-}(r) + \left\{\frac{\partial\phi^{--}(r)}{\partial r}\right\}g^{--}(r)\right]dr$$

(3-8-7)

となる.

厳密にいえば, 動径分布関数は液体内部から表面まで分子数密度の緩やかな減衰とともに変化する筈である. この分子数密度の変化に着目すると, 以下のように, 表面張力と圧縮率との関係が明らかになる[2].

液体の内部から表面近傍まで, 密度勾配は直線的減少でなく, 近似的に二次関数的だと仮定する. この領域における体積 v の中で自由エネルギーの変化 F_1 は,

$$F_1 = c_1 v \left(\frac{\delta\rho}{L}\right)^2$$

(3-8-8)

ここで L は表面層の厚さをしめす. また c_1 はある定数である.

この体積 v の中の密度のゆらぎに伴う自由エネルギーの変化 F_2 は，下記の熱力学の公式から求めることができる．

$$\left(\frac{\partial \mu}{\partial N}\right)_{T,V} = \left(\frac{1}{\rho^2 v \chi_T}\right) \quad (3\text{-}8\text{-}9)$$

ここで μ は系の化学ポテンシャルである．

$$\therefore F_2 = \frac{c_2 v (\delta \rho)^2}{\rho^2 \chi_T} \quad (3\text{-}8\text{-}10)$$

ここでも，$c_2 =$ 一定，である．

したがって，この近傍の表面張力は

$$\gamma = \gamma_1 + \gamma_2 = \frac{F_1}{v} + \frac{F_2}{v} \quad (3\text{-}8\text{-}11)$$

$\left(\dfrac{d\gamma}{dL}\right) = 0$ より $F_1 = F_2$ となる．それゆえ，

$$\gamma = \frac{2c_1 L (\delta \rho)^2}{\rho^2 \chi_T} \quad (3\text{-}8\text{-}12)$$

すなわち，$\gamma \chi_T \sim c_1 L$ である．つまり表面張力と等温圧縮率とは逆比例関係をもつ．換言すれば，系の分子分布のゆらぎが小さいときは，表面張力が大きく，圧縮率が小さくなる．もしくはその逆の状況がえられる．

エーゲルスタッフとウィドム (Egelstaff-Widom) はアルカリ・ハロゲン化物の溶融状態における $\rho^2 \chi_T$ が $0.34 \sim 0.39$ Å であることを見出している[10]．すなわち，表面層の厚さ L は一定であることを示している．実際の厚さ L を算出するためには分子動力学が必要であろう．

表面張力はあくまでも等温で表面を作るために外部から加える仕事であるから自由エネルギーである．等温であるために外部からの加熱もあるので，実際に外部からのする仕事が表面エネルギーと呼ばれる[11]．

参考文献

1) S. A. Rice and P. Gray, *The Statistical Mechanics of Simple Liquids*, Interscience Pub., 1965.

2) N. H. March and M. P. Tosi, *Atomic Dynamics in Liquids*, The MacMillan Press, 1976.
3) S. R. de Groot and P. Mazur, *Non-Equilibrium Thermodynamics*, North-Holland, Amsterdam, 1962.
4) I, Prigogine and R. Defay (translated by D. H. Everett), *Chemical Thermodynamics*, Longmans Green and Co., London, 1952.
5) C. Kittel, *Introduction to Solid State Physics*, John Wiley & Sons, New York, 1966.
6) R. H. Fowler and E. A. Guggenheim, *Statistical Thermodynamics*, Cambridge Univ. Press, 1949.
7) H. N. V. Temperley, Proc Phys. Soc., (London), **A67** (1954) 233.
8) R. Brout, *Phase Transitions*, W. A. Benjamin Inc. New York, 1965.
9) R. H. Fowler, Proc. Roy. Soc., **A159** (1937) 229.
10) P. A. Egelstaff and B. Widom, J. Chem. Phys. **53** (1970) 2667.
11) 戸田盛和, 液体論 (岩波講座 現代物理学), 岩波書店, 1954.

4. 二元系溶融塩の状態図（組成－温度）；
溶質添加による溶媒の融点降下についての熱力学

　二元系もしくは多元系溶融塩における液相温度を下げることは，溶融塩利用の技術的観点から，理論的実験的に重要な課題である．この章では，主としてその理論的背景について論及する．

　系の状態図すなわち組成と温度との相関は，構成イオン間のサイズ，相互作用ポテンシャルや混合のエントロピーによって決定される．どのような状況で，固相が形成され，そして液相となる，即ち融点がどのように与えられるかについての理論的背景を詳述し，太陽熱貯蔵や酸素―水素燃料電池に用いられる溶融塩開発の指導原理を確立する．これに関連して，実際の混合溶融塩の状態図の具体的計算例を紹介する．

4-1　よく知られている理想的希薄溶液（ideal dilute solution）における融点降下の理論

　c 個の成分の二相系（two phase system）を考える．成分 i がひとつの相 (") から他の相 (') に移行するとき，プリゴジーヌ－デュフェイ（Prigogine-Defay）の定義する親和力（affinity）は次のようになる[1]．

$$A_i = G_i' - G_i'' = G_i^{\circ\prime} - G_i^{\circ\prime\prime} + RT \ln \frac{x_i' \gamma_i'}{x_i'' \gamma_i''} \tag{4-1-1}$$

ここで $G_i^{\circ\prime}$, $G_i^{\circ\prime\prime}$ は純成分 i の (') 相および (") 相の1モルあたりの化学ポテンシャル（chemical potential），x_i', x_i'' は成分 i の (') 相および (") 相の成分比，そして γ_i', γ_i'' は活量係数（activity coefficient）である．

$$G_i^{\circ\prime} - G_i^{\circ\prime\prime} \equiv RT \ln K_i \tag{4-1-2}$$

とおく.

熱力学の公式, $d\left(\dfrac{G}{T}\right) = -\left(\dfrac{H}{T^2}\right)dT + \left(\dfrac{V}{T}\right)dP$ を用いると,

$$\delta\left(\dfrac{A_i}{T}\right) = R\left(\dfrac{\delta \ln K_i}{\delta T}\right)\delta T + \left(\dfrac{\delta \ln V_{T,P}}{\delta T}\right)\delta P + \dfrac{R\delta \ln(x_i' \gamma_i')}{x_i'' \gamma_i''} \tag{4-1-3}$$

$$= \left\{\dfrac{\Delta h_{T,P}}{T^2}\right\}_i \delta T - \left(\dfrac{\Delta V_{T,P}}{T}\right)_i \delta P - \dfrac{R\delta \ln(x_i' \gamma_i')}{x_i'' \gamma_i''} \tag{4-1-4}$$

平衡状態では $\delta\left(\dfrac{A_i}{T}\right) = 0$ となる.

4-2　固相で完全に二相分離し，液相で完全に一相になる系（古典的議論）

表題に則した場合として二元系液体（成分1と2とからなる）について考える．そしてその成分1，2の内，成分2は液相(")だけに溶けて存在するとしよう．

すると，固相(')では成分1は純成分として存在し，$x_1' = 1$，$\gamma_1' = 1$ とおける．液相(")が純粋成分1だけのとき，T_1，$P°$，$x_1°''(=1)$ とし，2の添加によってその平衡状態が (T, P, x_1'') となるとしよう．

(4-1-4) を積分することにより，

$$\ln\dfrac{x_1'' \gamma_1''}{x_1°'' \gamma_1°''} = \int_{T_1°}^{T} \dfrac{(\Delta h_1°)_{T,P}}{RT^2} dT - \left(\dfrac{1}{RT}\right)\int_{P°}^{P}(\Delta V_1°)_{T,P} dP \tag{4-2-1}$$

初期状態として純粋成分1を選ぶと, $x_1°'' = \gamma_1°'' = 1$ となるので, (4-2-1) 式は

$$\ln(x_1'' \gamma_1'') = \int_{T_1°}^{T} \dfrac{(\Delta h_1°)_{T,P}}{RT^2} dT - \left(\dfrac{1}{RT}\right)\int_{P°}^{P}(\Delta V_1°)_{T,P} dP \tag{4-2-2}$$

となる．ここで, $(\Delta h_1°)_{T,P}$, $(\Delta V_1°)_{T,P}$ は成分1の純粋状態における相転移 {(') から(") へ} に伴うエンタルピー変化および体積変化を意味する.

特に一定圧力下では, 2の添加と共に x_1'', γ_1'', T は

$$\ln(x_1'' \gamma_1'') = \int_{T_1°}^{T}\left\{\dfrac{(\Delta h_1°)_{T,P}}{RT^2}\right\}dT \tag{4-2-3}$$

の平衡関係式で与えられる共存（固相と液相の）図をもつ．図4-2-1参照．

エンタルピー（enthalpy）変化 $(\Delta h_1°)_{T,P}$ についてキルヒホッフ（Kirchhoff）の

4. 二元系溶融塩の状態図(組成－温度);溶質添加による溶媒の融点降下についての熱力学

図4-2-1 二相分離固体および一相液体をもつ二元系状態図.

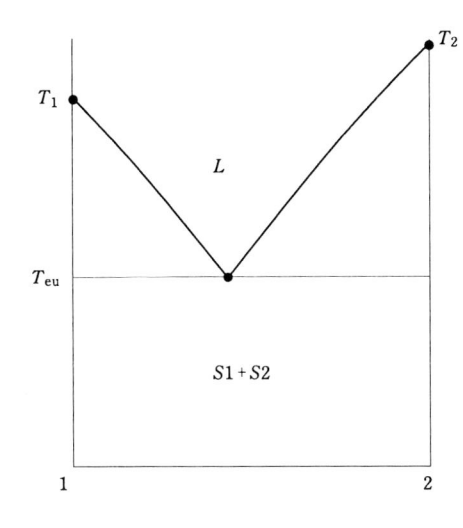

凡例:
- L: 液体
- S: 固体
- T_1: 1の融点
- T_2: 2の融点
- T_{eu}: 共晶温度

関係式を用いると，液相線は(4-2-3)式左辺を積分して次式がえられる．

$$-\ln\left(x_1^\ell \gamma_1^\ell\right) = \left\{\frac{\Delta h_1^\circ(T_1)}{R}\right\}\left\{\frac{1}{T} - \frac{1}{T_1}\right\} + \frac{\Delta C_{P,1}^\circ}{R}\left\{\ln\frac{T_1}{T} + 1 - \frac{T_1}{T}\right\} \quad (4\text{-}2\text{-}4)$$

ここで $\Delta h_1^\circ(T_1^\circ)$ は溶媒1が純粋成分のときの融点 T_1° における融解潜熱を示し，$\Delta C_{P,1}$ は $(C_{P,1}^\ell - C_{P,1}^s)$ である．(4-2-4) 式はシュレーダー－ファン・ラール式 (Schröder-Van Laar equation) と呼ばれる[1]．

$\Delta C_{P,1}^\circ$ の寄与を無視すると，

$$-\ln\left(x_1^\ell \gamma_1^\ell\right) = \left\{\frac{\Delta h_1^\circ(T_1)}{R}\right\}\left(\frac{1}{T} - \frac{1}{T_1}\right) \quad (4\text{-}2\text{-}5)$$

以下，x_1^ℓ，γ_1^ℓ は単に x_1，γ_1 と書くことにしよう．添加する溶質の量が少なく，$\gamma_1 = 1$ とおけるとき，(4-2-5) 式の左辺は $-\ln x_1 \sim x_2$ であるから，

$$T = T_1 - \frac{RT_1^2}{\Delta h_1^\circ} x_2 \quad (4\text{-}2\text{-}6)$$

となる．これが熱力学でよく知られた理想的希薄溶液 (ideal dilute solution) にお

ける融点降下の式である.ここではプリゴジーヌ－デュフェイの記号を用いた[1]).

4-3 固相で完全に二相分離し,液相で完全に一相になる系
(近年に展開された手法)

前節まに展開された理論的構成を,近年の液体論で展開された手法で再度議論する.液相および固相での前提条件は前節と変わりない.

(4-1-1) 式を化学ポテンシャルで書き直すと,

$$\mu_{10}^{s}(T) = \mu_{1}^{\ell}(T, x_2) \tag{4-3-1}$$

物質2の添加 (x_2のfractionで)によって液相線の温度Tはどう変化するかを別の観点で調べる[2]).

(4-3-1) 式が $x_2 \to (x_2 + \Delta x_2)$, $T \to (T + \Delta T)$ だけ変化することを考えると,次式が成立する.

$$\frac{\Delta T}{\Delta x_2} = -\frac{\left(\frac{\partial \mu_1^\ell}{\partial x_2}\right)_{P,T}}{\left(\frac{\partial \mu_1^\ell}{\partial T}\right)_{x_2,P} - \left(\frac{\partial \mu_{10}^s}{\partial T}\right)_P} \tag{4-3-2}$$

$$= \frac{\left(\frac{\partial \mu_1^\ell}{\partial x_2}\right)_{P,T}}{\frac{L}{NT}} \tag{4-3-3}$$

(4-3-2)から(4-3-3)への変換に際して,融解に際してのエントロピー変化に関する熱力学の公式 $-\left(\frac{\partial G}{\partial T}\right)_P = \frac{L}{T}$ を用いた.ここでLは,物質2の添加濃度に依存する一般化された融解潜熱である.さらに $\frac{L}{T}$ は,

$$\frac{L}{T} = \frac{L_{10}}{T_1} + \int_{T_1}^{T} \left(\frac{\Delta C_{P,1}^{\circ}}{T}\right) dT - \left(\frac{\partial [RT \ln \gamma_1 x_1]}{\partial T}\right)_{x_1, x_2, P}$$

$$\equiv F(T) - \left(\frac{\partial X}{\partial T}\right)_{x_1, x_2, P} \tag{4-3-4}$$

と書くことができる.

一方,液体論でよく知られている二元系液体における濃度ゆらぎの長波長極限値 $S_{cc}(0)$ は次式で与えられる.

$$S_{cc}(0) = \frac{Nk_B T}{\left(\dfrac{\partial^2 G}{\partial x_2^2}\right)_{P,T}} \tag{4-3-5}$$

またギブス－デューエム (Gibbs-Duhem) の式, $x_1 d\mu_1 + x_2 d\mu_2 = 0$ を用いると,

$$N\left(\frac{\partial \mu_1^{\ell}}{\partial x_2}\right)_{P,T} = -x_2 \left(\frac{\partial^2 G}{\partial x_2^2}\right)_{P,T} \tag{4-3-6}$$

が得られる. これらを(4-3-3) 式に代入すると,

$$\left(\frac{\Delta T}{\Delta x_2}\right) = -\frac{RT^2 x_2}{S_{cc}(0)L} \tag{4-3-7}$$

(4-3-4) 式を T に関して T_1 から T までを積分すると次式が得られる.

$$\int_{T_1}^{T} F(T) dT = X(T, x_2) + C \quad (=\text{一定}) \tag{4-3-8}$$

なぜなら,(4-3-2) 式の $N\left\{\left(\dfrac{\partial \mu_1^{\ell}}{\partial T}\right)_{x_2,P} - \left(\dfrac{\partial \mu_{10}^s}{\partial T}\right)_P\right\} = \dfrac{L}{T}$ を T に関して積分し, (4-3-1) 式を考慮すれば,(4-3-4) 式の左辺の積分がゼロになるからである. また, C は $T \to T_1$ にすることによりゼロであることがわかる. したがって,

$$X(T, x_2) = RT \ln \gamma_1 (1-x_2) = \int_{T_1}^{T} F(T) dT$$

$$= \int_{T_1}^{T} \left(\frac{L_{10}}{T_1}\right) dT + \int_{T_1}^{T} dT' \int_{T_1}^{T} \left(\frac{\Delta C_{P,1}^{\circ}}{T''}\right) dT'' \equiv A_1(T) \tag{4-3-9}$$

これは正しく, (4-2-3), (4-2-4) 式のシュレーダーーファン・ラール (Schröder-Van Laar) 式に等しい. もし, 系が理想溶液に近い場合には, $\gamma_1 = 1$ とおけるので,

$$\left(1 - x_2^{\text{ideal}}\right) = \exp\left\{\frac{A_1(T)}{RT}\right\} \tag{4-3-10}$$

したがって, $\gamma_1(1-x_2) = \exp\left\{\dfrac{A_1(T)}{RT}\right\}$ から,

$$\gamma_1 = \frac{(1-x_2^{\text{ideal}})}{(1-x_2)} \quad \text{or} \quad x_2(T) = 1 - \frac{\exp\left\{\dfrac{A_1(T)}{RT}\right\}}{\gamma_1(T)} \tag{4-3-11}$$

(4-3-11) 式は液相線を与える方程式である.

もし, 液体二元系の混合熱 (厳密には混合のエンタルピーであるが) が次式で与えられるとき,

$$\Delta E = N x_1 x_2 w_{12} \tag{4-3-12}$$

ここで w_{12} は相互作用ポテンシャル (interchange potential) と呼ばれる.
活量係数 γ_1 に関して次式が成立する.

$$RT \ln \gamma_1 = \left\{\frac{N w_{12} x_2^2}{RT}\right\} \tag{4-3-13}$$

したがって

$$x_2(T) = 1 - \left\{\frac{\exp\left(\dfrac{A_1}{RT}\right)}{\exp\left(\dfrac{N w_{12} x_2^2}{RT}\right)}\right\} \tag{4-3-12}$$

このようにして図 4-2-1 に示すような液相線 $T-x_2$ の関係式が得られる.

4-4 固相が完全に固溶し, かつ液相が完全に一相となる二元系の融点降下理論 I (理想溶液の場合)

前節で理想希薄溶液の融点降下について論じたが, こんどは全率二元系の液相と固相の温度依存性について考察する.

このような条件下にある場合として, 一つは液相線が極小値を持たぬ場合であり, もう一つは極小値をもつ場合である. 基本的な取り扱いは変わらない.

図 4-4-1 のように, 固相, 液相が共に全率固溶及び液溶し, かつ $\phi_1 \sim x_1$, $\phi_2 \sim x_1$, $\gamma_1 \sim 1$, $\gamma_2 \sim 1$ のように, 理想溶液 (ideal solution) であると仮定する. こ

4. 二元系溶融塩の状態図(組成−温度):溶質添加による溶媒の融点降下についての熱力学   71

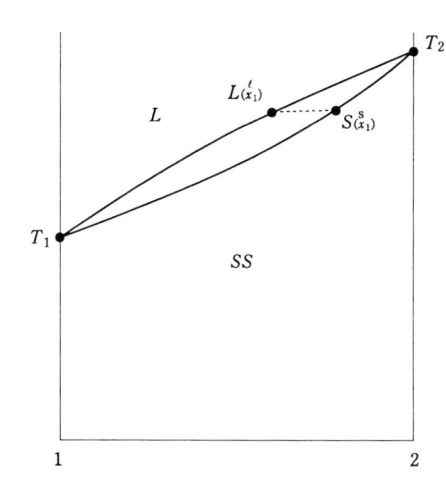

図 4-4-1 完全固溶体で，固相線および液相線の単純な温度依存性をもつ二元系状態図．

のような場合には，(4-3-1) の代わりに次式が成立する．

$$\mu_{10}^{\ell}(T) + RT \ln x_1^{\ell} = \mu_{10}^{s}(T) + RT \ln x_1^{s} \tag{4-4-1}$$

$$\mu_{20}^{\ell}(T) + RT \ln x_2^{\ell} = \mu_{20}^{s}(T) + RT \ln x_2^{s} \tag{4-4-2}$$

ただし，図からわかるように，$x_1^{\ell} \neq x_1^{s}$, $x_2^{\ell} \neq x_2^{s}$ であることは自明である．

(4-2-1), (4-3-19) 式を参照すれば，(4-4-1), (4-4-2) 式は次のように変換される．

$$RT \ln \left(\frac{x_1^{\ell}}{x_1^{s}} \right) = \int_{T_1}^{T} F(T) dT \equiv A_1(T) \tag{4-4-3}$$

$$RT \ln \left(\frac{x_2^{\ell}}{x_2^{s}} \right) = \int_{T_2}^{T} F(T) dT \equiv A_2(T) \tag{4-4-4}$$

それゆえ，

$$\left(\frac{x_1^{\ell}}{x_1^{s}} \right) = \exp \left\{ \frac{A_1(T)}{RT} \right\}, \quad \left(\frac{x_2^{\ell}}{x_2^{s}} \right) = \exp \left\{ \frac{A_2(T)}{RT} \right\} \tag{4-4-5}$$

この組み合わせから，

4. 二元系溶融塩の状態図(組成−温度):溶質添加による溶媒の融点降下についての熱力学

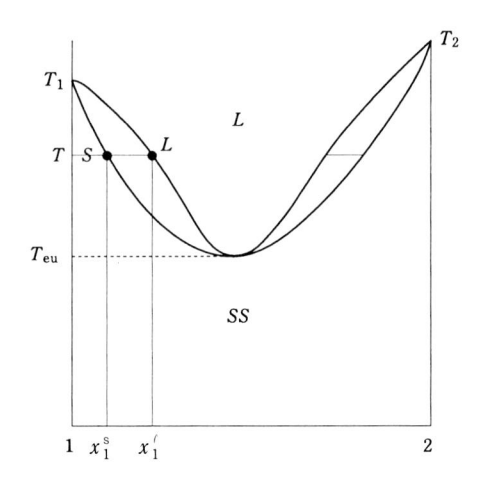

L: 液体
S: 固体
SS: 固溶体
T_1: 1 の融点
T_2: 2 の融点
T_{eu}: 共晶温度

図 4-4-2 完全固溶体で，固相線および液相線が極小値をもつ二元系状態図.

$$\left(\frac{x_1^\ell}{\exp\left\{\dfrac{A_1(T)}{RT}\right\}}\right) + \left(\frac{x_2^\ell}{\exp\left\{\dfrac{A_2(T)}{RT}\right\}}\right) = 1 \qquad (4\text{-}4\text{-}6)$$

これは液相線の方程式である．また，同様にして，固相線の方程式は次のようになる．

$$\left[x_1^s \exp\left\{\frac{A_1(T)}{RT}\right\}\right] + \left[x_2^s \exp\left\{\frac{A_2(T)}{RT}\right\}\right] = 1 \qquad (4\text{-}4\text{-}7)$$

(4-4-6), (4-4-7) 式は図 4-4-2 のように液相線及び固相線が極小値をもつ場合にも適用される．

共晶点，$T = T_{eu}$ では $x_{1eu}^\ell = x_{1eu}^s = x_{1eu}$ であるから，$\exp\left\{\dfrac{A_1(T_{eu})}{RT_{eu}}\right\} = a$，$\exp\left\{\dfrac{A_2(T_{eu})}{RT_{eu}}\right\} = b$ とすると，

$$\left(\frac{x_{1eu}}{a}\right) + \left\{\frac{(1-x_{1eu})}{b}\right\} = 1, \quad ax_{1eu} + b(1-x_{1eu}) = 1$$

であるから，T_{eu} は次式より得られる．

$$a+b-1=ab \tag{4-4-8}$$

また，その組成は

$$x_{1\mathrm{eu}} = \frac{(1-b)}{(a-b)} \tag{4-4-9}$$

である．

擬二元系Na_2CO_3-K_2CO_3では，これまでの熱力学的データから固相も液相も完全に一相であることが知られているので，既知のデータを上記の(4-4-8), (4-4-9)式に代入すると，T_{eu} = 331 K, $x_{1\mathrm{eu}}$ = 5.1(1; Na)となり，理想溶液としては説明できない．

4-5 固相が完全に固溶し，かつ液相が完全に一相となる二元系の融点降下理論 II

今度は固相と液相の両面から考察する．対象とする系は正則溶液である．つまり$\gamma_1 \neq 1$，$\gamma_2 \neq 1$の場合を考える．エントロピー項はフローリ（Flory）近似を用いる．圧力は一定とし，その表示は省略する．

任意の成分1-2系における固相および液相のGibbsの自由エネルギーは次式のように一般化されるであろう．

$$\begin{aligned}G = & N_1 \mu_{10}^{\ell\text{ or s}}(T) + N_2 \mu_{20}^{\ell\text{ or s}}(T,2) + N x_1^{\ell\text{ or s}} x_2^{\ell\text{ or s}} w_{12}^{\ell\text{ or s}} (1 + a^{\ell\text{ or s}} x_1^{\ell\text{ or s}}) \\ & + k_B T \left\{ N_1^{\ell\text{ or s}} \ln \phi_1^{\ell\text{ or s}} + N_2^{\ell\text{ or s}} \ln \phi_2^{\ell\text{ or s}} \right\}\end{aligned}$$

$$\tag{4-5-1}$$

(4-5-1)式を微分することにより，直ちにそれぞれの化学ポテンシャル$\mu_1^{\ell\text{ or s}}(T, x_1^{\ell\text{ or s}})$，$\mu_2^{\ell\text{ or s}}(T, x_2^{\ell\text{ or s}})$が得られる．

具体的には，図4-4-2のように，温度TにおけるL点(x_1^ℓ)の成分1の化学ポテンシャルとS点(x_1^s)の成分1の化学ポテンシャルとは相等しいので，

$$\mu_1^{\ell\text{ or s}}(T, x_1^\ell) = \mu_1^s(T, x_1^s) \tag{4-5-2}$$

ここで，

$$\mu_1^\ell(T, x_1^\ell) = \mu_{10}^\ell(T) + k_B T \ln \phi_1^\ell(T, x_1^\ell) + w_{12}^\ell \left\{ (x_2^\ell)^2 + a^\ell x_1^\ell x_2^\ell (1 + x_2^\ell) \right\}$$
(4-5-3)

$$\mu_1^s(T, x_1^s) = \mu_{10}^s(T) + k_B T \ln \phi_1^s(T, x_1^s) + w_{12}^s \left\{ (x_2^s)^2 + a^s x_1^s x_2^s (1 + x_2^s) \right\}$$
(4-5-4)

ここで

$$\phi_1^{\ell \text{ or s}} = \frac{x_1^{\ell \text{ or s}} V_1^{\ell \text{ or s}}}{\left(x_1^{\ell \text{ or s}} V_1^{\ell \text{ or s}} + x_2^{\ell \text{ or s}} V_2^{\ell \text{ or s}} \right)}$$
(4-5-5)

一方, 圧力一定下の熱力学の公式, $d\left(\dfrac{\mu_{10}}{T}\right) = -\left(\dfrac{h_{10}}{T^2}\right) dT$ を用いると,

$$N\left\{ \mu_{10}^\ell(T) - \mu_{10}^s(T) \right\} = T \left(\frac{\Delta H_{10}}{N} \right) \left(\frac{1}{T} - \frac{1}{T_1} \right)$$
(4-5-6)

ここで, $\Delta H_{10}(=Nh_{10})$ は成分 1 の融解潜熱である. また, N はアボガドロ (Avogadoro) 数である. (4-5-3), (4-5-4), (4-5-6) を用いると,

$$-k_B T \left\{ \ln \phi_1^\ell(T, x_1^\ell) - \ln \phi_1^s(T, x_1^s) \right\}$$
$$= \left\{ \mu_{10}^s(T) - \mu_{10}^\ell(T) \right\}$$
$$+ w_{12}^\ell \left\{ (x_2^\ell)^2 + a^\ell x_1^\ell x_2^\ell (1 + x_2^\ell) \right\} - w_{12}^s \left\{ (x_2^s)^2 + a^s x_1^s x_2^s (1 + x_2^s) \right\}$$
(4-5-7)

1 モルあたりに換算するために N 倍すると,

$$-RT \ln \left(\frac{x_1^\ell}{x_1^s} \right) = T \left(\frac{\Delta H_{10}}{N} \right) \left(\frac{1}{T} - \frac{1}{T_1} \right) + RT \ln \left(\frac{V_1^\ell}{V_1^s} \right)$$
$$+ RT \ln \left(\frac{x_1^s V_1^s + x_2^s V_2^s}{x_1^\ell V_1^\ell + x_2^\ell V_2^\ell} \right)$$
$$+ N w_{12}^\ell \left\{ (x_2^\ell)^2 + a^\ell x_1^\ell x_2^\ell (1 + x_2^\ell) \right\} - N w_{12}^s \left\{ (x_2^s)^2 + a^s x_1^s x_2^s (1 + x_2^s) \right\}$$
(4-5-8)

同様にして,

$$-RT\ln\left(\frac{x_2^\ell}{x_2^s}\right) = T\left(\frac{\Delta H_{20}}{N}\right)\left(\frac{1}{T} - \frac{1}{T_2}\right) + RT\ln\left(\frac{V_2^\ell}{V_2^s}\right)$$

$$+ RT\ln\left(\frac{x_1^s V_1^s + x_2^s V_2^s}{x_1^\ell V_1^\ell + x_2^\ell V_2^\ell}\right)$$

$$+ Nw_{12}^\ell\left\{\left(x_1^\ell\right)^2 + a^\ell x_1^\ell x_2^\ell\left(1 + x_1^\ell\right)\right\} - Nw_{12}^s\left\{\left(x_1^s\right)^2 + a^s x_1^s x_2^s\left(1 + x_1^s\right)\right\}$$

(4-5-9)

(4-5-8), (4-5-9) 式をベースにして，もし対象に考えている二元系のそれぞれのモル体積，融点，融解潜熱および液相と固相における混合のエンタルピー（ほぼ混合熱に相当するが）が知られていれば，この二元系の状態図を求めることができる．

具体的には，まず液相線と固相線が一致する極小値の組成（温度もこの点で極小値をとる）では(4-5-8) 式と(4-5-9) 式の左辺がゼロとなる．この条件の下で，温度 $T_{\min}$ と組成 $x_1^{\ell\,\text{or}\,s}(T_{\min})$ を導出することができる．

4-6 固相で完全に二相分離し，液相で完全に一相になるけれども，構成成分の大きさが著しく異なる場合

(4-2-5) 式の左辺 $x_1\gamma_1$ は活量係数（activity coefficient）を用いると α_1 と書ける．以下で二元系における一般化されたギブスの自由エネルギーの表式から活量係数 α_1 等を求めてみよう．(4-2-5)式の左辺は，

$$\ln\left(x_1^\ell \gamma_1^\ell\right) = -\ln a_1 \tag{4-6-1}$$

とおける．

対象としている二元系が正則溶液，つまり理想溶液ではないが，しかし化合物形成のない系（regular solution）で近似されるときは，混合のエントロピーとしてフロリー（Flory）近似をもちいると，N 個（1モル）の混合系のギブスの自由エネルギーは，

$$G = N_1\mu_1^\circ + N_2\mu_2^\circ + Nx_1 x_2 w_{12}(1+ax_1) + k_B T\{N_1\ln\phi_1 + N_2\ln\phi_2\}$$

(4-6-2)

ここで，$N_1 + N_2 = N$, $x_1 + x_2 = 1$, また

$$\phi_1 = \frac{x_1 V_1}{(x_1 V_1 + x_2 V_2)}, \quad \phi_2 = \frac{x_2 V_2}{(x_1 V_1 + x_2 V_2)} \tag{4-6-3}$$

V_1, V_2 は構成成分のモル体積（molar volume）である．(4-6-2) 式の中の混合のエンタルピーに相当する項として相互作用ポテンシャルの項を一般化するために濃度依存性を導入した．

(4-6-2)式より成分1および2の化学ポテンシャルは，それぞれ

$$\mu_1 = \mu_1^\circ + x_2^2 w_{12} + k_B T \ln \phi_1 = \mu_1^\circ + k_B T \ln a_1 \tag{4-6-4}$$

および

$$\mu_2 = \mu_2^\circ + x_1^2 w_{12} + k_B T \ln \phi_2 = \mu_2^\circ + k_B T \ln a_2 \tag{4-6-5}$$

(4-6-2)〜(4-6-5)より

$$k_B T \ln a_1 = k_B T \ln(\phi_1 \gamma_1) = w_{12} \left\{ x_2^2 + a x_1 x_2 (1 + x_2) \right\} + k_B T \ln \phi_1 \tag{4-6-6}$$

であるから，

$$\ln \gamma_1 = w_{12} \frac{\left\{ x_2^2 + a x_1 x_2 (1 + x_2) \right\}}{k_B T} = N w_{12} \frac{\left\{ x_2^2 + a x_1 x_2 (1 + x_2) \right\}}{RT} \tag{4-6-7}$$

同様にして

$$\ln \gamma_2 = w_{12} \frac{\left\{ x_1^2 + a x_1 x_2 (1 + x_1) \right\}}{k_B T} = N w_{12} \frac{\left\{ x_1^2 + a x_1 x_2 (1 + x_1) \right\}}{RT} \tag{4-6-8}$$

これらより，正則溶液系の融点降下に関する方程式は，(4-3-11)式の代わりに，

$$\phi_1(T) = 1 - \frac{\left[\exp\left\{ \dfrac{A_1(T)}{RT} \right\} \right]}{\exp\left[N w_{12} \dfrac{\left\{ x_2^2 + a x_1 x_2 (1 + x_2) \right\}}{RT} \right]} \tag{4-6-9}$$

また，成分2の側から導出すれば，

$$\phi_1(T) = 1 - \frac{\left[\exp\left\{\dfrac{A_2(T)}{RT}\right\}\right]}{\exp\left[Nw_{12}\dfrac{\{x_1^2 + ax_1x_2(1+x_1)\}}{RT}\right]} \tag{4-6-10}$$

となる．ただし，$A_2(T)$ は(4-3-9) 式の1の記号（成分1を表示する）を2（成分2に対応）に換えたものである．

4-7　具体的計算例―Li_2CO_3-K_2CO_3系―

溶融炭酸塩は酸素－水素燃料電池であるため二元系もしくは三元系として融点降下が実用上重要である．また，石炭のガス化を促進させるための触媒として低融点溶融炭酸塩に多大の関心が集められている．このように，応用化学の分野で重要な役割を担っている物質系であるという観点に立って，まず Li_2CO_3-K_2CO_3 系の融点降下の理論計算を遂行する．始めに必要な物性値を掲げておく．

混合のエンタルピー (Enthalpy of mixing) に関するデータによれば[3]，

$\Delta H(\sim \Delta E) = Nx_1x_2w_{12}(1+ax_1) = -6593\, x_1x_2(1+0.4x_1)$ (x_1 = fraction of Li_2CO_3)

	Li_2CO_3	K_2CO_3
m. p. (K)	1003	1174
L_m (cal/mol) （融解潜熱 latent heat of fusion）	10700	6600
V_M (1000 K, cm^3)	44.1	76.3

これらのデータを(4-6-1)～(4-6-10) 式に代入して計算された融点降下は以下のとおりである．

$T(x_1 = 0.2)$　K_2CO_3-side で 873 K

$T(x_1 = 0.8)$　　　　　　　Li_2CO_3-side で 1034 K

これらに対し，実験的に提唱されている状態図の値はそれぞれ，

$T(x_1 = 0.2)$　K_2CO_3-side で 893 K

$T(x_1 = 0.8)$　　　　　　　Li_2CO_3-side で 1023 K

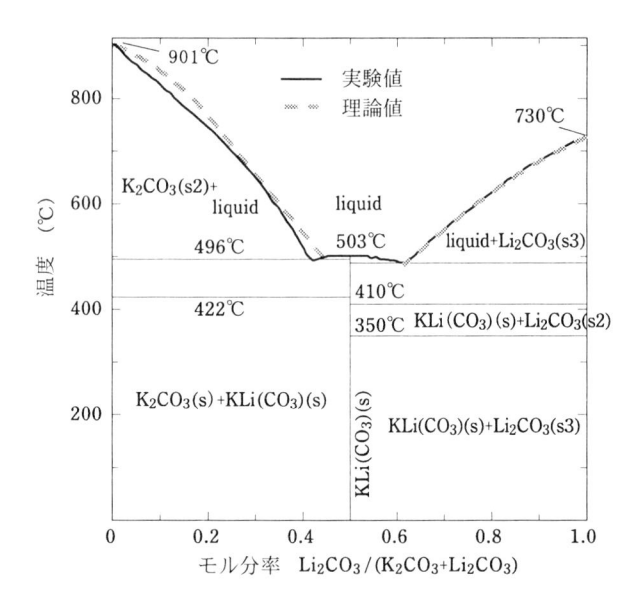

図 4-7-1 K$_2$CO$_3$-Li$_2$CO$_3$擬二元系状態図における液相線の組成変化（実験値と理論値）.

ここで状態図の実験結果は，Facility for the Analysis of Chemical Thermodynamics を用いた[4]．図 4-7-1 で示すように，かなりよい一致を与えている．

4-8　具体的応用例―Na$_2$CO$_3$-K$_2$CO$_3$系―

この系は酸素－水素燃料電池用の溶融混合炭酸塩として重要であるので，特に採用した．これまでに，この系に対して知られているデータは

	m. p.	ΔH	V
1. Na$_2$CO$_3$	1131 K	6.7 kcal	76.3 cc.
2. K$_2$CO$_3$	1174 K	6.6 kcal	57.3 cc

$$N x_1^\ell x_2^\ell w_{12}^\ell \left(1 + a^\ell x_1^\ell\right) = -1200 x_1^\ell x_2^\ell \left(1 + 0.246 x_1^\ell\right) \text{cal}$$

$$T_\mathrm{m} = T(\text{minimum}) = 982\,\text{K}, \quad x_1^\ell(T_\mathrm{m}) = x_1^\mathrm{s}(T_\mathrm{m}) = 0.59$$

が知られている[3]．

4. 二元系溶融塩の状態図(組成－温度);溶質添加による溶媒の融点降下についての熱力学　79

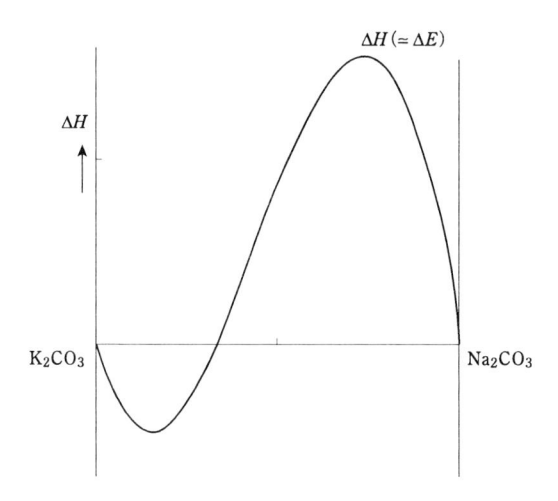

図 4-8-1　溶融状態における K_2CO_3-Na_2CO_3 系の混合のエンタルピー（理論値）.

　未知のパラメーターは固相におけるエンタルピーである．そこで，これらの観測データを4-6節の理論式に代入して，固相におけるエンタルピーを求める．計算結果,

$$N x_1^s x_2^s w_{12}^s \left(1 + a^s x_1^s\right) = -670 x_1^s x_2^s \left(1 - 3.0 x_1^s\right) \text{cal}$$

である．この結果を図示すると，図4-8-1のようになる．
　この図はいくつかのもっともらしい様相をもつ．まず，K_2CO_3 側では混合熱が負であり混合によって，より安定性が増す．添加する Na のイオンサイズは K より小さいのだから，当然の結果であろう．一方，Na_2CO_3 側ではイオンサイズの大きい K が入れば当然斥力項が増加するので，正の混合熱をうる．しかしその絶対値は混合のエントロピーに伴うエネルギーよりも小さく，二相分離が生じないことを示している．すなわち固相で全率固溶の条件を完全に満たす結果が得られたことになる．

4-9　二元系溶融塩の固相の成分，1および2の近傍で固溶体を持つ場合

　このような系の状態図は図4-9-1で与えられる．すなわち，両サイドで固溶体

4. 二元系溶融塩の状態図(組成－温度);溶質添加による溶媒の融点降下についての熱力学

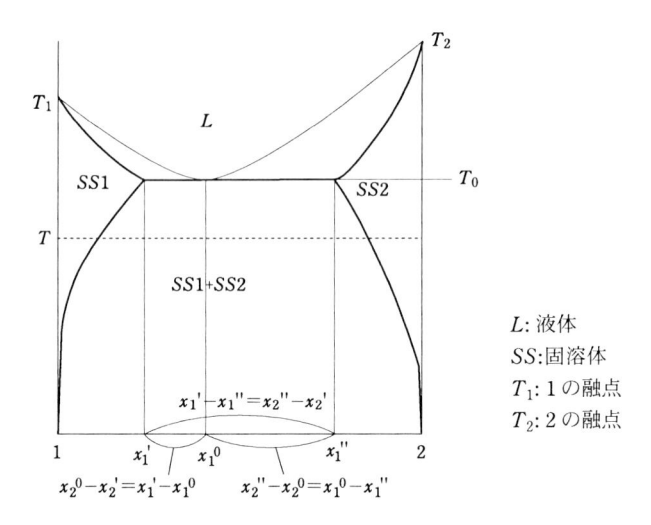

図 4-9-1 構成分子がそれぞれ固溶限をもつ二元系状態図.

SS1およびSS2が存在し，それらの固溶限を超えると，SS1とSS2の二相共存領域が出現する．このような系の液相線や固相線をもとめるためには，まずSS1とSS2の固溶限のカーブを求めなければならない．

図4-9-1のある温度 T における状態を示すGibbsの自由エネルギーは図4-9-2のように与えられる．SS1とSS2を示す記号として，(')，(")を用いると，それぞれの自由エネルギーは以下のようになる．

$$G = N\mu(x') = Nx_1'\mu_1(x_1') + Nx_2'\mu_2(x_2') \tag{4-9-1}$$

$$G = N\mu(x'') = Nx_1''\mu_1(x_1'') + Nx_2''\mu_2(x_2'') \tag{4-9-2}$$

SS1とSS2二相共存条件は，

$$\frac{\partial(N\mu(x))}{\partial x_1} = N\left\{\mu_1(x_1') - \mu_2(x_2')\right\} = N\left\{\mu_1(x_1'') - \mu_2(x_2'')\right\}$$

$$= N\frac{\left[\left\{x_1''\mu_1(x_1'') + x_2''\mu_2(x_2'')\right\} - \left\{x_1'\mu_1(x_1') + x_2'\mu_2(x_2')\right\}\right]}{x_1'' - x_1'}$$

$$\tag{4-9-3}$$

4. 二元系溶融塩の状態図(組成－温度);溶質添加による溶媒の融点降下についての熱力学

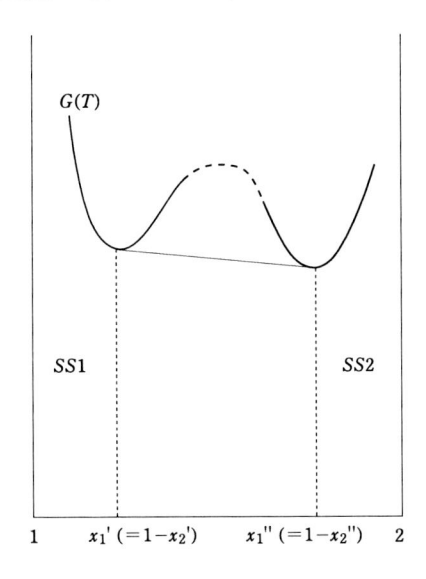

[図: G(T)曲線、SS1とSS2の固溶体]

SS1: 1の固溶体
SS2: 2の固溶体

横軸: 1 $x_1'\,(=1-x_2')$ $x_1''\,(=1-x_2'')$ 2

図4-9-2 二元系状態図における固溶限とGibbsの自由エネルギーとの関係.

(4-9-3) 式の第2項に x_1' を掛け, x_1' で割る. また, 第3項に $(-x_1'')$ を掛け, $(-x_1'')$ で割っても元の(4-9-3)に等しい. そこで, それらの式と(4-9-3) 式の最後の項の分子の和と分母の和の割合は, 元の(4-9-3) 式に等しく, その結果は次のようになる.

$$\frac{\partial (N\mu(x))}{\partial x_1} = \frac{N\{\mu_2(x_2'')-\mu_2(x_2')\}}{0} \tag{4-9-4}$$

同様にして,

$$\frac{\partial (N\mu(x))}{\partial x_2} = \frac{N\{\mu_1(x_1'')-\mu_1(x_1')\}}{0} \tag{4-9-5}$$

それゆえ,

$$\mu_2(x_2'')=\mu_2(x_2'), \quad \mu_1(x_1'')=\mu_1(x_1') \tag{4-9-6}$$

に等しい.

(4-9-6) 式を用いると, 成分1および2の固溶限のカーブから固溶体SS1とSS2

における混合熱（厳密にはエンタルピーであるが）が求められる．

例えば，固溶体 $SS1$ における Gibbs の自由エネルギーは，

$$G(x_1',T) = H(x_1',T) - TS(x_1',T) \tag{4-9-7}$$

ここで純成分1と2およびその固溶体の比熱の絶対値はほとんど相等しいと仮定しよう．また比熱の絶対値が小さい低温部分の温度領域も高温の温度領域に比べて小さいので，全温度領域での比熱は一定値の C_P であるとしよう．すると，

$$H(x_1',T) = x_1'h_1 + x_2'h_2 + (x_1'+x_2')\int_0^T C_P dT + Nx_1'x_2'w_{12}^{s1} \tag{4-9-8}$$

またエントロピー，$S(x_1',T)$ は，

$$\begin{aligned} S(x_1',T) &= \Delta S_{\text{vib}} + \Delta S_{\text{mix}} \\ &= (x_1'+x_2')\int_0^T \left(\frac{C_P}{T}\right) dT + R(x_1'\ln x_1' + x_2'\ln x_2') \end{aligned} \tag{4-9-9}$$

それゆえ x_1' の化学ポテンシャル $\mu_1(x_1')$ は次式で与えられる．

$$\mu_1(x_1') = h_1 + \int_0^T C_P dT + Nx_2'^2 w_{12}^{s1} - T\int_0^T \left(\frac{C_P}{T}\right) dT - RT\ln x_1' \tag{4-9-10}$$

$$\sim h_1 + C_P T + Nx_2'^2 w_{12}^{s1} - TC_P \ln T - RT\ln x_1' \tag{4-9-11}$$

同様にして，

$$\mu_1(x_1'') = h_1 + \int_0^T C_P dT + Nx_1''^2 w_{12}^{s1} - T\int_0^T \left(\frac{C_P}{T}\right) dT - RT\ln x_1'' \tag{4-9-12}$$

$$\sim h_1 + C_P T + Nx_1''^2 w_{12}^{s1} - TC_P \ln T - RT\ln x_1'' \tag{4-9-13}$$

(4-9-11) および (4-9-13) を (4-9-6) に代入すると，

$$Nx_1'^2 w_{12}^{s1} - RT\ln x_1' = Nx_1''^2 w_{12}^{s2} - RT\ln x_1'' \tag{4-9-14}$$

もし，成分1と2の固溶限 x_1'，x_1'' が既知であれば，温度 T を変えて (4-9-14) 式と同様な関係が得られる．このようにして，異なる二つの温度での関係式から，w_{12}^{s1} と w_{12}^{s2} とを導出することができる．

もし，$SS1$ および $SS2$ における混合熱が $Nx_1'x_2'w_{12}^{s1}(1+a_1^s x_1')$ のように組成

変化をもつときには,(4-9-14) 式の代わりに,

$$Nw_{12}^{s1}\left(x_2'^2 + a_1^s x_1' x_2'\right) - RT\ln x_1' = Nw_{12}^{s2}\left(x_2''^2 + a_1^s x_1'' x_2''\right) - RT\ln x_1''$$

(4-9-15)

を用いればよい．このような場合には，少なくとも異なる四つの温度における関係式から混合熱が導出される．

4-10 三元系のそれぞれの二成分が固相で二相分離する場合の融点降下の理論

三元系の Gibbs の自由エネルギーは一般的に(4-5-1) 式を拡張した次式のように近似されるであろう．

$$\begin{aligned}G = &N_1 \mu_1^\circ + N_2 \mu_2^\circ + N_3 \mu_3^\circ \\ &+ Nx_1 x_2 w_{12}(1+ax_1) + Nx_1 x_3 w_{13}(1+bx_1) + Nx_2 x_3 w_{23}(1+cx_2) \\ &+ k_B T\{N_1 \ln\phi_1 + N_2 \ln\phi_2 + N_3 \ln\phi_3\}\end{aligned}$$

(4-10-1)

ここで $N_1 + N_2 + N_3 = N$, $x_1 + x_2 + x_3 = 1$ であり，

$$\phi_1 = \frac{x_1 V_1}{x_1 V_1 + x_2 V_2 + x_3 V_3}, \quad \phi_2 = \frac{x_2 V_2}{x_1 V_1 + x_2 V_2 + x_3 V_3},$$

$$\phi_3 = \frac{x_3 V_3}{x_1 V_1 + x_2 V_2 + x_3 V_3}$$

(4-10-2)

である．V_1, V_2, V_3 は 1, 2, 3 のモル体積である．

1-2, 1-3, 2-3 間の相互作用に伴う寄与は二元系のそれらがそのまま使用できるものと仮定する．この系の各成分 1, 2, 3 の 1 モルの化学ポテンシャルは，それぞれ T_1, T_2, T_3 において，次式のように与えられる．

$$N\mu_1 = N\mu_1^\circ + Nw_{12}\{x_2^2 + ax_1 x_2(1+x_2)\} + Nw_{13}\{x_3^2 + bx_1 x_3(1+x_3)\} + RT_1 \ln\phi_1$$

(4-10-3)

$$N\mu_2 = N\mu_2^\circ + Nw_{12}\{x_1^2 + ax_1 x_2(1+x_1)\} + Nw_{23}\{x_3^2 + cx_2 x_3(1+x_3)\} + RT_2 \ln\phi_2$$

(4-10-4)

$$N\mu_3 = N\mu_3^\circ + Nw_{13}\left\{x_1^2 + ax_1x_3(1+x_1)\right\} + Nw_{23}\left\{x_2^2 + cx_1x_3(1+x_2)\right\} + RT_3\ln\phi_3$$

(4-10-5)

融点降下の温度は，それぞれ次式のように与えられるであろう．

$$T_1 = \frac{\left[\Delta h_1^\circ(T_1^\circ) + Nw_{12}\left\{x_2^2 + ax_1x_2(1+x_2)\right\} + Nw_{13}\left\{x_3^2 + bx_1x_3(1+x_3)\right\}\right]}{\left\{\left(\frac{\Delta h_1^\circ}{T_1^\circ}\right) - R\ln\phi_1\right\}}$$

(4-10-6)

$$T_2 = \frac{\left[\Delta h_2^\circ(T_2^\circ) + Nw_{23}\left\{x_3^2 + cx_2x_3(1+x_3)\right\} + Nw_{12}\left\{x_1^2 + ax_1x_2(1+x_1)\right\}\right]}{\left\{\left(\frac{\Delta h_2^\circ}{T_2^\circ}\right) - R\ln\phi_2\right\}}$$

(4-10-7)

$$T_3 = \frac{\left[\Delta h_3^\circ(T_3^\circ) + Nw_{13}\left\{x_1^2 + bx_1x_3(1+x_1)\right\} + Nw_{23}\left\{x_2^2 + cx_2x_3(1+x_2)\right\}\right]}{\left\{\left(\frac{\Delta h_3^\circ}{T_3^\circ}\right) - R\ln\phi_3\right\}}$$

(4-10-8)

これらの式に，実験的に知られている $\Delta h_i^\circ(T_i^\circ)\,(i=1,2,3)$，$T_i^\circ(i=1,2,3)$，および二元系の混合熱から得られた $Nw_{i,j}\,(i,j=1,2,3)$ 等を代入し，$x_1 + x_2 + x_3 = 1$ の条件下で x_1, x_2, x_3 等を変化させて T_i を求めれば，図式的に三元系の共晶温度 T_{eu} を導出することが可能である．

4-11　計算機シミュレーションによる混合熱の導出

　前節で述べたように，二元系溶融塩の混合熱（厳密にいえば，混合のエンタルピーである）は三元系溶融塩における共晶温度，組成比の導出に際して極めて重要な情報である．実験データがない場合には，これをMDで試みることが要請されるであろう．

4-12 CALPHAD 法

CALPHAD とは（二元系）状態図の計算（Calculation of Phase Diagrams）を意味している．約30年前からなされるようになった二元系状態図導出の標準的方法である．その方法は以下の通りである．

系の固相および液相における混合のエンタルピーが $x_1 x_2 w_{12}^{\ell}$ $\left(\text{and/or } x_1 x_2 w_{12}^{S}\right)$ で与えられるとし，混合のエントロピーが $x_1 \ln x_1 + x_2 \ln x_2$ で与えられるとき，Gibbs の自由エネルギーはそれぞれ

$$G^{\ell}(x_1,T) = N\left\{x_1 \mu_1^{\ell}(x_1,T) + x_2 \mu_2^{\ell}(x_1,T)\right\}$$
$$= Nx_1\left\{\mu_{10}^{\ell}(T) + x_2^2 w_{12}^{\ell} + k_B T \ln x_1\right\} + Nx_2\left\{\mu_{20}^{\ell}(T) + x_1^2 w_{12}^{\ell} + k_B T \ln x_2\right\}$$
(4-12-1)

および

$$G^{s}(x_1,T) = N\left\{x_1 \mu_1^{s}(x_1,T) + x_2 \mu_2^{s}(x_1,T)\right\}$$
$$= Nx_1\left\{\mu_{10}^{s}(T) + x_2^2 w_{12}^{s} + k_B T \ln x_1\right\} + Nx_2\left\{\mu_{20}^{s}(T) + x_1^2 w_{12}^{s} + k_B T \ln x_2\right\}$$
(4-12-2)

二元系のある与えられた組成と温度, (x_1, T) において，もし液体状態だと仮定したときのGibbsの自由エネルギー $G^{\ell}(x_1,T)$ がその仮想的な固体状態のGibbsの自由エネルギー $G^s(x_1,T)$ よりも小さいときにはその系は液体状態を保つ．また，前者が後者より大きいときには固体状態となるはずである．

これらの状況を(4-12-1)および(4-12-2)式を用いて表現すると次のようになる．

$$x_1 T\left(\frac{\Delta h_1}{N}\right)\left(\frac{1}{T} - \frac{1}{T_1}\right) + x_1 T\left(\frac{\Delta h_1}{N}\right)\left(\frac{1}{T} - \frac{1}{T_1}\right) + x_1 x_2 \left(w_{12}^{\ell} - w_{12}^{s}\right) < 0 \quad \text{（液相）}$$
(4-12-3)

$$x_1 T\left(\frac{\Delta h_1}{N}\right)\left(\frac{1}{T} - \frac{1}{T_1}\right) + x_1 T\left(\frac{\Delta h_1}{N}\right)\left(\frac{1}{T} - \frac{1}{T_1}\right) + x_1 x_2 \left(w_{12}^{\ell} - w_{12}^{s}\right) > 0 \quad \text{（固相）}$$
(4-12-4)

CALPHAD 法は二元系の適当な温度領域と組成とを細かく分割した各点 (x_1, T)

に対して，(4-12-3) および(4-12-4) 式を計算して液相か固相かを同定して状態図を決定する．勿論，これを遂行するためには膨大な計算が必要であることはいうまでもない．CALPHAD法に基づいて詳細な計算法と結果についての著作を紹介しておく[4]．

このようにしてなされた二元系溶融塩の状態図の集大成をwebsiteで閲覧することができる[5]．

参考文献
1) I. Prigogine and R. Defay (translated by D. H. Everett), *Chemical Thermodynamics*, Longmans Green and Co., London, 1952.
2) N. H. March and M. P. Tosi, *Atomic Dynamics in Liquids*, The MacMillan Press, 1976.
3) B. K. Andersen and O. J. Kleppa, Acta Chemica Scandinavia A **30** (1976) 751-758.
4) N. Saunders and A. P. Miodownik, *CALPHAD*, Elesevier Scie. Japan, 1998.
5) On experimental data on the phase diagrams of binary salt mixture:
   Facility for the Analysis of Chemical Thermodynamics;
   http://www.cryct.polymtl.ca/fact/documentation/FT salt Figs.htm

5. 溶融塩におけるイオン間相互作用ポテンシャル，遮蔽効果

　溶融塩における，微細構造すなわち空間的なイオン配置，熱力学的性質，輸送現象（電気伝導度，拡散係数，熱伝導度，粘性）等の基礎的諸物性は，構成イオン間の相互作用ポテンシャルによって決定される．本章では筆者らの研究成果をもふまえて，最近まで研究がなされ続けている溶融塩における有効な二体のポテンシャルについて論及し，その具体的応用例を示す．

5-1　はじめに

　溶融塩における静的並びに動的構造に関する知見，更にはこれらの諸物性を理論的もしくは分子動力学シミュレーションによって定性的，定量的に説明することが求められている．

　そのためには，対象となる系を表示する妥当な二体ポテンシャル（pair-potentials）をどのように定義したらよいかが大きな課題となっていた．

　溶融塩の物性は，多かれ少なかれ，固体状態の物性と深い関わりがあることは言うまでもない．イオン性の強い岩塩型構造をもつ結晶のアルカリ・ハロゲン化物（alkali-halides），ジンクブレンド（zinc-blende=ZnS）で代表されるような共有結合性とイオン結合性とが共存する結晶，AgIで代表されるような超イオン導電体等々，イオン結晶といっても様々である．

　イオン性の異なる種々の物質におけるイオン間ポテンシャルについてはこれまで約80年間の絶え間ない研究が続けられてきている．ここではその歴史的変遷の概説を述べた後，最近の研究発展と結びついて我々が展開した溶融塩における遮蔽されたイオン間ポテンシャル（screened pair-potentials）の理論がどの

ように修正されるかについて述べたい．この章は主として我々の著作に基づいている[1]．

5-2　イオン性凝集体のイオン間ポテンシャルについての研究経緯―剛体イオンモデル（Rigid Ion Model）

1933年にハギンズとメイヤー（Huggins and Mayer）は，イオン結晶において有効な，今日では剛体イオンモデル（rigid ion model）と呼ばれているような次式のイオン間ポテンシャルを提案した．

$$\phi_{ij}(r) = \frac{z_i z_j e^2}{r} + B_{ij}\exp(-\alpha_{ij}r) - \frac{C_{ij}}{r^6} - \frac{D_{ij}}{r^8} \tag{5-2-1}$$

ここで右辺第1項はイオンiとjとの間のクーロン相互作用ポテンシャル，第2項はイオン間の斥力ポテンシャル，第3項は双極子－双極子（dipole-dipole）間の引力ポテンシャル，第4項は双極子－四重極子（dipole-quadrupole）間の引力ポテンシャルである．

係数B_{ij}，α_{ij}，C_{ij}およびD_{ij}の決定法としてこれまで多くの研究がある．今日でもよく用いられるのは，1964年に出されたトシーフミ・ポテンシャル（Tosi-Fumi potentials）と知られているポテンシャルが有名である．その詳細については，原論文や総合報告等を参照されたい[2-4]．

岩塩型結晶構造をもつアルカリハロゲン化物は中心力ポテンシャルと呼ばれる(5-2-1)式で記述され，コーシィの関係式（Cauchy relation）と呼ばれている弾性定数に関する関係式$C_{12}=C_{44}$を満足することが知られている．そしてそれらの溶融状態における構造や諸物性の解明には有効であり，多くのMDシミュレーションによる研究が報告されている．

他方，関係式$C_{12}=C_{44}$を満足しないイオン結晶も多く存在し，その物性説明のために，非中心力ポテンシャル（non-central potentials）の導入がなされた．いわば，着目しているイオンに対する多体効果の導入である．

着目したイオンに対して周囲のイオンからの影響は結局　a）イオンの変形（deformation of ion shell），b）イオン間の電荷移動（charge transfer between ions）が考えられる．次節以降でこれらについて考える．

5-3 イオンの変形に伴うポテンシャルの導入— シェルイオンモデル (Shell Ion Model)

1価の陽イオンと1価の陰イオンが接近したとする．すると，陰イオンの中の電子は陽イオンに引っ張られる．同様に陽イオンの中の電子は接近した陽イオンから遠ざかろうとするであろう．その結果を模式的に考えて，陽イオンと陰イオンをそれぞれ核電荷 (core charge) ＋殻電荷 (shell charge) とに分けて考えることができる．こうして隣接イオン間のクーロン引力項，斥力項とファン・デァ・ワールス (Van der Waals) 項のポテンシャルとからなる(2-1)式を改良したポテンシャルとして次式が得られる．

$$U(R, W_1, W_2) = \frac{Y_1 Y_2 e^2}{R} - \frac{(Y_1-1)Y_2 e^2}{R-W_1} - \frac{Y_1(Y_2+1)e^2}{R-W_2}$$
$$+ \frac{(Y_1-1)(Y_2+1)e^2}{R+W_2-W_1} + \frac{e^2}{2V}\left(k_1 W_1^2 + k_2 W_2^2\right)$$
$$+ B^{+-}\exp(-\alpha R) - \frac{C^{+-}}{R^6} - \frac{D^{+-}}{R^8} \qquad (5\text{-}3\text{-}1)$$

アルカリハロゲン化物のパラメーター (shell parameters) k, Y, W 等をどう決定するかについてはサングスター—ディクソン (Sangster and Dixon) の総合報告が参考となる[4]．

このシェルイオンモデル (shell ion model) は超イオン導電体におけるイオンの可動性を説明するためにいくつかの研究があったが，ここではふれない．

またコクラン (Cochran) によるシェルイオンモデル (shell ion model) に関する詳細な総合報告がある．その中ではシェルイオンモデル (shell ion model) を明快に表わす以下のような記述がある[5]．

The model gives a satisfactory account of the polarization of ions and its coupling to the short-range interactions by considering each ion to consist of a core which is treated as a point charge and a negatively charged shell attached to its own core by a spring.
(この模型はイオンの分極と，点電荷とあるバネによって結びついているように

取扱われる核とから構成されている各イオンと考えることによる短距離相互作用との結合により十分な説明を与えている.)

その他,イオンの変形を受容する概念の下で,イオン結晶の物性を説明するために,シュレーダー(Schröder)[5]によって提案された呼吸するイオン模型(Breathing ion model =BIM)等もあるが,溶融塩に対して特に必要とは思えないので省略する.

近年,イオンの変形というよりも,周囲のイオンが接近することによって着目したイオン内に電荷双極子(charge dipole)が変化する観点からの研究が進められている.次節ではそれについて述べる.

5-4 分極可能イオンモデル(Polarizable Ion Model)

1996年にウィルソン－マデン－コスタ・カブラル(Wilson, Madden and Costa-Cabral)は溶融AgClの構造を説明するためにイオンの分極効果を新しく導入したポテンシャルを用いてMDを遂行し実験結果を再現することに成功した[7].また2006年にビトリアン－トララス(Bitrián and Trullàs)は溶融AgBrのMDシミュレーションを遂行するために同様の分極可能イオンモデル(polarizable ion model)を提案している[8].以下にその理論を紹介する.

まず(2-1)式と異なるが,超イオン導電体における取り扱いで知られている剛体イオンモデル(rigid ion model)として次式のようなヴァシシュタ－ラーマンのポテンシャル(Vashishta-Rahman potentials)を採用する[9].

$$\phi_{ij}(r) = \frac{z_i z_j e^2}{r} + \frac{H_{ij}}{r^n} - \frac{C_{ij}}{r^6} - \frac{P_{ij}}{r^4} \equiv \phi_{ij}^0(r) - \frac{P_{ij}}{r^4} \tag{5-4-1}$$

右辺第2項は(5-2-1)式の指数関数的(exponential type)の斥力ポテンシャルの代わりに$n=7$のべき乗型斥力ポテンシャルを採用する.また,双極子－四重極子相互作用ポテンシャル(dipole-quadrupole interaction potential)の項は(5-4-1)式の最後の二項に比して小さいので省略した.

分極可能イオンモデル(polarizable ion model)の特徴は,(5-4-1)式の最後の項,電荷－双極子相互作用(charge-dipole interaction)のP_{ij}がイオン間距離rの

関数で表現されることから分極可能（polarizable）と命名したことであろう．隣接イオンからの電場E_iによって位置r_iにおかれたイオンに双極子（dipole）が誘起される．イオンiの分極率α_iによって与えられるイオンiの双極子モーメント（dipole moment），p_iは線形近似（linear approximation）では，$p_i = \alpha_i E_i$である．逆に，着目したイオンiからの電場によって，取り巻く隣接イオンにも双極子モーメント（dipole moments）が誘起される．

従って，E_iは次のように表される．

$$E_i = \sum_{j\neq i}^{N}\left(\frac{z_j e}{r_{ij}^3}\right)r_{ij} + \sum_{j=1}^{N}\left\{3\left(p_j \cdot r_{ij}\right)\frac{r_{ij}}{r_{ij}^3} - \frac{p_j}{r_{ij}^3}\right\} \tag{5-4-2}$$

ここで$r_{ij} = r_i - r_j$である．この式の最後の項はイオンiの回りのイオンjの中の双極子モーメント（dipole moment）によって加えられる電場であるが，発生するdipoleの正負電荷間の距離に比してi-j間の長さr_{ij}がかなり大きいことが必要条件であることはいうまでもない．イオンjがイオンiに接近すると，いわゆる短範囲重ね合わせ効果（short range overlap effects）により双極子が変形する．そのためp_iを次のように書く．

$$p_i = \alpha_i E_i + \alpha_i \sum_{j\neq 1}^{N} s_{ij}\left(r_{ij}\right) r_{ij} \tag{5-4-3}$$

ウィルソン－マデン－コスタ・カブラルはa-bイオン間の$s_{ij}(r)$を次のように設定した[7]．

$$s_{ab}(r) = -f_{ab}(r)\left(\frac{z_b e}{r^3}\right) \tag{5-4-4}$$

$f_{ab}(r)$はイオン間距離rによって1から0までの値をもつ．(5-4-2)を(5-4-3)に代入し繰り込み（iteration）を施すとイオンa-b間の相互作用により発生するイオンaにおける双極子，$p_a(r)$は次のように与えられる．

$$p_a\left\{1 - \frac{4\alpha_a \alpha_b}{r^6}\right\} = \alpha_a\left\{1 - f_{ab}(r)\right\}\left\{\frac{z_b e}{r^2} + \frac{2\alpha_b z_a e}{r^5}\right\} \tag{5-4-5}$$

あるいは

$$p_a = \alpha_a \{1 - f_{ab}(r)\} \frac{\left\{\dfrac{z_b e}{r^2} + \dfrac{2\alpha_b z_a e}{r^5}\right\}}{1 - \left(\dfrac{4\alpha_a \alpha_b}{r^6}\right)} \tag{5-4-6}$$

となり，$p_a(r)$ は $r_c^6 = (4\alpha_a \alpha_b)$ で発散する．

この特異点（singular point）は分極破綻距離（polarization catastrophe distance）と呼ばれている．このような発散は，本来，発生するdipoleの正負電荷間の距離に比してa-b間の長さr_{ab}がかなり大きいことが必要条件であるにも拘わらずそれを無視して上述のような繰り込みを施したことによるものである．

$a = b$ のとき，(5-4-6) 式は次のようになる．

$$p_a = \alpha_a \{1 - f_{ab}(r)\} \left\{\frac{z_a e r}{r^3 - 2\alpha_a}\right\} \tag{5-4-7}$$

となり，$r^3 = 2\alpha_a$ で発散する．

このような分極可能イオンモデル（polarized ion model）に基づく双極子－双極子相互作用ポテンシャル（dipole-dipole interaction potentials）は，(5-4-6), (5-4-7)式から以下のように求められる．

いま，イオンaとbを考える．イオンaにおける点電荷－双極子相互作用ポテンシャル（charge-dipole interaction potentials）は$p_a E_a$であり，イオンbにおけるそれは$p_b E_b$となる．したがって，

$$\frac{P_{ij}}{r^4} = \frac{1}{2}\left(p_a E_a + p_b E_b\right) \tag{5-4-8}$$

この式の右辺のそれぞれにおける$p_a p_b$の寄与は，双極子－双極子相互作用ポテンシャルであるから既に$\dfrac{C_{ij}}{r^6}$の中に取り込まれているはずである．したがって，

$$-\frac{P_{ij}}{r^4} = -\frac{1}{2}\left(p_a E_a + p_b E_b\right) = \phi_{\text{charge-dipole}}(r)$$

$$= -\frac{1}{2}\{1 - f_{ab}(r)\}^2 \frac{\left\{(\alpha_a z_b e^2 + \alpha_b z_a e^2)r^2 + \dfrac{\alpha_a z_b e^2 r_c^6}{r}\right\}}{r^6 - r_c^6} \tag{5-4-9}$$

それゆえ，

$$\phi_{+-}(r) = \phi_{+-}^{0}(r) - \frac{1}{2}\{1 - f_{+-}(r)\}^2 \frac{\{(\alpha_+ z^- e^2 + \alpha_- z^+ e^2) r^3 + z^+ z^- e^2 r_c^6\}}{r(r^6 - r_c^6)}$$

(5-4-10)

$$\phi_{++}(r) = \phi_{++}^{0}(r) - \{1 - f_{++}(r)\}^2 \frac{\{(\alpha_+ z^+ e^2 r^3 + 4 z^{+2} e^2 \alpha_+^2)\}}{r(r^6 - 4\alpha_+^2)}$$

(5-4-11)

$$\phi_{--}(r) = \phi_{--}^{0}(r) - \{1 - f_{--}(r)\}^2 \frac{\{(\alpha_- z^- e^2 r^3 + 4 z^{-2} e^2 \alpha_-^2)\}}{r(r^6 - 4\alpha_-^2)}$$

(5-4-12)

となる.

それゆえ，これらの式が使用できるのは，厳密にいえば，イオンaとbのどちらかの分極率がゼロに近い場合 ($r \sim r_c$) だけしか適用できない．AgI, AgBr, Ag_2Se, Ag_2Te, CuBr等の超イオン導電体を含むAgハロゲン化物, Cuハロゲン化物の溶融状態では, 陽イオンの双極子モーメントが陰イオンのそれに比してかなり小さいので, $r_c^6 \sim 0$ となる（Kitttelの教科書に分極率の表がある[10]）．それゆえ, $\alpha_+ \sim 0$ として $\phi_{+-}(r)$, $\phi_{++}(r)$ には厳密に適用できるであろう. また, (5-4-12)式の分母をr^7と近似すれば, 全ポテンシャルが設定できる. それを受けて, ウィルソン－マデン－コスタ・カブラル, ビトリアンとトララスらがAgCl, AgBrの溶融状態に適用した.

5-5　前節の分極可能イオンモデル (Polarizable Ion Model) に対する評価

　ビトリアンとトララスらが前節で展開した理論は剛体イオンモデルを修正したある程度有効な理論である. しかし, 分極破綻距離と呼ばれているような発散は, 本来, 発生するdipoleの正負電荷間の距離に比してa-b間の長さr_{ab}がかなり大きいことが必要条件であるにも拘わらずそれを無視して繰り返し実行を施したことによるものである. 例えば溶融NaClでは, NaイオンとClイオンの電子分極率から計算した分極破綻距離は0.93 Å となる. 勿論, 短範囲減衰係数 (short range damping factor) である$f_{ab}(r)$が急速に1に近づくことにより, 実際の破綻

距離 (catastrophe distance) に向かうポテンシャルの負の増大はある程度緩和されるであろう．それにもかかわらず，r の値が最隣接イオン間距離程度の長さになると有効な理論値かどうか少々疑わしい．

$f_{ab}(r)$ をパラメーターとしているのであるから，むしろ *a prior* に

$$\phi_{ab}(r) = \phi_{ab}^0(r) - \frac{P_{ab}}{r^4} = \phi_{ab}^0(r) - \frac{1}{2}\{1 - f_{ab(r)}\}^2 \frac{\left(\alpha_a z_b e^2 + \alpha_b z_a e^2\right)}{r^4} \quad (5\text{-}5\text{-}1)$$

としたらどうであろうか．ただし，$f_{ab}(r)$ はウィルソン−マデン−コスタ・カブラル，ビトリアンとトララスらが定義したものでないが，$r \to 0$ で $f_{ab}(r) \to 1$，$r \to$ 大（大体イオン間距離の2倍程度）で $f_{ab}(r) \to 0$ となる関数を用意すればよいであろう．

いずれにしても，$f_{ab}(r)$ を上述のように設定し(5-5-1)式の最後の項，電荷−双極子相互作用ポテンシャルの考慮によって，斥力ポテンシャルが有効な範囲ではポテンシャルが裸の斥力よりも緩和された斥力部になる．

5-6　分極と誘電率について

次節で誘電関数によって遮蔽されたイオン間ポテンシャルについて議論を進めるため，本節では分極率と誘電率との関係について概略する．

イオンの場所における局所的電場を E_{loc} とするとき，分極への寄与は通常以下の3種類に分けられる．

(a) イオン内部に発生する電子分極はイオン内の電子がその原子核に対して相対的な変化に伴う電子分極率がある．これは前節で取扱ったものである．

(b) イオンの寄与は，周辺の他のイオンの相対的な配置（ion's configuration）により生ずる．

(c) もし，イオンが電気的永久双極子を持つ場合にはその寄与も考えなければならない．特に，イオンが複数個の原子から構成される場合には考慮しなければならない．しかし，溶融アルカリ塩化物や溶融炭酸塩では考慮する必要はない．

固体では，これらの分極は局所的電場 E_{loc} を振動数依存にかけると，マイクロ波程度でcがなくなり，ついで赤外部程度でbが消失し，aが最後まで残る．こ

こでは，aとbにだけ着目する．

線形応答関数理論によると，前節で導いた電子分極率とそれに対応する誘電率は

$$1-\frac{1}{\varepsilon(k)}=4\pi\alpha(k) \tag{5-6-1}$$

の関係がある．

それゆえ，分極率もしくは誘電関数を用いてa，bの項目を計算して溶融塩における有効なイオン間ポテンシャルを求めることができる．

5-7 溶融塩におけるイオン間ポテンシャルの最適表示

古石，斉藤，松永および田巻は，溶融塩におけるイオン間ポテンシャルの引力部分の誘電関数を導出している[1])．すなわち $\phi_{ij}^0(r)$ の中のクーロン・ポテンシャルのフーリエ成分 $FT\left[\dfrac{z_i z_j e^2}{r}\right]=\dfrac{4\pi z_i z_j e^2}{k^2}$ が誘電関数 $\varepsilon(k)$ によって遮蔽され，次のようになる．

$$\{\phi_{ij}^0(r) \text{ の中のクーロン項が遮蔽された結果}\}=\frac{4\pi z_i z_j e^2}{k^2 \varepsilon(k)} \tag{5-7-1}$$

$\phi_{ij}^0(r)$ の中の斥力項 $\left(\dfrac{H_{ij}}{r^n}\right)$ と双極子－双極子相互作用の項 $\dfrac{C_{ij}}{r^6}$ はそのままにすると，a-b 溶融塩中の多体力によって遮蔽された有望なイオン間ポテンシャル (promised inter-ionic potentials) は

$$\phi_{ij}(r) \equiv \text{Inv.FT}\left[\frac{4\pi z_i z_j e^2}{q^2 \varepsilon(q)}\right]+\frac{H_{ij}}{r^n}-\frac{1}{2}\left\{1-f_{ab}(r)\right\}^2 \frac{(\alpha_a z_b e^2+\alpha_b z_a e^2)}{r^4}-\frac{C_{ij}}{r^6}$$

$$(i,j=a,b)$$

$$\tag{5-7-2}$$

ここで Inv.FT は逆フーリエ変換を意味する．また，斥力ポテンシャルとして $\left(\dfrac{H_{ij}}{r^n}\right)$ を採用したが，これも指数関数的減衰関数 (exponentially decaying functions) に変更することも可能である．

(5-7-2) 式における $f_{ab}(r)$ として次式を採用すれば $r\to 0$ で $f_{ab}(r)\to 1$, $r\to$ 大

で $f_{ab}(r) \to 0$ が満たされる.

$$f_{ab}(r) = \frac{2}{\exp(+k_{ab}r) + \exp(-k_{ab}r)} \tag{5-7-3}$$

ここで k_{ab} は可変パラメーター(variable parameter)で，例えば正負イオン間距離が3Å程度のとき，$f^{+-}(r) \sim 0.2$ であるためには，$k^{+-} \sim 0.77\ \text{Å}^{-1}$ であればよい.

このようにして, (5-7-2)式は斥力ポテンシャル（$\frac{1}{r^n}$ の関数形でも指数関数的減衰の関数形でもよいが）が顕著な短範囲距離では分極したイオンモデル（polarized ion model）を採用し，クーロン（Coulomb）引力ポテンシャルが顕著な長範囲距離では誘電関数による遮蔽の寄与を採用すれば, もっともらしいイオン間ポテンシャルが得られる．言うなれば, 分極され且つ遮蔽されたイオン間ポテンシャルモデル（Polarized and screened inter-ionic potentials model = PSIPM）である.

5-8 具体的応用例

誘電関数の逆数 $\frac{1}{\varepsilon(k)}$ については Koishi *et al*. および Matsunaga *et al*. の論文を

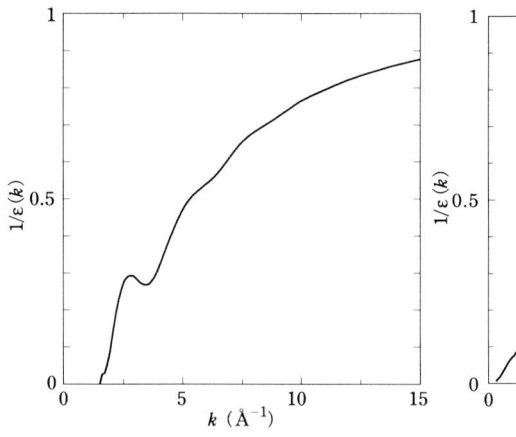

図5-8-1 構造因子から導出した溶融NaClにおける誘電関数の逆数, $1/\varepsilon(k)$. [1]
(Reproduced with permission from T. Koishi, M. Saito, S. Matsunaga and S. Tamaki, Phys. Chem. Liquids, **45** (2007) 181-196. Copyright 2007, Taylor & Francis Ltd.)

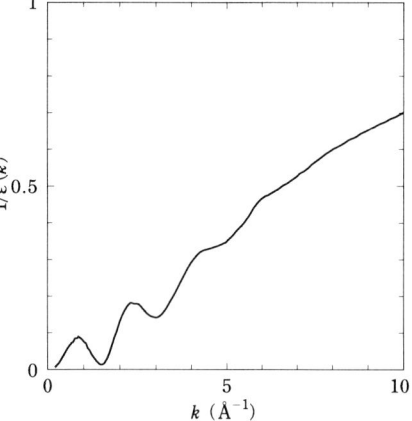

図5-8-2 構造因子から導出した溶融NaBrにおける誘電関数の逆数, $1/\varepsilon(k)$. [1]
(Reproduced with permission from T. Koishi, M. Saito, S. Matsunaga and S. Tamaki, Phys. Chem. Liquids, **45** (2007) 181-196. Copyright 2007, Taylor & Francis Ltd.)

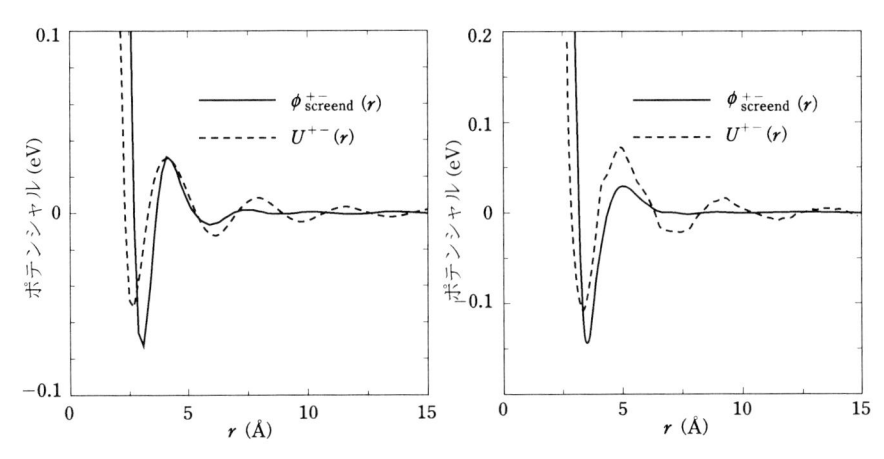

図 5-8-3 溶融 NaCl における遮蔽されたイオン間ポテンシャルと平均ポテンシャル[1].
(Reproduced with permission from T. Koishi, M. Saito, S. Matsunaga and S. Tamaki, Phys. Chem. Liquids, **45** (2007) 181-196. Copyright 2007, Taylor & Francis Ltd.)

図 5-8-4 溶融 NaBr における遮蔽されたイオン間ポテンシャルと平均ポテンシャル[1].
(Reproduced with permission from T. Koishi, M. Saito, S. Matsunaga and S. Tamaki, Phys. Chem. Liquids, **45** (2007) 181-196. Copyright 2007, Taylor & Francis Ltd.)

参照すればよい[1]. ここでは, 溶融 NaCl および溶融 NaBr における構造因子の実験データを用いた結果を図 5-8-1 および 5-8-2 に示す.

上記の誘電関数を導入した場合における, いわゆる遮蔽された二体のイオン間ポテンシャル $\phi^{+-}(r)$ は, それぞれ図 5-8-3 および 5-8-4 のようになる.

両者ともに, おおまかに言って, $g^{+-}(r) = \exp\left\{\dfrac{-U^{+-}(r)}{k_B T}\right\}$ と定義したときの平均ポテンシャル $U^{+-}(r)$ にほぼ近い. 両者ともに多体効果を取り込んだポテンシャルである.

参考文献

1) T. Koishi, M. Saito, S. Matsunaga and S. Tamaki, Phys. Chem. Liquids, **45** (2007) 181-196.
   S. Matsunaga, T. Koishi, M. Saito and S. Tamaki, *Noble Metals*, ed. by Y-H. Su, 2012,

InTech., pp. 3-32.
2) M. P. Tosi, *Solid State Physics*, 1964, **16**, (Academic Press), p.1.
3) M. P. Tosi, and F. G. Fumi, J. Phys. Chem. Solids, **25** (1964) 45.
4) M. J. L. Sangster and M. Dixon, Advances in Physics, **25** (1976) 247-342.
5) W. Cochran, CRC Critical Rev. in Solid St. Sciences, **2** (1971) 1.
6) U. Schröder, Solid State Commun., **4** (1966) 347.
7) M. Wilson, P. A. Madden and B. J. Costa-Cabral, J. Phys. Chem., **100** (1996) 1227-1237.
8) V. Bitrián and J. Trullàs, J. Phys. Chem., **110** (2006) 7490-7499.
9) P. Vashishta and A. Rahman, Phys. Rev. Letters, **40** (1978) 1337-1340.
10) C. Kitte, *Introduction to Solid State Physics*, John Wiley & Sons, New York, 1966.

6. 溶融塩における構造

溶融塩の構造におけるもっとも基本的な特性は，一般の液体における特性である短範囲規則性（short range order）に加えて，短範囲でも電荷の中性（charge neutrality）を保とうとすることである．

結晶における原子もしくは分子配列の周期的規則性（long range order）の実験的検証は主として，X線と中性子線によるBragg反射の観測であった．

溶融塩を含む液体の構造決定にも，これらの粒子線（つまりフォトン・ビーム photon beam および中性子線 neutron beam）回折が用いられてきた．以下では，まずX線回折による液体の構造決定についての原理的考察を行い，そのあとで実際の溶融塩における構造について述べる．

とくに現在多くの研究者によって遂行された二元系溶融塩におけるイオン配置の微細構造の決定手段として有力な，中性子線回折におけるアイソトープ・エンリッチメント法，X線異常散乱法の理論的基礎ならびに得られた実験結果とモンテ・カルロ・シミュレーションの組み合わせを駆使した代表的実験成果を紹介する．

6-1　X線回折による単体液体の構造

容易に想像できることであるが，照射対象の物質が粉末結晶の場合には，デバイ－シェラー（Debye-Scherrer）型の環状模様が観測される．液体の場合には，このデバイ－シェラー環が更にぼやけた映像として出現する．以下にその原理と結果について述べる．

いま波長λのX線を液体に入射させたとしよう．偏りのない入射X線の強度の強さをI_0とする．入射波と2θの角をなす方向の距離Rにおける1個の電子から

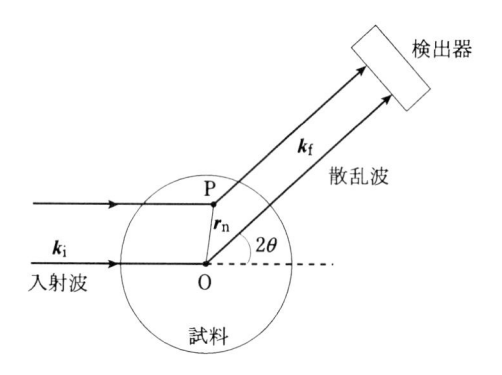

図 6-1-1 干渉性X線散乱についての物理量の定義.

の散乱波の強度 I_e は,

$$I_e = I_0 \left(\frac{1}{R^2}\right)\left(\frac{e^2}{mc^2}\right)^2 \frac{(1+\cos^2 2\theta)}{2} \tag{6-1-1}$$

で与えられる．この式は電磁気学から求められており，トムソン（Thomson）散乱の式と呼ばれる[1]．

X線は量子論的に言えばフォトン（photon）の流れである．従って入射平面波のフォトンが散乱体の電子によって散乱球面波となって観測器に入ることになる．

図6-1-1で示すように，入射するフォトンの運動量を k_i, 2θ 方向に散乱されるフォトンの運動量を k_f とする．散乱体の中心の座標をOとし，そこから r_n だけ離れた点Pとする．点OとPから散乱されて観測器に入る散乱波の位相が一致して（つまり波が干渉して）できる散乱振幅 $f(\theta)$ は,

$$f(\theta) = |\varphi(r)|^2 \exp\{i(k_f - k_i)\cdot r_n\}, \quad |k| = \frac{2\pi}{\lambda} \tag{6-1-2}$$

ここで λ はX線の波長である．また，振幅 $f(\theta)$ は散乱振幅（scattering amplitude）と呼ばれる．

量子力学によれば，定常状態では1個の電子によって散乱されるフォトンの波動関数は，z 方向に入射する平面波 $\exp(ikz)$ と遠方で観測される散乱球面波

$\left\{\dfrac{\exp(ikr)f(\theta)}{r}\right\}$ の和として観測されることが知られている．それゆえ，立体角 $d\Omega$ における遠方の散乱強度は $|f(\theta)|^2$ である．

いま，原子内に複数の電子があり，それぞれの電子雲の各部分から来る波が干渉するとき，散乱波の強度 I_c は，

$$I_c = I_0 \left(\frac{1}{R^2}\right)\left(\frac{e^2}{mc^2}\right)^2 \left(\frac{1+\cos^2 2\theta}{2}\right)|f|^2 \tag{6-1-3}$$

ここで f は(6-1-2)が一般化されて次のようになる．すなわち，

$$|f| = \int \sum |\varphi(r)|^2 \exp(i\boldsymbol{k}\cdot\boldsymbol{r})d\boldsymbol{r}, \quad \boldsymbol{k} = (\boldsymbol{k}_f - \boldsymbol{k}_i), \quad |\boldsymbol{k}| = \frac{2\pi\sin\theta}{\lambda} \tag{6-1-4}$$

f は原子構造因子と呼ばれる．

それぞれの電子雲が球対称に分布し，その密度分布が $\rho(r)$ のとき，

$$|f| = \sum \int_0^\infty 4\pi r^2 \rho(r)\left(\frac{\sin kr}{kr}\right)dr \tag{6-1-5}$$

となる．ここで対象にしている原子の原子番号が Z のとき，

$$\sum \int_0^\infty 4\pi r^2 \rho(r)dr = Z \tag{6-1-6}$$

となる．

原子または分子が集まって液体を構成しているので，液体中の各原子または各分子からの散乱波は互いに干渉し合って物質特有の構造を反映した回折像ができる．任意の散乱粒子 n と m の位置を $\boldsymbol{r}_n$ および $\boldsymbol{r}_m$ とすると，n と m からの散乱波が干渉する場合と干渉がない場合の強度の和 I は，

$$I = I_e \sum_n \sum_m f_n f_m \exp\{i\boldsymbol{k}(\boldsymbol{r}_n - \boldsymbol{r}_m)\} = I_e \sum_n \sum_m f_n f_m \left(\frac{\sin qr_{nm}}{r_{nm}}\right) \tag{6-1-7}$$

ここで，$r_{nm} = |\boldsymbol{r}_n - \boldsymbol{r}_m|$ である．

N 個の散乱対象からなる単原子液体（monatomic liquid）では $f_n = f_m = f_a$ とおけるので，

$$I = I_e N f_a^2 \left\{1 + \sum_n{}' \left(\frac{\sin qr_{nm}}{r_{nm}}\right)\right\} \tag{6-1-8}$$

ここで $\sum_{n}'$ のダッシュは $r_{nm} \neq 0$ を意味する.
(6-1-8)式を変形すると,

$$\frac{I}{I_e N f_a^2} = 1 + \sum_{n}' \left(\frac{\sin k r_{nm}}{r_{nm}}\right) \equiv S(k) \tag{6-1-9}$$

となり, $S(k)$ は干渉による散乱の相対的強度を表わしている.

液体の中で, 原点における原子から r の距離にある原子の密度を $\rho_l(r)$ とすると, (6-1-8) 式における $\sum_{n}' \left(\dfrac{\sin q r_{nm}}{r_{nm}}\right)$ を積分形式で表現できる. すなわち,

$$I = I_e N f_a^2 \left\{ 1 + \int_0^\infty 4\pi r^2 \rho_l(r) \left(\frac{\sin k r}{r}\right) dr \right\} \tag{6-1-10}$$

この式を書き換えて,

$$I = I_e N f_a^2 \left[1 + \int_0^\infty 4\pi r^2 \{\rho_l(r) - \rho\} \left(\frac{\sin kr}{r}\right) dr + \int_0^\infty 4\pi r^2 \rho_0(r) \left(\frac{\sin kr}{r}\right) dr \right] \tag{6-1-11}$$

ここで $\rho = \dfrac{N}{V}$ である.

[ ] 内の2番目の積分項は, 原子の分布が均一の場合の積分であるから, $\theta = 0$ に集中する δ 関数であるから以下無視する. 従って液体の構造因子 $S(k)$ は,

$$S(k) = 1 + \int_0^\infty 4\pi r^2 \{\rho_l(r) - \rho\} \left(\frac{\sin kr}{r}\right) dr \tag{6-1-12}$$

ツェルニケ－プリンズ（Zernike-Prins）が示したように[2], 半径 r と $r+dr$ とに囲まれる球殻の中の原子の数が $\rho g(r) 4\pi r^2 dr$ に等しくなるように動径分布関数 $g(r)$ を設定すると,

$$S(k) = 1 + \rho \int_0^\infty 4\pi r^2 \{g(r) - 1\} \left(\frac{\sin kr}{r}\right) dr \tag{6-1-13}$$

これがX線回折によって得られる液体の構造である. この式をフーリエ変換することにより, 動径分布関数 $g(r)$ は次式で与えられる.

$$g(r) = 1 + \left(\frac{1}{2\pi^2 \rho_0 r}\right) \int_0^\infty \{S(k) - 1\}(k \sin kr) dr \tag{6-1-14}$$

6. 溶融塩における構造

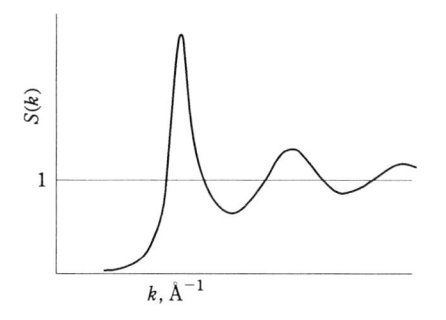

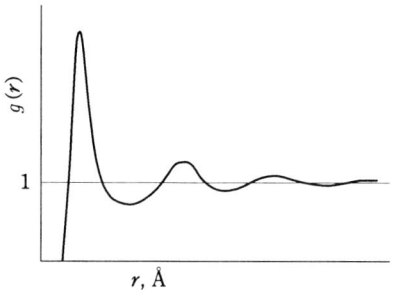

図 6-1-2 典型的な液体の構造因子, $S(k)$.

図 6-1-3 典型的な液体の動径分布関数, $g(r)$.

このようにX線回折によって観測される$S(k)$から液体の構造としての動径分布関数$g(r)$が導出される．図6-1-2および6-1-3に典型的な単純液体の$S(k)$および$g(r)$を示す．

液体の構造解析としてX線回折実験がもっともポピュラーであったが，近年では中性子線回折による構造決定が数多く報告されている．古くは電子線回折による実験もなされたこともあった．中性子線回折では散乱が原子核の中なので，得られる原子構造因子bのk依存性がなく一定である．これらについては専門書を参考にされたい[1]．

6-2 液体における動径分布関数の理論

前節では液体における構造因子$S(k)$および動径分布関数$g(r)$を粒子線回折の観点から論じた．

本節では，それらの理論的方法について調べよう．

N個の同一粒子からなる液体を考える．この中の粒子iの座標をq_i，その運動量をp_iとする．系のHamiltonian Hは，

$$H = \sum_i \left(\frac{p_i^2}{2m} \right) + \Phi(q_1, q_2 \cdots\cdots q_N) \tag{6-2-1}$$

Φの簡単な系として二体間ポテンシャルの集合と仮定する．

$$\Phi(\boldsymbol{q}_1, \boldsymbol{q}_2 \cdots\cdots \boldsymbol{q}_N) = \frac{1}{2} \sum_{i \neq j} \phi(\boldsymbol{q}_i - \boldsymbol{q}_j) \tag{6-2-2}$$

以下,系を正準集合 (canonical ensemble) で取扱う.

系が $\Phi(\boldsymbol{q}_1 \boldsymbol{q}_2 \cdots\cdots \boldsymbol{q}_N, \boldsymbol{p}_1 \boldsymbol{p}_2 \cdots\cdots \boldsymbol{p}_N)$ の組で表わされる確率を $W(\boldsymbol{q}_1 \cdots\cdots \boldsymbol{q}_N, \boldsymbol{p}_1 \cdots\cdots \boldsymbol{p}_N)$ とする.この系が $(\boldsymbol{q}_1 + \mathrm{d}\boldsymbol{q}_1, \cdots\cdots \boldsymbol{p}_N + \mathrm{d}\boldsymbol{p}_N)$ になる確率が $W + \mathrm{d}W$ とすると,

$$\mathrm{d}W(\boldsymbol{q}_1 \cdots\cdots \boldsymbol{p}_N) = Z_N^{-1} \exp\left[\frac{-H(\boldsymbol{q}_1 \cdots\cdots \boldsymbol{p}_N)}{k_B T}\right] \mathrm{d}\Gamma \tag{6-2-3}$$

$$\mathrm{d}\Gamma = \frac{\mathrm{d}\boldsymbol{q}_1 \cdots\cdots \mathrm{d}\boldsymbol{q}_N, \, \mathrm{d}\boldsymbol{q}_1 \cdots\cdots \mathrm{d}\boldsymbol{p}_N}{(2\pi h)^{3N}} \tag{6-2-4}$$

Z_N^{-1} は規格化定数であるが,すぐあとで具体的表式を与える.

$(\boldsymbol{q}_1, \boldsymbol{q}_2 \cdots\cdots \boldsymbol{q}_N)$ の位置を固定して粒子を入れ替えても系の状態は変わりないことを考慮すると,

$$\left(\frac{1}{N!}\right) \int \cdots \int \mathrm{d}W(\boldsymbol{q}_1 \cdots\cdots \boldsymbol{p}_N) = 1 \tag{6-2-5}$$

この式と(6-2-3)式とから,

$$\begin{aligned} Z_n &= \left(\frac{1}{N!}\right) \int \cdots \int \exp\left[-\frac{H(\boldsymbol{q}_1 \cdots\cdots \boldsymbol{p}_N)}{k_B T}\right] \mathrm{d}\Gamma \\ &= \left(\frac{m k_B T}{2\pi h^2}\right)^{\frac{3N}{2}} \left(\frac{Q_N}{N!}\right) \end{aligned} \tag{6-2-6}$$

$$Q_N = \int \cdots \int \exp\left[-\frac{\Phi(\boldsymbol{q}_1 \cdots\cdots \boldsymbol{q}_N)}{k_B T}\right] \mathrm{d}\boldsymbol{q}_1 \cdots\cdots \mathrm{d}\boldsymbol{q}_N \tag{6-2-7}$$

以上の準備をして液体の密度分布関数について調べる.

系の粒子が N 個あり,その内の n 個の粒子に着目する.この n 個の粒子 $(1, 2, 3, \cdots\cdots n)$ がそれぞれ位置 $(\boldsymbol{q}_1 \cdots\cdots \boldsymbol{q}_N)$ に配位する確率を $P_n(\boldsymbol{q}_1 \cdots\cdots \boldsymbol{q}_N)$ とする. n 個の粒子のどれでもが $(\boldsymbol{q}_1 \cdots\cdots \boldsymbol{q}_N)$ に配位する確率は,各位置にどの粒子をもって来るか,その可能な選び方は $\frac{N!}{(N-n)!}$ 通りである.従って,N 個の中の n 個の粒子のどれかを $P_n(\boldsymbol{q}_1 \cdots\cdots \boldsymbol{q}_N)$ に配位する確率は

$\left\{\dfrac{N!}{(N-n)!}\right\} P_n(\boldsymbol{q}_1 \cdots\cdots \boldsymbol{q}_N)$ となる．それゆえ，

$$\left\{\dfrac{N!}{(N-n)!}\right\} P_n(\boldsymbol{q}_1 \cdots\cdots \boldsymbol{q}_N) \equiv \rho^{(n)}$$

$$= \left\{\dfrac{N!}{(N-n)!}\right\} \left(\dfrac{1}{Q_N}\right) \int \cdots \int \exp\left[-\dfrac{\Phi(\boldsymbol{q}_1 \cdots\cdots \boldsymbol{q}_N)}{k_B T}\right] \mathrm{d}\boldsymbol{q}_{n+1} \cdots\cdots \mathrm{d}\boldsymbol{q}_N \quad (6\text{-}2\text{-}8)$$

ここで $\rho^{(n)}$ は n 体の密度 density of n-bodies と呼ばれている．

二体の密度 $\rho^{(2)}(\boldsymbol{q}_1, \boldsymbol{q}_2)$ は，

$$\rho^{(2)}(\boldsymbol{q}_1, \boldsymbol{q}_2) = N(N-1) - \left(\dfrac{1}{Q_N}\right) \int \cdots \int \exp\left[-\dfrac{\Phi(\boldsymbol{q}_1 \cdots\cdots \boldsymbol{q}_N)}{k_B T}\right] \mathrm{d}\boldsymbol{q}_3 \cdots\cdots \mathrm{d}\boldsymbol{q}_N \quad (6\text{-}2\text{-}9)$$

それゆえ，

$$\int \rho^{(2)}(\boldsymbol{q}, \boldsymbol{q}') \mathrm{d}\boldsymbol{q}' = (N-1) \rho^{(1)}(\boldsymbol{q})(N-1)\dfrac{N}{V}$$

および

$$\int \rho^{(2)}(\boldsymbol{q}, \boldsymbol{q}') \mathrm{d}\boldsymbol{q}\, \mathrm{d}\boldsymbol{q}' = N(N-1)$$

二体の密度 $\rho^{(2)}(\boldsymbol{q}, \boldsymbol{q}')$ は一体のそれぞれの密度 $\rho^{(1)}(\boldsymbol{q})$ および $\rho^{(1)}(\boldsymbol{q}')$ の関数であるから次のような関係式が定義される．すなわち，

$$\rho^{(2)}(\boldsymbol{q}, \boldsymbol{q}') = \rho^{(1)}(\boldsymbol{q}) \rho^{(1)}(\boldsymbol{q}') g(|\boldsymbol{q}'-\boldsymbol{q}|) \quad (6\text{-}2\text{-}10)$$

液体では

$$\rho^{(2)}(\boldsymbol{q}, \boldsymbol{q}') = \left(\dfrac{N}{V}\right)^2 g(|\boldsymbol{q}'-\boldsymbol{q}|) \quad (6\text{-}2\text{-}11)$$

$|\boldsymbol{q}'-\boldsymbol{q}| \equiv r$ とすると，

$$\rho^{(2)}(\boldsymbol{q}, \boldsymbol{q}') = \left(\dfrac{N}{V}\right)^2 g(r) \quad (6\text{-}2\text{-}12)$$

それゆえ，

$$\int \rho^{(2)}(\boldsymbol{q}, \boldsymbol{q}') \mathrm{d}\boldsymbol{q} = \left(\dfrac{N}{V}\right)^2 \int g(|\boldsymbol{r}|) \mathrm{d}\boldsymbol{r} = \dfrac{N(N-1)}{V} \quad (6\text{-}2\text{-}13)$$

$N \gg 1$ のとき，したがって

$$\int g(|\boldsymbol{r}|)\,\mathrm{d}\boldsymbol{r} = V, \ \lim_{r\to\infty} g(r) = 1$$

となることから，この $g(r)$ は前節の $g(r)$ と等しいことになる．

6-3　構造因子（structure factor）

この系の中のある位置 $\boldsymbol{r}$ に番号を記した粒子 1 から N までが来る可能性がある．これらの粒子の位置を $\boldsymbol{r}_i (i=1,2,\cdots\cdots,N)$ とすると，$\boldsymbol{r}_1$ が $\boldsymbol{r}$ に等しいときには粒子 1 が $\boldsymbol{r}$ の位置に存在する．これが $\boldsymbol{r}$ における粒子の密度に寄与する．すなわち粒子 1 だけが $\boldsymbol{r}$ に存在するかどうかは $\delta(\boldsymbol{r}-\boldsymbol{r}_1)$ とおける．この ensemble average は，

$$\begin{aligned}\langle \delta(\boldsymbol{r}-\boldsymbol{r}_1)\rangle &= \frac{1}{Q_N}\int\cdots\int \delta(\boldsymbol{r}-\boldsymbol{r}_1)\exp\left[-\frac{\Phi(\boldsymbol{r}_1\cdots\boldsymbol{r}_N)}{k_B T}\right]\mathrm{d}\boldsymbol{r}_1\cdots\mathrm{d}\boldsymbol{r}_N \\ &= \frac{1}{Q_N}\int\cdots\int \exp\left[-\frac{\Phi(\boldsymbol{r},\boldsymbol{r}_2\cdots\boldsymbol{r}_N)}{k_B T}\right]\mathrm{d}\boldsymbol{r}_2\cdots\mathrm{d}\boldsymbol{r}_N\end{aligned} \quad (6\text{-}3\text{-}1)$$

粒子 1 から N までのすべてが $\boldsymbol{r}$ の位置に寄与するので，$\boldsymbol{r}$ における一体の密度は，

$$\rho^{(1)}(\boldsymbol{r}) = \sum_i^N \delta(\boldsymbol{r}-\boldsymbol{r}_i) \quad (6\text{-}3\text{-}2)$$

とおける．

同様に，

$$\begin{aligned}&\langle \delta(\boldsymbol{r}-\boldsymbol{r}_1)\delta(\boldsymbol{r}'-\boldsymbol{r}_2)\rangle \\ &= \frac{1}{Q_N}\int\cdots\int \delta(\boldsymbol{r}-\boldsymbol{r}_1)\delta(\boldsymbol{r}'-\boldsymbol{r}_2)\exp\left[-\frac{\Phi(\boldsymbol{r}_1\cdots\boldsymbol{r}_N)}{k_B T}\right]\mathrm{d}\boldsymbol{r}_1\cdots\mathrm{d}\boldsymbol{r}_N \\ &= \frac{1}{Q_N}\int\cdots\int \exp\left[\frac{-\Phi(\boldsymbol{r},\boldsymbol{r}'\cdots\boldsymbol{r}_N)}{k_B T}\right]\mathrm{d}\boldsymbol{r}_3\cdots\mathrm{d}\boldsymbol{r}_N\end{aligned} \quad (6\text{-}3\text{-}3)$$

それゆえ，

$$\rho^{(2)}(\boldsymbol{r},\boldsymbol{r}') = \left\langle \sum\sum_{i\neq j}^N \delta(\boldsymbol{r}-\boldsymbol{r}_i)\delta(\boldsymbol{r}'-\boldsymbol{r}_j)\right\rangle \quad (6\text{-}3\text{-}4)$$

δ 関数の特性から，

6. 溶融塩における構造

$$\frac{1}{N}\left\langle\sum_{i\neq j}^{N}\delta(r+r_j-r_i)\right\rangle=\left\langle\int\frac{1}{N}\sum\sum_{i\neq j}^{N}\delta(r'+r-r_i)\delta(r'-r_j)\mathrm{d}r'\right\rangle$$
$$=\frac{1}{N}\int\rho^{(2)}(r'+r,r')\mathrm{d}r'=\rho g(r) \tag{6-3-5}$$

となり，二体の分布関数は(6-3-4) 式の形で表現される．

さて $\rho(r)=\sum_{i}^{N}(r-r_1)$ で定義される $\rho(r)$ のフーリエ成分 ρ_k は，

$$\rho_k=\exp(i\boldsymbol{k}\cdot\boldsymbol{r})\rho(r)\mathrm{d}r=\sum_{i}^{N}\exp(i\boldsymbol{k}\cdot\boldsymbol{r}_i) \tag{6-3-6}$$

となる．同様に，$\rho g(r)=\frac{1}{N}\left\langle\sum_{i\neq j}^{N}\delta(r+r_j-r_i)\right\rangle$ の右辺のフーリエ変換を考えるために $\langle\rho_k\rho_{-k}\rangle$ を作ると，

$$\langle\rho_k\rho_{-k}\rangle=\left\langle\sum_{i}^{N}\exp(i\boldsymbol{k}\cdot\boldsymbol{r}_i)\sum_{j}^{N}\exp(-i\boldsymbol{k}\cdot\boldsymbol{r}_j)\right\rangle \tag{6-3-7}$$

あるいは，

$$\langle\rho_k\rho_{-k}\rangle-N=\left\langle\sum_{i\neq j}^{N}\exp\{i\boldsymbol{k}(r_i-r_j)\}\right\rangle \tag{6-3-8}$$

それゆえ，

$$\frac{1}{N}\langle\rho_k\rho_{-k}\rangle\equiv S(k)=\frac{1}{N}\left\langle\sum_{i}^{N}\sum_{j}^{N}\exp\{i\boldsymbol{k}(r_i-r_j)\}\right\rangle$$
$$=1+\frac{1}{N}\left\langle\sum\sum_{i\neq j}^{N}\iint\exp\{i\boldsymbol{k}(r_i-r_j)\}\delta(r-r_i)\delta(r'-r_j)\right\rangle$$
$$=1+\frac{1}{N}\iint\exp\{i\boldsymbol{k}(r_i-r_j)\}\rho^{(2)}(r,r')\mathrm{d}r\,\mathrm{d}r' \tag{6-3-9}$$
$$=1+\rho\int\exp(i\boldsymbol{k}\cdot\boldsymbol{r})g(r)\mathrm{d}r$$

この $S(k)$ を構造因子（structure factor）という．あるいはこのフーリエ逆変換から，

$$\rho g(r)=\frac{1}{8\pi^3}\int\exp(-i\boldsymbol{k}\cdot\boldsymbol{r})[S(k)-1]\mathrm{d}\boldsymbol{k} \tag{6-3-10}$$

が得られる．

系が等方的（isotropic），つまり液体を想定であるとし，$|\boldsymbol{k}|=k$ と書くと，

$$S(k) = 1 + 2\pi\rho \int r^2 g(r) \int_{-1}^{1} \exp(ikr\cos\theta)\,\mathrm{d}(\cos\theta)\,\mathrm{d}\boldsymbol{r}$$
$$= 1 + 4\pi\rho \int r^2 g(r) \left(\frac{\sin kr}{kr}\right)\mathrm{d}\boldsymbol{r} \tag{6-3-11}$$

(6-3-9) 式は次のようにも書ける．即ち，

$$S(\boldsymbol{k}) = 1 + \rho \int \exp(i\boldsymbol{k}\cdot\boldsymbol{r}) g(\boldsymbol{r})\,\mathrm{d}\boldsymbol{r} = 1 + (2\pi)^3 \rho\delta(\boldsymbol{k}) + \rho h(\boldsymbol{k}) \tag{6-3-12}$$

ここで，$h(\boldsymbol{k}) = \int \exp(i\boldsymbol{k}\cdot\boldsymbol{r})\{g(\boldsymbol{r})-1\}\mathrm{d}\boldsymbol{r}$ である．
(6-3-12) 式の最後から 2 番目の項は δ 関数なので，k 依存性はないのでこれを省略すると，

$$S(\boldsymbol{k}) = 1 + \rho h(\boldsymbol{k}) \tag{6-3-13}$$

となる．積分を 0 から ∞ までとると，

$$S(k) = 1 + 4\pi\rho \int_0^{\infty} r^2 \left[g(r) - 1\right]\left(\frac{\sin kr}{kr}\right)\mathrm{d}\boldsymbol{r} \tag{6-3-14}$$

となり粒子線回折で導いた(6-1-13) 式と一致する．

構造因子 $S(\boldsymbol{k})$ が密度応答関数と深く関わることを以下で示す．

いま考えているこの系の $\boldsymbol{r}_\mathrm{i}$ に外部から微小なポテンシャル $\delta\phi(\boldsymbol{r}_\mathrm{i})$ を与えるとき，一体の密度関数の変化 $\delta\rho^{(1)}(\boldsymbol{r}_\mathrm{i})$ は汎関数微分によって次のイボン（Yvon）方程式が得られる[3)]．

$$\delta\rho^{(1)}(\boldsymbol{r}_\mathrm{i}) = -\left(\frac{1}{k_\mathrm{B}T}\right)\rho\delta\phi(\boldsymbol{r}_\mathrm{i}) - \left(\frac{1}{k_\mathrm{B}T}\right)\rho^2 \int h(\boldsymbol{r}_\mathrm{i}-\boldsymbol{r}_\mathrm{j})\delta\phi(\boldsymbol{r}_\mathrm{j})\,\mathrm{d}\boldsymbol{r}_\mathrm{j} \tag{6-3-15}$$

これをフーリエ変換すると，

$$\delta\rho(\boldsymbol{k}) = -[1 + \rho h(\boldsymbol{k})]\left(\frac{1}{k_\mathrm{B}T}\right)\rho\delta\phi(\boldsymbol{k}) = -S(\boldsymbol{k})\rho\delta\phi(\boldsymbol{k}) \tag{6-3-16}$$

すなわち，$S(\boldsymbol{k})$ は外部から導入した微小ポテンシャル $\delta\phi(\boldsymbol{r})$ による密度応答関数の変化を与える物理量である．

6-4　溶融塩を含む二元系液体における構造因子および動径分布関数

前節までに展開された構造因子および動径分布関数が溶融塩を含む二元系液体

6. 溶融塩における構造

ではどのように表現されるであろうか．自明であることは，一つの系において，三つの組み合わせの構造因子が存在することである．

体積Vの中に，粒子数$N_\alpha + N_\beta = N$が存在するα-β二元系におけるフェーバー－ザイマン（Faber-Ziman）型の部分構造因子は次のように定義される[4]．

$$a_{\alpha\beta}(k) = 1 + 4\pi\rho \int_0^\infty \left[g_{\alpha\beta}(r) - 1\right] \left(\frac{\sin kr}{kr}\right) r^2 dr \tag{6-4-1}$$

ここで$\rho = \dfrac{N}{V}$である．

(6-4-1) 式のフーリエ変換から，

$$g_{\alpha\beta}(r) = 1 + \left(\frac{1}{2\pi^2 \rho r}\right) \int_0^\infty \left[a_{\alpha\beta}(k) - 1\right] k^2 (\sin kr) dk \tag{6-4-2}$$

Faber-Ziman型の構造因子，(6-4-1) 式は単体液体の場合の構造因子の式である(6-1-13) 式の形式的な類似式であるが，二元系の場合の応答関数にならない．それにもかかわらず，二元系液体の熱力学的性質を論ずる際に有効であるために採用されている[5,6]．

(6-3-16) 式で示された単体液体の場合の$S(k)$が応答関数として表示されることに対応させるためには次のようにすればよい．

$\rho_\alpha = \dfrac{N_\alpha}{V}$, $\rho_\beta = \dfrac{N_\beta}{V}$とする．外部から$\alpha$の粒子の位置$\boldsymbol{r}_i^{(\alpha)}$に微小ポテンシャル$\delta\phi_\alpha(\boldsymbol{r}_i)$をかけ，$\beta$の粒子の位置$\boldsymbol{r}_j^{(\beta)}$に微小ポテンシャル$\delta\phi_\beta(\boldsymbol{r}_j)$をかけたとき，すなわち，摂動として$\left[\sum \delta\phi_\alpha(\boldsymbol{r}_i) + \sum \delta\phi_\beta(\boldsymbol{r}_j)\right]$が加えられたとき，$\boldsymbol{r}_i$における応答関数は

$$\delta\rho_i(\boldsymbol{k}) = -\left(\frac{1}{k_B T}\right) \sum_j (\rho_i \rho_j)^{\frac{1}{2}} S_{ij}(\boldsymbol{k}) \delta\phi_j(\boldsymbol{k}) \tag{6-4-3}$$

となる[7]．ここで，$i, j = \alpha, \beta$である．それゆえ，

$$S_{\alpha\beta}(k) = \delta_{\alpha\beta} + 4\pi (\rho_\alpha \rho_\beta)^{\frac{1}{2}} \int_0^\infty \left[g_{\alpha\beta}(r) - 1\right] \left(\frac{\sin kr}{kr}\right) r^2 dr \tag{6-4-4}$$

この構造因子$S_{ij}(k)$はアシュクロフト－ラングレス（Ashcroft-Langreth）の構造因子と呼ばれる[8]．これをフーリエ逆変換すると，

$$g_{\alpha\beta}(r) = 1 + \left\{\frac{1}{2}\pi^2 \left(\rho_\alpha \rho_\beta\right)^{\frac{1}{2}}\right\} \int_0^\infty \left[S_{\alpha\beta}(k) - 1\right] k^2 (\sin kr) \mathrm{d}k \tag{6-4-5}$$

(6-4-2) 式と(6-4-5) 式における $g_{\alpha\beta}(r)$ は同一であるから，これを等しいとおくことにより，$a_{\alpha\beta}(k)$ と $S_{\alpha\beta}(k)$ とは次のような一義的関係があることがわかる．

$$S_{\alpha\beta}(k) = \delta_{\alpha\beta} + \left(c_\alpha c_\beta\right)^{\frac{1}{2}} \left[a_{\alpha\beta}(k) - 1\right] \tag{6-4-6}$$

ここで，$c_\alpha = \dfrac{N_\alpha}{N}$, $c_\beta = \dfrac{N_\beta}{N}$ である．

6-5　二元系液体におけるゆらぎと構造因子

バチア－ソーントン（Bhatia-Thornton）は，二元系液体の構造因子を全く別の観点から考察した[9]．二元系液体であるから，局所的に組成比のゆらぎや密度のゆらぎがある．バチア－ソーントン型構造因子は正しくこの観点に立脚して組み立てられた．

いま α-β 二元系液体の全体積 V_t，全粒子数 N_t，$x(=\alpha, \beta)$ の粒子数 N_{tx} を考える．この中のある任意の微小体積 V に含まれる粒子数を N，x の粒子数を N_x とすると，

$$\langle n \rangle = \frac{N_t}{V_t} = \frac{\langle N \rangle}{V}, \quad \langle n_x \rangle = \frac{N_{tx}}{V_t} = \frac{\langle N_x \rangle}{V} \tag{6-5-1}$$

数密度 $n_x(\boldsymbol{r})$ は前と同様に，

$$n_x(\boldsymbol{r}) = \sum_{i=1}^{N_x} \delta(\boldsymbol{r} - \boldsymbol{r}_{xi}), \quad n(\boldsymbol{r}) = n_\alpha(\boldsymbol{r}) + n_\beta(\boldsymbol{r}) \tag{6-5-2}$$

局所的密度のゆらぎは，

$$\delta n_x(\boldsymbol{r}) \equiv n_x(\boldsymbol{r}) - \langle n \rangle = \frac{1}{V} \sum_k N_x(\boldsymbol{k}) \exp(i\boldsymbol{k} \cdot \boldsymbol{r}) \tag{6-5-3}$$

それゆえフーリエ逆変換によって

$$N_x(\boldsymbol{k}) = \int \delta n_x(\boldsymbol{r}) \exp(-i\boldsymbol{k} \cdot \boldsymbol{r}) = \sum_i^{N_x} \exp(-i\boldsymbol{k} \cdot \boldsymbol{r}_{xi}) - \langle N_x \rangle \delta(\boldsymbol{k}) \tag{6-5-4}$$

したがって，

$$N(\boldsymbol{k}) = N_\alpha(\boldsymbol{k}) + N_\beta(\boldsymbol{k}) = \sum_i^N \exp(-i\boldsymbol{k} \cdot \boldsymbol{r}_i) - \langle N \rangle \delta(\boldsymbol{k}) \tag{6-5-5}$$

と書ける.

一方，局所的濃度のゆらぎに関しては，
$$c = c_\alpha = \left(\frac{N_{t\alpha}}{N_t}\right) = \frac{\langle N_\alpha \rangle}{\langle N \rangle}$$
それゆえ，
$$\delta c(\boldsymbol{r}) = c(\boldsymbol{r}) - c = \frac{V}{N}\{n_\alpha - cn\} = \frac{N}{V}\left[\{(1-c)\delta n_\alpha - c\delta n_\beta\} + (1-c)\langle n_\alpha \rangle - c\langle n_\beta \rangle\right]$$
$$= \frac{V}{\langle N \rangle}\left[(1-c)\delta n_\alpha(\boldsymbol{r}) - c\delta n_\beta(\boldsymbol{r})\right] \tag{6-5-6}$$

これをフーリエ展開すると，
$$\delta c(\boldsymbol{r}) = \sum_k C(\boldsymbol{k})\exp(i\boldsymbol{k}\cdot\boldsymbol{r}) \tag{6-5-7}$$
フーリエ逆変換によって，
$$C(\boldsymbol{k}) = \frac{1}{V}\int \delta c(\boldsymbol{r})\exp(-i\boldsymbol{k}\cdot\boldsymbol{r}) = \frac{V}{\langle N \rangle}\{(1-c)N_\alpha(\boldsymbol{k}) - cN_\beta(\boldsymbol{k})\} \tag{6-5-8}$$
となる. (6-5-4) 式から直ちに，
$$\sum_i^{N_x}\exp(-i\boldsymbol{k}\cdot\boldsymbol{r}_{xi}) = N_x(\boldsymbol{k}) + \langle N_x \rangle\delta(\boldsymbol{k}) \tag{6-5-9}$$
$N(\boldsymbol{k})$ と $C(\boldsymbol{k})$ とから Bhatia-Thorton 型構造因子として
$$S_{NN}(k) = \langle N(\boldsymbol{k})\cdot N^*(\boldsymbol{k}) \rangle \tag{6-5-10}$$
$$S_{NC}(k) = \langle \mathrm{Re}\{N(\boldsymbol{k})\cdot C^*(\boldsymbol{k})\} \rangle \tag{6-5-11}$$
$$S_{CC}(k) = \langle C(\boldsymbol{k})\cdot C^*(\boldsymbol{k}) \rangle \tag{6-5-12}$$
(6-5-10~6-5-12) はそれぞれ，密度ゆらぎ，密度と濃度のゆらぎの相関，濃度ゆらぎを表わす．実際，長波長極限値である $k = 0$ のとき，(6-5-4) と(6-5-8) より，
$$S_{NN}(0) = \frac{\langle(\Delta N)^2\rangle}{\langle N \rangle} \tag{6-5-13}$$
$$S_{NC}(0) = \langle(\Delta N \cdot \Delta C)\rangle \tag{6-5-14}$$
$$S_{CC}(0) = \langle N \rangle\langle(\Delta C)^2\rangle \tag{6-5-15}$$
が得られる．ここで，

$$N(0) = N - \langle N \rangle = \Delta N, \quad C(0) = \frac{1}{\langle N \rangle}\left[(1-c)\Delta N_\alpha - c\Delta N_\beta\right] = \Delta C \quad (6\text{-}5\text{-}16)$$

である.

　粒子線回折実験において，k が極めて小さい場合には，$S_{ij}(k)$ の測定が困難なので統計熱力学により得られるこれらの長波長極限値を外挿値と採用する.それらはバチアーソーントンによって次のように示される[7,9].即ち，

$$S_{NN}(0) = \rho k_B T \chi_T + \delta^2 S_{CC}(0) \quad (6\text{-}5\text{-}17)$$

$$S_{NC}(0) = -\delta S_{CC}(0) \quad (6\text{-}5\text{-}18)$$

$$S_{CC}(0) = \frac{k_B T}{\left(\dfrac{\partial^2 G}{\partial c^2}\right)_{P,T,N}} \quad (6\text{-}5\text{-}19)$$

性質の相似するような二元系（conformal solution）ではこの $S_{CC}(0)$ は重要な物理量である．理想的な相似二元系では $S_{CC}(0) = c(1-c)$ となることがよく知られている．しかし，溶融塩ではこのような濃度ゆらぎは重要な要素ではないので，これ以上の論及の必要はない．

6-6　二元系液体の散乱理論と構造因子

　前節と同じく，α-β 二元系液体のある体積 V，粒子の割合が $c_x = \dfrac{N_x}{N}$, $x(=\alpha, \beta)$ である場合を考える．

　この系の散乱振幅は，

$$F(\boldsymbol{k}) = f_\alpha(k)\sum_{i=1}^{N_\alpha}\exp\left(i\boldsymbol{k}\cdot\boldsymbol{r}_i^{(\alpha)}\right) + = f_\beta(k)\sum_{j=1}^{N_\beta}\exp\left(i\boldsymbol{k}\cdot\boldsymbol{r}_j^{(\beta)}\right) \quad (6\text{-}6\text{-}1)$$

対応する粒子線散乱の強度は，

$$\begin{aligned}I(k) = \langle |F(\boldsymbol{k})|^2 \rangle &= f_a^2(k)\left\langle\left|\sum_{i=1}^{N_a}\exp\left(i\boldsymbol{k}\cdot\boldsymbol{r}_i^{(a)}\right)\right|^2\right\rangle \\ &+ 2f_a(k)f_b(k)\left\langle\left|\sum_{i=1}^{N_a}\sum_{j=1}^{N_b}\exp\left(i\boldsymbol{k}\left(\boldsymbol{r}_i^{(a)} - \boldsymbol{r}_j^{(b)}\right)\right)\right|\right\rangle \\ &+ f_b^2(k)\left\langle\left|\sum_{j=1}^{N_b}\exp\left(i\boldsymbol{k}\cdot\boldsymbol{r}_j^{(b)}\right)\right|^2\right\rangle\end{aligned} \quad (6\text{-}6\text{-}2)$$

6. 溶融塩における構造

これに対し，Faber-Ziman 型構造因子は，

$$a_{ij}(k) = \left(\frac{1}{c_i c_j}\right)^{\frac{1}{2}} \left[\left(\frac{1}{N_i N_j}\right)^{\frac{1}{2}} \left\{\left\langle\left|\sum_{i=1}^{N_{(a\,or\,b)}} \sum_{j=1}^{N_{(a\,or\,b)}} \exp(ik(r_i - r_j))\right|\right\rangle\right\} \right.$$
$$\left. - (N_i N_j)^{\frac{1}{2}} \delta_{k,0}\right] - \left(\frac{1}{c_j}\right)\delta_{ij} + 1 \tag{6-6-3}$$

これを(6-6-2)　式に代入すると，

$$I(k) = N\left[\langle f^2(k)\rangle - \langle f(k)\rangle^2 + \sum_{i=1}^{N_\alpha}\sum_{j=1}^{N_\beta} c_i c_j f_i(k) f_j(k) a_{ij}(k)\right] \tag{6-6-4}$$

ここで

$$\langle f^2(k)\rangle = c_\alpha \langle f_\alpha^2(k)\rangle + c_\beta \langle f_\beta^2(k)\rangle, \quad \langle f(k)\rangle = c_\alpha \langle f_\alpha(k)\rangle + c_\beta \langle f_\beta(k)\rangle \tag{6-6-5}$$

同様に，Ashcroft-Langreth 型構造因子の場合，

$$S_{ij}(k) = \left(\frac{1}{N_i N_j}\right)^{\frac{1}{2}} \left\{\left\langle\left|\sum_{i=1}^{N_{(a\,or\,b)}} \sum_{j=1}^{N_{(a\,or\,b)}} \exp(ik(r_i - r_j))\right|\right\rangle\right\} - (N_i N_j)^{\frac{1}{2}} \delta_{k,0} \tag{6-6-6}$$

この式を(6-6-2)　式に代入すると，

$$I(k) = N(c_i c_j)^{\frac{1}{2}} \sum_{i=1}^{N_{(\alpha\,or\,\beta)}} \sum_{j=1}^{N_{(\alpha\,or\,\beta)}} f_i(k) f_j(k) S_{ij}(k) \tag{6-6-7}$$

さらに Bhatia-Thornton 型構造因子の場合には，

$$I(k) = \langle N\rangle\left[\langle f(k)\rangle^2 S_{NN}(k) + 2\langle f(k)\rangle\cdot\{f_\alpha(k) - f_\beta(k)\} S_{NC}(k) \right.$$
$$\left. + \{f_\alpha(k) - f_\beta(k)\}^2 S_{CC}(k)\right] \tag{6-6-8}$$

となる．
　$S_{ij}(k)$ と $a_{ij}(k)$ との一義的関係は(6-4-6)　式で与えたが，これらとゆらぎの構造因子との関係も一義的である．すなわち，

$$S_{\alpha\alpha}(k) = c_\alpha S_{NN}(k) + 2S_{NC}(k) + \left(\frac{1}{c_\alpha}\right) S_{CC}(k) \tag{6-6-9}$$

$$S_{\beta\beta}(k) = c_\beta S_{NN}(k) - 2S_{NC}(k) + \left(\frac{1}{c_\beta}\right) S_{CC}(k) \tag{6-6-10}$$

$$S_{\alpha\beta}(k) = (c_\alpha c_\beta)^{\frac{1}{2}} S_{NN}(k) + \left\{ \left(\frac{c_\beta}{c_\alpha}\right)^{\frac{1}{2}} - \left(\frac{c_\alpha}{c_\beta}\right)^{\frac{1}{2}} \right\} S_{NC}(k) - \left(\frac{1}{c_\alpha c_\beta}\right)^{\frac{1}{2}} S_{CC}(k)$$

(6-6-11)

あるいは逆に，

$$S_{NN}(k) = c_\alpha S_{\alpha\alpha}(k) + 2(c_\alpha c_\beta)^{\frac{1}{2}} S_{\alpha\beta} + c_\beta S_{\beta\beta}(k) \quad (6\text{-}6\text{-}12)$$

$$S_{NC}(k) = (c_\alpha c_\beta)\{S_{\alpha\alpha}(k) - S_{\beta\beta}(k)\} + \left\{(c_\beta - c_\alpha)\left(\frac{1}{c_\alpha c_\beta}\right)^{\frac{1}{2}}\right\} S_{\alpha\beta}(k) \quad (6\text{-}6\text{-}13)$$

$$S_{CC}(k) = (c_\alpha c_\beta)\left\{c_\beta S_{\alpha\alpha}(k) - 2(c_\alpha c_\beta)^{\frac{1}{2}} S_{\alpha\beta}(k) + c_\alpha S_{\beta\beta}(k)\right\} \quad (6\text{-}6\text{-}14)$$

$\{S_{NN}(k), S_{NC}(k), S_{CC}(k)\}$ と $\{a_{\alpha\alpha}(k), a_{\alpha\beta}(k), a_{\beta\beta}(k)\}$ との関係は，

$$S_{NN}(k) = c_\alpha^2 a_{\alpha\alpha}(k) + 2(c_\alpha c_\beta) a_{\alpha\beta}(k) + c_\beta^2 a_{\beta\beta}(k) \quad (6\text{-}6\text{-}15)$$

$$S_{NC}(k) = (c_\alpha c_\beta)\left[c_\alpha\{a_{\alpha\alpha}(k) - a_{\alpha\beta}(k)\} - c_\beta\{a_{\beta\beta}(k) - a_{\alpha\beta}(k)\}\right] \quad (6\text{-}6\text{-}16)$$

$$S_{CC}(k) = (c_\alpha c_\beta)\left[1 + (c_\alpha c_\beta)\{a_{\alpha\alpha}(k) - 2a_{\alpha\beta}(k) + a_{\beta\beta}(k)\}\right] \quad (6\text{-}6\text{-}17)$$

溶融塩に対する $S_{ij}(k)$ としては，電荷のゆらぎに着目するために，以下のような構造因子も採用されている．

電荷が $\pm z$ の MX 型溶融塩における局所的数密度のフーリエ表示は，

$$\rho_k = \sum_{i=1}^{N} \exp(-i\boldsymbol{k}\cdot\boldsymbol{r}_i^{(M)}) + \sum_{j=1}^{N} \exp(-i\boldsymbol{k}\cdot\boldsymbol{r}_j^{(X)}) \quad (6\text{-}6\text{-}18)$$

とおける．

また，局所的電荷密度は，

$$\rho_k^z = z\left(\sum_{i=1}^{N} \exp(-i\boldsymbol{k}\cdot\boldsymbol{r}_i^{(M)}) - \sum_{j=1}^{N} \exp(-i\boldsymbol{k}\cdot\boldsymbol{r}_j^{(X)})\right) \quad (6\text{-}6\text{-}19)$$

これらを用いて，密度ゆらぎや電荷密度のゆらぎは，

$$S_{NN}(k) = \frac{1}{2N}\langle \rho_k \rho_{-k}\rangle = \sum\sum S_{ij}(k) \quad (6\text{-}6\text{-}20)$$

$$S_{\text{NZ}}(k) = \frac{1}{2N}\langle \rho_k \rho_{-k^z}\rangle = \sum\sum z S_{ij}^{\text{MM}}(k) - 2\sum\sum z S_{ij}^{\text{MX}}(k) + \sum\sum z S_{ij}^{\text{XX}}(k)$$
(6-6-21)

$$S_{\text{ZZ}}(k) = \sum\sum zz S_{ij}^{\text{MM}}(k) - 2\sum\sum zz S_{ij}^{\text{MX}}(k) + \sum\sum zz S_{ij}^{\text{XX}}(k) \quad (6\text{-}6\text{-}22)$$

これらについての詳しい議論はハンゼン－マクドナルド(Hansen-Mdonald)のテキストに見られるが[6]，溶融塩における二体のイオン間ポテンシャルの誘電的性質に$S_{\text{ZZ}}(k)$が重要な役割を果たすことを付記したい[10]．

6-7　二元系液体における部分構造因子の実験的導出

6章の5, 6節で詳しく述べたように，溶融塩を含む二元系液体では三つの部分構造因子が存在する．実験的にこれらの部分構造因子を求めるためには，同一試料に対して三種類の散乱実験が必要である．測定する干渉性の散乱強度$I_{\text{coh}}^{\text{obs}}(k)$は，成分原子（もしくはイオン）それぞれの散乱振幅$f_\alpha(k)$および$f_\beta(k)$，および三つの部分構造因子（Faber-Ziman型，Ashcroft-Langreth型あるいはBhatia-Thornton型のいずれか）の関数である．どのような方法で部分構造因子を導出するかについて原理的な概略を述べる．

6-7-1　同一試料に対してX線，中性子線および電子線回折をおこなう

部分構造因子をまとめて$[X(k)]$とおく．観測された散乱強度をまとめて$[F(k)]$とする．原子もしくはイオン個々の散乱振幅をまとめて$[A(k)]$とおく．Faber-Ziman型の場合，$[X(k)]$として$(a_{\alpha\alpha}(k)-1), (a_{\alpha\beta}(k)-1), (a_{\beta\beta}(k)-1)$の1行のマトリックスを作る．$[A(k)]$は，組成比とX線，中性子線および電子線の散乱振幅の3行3列のマトリックスになる．各粒子線による観測データも3行3列のマトリックスを構成する．これらから，

$$[X(k)] = [A(k)]^{-1} [F(k)] \quad (6\text{-}7\text{-}1)$$

が得られる．しかしこれは原理的な話しで，今日では実際には遂行されてはいない．

6-7-2 アイソトープ・エンリッチメント法 (Isotope enrichment method)

この方法は原理的には中性子線回折実験であるが,どちらかの原子もしくはイオンのアイソトープを用い,試料の組成は同一でもアイソトープの濃度が異なる三種類の試料を使用する.解析方法は6-7-1式と同じである.1966年,エンダービィーノース－エーゲルスタッフ (Enderby-North-Egelstaff) が初めてこの手法を採用し,液体 Cu-Sn 合金における部分構造因子および部分動径分布関数を導出した[11].

この節では,後述するRMC (Reverse Monte Carlo) 法が確立されて,短範囲 (short range) の立体構造が明らかにされる以前のアイソトープ・エンリッチメント法によって導出された結果だけを紹介する.

その後,ページーミカ (Page-Mika) がこのアイソトープ・エンリッチメント法を用いて溶融 CuCl の部分構造因子を分離し,Cu-Cu 間の立体構造が特定できない,特定の構造のない構造 (structure-less structure) であることを示した[12].

アイゼンベルグ (Eisenberg) らは,同じ溶融 CuCl について部分構造因子を導出し,やはり Cu-Cu 間の立体構造が特定できない (structure-less structure) であることを示した[13].

エンダービィ (Enderby) グループは溶融 NaCl の $S_{ij}(k)$ の分離に成功している[14].溶融 NaCl に対する彼らの測定結果は極めて印象的で,Na-Na と Cl-Cl の $S_{ij}(k)$ が殆ど等しいことと,Na-Cl のそれが前者の振動的変化と丁度逆の位相になっている[15].

同じ手法により,デリャンーチュペイ (Derrien-Dupuy) は溶融 KCl と CsCl の部分動径分布関数を導出[16].ミッチェルーポンセースチュワート (Mitchell-Poncet-Stewart) による溶融 RbCl の実験等が報告された[17].そのほか,CsCl がロックら (Locke et al.) によって測定され,部分動径分布関数が分離されている[18].

アイソトープ・エンリッチメント法は,Cl イオンを含む溶融塩系以外にはあまり見かけないのは,適当なアイソトープが存在しないのか,もしくは高価格によるためかもしれない.

6-7-3　X線異常散乱法による部分構造因子の導出

ある原子 i に X 線を照射したとき,その散乱振幅は振動電場の強度 E_0 の入射

X線の波長によって異なる場合がある．すなわち，散乱振幅f_iが，

$$f_i = f_i^0 + \Delta f_i' + i\Delta f_i'' \qquad (f_i は原子iに対する通常の散乱振幅) \qquad (6\text{-}7\text{-}2)$$

原子iに存在する1個の電子に対しては，古典的に振動を与える．電子の振動方向をxとするとき，その方程式は，

$$\frac{d^2 x}{dt^2} + \omega_0 x = \frac{eE_0}{m}\exp(i\omega t) \qquad (6\text{-}7\text{-}3)$$

ここでω_0はその電子固有の角振動数であり，ωは入射X線の角振動数である．

1個の原子内にf個の電子が存在するとき，入射X線の振動電場によって生ずるN個の原子の双極子モーメント（dipole moment）Pは

$$P = NE_0 \left(\frac{e^2 f}{m}\right) \exp(i\omega t) \left\{\frac{1}{\omega_0^2 - \omega^2}\right\} \qquad (6\text{-}7\text{-}4)$$

原子集団の電気変位をDとすると，

$$D = E + 4\pi P = \varepsilon E \qquad (6\text{-}7\text{-}5)$$

であるから，

$$\varepsilon = 1 + \left\{\frac{4\pi N f e^2}{m\left(\omega_0^2 - \omega^2\right)}\right\} \qquad (6\text{-}7\text{-}6)$$

実際には振動する電子は，他の電子との相互作用によって，減衰項を伴う．それを$\gamma\left(\dfrac{dx}{dt}\right)$とすると，(6-7-2) 式は次式のように修正される．

$$\frac{d^2 x}{dt^2} + \gamma\left(\frac{dx}{dt}\right) + \omega_0 x = \frac{eE_0}{m}\exp(i\omega t) \qquad (6\text{-}7\text{-}7)$$

$$\gamma = \left(\frac{2e^2}{3mc^3}\right)\omega^2 \qquad (6\text{-}7\text{-}8)$$

が知られているので，$(\varepsilon = \varepsilon_1 + i\varepsilon_2)$ とすると，

$$\varepsilon_1 = 1 + \frac{4\pi N f e^2}{m}\left[\frac{\omega_0^2 - \omega^2}{\left(\omega_0^2 - \omega^2\right)^2 + (\gamma\omega)^2}\right] \qquad (6\text{-}7\text{-}9)$$

$$\varepsilon_2 = -\frac{4\pi N f e^2}{m}\left[\frac{\gamma\omega}{\left(\omega_0^2 - \omega^2\right)^2 + (\gamma\omega)^2}\right] \qquad (6\text{-}7\text{-}10)$$

これを量子化すれば, f', f'' に対応する. 従って if'' の項は散乱というよりは吸収項である.

このように波長の異なる三つのX線回折を同一試料に対して遂行すれば,三つの部分構造因子が求められる[19]. この手法を液体に始めて取り入れたのは早稲田らである[20].

原理的には魅力ある方法であるが,異常散乱が顕著な系に対してのみ実現可能という制限がある.この点に関しては,X線の波長を自由に選択できるシンクロトロン・放射線（synchrotron radiation beam）の利用により遂行できる. わが国では,高エネルギー加速器研究機構（KEK）のフォトンファクトリー（Photon Factory）やSPring-8と呼ばれている施設を利用することになる.

6-7-4 X線回折, 中性子線回折および RMC 法の組み合わせ

同一試料に対する測定は, X線回折と中性子線回折とを採用し, 逆モンテ・カルロ・シミュレーション（RMC）を用いて矛盾がないように,三種類の部分動径分布関数を導出する.この手法が現在最も普遍的というか標準的な手段として遂行されている[21].

6-8 溶融塩におけるイオン間相互作用ポテンシャルと部分動径分布関数

MX溶融塩における二体のイオン間相互作用ポテンシャル, $\phi_{ij}(r)$ ($i, j =$ M, X) が与えられているとき,部分構造 $g_{ij}(r)$ が導出できれば,それに伴い多くの物性が定性的ならびに定量的に計算できる.そのためには,まず単体液体の場合について調べ,得られた結果を溶融塩の場合に拡張発展させればよい.

単体液体でよく知られているように, ボルン－グリーン（Born-Green）の方程式は次式で与えられる. 即ち,

$$\ln g(r) + \frac{\phi(r)}{k_B T} = \rho \int E(|\boldsymbol{r}-\boldsymbol{s}|) h(r) \mathrm{d}\boldsymbol{r} \qquad (6\text{-}8\text{-}1)$$

ここで

$$E(t) = \frac{1}{k_B T} \int_t^\infty g(x) \phi(x) \mathrm{d}x \qquad (6\text{-}8\text{-}2)$$

6. 溶融塩における構造

阿部は$E(t)$を次式のように近似した．即ち，

$$E(t) \to c(r) = \frac{1}{k_B T}\{U(r)-\phi(r)\}+h(r) \tag{6-8-3}$$

この式を用いるとボルン－グリーン（Born-Green）方程式は，

$$\ln g(s)+\frac{\phi(s)}{k_B T}=\rho\int c(|r-s|)h(r)\mathrm{d}r \tag{6-8-4}$$

となる．左辺第1項を$-\frac{U(r)}{k_B T}$に書き換えると，オルンシュタイン－ツェルニケ（Ornstein-Zernike）の方程式，

$$h(r)=c(r)+\rho\int c(|r-s|)h(s)\mathrm{d}s \tag{6-8-5}$$

が得られる．

この式は$c(r)$と$h(r)$との関係を示すもので，$c(r)$の基礎的な定義になっている．(6-8-3) 式において，$r \to$大にすると，$h(r)\to 0$，$U(r)\to 0$となるので，

$$c(r) \sim -\left\{\frac{\phi(s)}{k_B T}\right\} \tag{6-8-6}$$

(6-8-5) 式をフーリエ変換すると，

$$\tilde{h}(k)=\tilde{c}(k)+\tilde{h}(k)\tilde{c}(k) \tag{6-8-7}$$

となるので，

$$\tilde{c}(r)=\frac{\tilde{h}(k)}{1+\tilde{h}(k)}=\frac{S(k)-1}{S(k)} \tag{6-8-8}$$

となる．したがって$S(k)$の観測値が得られれば$\tilde{c}(k)$，またその逆フーリエ変換によって$c(r)$が与えられる．

マーチ－トシ（March-Tosi）によれば，ランダムな位相の近似で$c(r)$は，

$$c(r)=g(r)\left[1-\exp\frac{\phi(r)}{k_B T}\right] \tag{6-8-9}$$

で与えられるという．これは実はパーカス－イエヴィク（Percus-Yevik）方程式と同等である．

単体液体についての理論が整ったので，こんどは溶融塩における場合について考えよう．溶融塩MXにおけるイオンi-j間のオルンシュタイン－ツェルニケ

(Orstein-Zernike) の方程式は次のように与えられる[7,22]. 即ち,

$$h_{ij}(r) = c_{ij}(r) + \sum_m \rho_m \int h_{im}(|\boldsymbol{r}-\boldsymbol{s}|) c_{ij}(\boldsymbol{r}) \, d\boldsymbol{s} \qquad (6\text{-}8\text{-}10)$$

ここで $m = M, X$ である. これをフーリエ変換すれば,

$$S_{ij}(k) - \delta_{ij} = (\rho_i \rho_j)^{\frac{1}{2}} \tilde{c}_{ij}(k) + \sum (\rho_m \rho_j)^{\frac{1}{2}} c \{S_{im}(k) - \delta_{im}\} \tilde{c}_{mj}(k) \qquad (6\text{-}8\text{-}11)$$

それゆえ, $S_{ij}(r)$ を $c_{ij}(r)$ で表現すると,

$$S_{MM}(k) = \frac{1 - \rho_X \tilde{c}_{XX}(k)}{D(k)} \qquad (6\text{-}8\text{-}12a)$$

$$S_{MX}(k) = \frac{(\rho_M \rho_X)^{\frac{1}{2}} \tilde{c}_{MX}(k)}{D(k)} \qquad (6\text{-}8\text{-}12b)$$

$$S_{XX}(k) = \frac{1 - \rho_M \tilde{c}_{MM}(k)}{D(k)} \qquad (6\text{-}8\text{-}12c)$$

ここで

$$D(k) = \{1 - \rho_M \tilde{c}_{MM}(k)\}\{1 - \rho_X \tilde{c}_{XX}(k)\} - (\rho_M \rho_X) \tilde{c}_{MX}^2(k) \qquad (6\text{-}8\text{-}12d)$$

それゆえ, $S_{ij}(k)$ もしくは部分動径分布関数を求めるためには, もっともらしい $c_{ij}(r)$ を作り上げねばならない. そのために採用されているモデルと近似式の導出が多くの理論家によってなされている. そしてそれらの妥当性を吟味するためにMDも同時に遂行されている場合が多い. 以下にそれらの取り扱いを羅列し, 参考となる文献だけを引用する.

(1) Waisman and Lebowitz の理論 (1972)

以下の mean spherical model を採用し, HNC, PY 方程式に代入.

$$\phi_{ij}(r) = \infty, \text{ for } r < R_{ij}, \quad \phi_{ij}(r) = \frac{q_i q_j}{\varepsilon r}, \text{ for } r > R_{ij}$$

(2) Høye, Lebowitz and Stell の理論 (1974)[22]

Generalized mean spherical approximation と称し, HNC, PY 方程式に代入.

$$g_{ij}(r) = 0, \text{ for } r < R_{ij}, \quad \phi_{ij}(r) = \frac{q_i q_j}{\varepsilon r} + \frac{B \exp(-\lambda r)}{r}, \text{ for } r > R_{ij}$$

(3) Hansen and McDonald の理論と MD (1975)

＋－イオン間のポテンシャルの斥力部分にパラメーターを導入し, $g^{+-}(r)$ の

極大値にフィットするようにした.

(4) Gillan の理論（1976）[23]

　溶融 CuCl に対して，reference interaction site model を採用.

(5) Høye and Stell の理論（1977）

　Restricted primitive model + Ornstein-Zernike 方程式 + 改良された$c(r)$を使用.
これは，iteration を必要としないが，フーリエ変換が容易でない.

(6) Larson, Stell and Wu の理論（1977）

　Restricted primitive model + Orstein-Zernike 方程式の採用.

(7) Abramo, Caccamo, Pizzimenti and Parrinello の理論（1977）

　Hard sphere + mean spherical approximation + two ionic radii の採用. これにより alkali halides の殆どについてかなりの良い一致をみた.

(8) Larson の理論（1978）

　HS model + restricted primitive model を採用し，HNC および reference HNC に適用し iteration の結果は Monte Carlo simulation の結果とよい一致を示した.

(9) Abernethy and Gillan の理論（1980）

　HNC の iteration に関する収斂の新しい方法であり，計算のテクニックとして評価.

(10) Dixon and Gillan の MD（1981）

　Born-Huggins-Mayer 型ポテンシャルを用いて MD を遂行.

(11) Abernethy, Dixon and Gillan の理論（1981）

　HNC の iteration を 20 〜 30 回で収斂する計算方法の試み.

(12) Abramo, Caccamo and Pizzimenti の理論（1983）

　MSA，generalized MSA + Orstein-Zernike 方程式を採用.

(13) Swany の理論（1986）

　Machin-Woodhead-Chihara の積分方程式 + Orstein-Zernike 方程式の採用.

(14) Trullas, Giro, Padro and Silbert の理論（1991）[24]

　CuCl に対して charged hard sphere ionic model を採用.

(15) Tasseren, Trullas, Alcaraz, Silbert and Giro の理論（1997）[25]

　HNC + a devised potential を採用して溶融 AgBr の部分構造因子の導出. 斉藤

らの実験値の結果にかなり近い.

(16) 今世紀に入ってからの理論的研究

最近では,いろいろと工夫された二体イオン間ポテンシャルが用いられているが,これらの一端は前章で述べられている.

等々がある.

平均球対称近似 (Mean spherical approximation) を用いる場合には繰り返しの遂行 (iteration) はないが,斥力部を無限大にとらねばならない欠点がある. 一方,HNCやPY方程式を用いる場合,任意のポテンシャルを採用することができるけれども,よりよい結果を得るためには,iterationを数十回から数百回繰り返すことが求められる,という難点がある.

ここでは簡単な場合の手法を紹介するだけに留めたい. まず二体のイオン間ポテンシャルに遮蔽定数を導入して,ある妥当な長さ σ_{ij} に対して,

$$\phi_{ij}(r) = \infty, \quad \text{for } r < \sigma_{ij}$$

$$\phi_{ij}(r) = \frac{q_i q_j}{\varepsilon r}, \quad \text{for } r < \sigma_{ij} \tag{6-8-13}$$

を仮定する. この式は一般に原始模型 (primitive model) と呼ばれている. あるいは誘電定数の代わりに $\phi_{ij}(r) = \left(\dfrac{q_i q_j}{r}\right)\exp(-\mu r)$ とおいてもよい.

$r \to$ 大では,$g^{+-}(r) \to 1$ となるので,$c_{ij}(r) \sim -\dfrac{\phi_{ij}(r)}{k_B T}$ となる. この関係式が $r > \sigma_{ij}$ (ここではイオン i と j との最隣接可能な距離になるので,大雑把にいえば,σ_{ij} はイオン i と j の半径の和を採用することができる) で用いることができるとすると,$c_{ij}(r)$ のフーリエ変換は,

$$\tilde{c}_{ij}(k) = -\frac{q_i q_j}{\varepsilon k_B T}\left\{\frac{4\pi \cos(k\sigma_{ij})}{k^2}\right\}, \quad \text{for } r > \sigma_{ij} \tag{6-8-14}$$

(6-8-12) 式に (6-8-14) 式を代入して三元連立方程式を解けば,MX溶融塩の $S_{ij}(k)$ が得られる.

(6-8-13)式をベースに $c_{ij}(r)$ に対して,一般化された平均球対称近似 (generalized mean spherical approximation) として次式を仮定して $S_{ij}(k)$ を求めることも行われている[26]. 即ち,

$$g_{ij}(r) = 0, \quad \text{for } r < R_{ij}, \quad (R_{ij} \text{の取り方に任意性がある})$$

$$c_{ij}(r) = -\frac{1}{k_B T}\phi_{ij}(r) + \frac{B}{r}\exp(-\lambda r) \tag{6-8-15}$$

B と λ を同定するためには熱力学的関係式が採用されている.

ここでは別の方法で $c_{ij}(r)$ を求め,そのフーリエ変換から $\tilde{c}_{ij}(k)$ を導出して得られた結果を(6-8-12)に代入して最終的に $S_{ij}(k)$ および $g_{ij}(r)$ にいたる手段を紹介する.原理的にはP-Y方程式とO-Z方程式の組み合わせである.

まず,(6-8-9)式を拡張して,アプリオリ (*a priori*) に次式(二元系のP-Y方程式)を仮定する.

$$c_{ij}(r) = g_{ij}(r)\left[1 - \exp\frac{-\phi_{ij}(r)}{k_B T}\right] \tag{6-8-16}$$

ここで,

$$g^{+-}(r) = \exp\frac{-U^{+-}(r)}{k_B T} \tag{6-8-17}$$

とおくと,

$$c_{ij}(r) \sim -\exp\left\{\frac{-U^{+-}(r)}{k_B T}\right\}\left\{\frac{\phi_{ij}(r)}{k_B T}\right\} \tag{6-8-18}$$

溶融塩における二体のイオン間ポテンシャルの遮蔽について述べたように,

$$U^{+-}(r) \sim \phi_{sc}^{+-}(r) = \frac{\alpha B^{+-}}{r^n} - \frac{e^2}{r}\exp(-k_s r) \tag{6-8-19}$$

表わされる.ここで,B^{+-} は多くのアルカリ・ハロゲン化物(alkali halides)では知られている値である.α は斥力項における遮蔽定数であり,$g^{+-}(r)$ が極大値をもつとき,$U^{+-}(r)$ が極小値をもつように設定される.また,$k_s = 4\pi e^2 \frac{1}{k_B T}\rho$ で近似される.このままの $\phi_{sc}^{+-}(r)$ を採用すると,平均ポテンシャルの振動の要素が入らないので,これに $\cos(k_v r)$ を $\phi_{sc}^{+-}(r)$ にかけた項を実際には採用する.ここで,$k_v = \frac{\pi}{2r_d^{+-}}$ とする.r_d^{+-} は $g^{+-}(r)$ が極大値を持つときの距離とする.従って,修正された $\phi_{sc}^{+-}(r)$ は,

$$\phi_{sc}^{+-}(r) = \left\{\frac{\alpha B^{+-}}{r^n} - \frac{e^2}{r}\exp(-k_s r)\right\}\cos\frac{\pi r}{2r_d} \tag{6-8-20}$$

一方, $g^{\pm\pm}(r) = \exp\dfrac{-U^{\pm\pm}(r)}{k_B T}$ とおく. 同種イオン i, j 間の隣接による斥力を無視し, さらに i, j 間もしくはその近傍に存在する異種イオン x との i-x 間相互作用と x-j 間相互作用によるポテンシャルの寄与を $-C^{\pm\pm}\dfrac{e^2}{r}\exp(-k_s r)$ と近似する. 従って振動の要素を導入した $\phi_{\text{sc}}^{\pm\pm}(r)$ は,

$$\begin{aligned}U^{\pm\pm}(r) &\sim \phi_{\text{sc}}^{\pm\pm}(r) \\ &= \left\{\dfrac{e^2}{r}\exp(-k_s r) - C^{\pm\pm}\dfrac{e^2}{r}\exp(-k_s r)\right\}\cos\dfrac{\pi r}{2 r_{\text{d}}^{\pm\pm}} \\ &= (1 - C^{\pm\pm})\dfrac{e^2}{r}\exp(-k_s r)\cos\dfrac{\pi r}{2 r_{\text{d}}^{\pm\pm}}\end{aligned} \quad (6\text{-}8\text{-}21)$$

定数 $C^{\pm\pm}$ は $g^{\pm\pm}(r)$ が極大値をもつ距離で, すなわち $U^{\pm\pm}(r)$ が, 最隣接＋－イオン間距離 $r_0^{\pm\pm}$ で極小になるように設定される.

このように条件設定をすれば, たとえ P-Y (もしくは HNC) 方程式を出発点にしても理論家の多くが試みたような, 試みの関数 (trial $c(r)$) からの数百回に及ぶ繰り返し (iteration) の必要はない.

こうして得られる $U^{\alpha\beta}(r)$ ($\alpha, \beta = +, -$) を (6-8-15) 式に代入し, そのフーリエ変換から $\tilde{c}_{ij}(k)$ が得られる.

溶融塩については, X 線回折や中性子線回折の実験が遂行され, これに逆モンテ・カルロ・シミュレーション (reverse Monte Carlo simulation) を組み合わせて確からしい $S_{ij}(k)$ や $g_{ij}(r)$ および短範囲 (short range) な立体構造が得られるようになったので, 理論計算をする必要がなくなりつつある. 次節ではそれについて論じよう.

6-9　溶融塩構造の逆モンテ・カルロ・シミュレーション (Reverse Monte Carlo Simulation)

実験的に導出される液体の構造因子あるいは動径分布関数を再現するように構成原子あるいはイオンの配置を少しずつ変位させることを繰り返し, 観測値に近づける手法を逆モンテ・カルロ・シミュレーションという. この手法は, 1988年に McGreevy らが液体アルゴンの構造因子の解析として提案して以来[27], 多くの実験研究者によって試みられている.

まず，McGreevy-Howeはアイソトープ・エンリッチメント法により溶融LiClの部分構造因子を導出して，そのRMCを遂行した[28]．その結果，基本的には短範囲構造（short range structure）はNaCl結晶に近いことが示された．

また，McGreevyグループは溶融AgBrの中性子回折実験とRMCとを組み合わせて，その系の部分構造因子を導出した[29]．Allen-Howeはアイソトープ・エンリッチメント法により，溶融CuBrの部分構造因子を導出している[30]．

早稲田グループは特定の溶融塩（AgBr etc.）に対して，同一の試料を用いて三種類のX線異常散乱の実験もしくは二種類のX線異常散乱の実験と中性子線回折実験の組み合わせを遂行し，三つの部分構造因子および部分動径分布関数を，これらの結果に適合するような短範囲（short range）の構造を同定するために逆モンテ・カルロ・シミュレーション（Reverse Monte Carlo simulation = RMC）を遂行している[31]．彼らの遂行した溶融塩は，AgBr，CuBr，CuI，RbBr等である．

これらの系のうち，AgBrにおける短範囲の立体構造は，固体のようなNaCl型

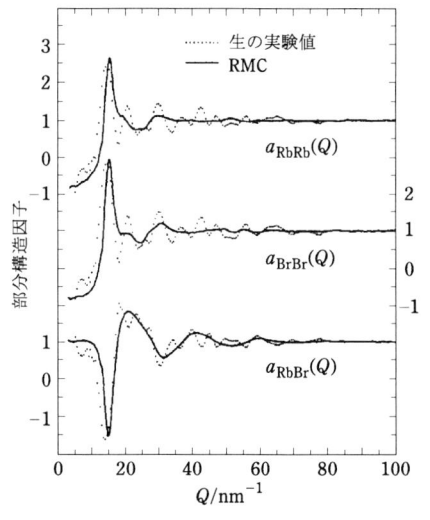

図6-9-1a 溶融RbBrにおける部分構造因子，$S(k)$．
(Reproduced with permission from M. Saito, S. Kang and Y. Waseda, Jpn. J. Appl. Phys., **38** (1999) Suppl. 38-1, 598. Copyright 1999, JSAP.)

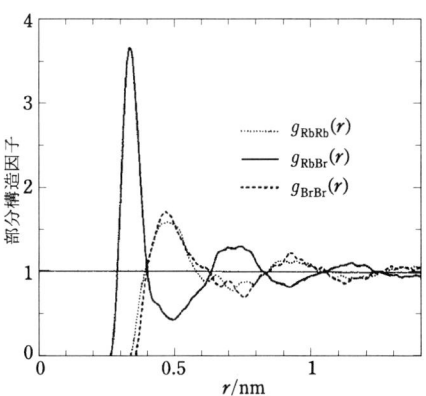

図6-9-1b 図1aから求めた溶融RbBrにおける部分動径分布関数，$g^{\alpha\beta}(r)$．
(Reproduced with permission from M. Saito, S. Kang and Y. Waseda, Jpn. J. Appl. Phys., **38** (1999) Suppl. 38-1, 598. Copyright 1999, JSAP.)

構造を示さず，むしろ立方硫化亜鉛（zinc blend）型構造に近いことを示している．しかし，溶融RbBrにおける部分構造因子および部分動径分布関数は図6-9-1a,bで示されるように，短範囲構造の溶融NaClと同じく，立方体構造に近いことを示唆している．すなわち陽－陽イオン間と陰－陰イオン間の動径分布関数が殆ど等しく，その振動周期の位相は丁度，陰－陽イオン間の動径分布関数のそれと逆であることを示している．

また，図6-9-2a, bおよび6-9-3a, bで示されるように，CuBrとCuIはいずれも，陰イオン－陰イオンの短範囲（short range）の配置がf.c.c.構造に似ていて，陽イオンはその中を無秩序に分布している，という．しかし，溶融CuIにおけるCu-Cu間の部分動径分布関数の第1ピークの位置がCu-I間のそれと一致しているのに対し，CuBrではそうでない．

最近武田グループは，同一試料に対して，X線回折と中性子線回折の実験

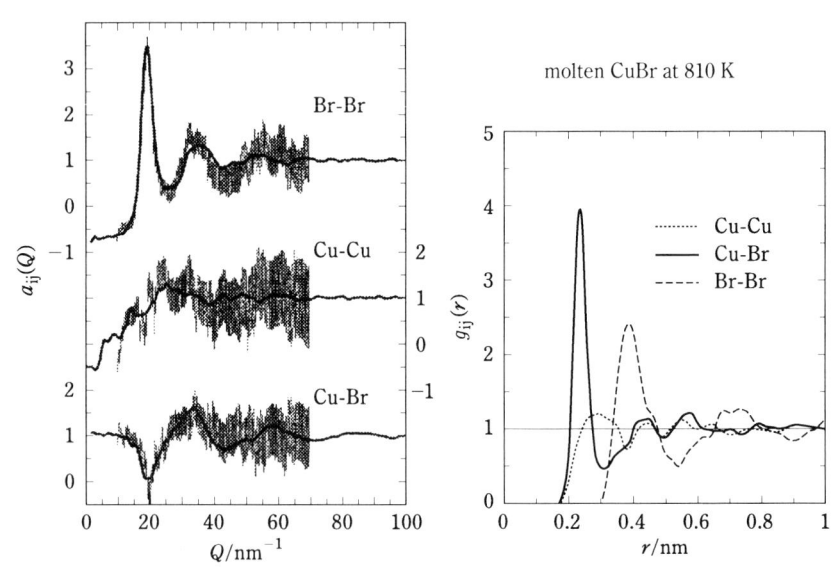

図6-9-2a 溶融CuBrにおける部分構造因子，$S(k)$.
(Reproduced with permission from M. Saito, C. Park, K. Omote, K. Sugiyama and Y. Waseda, J. Phys. Soc. Japan, **66** (1997) 633-640. Copyright 1997, JPS.)

図6-9-2b 図2aから求めた溶融CuBrにおける部分動径分布関数，$g^{\alpha\beta}(r)$.
(Reproduced with permission from M. Saito, C. Park, K. Omote, K. Sugiyama and Y. Waseda, J. Phys. Soc. Japan, **66** (1997) 633-640. Copyright 1997, JPS.)

データを再現するよう，たくみにRMCを用いることにより，溶融AgCl，溶融AgIの部分動径分布関数を導出し，短範囲（short range）の立体構造のスナップショットを得ている．その結果によると，いずれもが，固体のときの高温構造に近いことが判明している[32]．溶融AgClの場合，Agイオンの周りのClイオンの分布とClイオンの周りのAgイオンの分布は殆ど変わりなく，ただ分布の数が揺らいでいる，という．それに対し，溶融AgIの場合には，Iイオンから見たAgイオンの配位数にはかなりのゆらぎがあり，Agイオンだけでいえば大きな密度ゆらぎがあることを示唆している，という．また，彼らによると，RMCの結果を得るために，特に初期値を与えず，適当なサイズの周期的空間だけを仮定し，その中にそれぞれの粒子数および粒子密度を満たすようにし，粒子間の隣接最大距離として実験から推測される値を設定し，ランダムな配置から出発して実験値を再現するようにした結果であるという．また，特定の短範囲立

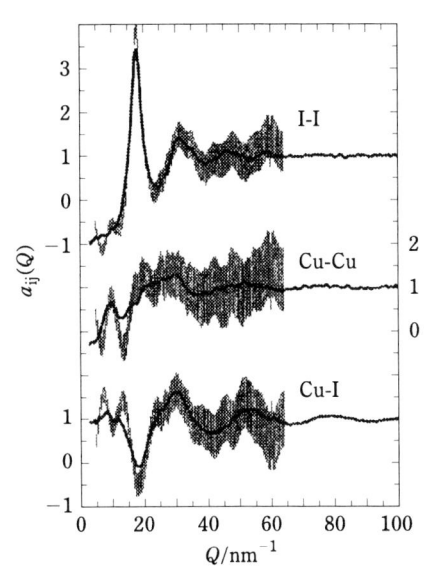

図 6-9-3a 溶融 CuI における部分構造因子，$S(k)$．
(Reproduced with permission from Y. Waseda, S. Kang, K. Sugiyama and M. Saito, J. Phys. Condens. Matter, **12** (2000) A195-201. Copyright 2000, IOP Publishing.)

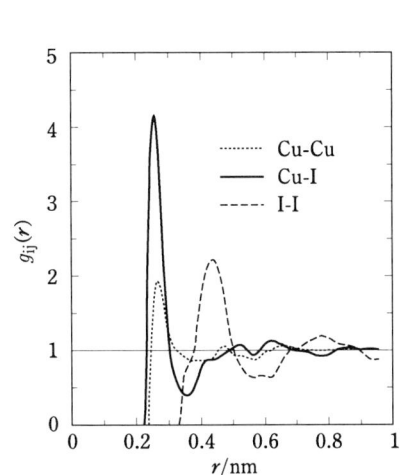

図 6-9-3b 図3aから求めた溶融 CuI における部分動径分布関数，$g^{\alpha\beta}(r)$．
(Reproduced with permission from Y. Waseda, S. Kang, K. Sugiyama and M. Saito, J. Phys. Condens. Matter, **12** (2000) A195-201. Copyright 2000, IOP Publishing.)

体構造を初期値として与えなくてもよいが，回折実験の精度がよくないと収斂が悪いことも判明しているという[31]．

今後もこの手法が有力な部分構造因子導出の中心的実験手段になるであろう．しかし，配位数が少なく，空間的対称性が極めて悪いと思われる液体（例えば液体Seや液体Se_2Br_2）に対してRMCが有効であるためには，初期値として可能性の高い立体構造のいくつかを初期値として採用して，試みと不正解（try and error）の繰り返し手順を踏んだほうがよいかもしれない．

6-10 液体における動的構造

以下に展開される液体の動的構造に関する議論は，エーゲルスタッフ（Egelstaff）[33]，マーチートシ（March-Tosi）[5]，ハンゼン－マクドナルド（Hansen-McDonald）[6]，バルカニ－ゾッピ（Balucani-Zoppi）[34]らの優れた著作およびそれ以外に引用した文献において詳細に論じられている．

溶融塩を含む液体において，固体のような格子振動もしくは量子化した意味でフォノンは存在するのであろうか．そのためにはどういった実験が必要か．そしてそのためにはどのような理論を発展させればよいのであろうか．これらに応えるために，下記のような議論を展開する．

まず，単体液体のおける成分原子の時空相関関数（space and time dependent correlation functions）について述べよう．体積Vの中にN個の同一粒子からなる系を考える．

時刻$t = 0$における粒子iの位置を$\boldsymbol{r}_i(0)$とし，時刻$t = t$における粒子jの位置を$\boldsymbol{r}_j(t)$とする．

もし，$t = 0$で粒子i, jがそれぞれ$\boldsymbol{r}_i(0)$，$\boldsymbol{r}_j(0)$に存在したとすると，動径分布関数が$g(|\boldsymbol{r}_i(0) - \boldsymbol{r}_j(0)|)$である．これと，同様に上記のように設定された分布の相関関数，$G(\boldsymbol{r}, t)$ $(\boldsymbol{r} = \boldsymbol{r}_j(t) - \boldsymbol{r}_i(0))$はファン・ホゥヴ（van Hove）の時空相関関数と呼ばれる．

図6-10-1から明らかなように，$\boldsymbol{r}' - \boldsymbol{r} = \boldsymbol{r}_i(0)$, for $t = 0$である．これは数学的に$\delta[\boldsymbol{r} + \boldsymbol{r}_i(0) - \boldsymbol{r}']$とおける．一方，$t = t$において，$\boldsymbol{r}' = \boldsymbol{r}_j(t)$のときは，$\delta[\boldsymbol{r}' - \boldsymbol{r}_j(t)]$である．従って，この双方の条件を満たす数学的表示は

6. 溶融塩における構造

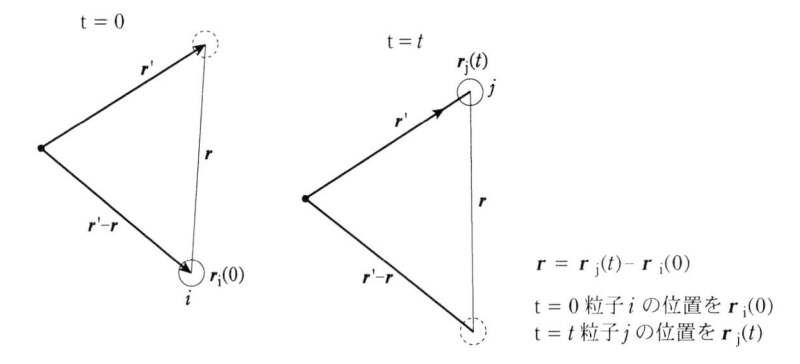

$r = r_j(t) - r_i(0)$
$t = 0$ 粒子 i の位置を $r_i(0)$
$t = t$ 粒子 j の位置を $r_j(t)$

図 **6-10-1** 二体の時空相関関数，$G(r,t)$.

$\delta[r+r_i(0)-r']\delta[r'-r_j(t)]$ となる.

それゆえ，$G(r,t)$ は，

$$G(r,t) = \frac{1}{N}\left\langle \sum_{i,j} \int dr' \delta[r+r_i(0)-r']\delta[r'-r_j(t)] \right\rangle \tag{6-10-1}$$

古典的には，

$$G(r,t) = \frac{1}{N}\left\langle \sum_{i,j} \delta[r+r_i(0)-r_j(t)] \right\rangle \tag{6-10-2}$$

ここで $i=j$ の場合は，粒子 i 自身の時間的変化を示し，

$$G(r,0) = \delta(r) + \rho g(r) \equiv G_s(r,0) + G_d(r,0) \tag{6-10-3}$$

とおける．G_s は self part ($i=j$)，G_d は distinct part ($i \neq j$) と呼ばれている．$G(r,t)$ は粒子密度 $\rho(r,t)$ を用いた形式によっても示される．粒子密度 $\rho(r,t)$ は，

$$\rho(r,t) = \sum_i \delta[r-r_i(t)] \tag{6-10-4}$$

である．これを(6-10-1)式に採用し，$r'' = r' - r$ とすると，

$$G(r,t) = \frac{1}{N}\left\langle \int dr'' \rho(r'',0)\rho(r''+r,t) \right\rangle \tag{6-10-5}$$

液体では空間的に均一分布（homogeneous）だとすると，この式は r'' に無関係なので，

$$G(r,t) = \frac{1}{\rho}\left\langle \rho(0,0)\rho(r,t) \right\rangle \tag{6-10-6}$$

ゆえに,

$$G(\boldsymbol{r},t) = \frac{1}{\rho}\langle \rho(\boldsymbol{r}',t')\,\rho(\boldsymbol{r},t)\rangle \tag{6-10-7}$$

このようにして定式化された $G(\boldsymbol{r}, t)$ のフーリエ変換(つまり空間的展開を行う)を施した関数を中間散乱関数(intermediate scattering function),$F(\boldsymbol{k}, t)$ とすると,

$$\begin{aligned}F(\boldsymbol{k},t) &= \int d\boldsymbol{r}\,\exp(i\boldsymbol{k}\cdot\boldsymbol{r})\,G(\boldsymbol{r},t)\\ &= \frac{1}{\rho}\int d(\boldsymbol{r}-\boldsymbol{r}')\exp\{i\boldsymbol{k}(\boldsymbol{r}-\boldsymbol{r}')\}\langle \rho(\boldsymbol{r}',0)\,\rho(\boldsymbol{r},t)\rangle\\ &= \frac{1}{N}\int d\boldsymbol{r}\,d\boldsymbol{r}')\exp\{i\boldsymbol{k}(\boldsymbol{r}-\boldsymbol{r}')\}\langle \rho(\boldsymbol{r}',0)\,\rho(\boldsymbol{r},t)\rangle = \frac{1}{N}\langle \rho_{-k}(0)\,\rho_k(t)\rangle\end{aligned}$$
(6-10-8)

ここで $\rho_k(t) = \sum_i^N \exp\{i\boldsymbol{k}\cdot\boldsymbol{r}_i(t)\}$ である.

$F(\boldsymbol{k}, t)$ をさらにラプラス変換(つまり時間的展開)を施すと,

$$S(\boldsymbol{k},\omega) = \frac{1}{2\pi}\int_{-\infty}^{\infty} F(\boldsymbol{k},t)\exp(-\omega t)\,dt \tag{6-10-9}$$

がえられる.この $S(\boldsymbol{k}, \omega)$ を動的構造因子(dynamical structure factor)という.系が等方的(isotropic)のとき,$S(\boldsymbol{k}, \omega) \to S(k, \omega)$ となる.

さて,$S(\boldsymbol{k}, \omega)$ なる物理量はどういう実験に観測されるであろうか.

前の節でX線散乱についてのべたが,中性子線でも同等の議論が展開されている.ただし,中性子による散乱ポテンシャル $V(\boldsymbol{r})$ は,粒子 i における散乱長(scattering length),b_i を用いると,

$$V(\boldsymbol{r}) = \frac{2\pi\hbar^2}{m}\sum_{i=1}^{N} b_i\,\delta(\boldsymbol{r}-\boldsymbol{r}_i) \tag{6-10-10}$$

ボルン(Born)近似によると,

$$\frac{d\sigma}{d\Omega} = \left\langle \sum_{i=1}^{N}\sum_{j=1}^{N} b_i b_j \exp[-i\boldsymbol{k}\cdot(\boldsymbol{r}_i-\boldsymbol{r}_j)]\right\rangle,\quad \boldsymbol{k} = \boldsymbol{k}_f - \boldsymbol{k}_i \tag{6-10-11}$$

$i \neq j$ のときの $<b_i b_j>$ は,

$$\langle b_i\,b_j\rangle = \langle b_i\rangle^2 \equiv \langle b\rangle^2,$$

6. 溶融塩における構造

$i=j, i \neq j$ を含めると,

$$\langle b_i b_j \rangle = \langle b \rangle^2 + \left[\langle b^2 \rangle - \langle b \rangle^2\right]\delta_{ij} \tag{6-10-12}$$

この式を(6-10-11) に代入すると,

$$\frac{d\sigma}{d\Omega} = \langle b \rangle^2 \sum_{j \neq 1}^{N} \exp\left[-i\boldsymbol{k}\cdot(\boldsymbol{r}_i - \boldsymbol{r}_j)\right] + N\left[\langle b^2 \rangle - \langle b \rangle^2\right]\delta_{ij} \tag{6-10-13}$$

この式の右辺第1項はそれぞれの粒子間からの干渉性散乱項（coherent term）であり, 第2項は非干渉性散乱項で, 散乱される粒子が異なった核のアイソトープをもつとき, および入射中性子線のスピンと散乱体の核スピンの向きが異なる時の寄与である.

同様にして微分散乱断面積 $\sigma(\theta, \omega)$ は,

$$\sigma(\theta,\omega) = \frac{d^2\sigma}{d\Omega\,d\omega} = \frac{k_f}{k_i}\left[b_{coh}^2 NS(\boldsymbol{k},\omega) + b_{inc}^2 NS_s(\boldsymbol{k},\omega)\right] \tag{6-10-14}$$

ここで, $\boldsymbol{k} \to 0$ の項は省略した. また,

$$b_{coh}^2 \equiv \langle b \rangle^2, \quad b_{inc}^2 \equiv \left[\langle b^2 \rangle - \langle b \rangle^2\right]\delta_{ij}$$

である. このようにして中性子の非弾性散乱の実験と動的構造因子は結びつけることができる.

固体における縦波（longitudinal phonon）に相当する液体における物理量, 縦方向の流れの相関関数（longitudinal current correlation function =LCCF）は $\frac{\omega^2}{k^2}S(k,\omega)$ で与えられる.

ある一定値の k に対して（LCCF）の ω −依存性を調べると, ω のある値のところで極大値 peak をもつ. これを $\omega_m(k)$ と書くことにする. この結果, 判明したことは, $S(k)$ の第1ピークの k の値で, $\omega_m(k)$ が極小となることである. 固体における第1ブリルアン・ゾーン（the first Brillouin zone）での格子対称性によって, $\omega_m(k)$ に相当するフォノンは存在しない. このことと同等なことが液体で存在していることは, 言い換えれば, 液体でもフォノンを運ぶ集団運動（collective motion）が存在している証拠である.

液体であるから, このような集団運動だけでなく, 拡散のような個別運動も存

在する．これを定式化した始まりは，ハバード－ビービィ（Hubbard-Beeby）の理論である[35]．

最近では，放射性同位元素を用いた物質中の原子もしくはイオンの拡散に関する実験的研究が見られなくなった．しかし，$S_s(k, \omega)$を測定できれば拡散係数が得られることを以下に示す．

$S_s(k, \omega)$における長波長側でかつ低角振動数に相当する場合であり，(r, t)の領域でいえば，比較的広範囲（すなわちrを大きくとる）で且つ長時間（すなわちtを大きくとる）であるときの自己時空相関関数$G_s(r, t)$は拡散係数Dを用いると，

$$D\nabla^2 G_s(r,t) = \frac{\partial G_s(r,t)}{\partial t} \tag{6-10-15}$$

で与えられる．この関係式を満たすためには，

$$G_s(r,t) = \left\{\frac{1}{(4\pi Dt)^{\frac{3}{2}}}\right\} \exp\left(\frac{-r^2}{4Dt}\right) \tag{6-10-16}$$

であればよい．実際，

$$\langle r^2 \rangle = \int r^2 G_s(r,t)\,d\mathbf{r} = 6Dt$$

が得られる．これから，

$$F(k,t) = \exp(-k^2 Dt),$$

$$S_s(k,\omega) = \frac{1}{\pi} \frac{Dk^2}{\omega^2 + (Dk^2)^2} \tag{6-10-17}$$

それゆえ，固定したkに対するω-依存性のローレンツ曲線（Lorentzian curve），$S_s(k, \omega)$を測定すれば，精度はともかくとして，半値幅が$2Dk^2$で与えられうるので，拡散係数Dが容易に求められる．

一般的にはヴィネヤード（Vineyard）近似の精神，つまり$S(k, \omega) \sim S(k)S_s(k, \omega)$に基づいて，

$$S_s(k,\omega) \sim \frac{S(k,\omega)}{S(k)} \tag{6-10-18}$$

を導出してDを求めることができる．

6-11 溶融塩における動的構造因子

多成分系液体に対する動的構造因子は,単体液体に対して展開した議論を拡張することによって容易に得られる.多成分中に粒子αとβに対する$G_{\alpha\beta}(r,t)$（等方的であると仮定した）は,

$$G_{ab}(r,t) = \left(\frac{1}{N_a N_b}\right)^{\frac{1}{2}} \left\langle \sum_{ia=1}^{N_a} \sum_{jb=1}^{N_b} \delta\left[r + r_{ia}(0) - r_{jb}(t)\right] \right\rangle \quad (6\text{-}11\text{-}1)$$

(6-10-3) 式に対応する式は,

$$G_{\alpha\beta}(r,0) = (\delta_{\alpha\beta})^{\frac{1}{2}} \delta + \left(\frac{1}{n_\alpha n_\beta}\right)^{\frac{1}{2}} g_{\alpha\beta}(r) \quad (6\text{-}11\text{-}2)$$

後で示すように,溶融塩における$G_{\alpha\beta}(r,t)$のフーリエーラプラス変換$S_{\alpha\beta}(k,\omega)$に関するこれまでの研究結果から,他の液体と同様に,集団運動が確認されている.この集団運動を支配している個々のイオンの固有な振動はそれぞれのイオンの質量と電荷に大きく係わってくる.それゆえ,溶融塩では単なる局所密度（local density）,$\rho(r,t)$でなく,局所質量密度（local mass density）,$m_\alpha \rho_\alpha(r,t)$と局所電荷密度（local charge density）,$z_\alpha \rho_\alpha(r,t)$で示される動的ゆらぎ変数を導入するとイオンの集団運動の議論に大きく貢献する[36].すなわち,

$$m(r,t) = \sum_\alpha m_\alpha \rho_\alpha(r,t), \quad q(r,t) = \sum_\alpha z_\alpha \rho_\alpha(r,t) \quad (6\text{-}11\text{-}3)$$

$m(r,t)$および$q(r,t)$のフーリエーラプラス変換を$S_{mm}(k,\omega)$,$S_{ZZ}(k,\omega)$と書くと,溶融塩MXにおけるそれらは,

$$S_{mm}(k,\omega) = m_M^2 S_{MM}(k,\omega) + 2 m_M m_X S_{MX}(k,\omega) + m_X^2 S_{XX}(k,\omega) \quad (6\text{-}11\text{-}4)$$

$$S_{ZZ}(k,\omega) = z_M^2 S_{MM}(k,\omega) - 2 z_M z_X S_{MX}(k,\omega) + z_X^2 S_{XX}(k,\omega) \quad (6\text{-}11\text{-}5)$$

一方,誘電関数理論により,誘電関数$\varepsilon(k,\omega)$は線形応答関数$\chi(k,\omega)$によって次のようになる.

$$\frac{1}{\varepsilon}(k,\omega) = 1 + \left(\frac{4\pi e^2}{k^2}\right) \chi(k,\omega) \quad (6\text{-}11\text{-}6)$$

遥動散逸定理から,線形応答関数$\chi(k,\omega)$の虚数部分が$S(k,\omega)$で表わされる式

を用いると,

$$S_{mm}(k,\omega) = -\left\{\frac{k_B T}{\pi \langle m\rho \rangle \omega}\right\} \text{Im}\, \chi_{mm}(k,\omega) \tag{6-11-7}$$

$$S_{ZZ}(k,\omega) = -\left\{\frac{k_B T}{\pi \rho \omega}\right\} \text{Im}\, \chi_{ZZ}(k,\omega) \tag{6-11-8}$$

ここで $\langle m\rho \rangle$ は平均質量密度を表わす. また,

$$\chi_{mm}(k,\omega) = \langle m\rho \rangle k^2 \left[\omega^2 - \omega_m^2 + i\omega \Gamma(k,\omega)\right] \tag{6-11-9}$$

$$\chi_{ZZ}(k,\omega) = \left(\frac{\rho k^2}{\langle m \rangle}\right)\left[\omega^2 - \omega_Z^2 + i\omega\left(\frac{\rho k^2}{\langle m \rangle}\right)\rho(k,\omega)\right] \tag{6-11-10}$$

$\Gamma(k,\omega)$ と $\rho(k,\omega)$ は複素記憶関数と呼ばれ,その詳細はロベーレートシ (Rovere-Tosi) の総合報告に述べられている[26]. また,溶融塩における縦波に関する音響的並びに光的モードはそれぞれ(6-11-9) および(6-11-10) 式の分母がゼロになるときに相当するという.

MX系溶融塩に(6-11-1) 式を用い,ヴィネヤード (Vineyard) 近似の範囲でフーリエ−ラプラス変換をすると,

$$S(k,\omega) = S_{MM}(k)S_s^{MM}(k,\omega) + 2S_{MX}(k)S_{MX}(k,\omega) + S_{XX}(k)S_s^{XX}(k,\omega)$$

$$\tag{6-11-11}$$

長波長すなわち k の小さい値におけるこの式の右辺の第1項と3項はいずれもローレンツ曲線 (Lorentzian curve) となるはずであるが,実験結果からそれを分離することはかなり困難であるかもしれない. 同時に長波長側で,右辺第2項の $S_{MX}(k,\omega)$ がもし減衰調和振動子(音波モード)で近似されるとすると,これも別のローレンツ型関数になる筈である.

これまでに,溶融塩に対してなされた非弾性中性子線実験は,マグレーヴィら (McGreevy et al)[37] によるRbCl, CsCl, NaIの結果とプライス−コプリィ (Price-Copley)[38] による RbBr の結果が知られている. それらによると,測定された $S(k,\omega)$ から,(6-11-9),(6-11-10) 式を用いて,イオンの拡散項や音波モードの振動項と光モードの縦波が分離される,という. すなわち,実験データが示して

いることは，それぞれの構成イオンが振動しながら拡散していく様相を提示している．

6-12　非弾性X線散乱実験を用いた溶融塩における動的構造因子の実験

前節までは主として中性子線による非弾性散乱の実験を念頭において溶融塩における動的構造因子 $S(k, \omega)$ についての考察を行った．

近年，溶融塩を含む液体におけるフォノンや拡散を測定対象にした高分解能X線非弾性散乱実験が盛んになりつつある．中性子線では，低波数領域で測定できるエネルギー領域に限りがあるが，X線では全 (k, ω) 領域に亘って測定可能なので，利便性が高いことが上げられる．また，SPring-8のような共同利用が容易になった放射光施設の充実もそれをサポートしている．非弾性X線散乱実験は，わが国の優れた研究者である田村剛三郎教授や細川伸也教授らによって世界をリードすることができた．実験の詳細については，例えば石川大介氏の博士論文（京都大学，2008年）をネット（website）で参照することができる．

IXSによる，溶融塩における $S(k, \omega)$ の実験的導出は，グルノーブル（Grenoble）のヨーロッパ・シンクロトロン放射施設および日本のSPring-8で主としてアルカリ・ハロゲン化物1（alkali halides）に対して遂行され，集団運動モードが見出されている[39,40]．とくに興味深いことは，溶融NaClにおける音響モードから固体状態におけるような速い波（fast sound）が発見されたことである．すなわち固体のような集団運動が存在していることを意味している．

また，米国のグループは溶融 Al_2O_3 のような高温でも小さい k 領域（small k-region）で三連ピーク（triplet peaks）を見出している[41]．

これらの実験結果に触発されて，溶融塩における計算機シミュレーションによる研究も数多く報告されている．その多くはwebsiteで検索できる．

ここではその代表例としてウェリングら（Welling et al.）の溶融NaClにおけるMD[42]およびヤーン－マデン（Jahn-Madden）の溶融 Al_2O_3 におけるMDを引用しておく[43]．かれらによるMDの結果，とくに k の小さい音響モードの $S(k, \omega)$ は実験事実をよく説明していて，いずれも三つのローレンツ・カーブを形成している．すなわち，

$$S(k,\omega) = A_c \left\{ \frac{\Gamma_c}{(\omega^2 + \Gamma_c^2)} \right\} + A_s \left[\frac{\{\Gamma_s + b(\omega + \omega_s)\}}{\{(\omega + \omega_s)^2 + \Gamma_s^2\}} \right]$$

$$+ A_s \left[\frac{\{\Gamma_s - b(\omega - \omega_s)\}}{\{(\omega - \omega_s)^2 + \Gamma_s^2\}} \right] \qquad (6\text{-}12\text{-}1)$$

ここで A_c と A_s は，中心線および非弾性散乱線の振幅．Γ_c と Γ_s は，それぞれの線幅に対応し，そして ω_s は励起振動数に対応する．

その他，岡崎－宮本－岡田による溶融 LiCl と LiCl-CsCl における MD[44]，ブリクームリグロド（Bryk-Mryglod）による溶融 NaCl および NaI に対する MD[45]，アルカラズ－トララス（Alcaraz-Trullas）によるアルカリハロゲン化物（alkali halides）に対する MD[46] を引用しておく．いずれにおいても，拡散のようなイオンの個別運動と音響的並びに光学的モードを伴う集団運動の存在を明示している．

最近，松永は溶融 $RbAg_4I_5$ における動的構造因子を MD によって求めた[47]．その結果，とくに興味ある現象は，音響的横波が Ag イオン間だけによって与えられることが判明した．I イオンの質量は Ag イオンのそれよりもかなり軽いことから，Ag イオンの振動的振る舞いに際して I イオンもそれに追随するはずであるにも拘わらず，Ag イオン間だけの相関によって波が伝えられるという．これは正しく Ag イオン間の共有結合的要素に由来するものと考えられる．ただし，シミュレーションに用いる共有結合性は，Ag イオンの電荷を1価でなく，0.6価とすることによって表現されている．

参考文献
1) 早稲田嘉夫，松原英一郎，X線構造解析，内田老鶴圃，1998．
2) F. Zernike and J. A. Prins, Z. Phys., **41**(1927) 184-194.
3) J. Yvon, Suppl. Nuovo Cimento, **9** (1958) 144.
4) T. E. Faber and J. M. Ziman, Phil. Mag., **11** (1965) 153.
5) N. H. March and M. P. Tosi, *Atomic Dynamics in Liquids*, The MacMillan Press, London, 1976.
6) J. P. Hansen and I. R. McDonald, *Theory of Simple Liquids*, Academic Press, London,

1986.
7) W. H. Young, Canad. Jour. **65** (1987) 241-265.
8) N. W. Ashcroft and D. C. Langreth, Phys. Rev., **156** (1967) 685.
9) A. B. Bhatia and D. E. Thornton, Phys. Rev., **B2** (1970) 3004.
10) Matsunaga, S., Koishi, T., Saito, M. and Tamaki, S., *Noble Metals*, ed. by Su, Y-H. 2012, InTech., pp. 3-32.
11) J. E. Enderby, D. M. North and P. A. Egelstaff, Phil. Mag., **14** (1966) 961.
12) D. I. Page and I. Mika, J. Phys. C **4** (1971) 3034.
13) S. Eisenberg, S. F. Jal, J. Dupuy, P. Chieux and W. Knoll, Phil. Mag., A**46** (1982) 895.
14) F. G. Edward, J. E. Enderby, R. A. Howe and D. I. Page, J. Phys. C, **8** (1975) 3483.
15) J. E. Enderby and G. W. Neilson, Adv. Phys., **25** (1980) 323.
    S. Biggin and J. E. Enderby, J. Phys. C, **15** (1982) L305.
16) J. Y. Derrien and J. Dupuy, J. de Physique, **36** (1975) 191.
17) E. W. Mitchell, P. F. J. Poncet and R. J. Stewart, Phil. Mag., **34** (1976) 721.
18) J. Locke, S. Messoloras, R. J. Stewart, R. L. McGreevy and E. W. J Mitchell, Phil. Mag., **51** (1985) 301.
19) T. G. Ramesh and S. Ramaseshan, J. Phys. C, **4** (1971) 3029.
20) Y. Waseda and S. Tamaki, Phil. Mag., **32** (1975) 951.
    Y. Waseda, *Novel Application of Anomalous X-ray Scattering for Structural Characterization of Disordered Materials*, Springer-Verlag, Heidelberg, 1984.
21) 武田信一, 私信.
22) J. S. Høye, J. L. Lebowitz and G. Stell, J. Chem. Phys., **61** (1974) 3253.
23) M. J. Gillan, J. Phys. C : Solod State Phys., **9** (1976) 2261.
24) J. Trullas, A. Giro, J. A. Padro and M. Silbert, Physica A **171** (1991) 384.
25) Ç. Tasseren, J. Trullas, O. Alcaraz, M. Silbert and A. Giro, J. Chem. Phys., **106** (1997) 7281.
26) M. Rovere and M. P. Tosi, Rep. Prog. Phys. **49** (1986) 1001-1081.
27) R. L. McGreevy and L. Pusztai, Mol. Simulation, **1** (1988) 359. Proc. Roy. Soc. London, **A430** (1990) 241.
28) R. L. McGreevy and R. A. Howe, J. Phys. Condens. Matter, **1** (1989) 9957-9962.
29) D. A. Keen, W. Hayes and R. L. McGreevy, J. Phys. Condens. Matter, **2** (1990) 2773.
    V. M. Nield, D. A. Keen, W. Hayes and R. L. McGreevy, J. Phys. Condens. Matter, **4** (1992) 6703.
30) D. A. Allen and R. A. Howe, J. Phys. Condens. Matter, **4** (1992) 6029.

31) M. Saito, C. Park, K. Omote, K. Sugiyama and Y. Waseda, J. Phys. Soc. Japan, **66** (1997) 633-640.

M. Saito, S. Kang, K. Sugiyama and Y. Waseda, J. Phys. Soc. Japan, **68** (1999) 1932-1938.

M. Saito, S. Kang and Y. Waseda, Jpn. J. Appl. Phys., **38** (1999) Suppl. 38-1, 596-599.

Y. Waseda, S. Kang, K. Sugiyama, M. Kimura and M. Saito, J. Phys. Cond. Matter, **12** (2000) A195-A202.

斉藤正敏，私信．

32) S. Tahara, H. Ueno, K. Ohara, Y. Kawakita, S. Kohara, S. Ohno and S. Takeda, J. Phys. Condens. Matter, **23** (2011) 235102-235114.

武田信一，私信．

33) P. A. Egelstaff, *An Introduction to the Liquid State*, Academic Press, London, 1967.

34) U. Balucani and M. Zippi, *Dynamics of the Liquid State*, Clarendon Press, Oxford, 1994.

35) J. Hubbard and J. L. Beeby, J. Phys. C, **2** (1969) 556.

36) E. M. Adams, I. R. McDonald and K. Singer, Proc. Roy. Soc. Lond. A, **357** (1977) 37-57.

37) R. L. McGreevy, E. W. J. Mitchell, F. M. A. Margaca and M. A. Howe, J. Phys. C: Solid St. Phys., **18** (1985) 5235.

38) D. L. Price and J. R. D. Copley, Phys. Rev., **A 11** (1975) 2124.

39) S. Hosokawa, Condens. Matter Phys. **11** (2008) 71-81.

40) F. Demmel, S. Hosokawa, M. Lorenzen and W-C. Pilgrim, Phys. Rev. B, **69** (2004) 12203.

F. Demmel, S. Hosokawa, W- C. Pilgrim and S. Tsutsumi, Nucl. Instrum. Meth., B **238** (2005) 98.

F. Demmel S. Hosokawa and W-C. Pilgrim, J. Alloy Comp., **452** (2008) 143.

S. Hosokawa, F. Demmel, W. C. Pilgrim, M. Inui, S. Tsutsumi and A. Q. R. Baron, Electrochemistry, **77** (2009) 608.

41) H. Sinn, B. Glorieux, L. Hennet, A. Alatasm M. Hu, E. E. Alp, F. J. Bermejo, D. L. Price and M. L. Saboungi, Science, **28** (2003) 2047-2049.

42) U. Welling, F. Demmel, W-C. Pilgrim and G. Germano, to be published.

43) S. Jahn and P. A. Madden, Condens. Matter Physics, **11** (2008) 169-178.

44) S. Okazaki, Y. Miyamoto and I. Okada, Phys. Rev. B, **45** (1992) 2055.

45) T. Bryk and I. Mryglod, Phys. Rev. B, **71** (2005) 132202, **79** (2009) 184206.

46) O. Alcaraz and J. Trullas, J. Chem. Phys., **132** (2010) 54503.

47) 松永茂樹，私信．

7. 溶融塩における輸送現象；電気伝導

　この章では溶融塩における電気伝導度が，どのようにして求められるかを理論的立場で議論しよう．

　理論展開の過程で，興味あるいくつかの重要な事象に遭遇することになる．まず，いかなる溶融塩においても，構成イオンそれぞれの伝導度（部分伝導度）の大きさの比が，構成イオンのそれぞれの質量の逆比に等しい，という普遍的関係式（universal relation）に従うことが理論的に証明された．これはニュートンの運動の三法則だけを用いても証明でき，さらにブラウン運動の理論の展開によっても証明されることを示す．いわば，巨視的な古典論によっても，あるいは微視的な統計力学によっても同一の普遍性を証明したことになる．構成イオンの微視的な動的挙動を示すブラウン運動の方程式はランジュヴァン方程式とよばれているが，これを出発点にして構成イオンそれぞれの速度相関関数（自己速度相関関数だけでなく，自他速度相関関数）の短時間依存性や，移動するイオンに働く摩擦力の時間依存性の理論について調べる．そのために，非可逆過程の統計力学の手法として著名なグリーン－久保理論を展開，発展させた．その理論的成果を評価するために，同時に分子動力学シミュレーションを遂行して確認した．これらの理論を具体的な単純溶融塩や二元系溶融塩に適用した結果を実験データと比較した．

7-1　Newtonの運動方程式と溶融塩における電気伝導度

　溶融塩の電気伝導度に関して，約55年前にサンドハイム（Sundheim）が実験結果および運動量保存の概念を用いて，等価溶融塩における成分イオンの輸率が

表 7-1-1 溶融塩における輸率と構成イオンの質量との関係（Sundheim による）[1].

	$LiNO_3$	$NaNO_3$	KNO_3	$TlNO_3$	$NaNO_2$	NaCl	LiCl
t^+ (exp)	0.84	0.71	0.60	0.306	0.75	0.38	0.75
$M^+/(M^+ + M^-)$	0.90	0.73	0.61	0.23	0.67	0.59	0.84
t^+ (exp)より求めた (σ^-/σ^+)	0/19	0.41	0.67	2.27	0.33	1.63	0.33
$(M^+ + M^-)$	0.11	0.37	0.63	3.29	0.50	0.65	0.19

輸率 $t^+ = \sigma^+/(\sigma^+ + \sigma^-)$

質量に関係していることを見出し，表7-1-1の結果を導出した[1].

以下で示すように，その関係式は，それぞれのイオンの伝導度即ち部分伝導度が逆質量比に等しい，という一種の普遍的黄金則（universal golden rule）になっていることを示している．即ち，

$$\frac{\sigma^+}{\sigma^-} = \frac{m^-}{m^+} \qquad (7\text{-}1\text{-}1)$$

この関係式が溶融塩において普遍的に成立することを物性論の立場から詳細に検討され始めたのは1999年になってからである．古石と田巻は計算機シミュレーションによってこの関係式が成立することを確かめながら，微視的理論を確立させた[2]．この節ではまずニュートン（Newton）の運動方程式の観点から考察する．

ある溶融塩系を考える．その粒子密度と電荷はそれぞれ，$n^+ = n^- = n\left(\dfrac{N}{V_0}\right)$，$z^+ = -z^- = z$ としよう．N は陽イオンもしくは陰イオンの総数であり，V_0 はその体積である．通常は1モルにおける陽陰（正負）それぞれのイオンの総数とその体積を示す．

この系に $t=0$ で外場（電場）$\boldsymbol{E}$ を加えると，陽イオン i に働く運動方程式は次式で表わされる．

$$\frac{m^+ d\boldsymbol{v}_i^+(t)}{dt} = \sum_{h \neq i} \boldsymbol{f}_{ih} + z^+ e \boldsymbol{E} \qquad (7\text{-}1\text{-}2)$$

ここで $\boldsymbol{f}_{ih}$ はイオン h からイオン i に作用する力であり，最後の項は外場によっ

て加速される力である．この式を時間について積分すると，

$$m^+ \boldsymbol{v}_i^+(t) = \int_0^t \sum_{h\neq i} \boldsymbol{f}_{ih} \, dt + \int_0^t z^+ e \boldsymbol{E} \, dt + m^+ \boldsymbol{v}_i^+(0) \tag{7-1-3}$$

外場 $\boldsymbol{E}$ をかけてから時間 $t = \tau$ で，系が定常的な平衡状態になったとすると，この系の単位体積あたりの陽イオンと陰イオンの平均された全運動量は次式のように表わされる．

$$nm^+ \langle \boldsymbol{v}^+(\tau) \rangle + nm^- \langle \boldsymbol{v}^-(\tau) \rangle = \frac{1}{V_0} \int_0^\tau \sum_{h\neq i} (\boldsymbol{f}_{ih} + \boldsymbol{f}_{hi}) \, dt$$
$$+ \int_0^\tau (nz^+ + nz^-) e \boldsymbol{E} \, dt + nm^+ \langle \boldsymbol{v}^+(0) \rangle + nm^- \langle \boldsymbol{v}^-(0) \rangle \tag{7-1-4}$$

ここで

$$n\langle \boldsymbol{v}^\pm (\tau \text{もしくは} 0) \rangle = \left(\frac{1}{V_0}\right) \sum_{i=1}^N \boldsymbol{v}_i^\pm (\tau \text{もしくは} 0)$$

初期条件 $\boldsymbol{E} = 0$ のとき，全運動量の和はゼロ（もしそうでないと，イオンが流れるから）であるから，

$$nm^+ \langle \boldsymbol{v}^+(0) \rangle + nm^- \langle \boldsymbol{v}^-(0) \rangle = 0 \tag{7-1-5}$$

とおける．ニュートンの運動方程式における作用－反作用の法則から $(\boldsymbol{f}_{ih} + \boldsymbol{f}_{hi})$ はゼロである．また，電荷の総和はゼロであるから，$(nz^+ + nz^-) = 0$ である．それゆえ, (7-1-4) 式は

$$nm^+ \langle \boldsymbol{v}^+(\tau) \rangle + nm^- \langle \boldsymbol{v}^-(\tau) \rangle = 0 \tag{7-1-6}$$

この式から直ちに(7-1-1) 式が得られる．なぜなら，それぞれの部分伝導度は次式で与えられるからである．

$$\sigma^+ = nz^2 e^2 \left| \langle \boldsymbol{v}^+(\tau) \rangle \right|, \quad \sigma^- = nz^2 e^2 \left| \langle \boldsymbol{v}^-(\tau) \rangle \right| \tag{7-1-7}$$

この節で強調されるべきことは，系の中の全イオンの間にどのような相互作用があっても, (7-1-6) 式が成立する，ということである．その意味で普遍的黄金則の一つである．

本節で論じた黄金則がニュートンの運動方程式から導出されることは極めて意義深い．

7-2　溶融塩におけるランジュヴァン方程式と電気伝導度

　溶融塩における構成イオンの運動を支配するのは，ニュートンの運動方程式あるいはそれを一般化したハミルトン（Hamilton）の運動方程式やポアッソン（Poisson）の運動方程式である．しかし，対象とする系の状態を記述する変数が多すぎるときは，なんらかの妥当な近似を施して，解析を可能にする必要がある．

　その基本となる概念が統計力学である．即ちその基本的な論理構造は，ミクロな法則を妥当な考え方で，粗視化（coarse-graining）することにより，情報を縮約してマクロな関係式を導くことにある．この縮約は，対象を，ある断面への射影（projection）としてとらえることであり，この過程によって，運動方程式が近似的にどう記述されるかを明らかにすればよい．これについては，専門書を参照されたい[3]．ここでは得られた結果を述べる．

　上記の概念に基づいて，森はポアッソン（Poisson）の運動方程式から一般化されたランジュヴァン（Langevin）方程式を導出した[4]．

　藤坂は上記の議論を物理的により明確化し，ランジュヴァン方程式が運動方程式の実際的な近似として応用できることを示している[5]．

　本章ではまずランジュヴァン方程式から，具体的にどのようにして溶融塩におけるイオンの部分伝導度が導出されるかについて詳細に論じ，その背景にある上述の統計力学的基礎については次章で述べたい．

　簡単化のために，着目した溶融塩の系の，数密度を $n^+ = n^- = n\left(=\dfrac{N}{V}\right)$，価数を $z^+ = -z^- = z$，陽イオンと陰イオンの質量をそれぞれ m^+，m^- とおく．

　系の1個の陽イオン（cation）に着目すると，伝導に関するランジュヴァン方程式は次式で与えられる．

$$\frac{m^+ d\boldsymbol{v}_i^+(t)}{dt} = -m^+ \int_{-\infty}^{t} \gamma^+(t-t')\boldsymbol{v}_i^+(t')dt' + \boldsymbol{R}_i^+(t) + z^+e\boldsymbol{E} \qquad (7\text{-}2\text{-}1)$$

ここで $\gamma^+(t)$ は，速度 $\boldsymbol{v}_i^+(t)$ をもつ陽イオン i に働く摩擦力に関する関数で，時間の遅れを伴った記憶関数である．$\boldsymbol{R}_i^+(t)$ は，速度とは無関係にこのイオンに時刻 t において，周りからランダムに及ぼされる力のゆらぎである．後者は時間について平均するとゼロとなる．即ち，

7. 溶融塩における輸送現象；電気伝導

$$\langle \boldsymbol{R}_i^+(t) \rangle = 0 \tag{7-2-2}$$

外部電場 E を次のようにとるとしよう．

$$E(t) = \mathrm{Re}\, E_0 \exp(i\omega t) \tag{7-2-3}$$

これにより誘起されるイオンの平均速度は

$$\langle \boldsymbol{v}_i^+(t) \rangle = \mathrm{Re}\, \mu^+(\omega) z^+ e \boldsymbol{E}(t) \tag{7-2-4}$$

(7-2-1) の平均をとった運動方程式に (7-2-4) を代入すると，

$$\mu^+(\omega) = \frac{1}{m^+} \left\{ \frac{1}{-i\omega + \tilde{\gamma}^+(\omega)} \right\} \tag{7-2-5}$$

ここで

$$\tilde{\gamma}^+(\omega) = \int_0^\infty \gamma^+(t) \exp(i\omega t) \mathrm{d}t \tag{7-2-6}$$

従って陽イオンの電流密度は，

$$\boldsymbol{j}^+(t) = n z^2 e^2 \langle \boldsymbol{v}_i^+(t) \rangle = \mathrm{Re}\, n z^2 e^2 \mu^+(\omega) \boldsymbol{E}(t) \tag{7-2-7}$$

$$\therefore\ \sigma^+(\omega) = n z^2 e^2 \mu^+(\omega) = \frac{n z^2 e^2}{m^+} \left\{ \frac{1}{-i\omega + \tilde{\gamma}^+(\omega)} \right\} \tag{7-2-8}$$

従って直流伝導度は

$$\sigma^+(\mathrm{DC}) = n z^2 e^2 \mu^+(0) = \frac{n z^2 e^2}{m^+ \tilde{\gamma}^+(0)} \tag{7-2-9}$$

同様にして陰イオンの直流伝導度は，

$$\sigma^-(\mathrm{DC}) = n z^2 e^2 \mu^-(0) = \frac{n z^2 e^2}{m^- \tilde{\gamma}^-(0)} \tag{7-2-10}$$

(7-1-1) 式を用いれば，(7-2-9) と (7-2-10) 式とから

$$\tilde{\gamma}^+(0) = \tilde{\gamma}^-(0) = \tilde{\gamma}(0) \tag{7-2-11}$$

が得られる．

逆に，(7-2-11) 式を前提にすると，黄金比 (7-1-1) 式が得られる．

しかし，注意すべきことは，(7-2-11) 式を完全に証明するためには，黄金比 (7-1-1) 式を用いないで，それを導かねばならない．換言すれば，$\sigma^+(\mathrm{DC})$ を求めるために，$\tilde{\gamma}^\pm(0)$ について微視的表現式を求めなければならない．そのための準備

として次節に各イオンの速度でなく,速度相関関数についての議論を展開する.

7-3 溶融塩における速度相関関数

溶融塩における速度相関関数としては,$\langle v_i^+(t) v_j^+(0)\rangle$ ($i=j$ および $i \neq j$), $\langle v_k^-(t) v_l^-(0)\rangle$ ($k=l$ および $k \neq l$), $\langle v_i^+(t) v_k^-(0)\rangle$ ($k \neq i$)が考えられる.とくに $\langle v_i^+(t) v_i^+(0)\rangle$ と $\langle v_k^-(t) v_k^-(0)\rangle$ は自己速度相関関数と呼ばれ,イオンの拡散係数と深い関連があるが,これについては後の別の章で詳しく述べる.

イオンの運動量に関する運動方程式は次のように与えられる.

$$\dot{p} = -[H, p] \tag{7-3-1}$$

この式を繰返し用いることにより次式のような数学的関係式が得られる.

$$\langle p \ddot{p}\rangle = -\langle \dot{p}^2\rangle, \quad \langle p \dddot{p}\rangle = \langle \ddot{p} \ddot{p}\rangle \tag{7-3-2}$$

この結果を用いると,速度相関関数は時間 t の偶数冪項に展開することができる.

$$\langle v_i^\alpha(t) \cdot v_j^\beta(0)\rangle = \langle v_i^\alpha(0) \cdot v_j^\beta(0)\rangle + \frac{t^2}{2}\langle \ddot{v}_i^\alpha(0) \cdot v_j^\beta(0)\rangle + (\text{higher order over } t^4) \tag{7-3-3}$$

ただし,$(\alpha, \beta = +, -)$ である.

以下で $\langle v_i^\alpha(0) \cdot v_j^\beta(0)\rangle$, $\langle \ddot{v}_i^\alpha(0) \cdot v_j^\beta(0)\rangle$ について調べよう.統計力学により,次式はよく知られた関係式である.

$$\left\langle p_i^+ \cdot \frac{\mathrm{d}H}{\mathrm{d}p_i^+}\right\rangle = 3k_\mathrm{B}T \tag{7-3-4}$$

ここで H は系のハミルトニアン(Hamiltonian)で,イオン間の相互作用が二体間ポテンシャル ϕ で表現されるとすると,

$$H = \sum_i \left(\frac{p_i^{+2}}{2m^+}\right) + \sum_k \left(\frac{p_k^{-2}}{2m^-}\right) + \sum_{ij} \phi\left(\left|r_i^+ - r_j^+\right|\right) \\ + \sum_{kl} \phi\left(\left|r_k^- - r_l^-\right|\right) + \sum_{ik} \phi\left(\left|r_i^+ - r_k^-\right|\right) \tag{7-3-5}$$

この式を(7-3-4)式の左辺に代入すると,

7. 溶融塩における輸送現象；電気伝導

$$\frac{dH}{d\boldsymbol{p}_i^+} = \frac{\boldsymbol{p}_j^+}{m^+}\frac{\partial \boldsymbol{p}_j^+}{\partial \boldsymbol{p}_i^+} + \frac{\boldsymbol{p}_k^-}{m^-}\frac{\partial \boldsymbol{p}_k^-}{\partial \boldsymbol{p}_i^+}, \quad (i=j \text{ および } i \neq j) \tag{7-3-6}$$

一方，系全体の運動量は保存されるので，次式が成立する．

$$\sum_i^N \boldsymbol{p}_i^+(0) + \sum_k^N \boldsymbol{p}_k^-(0) = 0 \tag{7-3-7}$$

この式から

$$m^+ \langle \boldsymbol{v}_j^+(0) \boldsymbol{v}_i^+(0) \rangle = -m^- \langle \boldsymbol{v}_j^+(0) \boldsymbol{v}_k^-(0) \rangle \text{ および } d\langle \boldsymbol{p}_i^+(0) \rangle = dm^- \langle \boldsymbol{p}_k^-(0) \rangle \tag{7-3-8}$$

が得られる．後者を(7-3-6)式に代入し，(7-3-4)式と比較すると，

$$\left\langle \boldsymbol{p}_i^+ \cdot \frac{dH}{d\boldsymbol{p}_i^+} \right\rangle = m^+ \langle \boldsymbol{v}_i^+(0) \boldsymbol{v}_j^+(0) \rangle - m^- \langle \boldsymbol{v}_i^+(0) \boldsymbol{v}_k^-(0) \rangle = 3k_B T \tag{7-3-9}$$

したがって

$$\langle \boldsymbol{v}_i^+(0) \boldsymbol{v}_k^-(0) \rangle = -\left\{ \frac{3k_B T}{m^+ + m^-} \right\} \tag{7-3-10}$$

それゆえ，(7-3-8) 式および(7-3-10) 式より，

$$\langle \boldsymbol{v}_i^+(0) \boldsymbol{v}_j^+(0) \rangle = \frac{3k_B T}{m^+ \left\{ 1 + \left(\dfrac{m^+}{m^-} \right) \right\}} \tag{7-3-11}$$

および

$$\langle \boldsymbol{v}_k^-(0) \boldsymbol{v}_l^-(0) \rangle = \frac{3k_B T}{m^- \left\{ 1 + \left(\dfrac{m^-}{m^+} \right) \right\}} \tag{7-3-12}$$

が得られる．$\langle \boldsymbol{v}_i^+(0) \boldsymbol{v}_j^+(0) \rangle$ および $\langle \boldsymbol{v}_k^-(0) \boldsymbol{v}_l^-(0) \rangle$ は自己速度相関関数であり，それらの値は $3k_B T$ であるのに対し，$i \neq j$ の場合も含めた統計平均は，このように正負イオンの質量が関与する．また，それゆえに次式が成立する．

$$\langle \boldsymbol{v}_i^+(0) \boldsymbol{v}_{j \neq i}^+(0) \rangle = \langle \boldsymbol{v}_k^-(0) \boldsymbol{v}_{l \neq k}^-(0) \rangle = \langle \boldsymbol{v}_i^+(0) \boldsymbol{v}_k^-(0) \rangle \tag{7-3-13}$$

詳しくは文献を参照されたい[6]．

次に $\langle \dot{\boldsymbol{v}}_i^\alpha(0) \cdot \boldsymbol{v}_j^\beta(0) \rangle$ について調べよう．ポアッソン (Poisson) の運動方程式から次式が得られる．

$$\ddot{\boldsymbol{p}}_i^+(0)\cdot\boldsymbol{p}_i^+(0) = -\sum_i^N \left\{\frac{\boldsymbol{p}_i^+(0)\,\boldsymbol{p}_i^+(0)}{m^+}\right\}\left(\frac{\partial^2 V}{\partial \boldsymbol{r}_j^+\partial \boldsymbol{r}_i^+}\right)$$
$$-\sum_k^N \left\{\frac{\boldsymbol{p}_i^+(0)\,\boldsymbol{p}_k^-(0)}{m^-}\right\}\left(\frac{\partial^2 V}{\partial \boldsymbol{r}_k^-\partial \boldsymbol{r}_i^+}\right) \quad (7\text{-}3\text{-}14)$$

ここで

$$V = \sum_{ij}\phi\left(\left|r_i^+ - r_j^+\right|\right) + \sum_{kl}\phi\left(\left|r_k^- - r_l^-\right|\right) + \sum_{ik}\phi\left(\left|r_i^+ - r_k^-\right|\right) \quad (7\text{-}3\text{-}15)$$

(7-3-14) 式の直交座標系の x 軸についての統計平均をとると,

$$\langle\ddot{\boldsymbol{p}}_i^+(0)\,\boldsymbol{p}_i^+(0)\rangle_x = -\left(\frac{k_\mathrm{B} T}{3}\right) n\int_0^\infty \left[\left\{\frac{\partial^2 \phi^{+-}(r)}{\partial r^2} + \frac{2}{r}\frac{\partial \phi^{+-}(r)}{\partial r}\right\}g^{+-}(r)\right.$$
$$\left.+\left\{\frac{\partial^2 \phi^{++}(r)}{\partial r^2} + \frac{2}{r}\frac{\partial \phi^{++}(r)}{\partial r}\right\}g^{++}(r)\right]4\pi r^2 \mathrm{d}r \quad (7\text{-}3\text{-}16)$$

従って $\langle\ddot{\boldsymbol{p}}_i^+(0)\,\boldsymbol{p}_i^+(0)\rangle$ はこの3倍になる.

同様にして, $\langle\ddot{\boldsymbol{p}}_i^+(0)\,\boldsymbol{p}_{j\neq i}^+(0)\rangle$ のとき, ポテンシャルの2次微分の項は $i=j$ の場合と符号が異なり, さらにポテンシャルは $\phi^{++}(r)$ の部分だけを考慮すればよい. それゆえ, $\langle\ddot{\boldsymbol{v}}_i^+(0)\,\boldsymbol{v}_i^+(0)\rangle$ と $\langle\ddot{\boldsymbol{v}}_i^+(0)\,\boldsymbol{v}_{j\neq i}^+(0)\rangle$ の和は次式で与えられる.

$$\langle\ddot{\boldsymbol{v}}_i^+(0)\,\boldsymbol{v}_j^+(0)\rangle = \left(\frac{k_\mathrm{B} T}{m^{+2}}\right)\alpha^0 \quad (7\text{-}3\text{-}17)$$

同様にして,

$$\langle\ddot{\boldsymbol{v}}_k^-(0)\,\boldsymbol{v}_l^-(0)\rangle = \left(\frac{k_\mathrm{B} T}{m^{-2}}\right)\alpha^0 \quad (7\text{-}3\text{-}18)$$

$$\langle\ddot{\boldsymbol{v}}_i^+(0)\,\boldsymbol{v}_k^-(0)\rangle = \left(\frac{k_\mathrm{B} T}{m^+ m^-}\right)\alpha^0 \quad (7\text{-}3\text{-}19)$$

ここで

$$\alpha^0 = n\int_0^\infty \left\{\frac{\partial^2 \phi^{+-}(r)}{\partial r^2} + \frac{2}{r}\frac{\partial \phi^{+-}(r)}{\partial r}\right\}g^{+-}(r)4\pi r^2 \mathrm{d}r \quad (7\text{-}3\text{-}20)$$

(7-3-10) から(7-3-12) 式および(7-3-17) から(7-3-19) 式を(7-3-3) 式に代入すると,

7. 溶融塩における輸送現象；電気伝導

$$Z^{++}(t) \equiv \langle v_i^+(t) v_j^+(0)\rangle = \frac{3k_B T}{m^+}\left[\frac{1}{\left(1+\frac{m^+}{m^-}\right)} - \left(\frac{t^2}{2}\right)\left(\frac{\alpha^0}{3m^+}\right) + (t\text{の4次以上の項})\right]$$

$$= \frac{3k_B T}{m^+}\left[\left(\frac{m^-}{m^+ + m^-}\right) - \left(\frac{t^2}{2}\right)\left(\frac{\alpha^0}{3\mu}\right) + (t\text{の4次以上の項})\right]$$

(7-3-21)

$$Z^{--}(t) \equiv \langle v_k^-(t) v_l^-(0)\rangle = \frac{3k_B T}{m^-}\left[\frac{1}{\left(1+\frac{m^+}{m^-}\right)} - \left(\frac{t^2}{2}\right)\left(\frac{\alpha^0}{3m^+}\right) + (t\text{の4次以上の項})\right]$$

$$= \frac{3k_B T}{m^-}\left[\left(\frac{m^+}{m^+ + m^-}\right) - \left(\frac{t^2}{2}\right)\left(\frac{\alpha^0}{3\mu}\right) + (t\text{の4次以上の項})\right]$$

(7-3-22)

$$Z^{+-}(t) \equiv \langle v_i^+(t) v_l^-(0)\rangle$$
$$= -\left(\frac{3k_B T}{m^+ + m^-}\right) - \left(\frac{t^2}{2}\right)\left(\frac{\alpha^0}{3\mu}\right) + (t\text{の4次以上の項})$$

(7-3-23)

が得られる．次節では溶融塩における正負イオンのそれぞれの部分伝導度がこれらの速度相関関数で表現されることを示す．

これらの速度相関関数の比を考える．そのために(7-3-7)の両辺に $v_j^+(t)$ をかける．

$$v_j^+(t)\sum_i^N p_i^+(0) = -v_j^+(t)\sum_k^N p_k^-(0)$$

(7-3-24)

それゆえ，

$$m^+ \langle v_j^+(t) v_i^+(0)\rangle = -m^- \langle v_j^+(t) v_k^-(0)\rangle$$

(7-3-25)

同様に

$$m^- \langle v_l^-(t) v_k^-(0)\rangle = -m^+ \langle v_i^+(t) v_k^-(0)\rangle$$

(7-3-26)

(7-3-24)〜(7-3-26)式が示している重要な点は，これら速度相関関数の減衰に関する時間依存性が等しい，ということである．また，これらの関係式から直ちに次

式を得る.

$$\frac{\langle \boldsymbol{v}_j^+(t)\boldsymbol{v}_i^+(0)\rangle}{\langle \boldsymbol{v}_l^-(t)\boldsymbol{v}_k^-(0)\rangle} = \left(\frac{m^-}{m^+}\right)^2 \tag{7-3-27}$$

7-4 溶融塩の伝導度に関するグリーン－久保の公式(Green-Kubo formulae)

7-2節で示したランジュヴァン方程式を簡単化した表式から伝導度と速度相関関数の関係を示す有名なグリーン－久保の公式(Green-Kubo formulae)について述べよう[2]. (7-2-1)式の代わりに簡単化された次式を出発点にする. 以下簡単のため, $z^+ = -z^- = z$ および $n^+ = n^- = n$ と仮定する.

$$\frac{m^\pm d\boldsymbol{v}_i^\pm(t)}{dt} = -m^\pm \gamma^\pm \boldsymbol{v}_i^\pm(t)dt + z^\pm e\boldsymbol{R}_i(t) + z^\pm e\boldsymbol{E} \tag{7-4-1}$$

外場 $\boldsymbol{E}=0$ のとき, 積分すると,

$$\boldsymbol{v}_i^\pm(t) = \exp(-\gamma^\pm t)\left\{\left(\frac{z^\pm e}{m^\pm}\right)\int_0^t \exp(\gamma^\pm s)\boldsymbol{R}_i(s)ds + \boldsymbol{v}_i^\pm(0)\right\} \tag{7-4-2}$$

ランダムに及ぼされる力のゆらぎに関する場の大きさ $\boldsymbol{R}_i(t)$ の自己相関関数を次のように δ-関数だと仮定する. 時刻が異なればランダムに及ぼす力の相関の統計平均がゼロ, というのは受け入れられる妥当な仮定であろう. 即ち,

$$\langle \boldsymbol{R}_i(t)\boldsymbol{R}_i(t')\rangle = \alpha\delta(t-t') \tag{7-4-3}$$

ここで α は定数である. (7-4-2)と(7-4-3)式から

$$\langle \boldsymbol{v}_i^{+2}(t)\rangle = \frac{\alpha z^2 e^2}{2m^{+2}\gamma^+} \tag{7-4-4}$$

$$\langle \boldsymbol{v}_k^{-2}(t)\rangle = \frac{\alpha z^2 e^2}{2m^{-2}\gamma^-} \tag{7-4-5}$$

等エネルギー分配則により,

$$\frac{1}{2}nm^+\langle \boldsymbol{v}_i^{+2}(t)\rangle + \frac{1}{2}nm^-\langle \boldsymbol{v}_k^{-2}(t)\rangle = \frac{3}{2}nk_BT \tag{7-4-6}$$

(7-4-3), (7-4-4), (7-4-5), (7-4-6) 式とから,

7. 溶融塩における輸送現象；電気伝導

$$\langle \boldsymbol{R}_i(t)\boldsymbol{R}_i(t')\rangle = \frac{3nk_BT}{\left(\dfrac{nz^2e^2}{4m^+\gamma^+}\right)+\left(\dfrac{nz^2e^2}{4m^-\gamma^-}\right)} \tag{7-4-7}$$

および

$$\alpha = \frac{3nk_BT}{\left(\dfrac{nz^2e^2}{4m^+\gamma^+}\right)+\left(\dfrac{nz^2e^2}{4m^-\gamma^-}\right)} \tag{7-4-8}$$

(7-4-1) 式を次式のような電流密度 $\boldsymbol{j}^\pm(t)$ に拡張する. 即ち,

$$\boldsymbol{j}^+(t)=\sum_{i=1}^n z^+e\boldsymbol{v}_i^+(t), \quad \boldsymbol{j}^-(t)=\sum_{k=1}^n z^-e\boldsymbol{v}_k^-(t) \tag{7-4-9}$$

$$\boldsymbol{R}(t)=\left(\frac{1}{n}\right)\sum_{i=1}^n \boldsymbol{R}_i(t) \tag{7-4-10}$$

ここで

$$\langle \boldsymbol{R}_i(t)\boldsymbol{R}_j(t')\rangle = \delta_{ij}\langle \boldsymbol{R}_i(t)\boldsymbol{R}_j(t')\rangle \tag{7-4-11}$$

とおくと,

$$\langle \boldsymbol{R}(t)\boldsymbol{R}(t')\rangle = \frac{1}{n^2}\sum_i^n \langle \boldsymbol{R}_i(t)\boldsymbol{R}_j(t')\rangle = \frac{\alpha}{n}\delta(t-t')$$
$$= \frac{3k_BT\delta(t-t')}{\left(\dfrac{nz^2e^2}{m^+\gamma^+}\right)+\left(\dfrac{nz^2e^2}{m^-\gamma^-}\right)} \tag{7-4-12}$$

および

$$\boldsymbol{j}^+(t)=\left(\frac{nz^2e^2}{m^+\gamma^+}\right)\boldsymbol{R}(t) \tag{7-4-13}$$

$$\boldsymbol{j}^-(t)=\left(\frac{nz^2e^2}{m^-\gamma^-}\right)\boldsymbol{R}(t) \tag{7-4-14}$$

となる. これらから,

$$\sigma = \sigma^+(=\sigma^{++}+\sigma^{+-})+\sigma^-(=\sigma^{--}+\sigma^{+-}) \tag{7-4-15}$$

ここで

$$\sigma^{++} = \frac{1}{3k_{\rm B}T}\int_0^\infty \langle j^+(t)\,j^+(0)\rangle {\rm d}t \qquad (7\text{-}4\text{-}16)$$

$$\sigma^{+-} = \frac{1}{3k_{\rm B}T}\int_0^\infty \langle j^+(t)\,j^-(0)\rangle {\rm d}t \qquad (7\text{-}4\text{-}17)$$

および

$$\sigma^{--} = \frac{1}{3k_{\rm B}T}\int_0^\infty \langle j^-(t)\,j^-(0)\rangle {\rm d}t \qquad (7\text{-}4\text{-}18)$$

したがって，$\langle j^+(t)\,j^+(0)\rangle$，$\langle j^+(t)\,j^-(0)\rangle$ および $\langle j^-(t)\,j^-(0)\rangle$ についての知見があれば部分伝導度（partial conductivities）が求められる．(7-4-16)～(7-4-18)式は伝導度に関するグリーン－久保の公式（Green-Kubo formulae）と呼ばれる．以下，σ^{++}，σ^{+-}，および σ^{--} を伝導度係数と呼ぶことにする．

7-5 伝導度係数とランジュヴァン方程式における記憶関数 $\gamma^\pm(t)$ について

(7-2-1)式のように，正負イオンに対するランジュヴァン方程式は次式で与えられる．

$$\frac{m^\pm {\rm d}\boldsymbol{v}_{\rm i}^\pm(t)}{{\rm d}t} = -m^\pm \int_{-\infty}^t \gamma^\pm(t-t')\,\boldsymbol{v}_{\rm i}^\pm(t')\,{\rm d}t' + \boldsymbol{R}_{\rm i}^\pm(t) + z^\pm e\boldsymbol{E} \qquad (7\text{-}5\text{-}1)$$

この式の両辺に $\boldsymbol{v}_{\rm i}^\pm(0)$ をかけて統計平均をとり，外場 $\boldsymbol{E}$ を無限小にとると，

$$\frac{m^\pm {\rm d}\langle \boldsymbol{v}_{\rm i}^\pm(t)\,\boldsymbol{v}_{\rm j}^\pm(0)\rangle}{{\rm d}t} = -m^\pm \int_0^t \gamma^\pm(t-t')\,\langle \boldsymbol{v}_{\rm i}^\pm(t')\,\boldsymbol{v}_{\rm j}^\pm(0)\rangle\,{\rm d}t' \qquad (7\text{-}5\text{-}2)$$

(7-3-11) を考慮しつつ，この式をラプラス変換すると，以下の関係式が得られる [6-8]．

$$\frac{3k_{\rm B}T}{m^+\left(1+\dfrac{m^+}{m^-}\right)} + i\omega \tilde{Z}^{++}(\omega) = \tilde{\gamma}^+(\omega)\,\tilde{Z}^{++}(\omega) \qquad (7\text{-}5\text{-}3)$$

ここで

$$\tilde{Z}^{++}(\omega) = \int_0^\infty e^{i\omega t}\langle \boldsymbol{v}_{\rm i}^+(t)\,\boldsymbol{v}_{\rm j}^+(0)\rangle\,{\rm d}t \qquad (7\text{-}5\text{-}4)$$

および

$$\tilde{\gamma}^+(\omega) = \int_0^\infty e^{i\omega t}\, \gamma^+(t)\, dt \qquad (7\text{-}5\text{-}5)$$

(7-4-17),(7-5-3) および(7-5-4) 式とから

$$\begin{aligned}\sigma^{++} &= \left(\frac{nz^2 e^2}{3k_B T}\right) \int_0^\infty \langle v_i^+(t) v_i^+(0)\rangle dt \\ &= \left(\frac{nz^2 e^2}{3k_B T}\right) \tilde{Z}^{++}(0) = \left(\frac{nz^2 e^2}{m^+}\right)\left(\frac{\mu}{m^+}\right)\left(\frac{1}{\tilde{\gamma}^+(0)}\right)\end{aligned} \qquad (7\text{-}5\text{-}6)$$

同様に

$$\begin{aligned}\sigma^{--} &= \left(\frac{nz^2 e^2}{3k_B T}\right) \int_0^\infty \langle v_k^-(t) v_l^-(0)\rangle dt \\ &= \left(\frac{nz^2 e^2}{3k_B T}\right) \tilde{Z}^{--}(0) = \left(\frac{nz^2 e^2}{m^-}\right)\left(\frac{\mu}{m^-}\right)\left(\frac{1}{\tilde{\gamma}^-(0)}\right)\end{aligned} \qquad (7\text{-}5\text{-}7)$$

(7-3-27) 式と上の二式とから, (7-2-11) 式で示した関係式が証明される. 即ち,

$$\tilde{\gamma}^+(0) = \tilde{\gamma}^-(0) \equiv \tilde{\gamma}(0) \qquad (7\text{-}5\text{-}8)$$

特記すべきことは, 正負イオンに作用する記憶関数の長波長極限値は相等しい. 言い換えれば, 正負イオンの記憶関数は相等しい. すなわち,

$$\gamma^+(t) = \gamma^-(t) \equiv \tilde{\gamma}(t) \qquad (7\text{-}5\text{-}9)$$

それゆえ, 正負イオンのそれぞれの部分伝導度は次式で与えられる.

$$\sigma^+ = \frac{nz^2 e^2}{m^+} \frac{1}{\tilde{\gamma}(0)} \qquad (7\text{-}5\text{-}10)$$

$$\sigma^- = \frac{nz^2 e^2}{m^-} \frac{1}{\tilde{\gamma}(0)} \qquad (7\text{-}5\text{-}11)$$

次節で $\tilde{\gamma}(0)$ を導出しよう.

7-6 記憶関数のラプラス変換値 $\tilde{\gamma}(0)$ の導出

(7-5-1) 式から次式のようなランダムな揺動力についての相関関数が求められる[6].

$$\tilde{\Phi}^+(\omega) \equiv \int_0^\infty e^{i\omega t} \langle \boldsymbol{R}_i^+(t) \boldsymbol{R}_j^+(0) \rangle \mathrm{d}t$$
$$= -m^{+2}\left[-i\omega + \tilde{\gamma}^+(\omega)\right] \int_0^\infty e^{i\omega t} \langle \dot{\boldsymbol{v}}_i^+(t) \boldsymbol{v}_j^+(0) \rangle \mathrm{d}t \tag{7-6-1}$$

および

$$\tilde{\Phi}^-(\omega) \equiv \int_0^\infty e^{i\omega t} \langle \boldsymbol{R}_i^+(t) \boldsymbol{R}_j^+(0) \rangle \mathrm{d}t$$
$$= -m^{-2}\left[-i\omega + \tilde{\gamma}^-(\omega)\right] \int_0^\infty e^{i\omega t} \langle \dot{\boldsymbol{v}}_k^-(t) \boldsymbol{v}_l^-(0) \rangle \mathrm{d}t \tag{7-6-2}$$

これらを部分積分し，(7-5-3) 式を用いると，

$$\tilde{\Phi}^+(\omega) = m^{+2} \langle \boldsymbol{v}_i^+(0) \boldsymbol{v}_j^+(0) \rangle \tilde{\gamma}^+(\omega) = 3\mu k_B T \tilde{\gamma}(\omega) \tag{7-6-3}$$

$$\tilde{\Phi}^-(\omega) = m^{-2} \langle \boldsymbol{v}_k^-(0) \boldsymbol{v}_l^-(0) \rangle \tilde{\gamma}^-(\omega) = 3\mu k_B T \tilde{\gamma}(\omega) \tag{7-6-4}$$

(7-6-3), (7-6-4) 式は正負イオンに関係なく，同じ結果をもつ．それゆえランダムな遥動力 $\boldsymbol{R}$ につけておいた正負イオンの標しを以下では省くことができる．

$$\tilde{\gamma}(\omega) = \frac{1}{3\mu k_B T} \int_0^\infty e^{i\omega t} \langle \boldsymbol{R}(t) \boldsymbol{R}(0) \rangle \mathrm{d}t \tag{7-6-5}$$

この関係式は遥動散逸定理（fluctuation dissipation theorem）と呼ばれている．$\omega = 0$ のとき，

$$\tilde{\gamma}(0) = \frac{1}{3\mu k_B T} \int_0^\infty \langle \boldsymbol{R}(t) \boldsymbol{R}(0) \rangle \mathrm{d}t \tag{7-6-6}$$

一方，この(7-6-5) 式は次のような質量 μ，摩擦係数 $\tilde{\gamma}(0)$ をもつ単原子液体における単純化したランジュヴァン方程式の場合にも成立する．

$$\frac{\mu \mathrm{d}\boldsymbol{v}_i(t)}{\mathrm{d}t} = -\mu \tilde{\gamma}(0) \boldsymbol{v}_i(t) + \boldsymbol{R}_i(t) \tag{7-6-7}$$

これより直ちに

$$\langle \boldsymbol{v}_i(t) \boldsymbol{v}_j(0) \rangle = \langle \boldsymbol{v}_i(0) \boldsymbol{v}_j(0) \rangle \exp\{-\tilde{\gamma}(0)t\} \tag{7-6-8}$$

この系の速度相関関数の時間緩和関数が $\exp\{-\tilde{\gamma}(0)t\}$ であるので，ランダムな遥動力の相関関数 $\langle \boldsymbol{R}_i(t) \boldsymbol{R}_j(0) \rangle$ も同じと考えられる．すなわち，

$$\langle \boldsymbol{R}_\mathrm{i}(t)\,\boldsymbol{R}_\mathrm{j}(0)\rangle = \langle \boldsymbol{R}_\mathrm{i}(0)\,\boldsymbol{R}_\mathrm{j}(0)\rangle \exp\{-\tilde{\gamma}(0)t\} \tag{7-6-9}$$

従って,(7-6-9) 式は(7-6-5) 式もしくは(7-6-6) 式が成立する溶融塩系でも適用されるであろう. それゆえ,

$$\tilde{\gamma}(0) = \frac{1}{3\mu k_\mathrm{B} T}\langle \boldsymbol{R}_\mathrm{i}(0)\,\boldsymbol{R}_\mathrm{j}(0)\rangle \left\{\frac{1}{\tilde{\gamma}(0)}\right\} \tag{7-6-10}$$

$$\langle \boldsymbol{R}_\mathrm{i}(0)\,\boldsymbol{R}_\mathrm{j}(0)\rangle = 3\mu k_\mathrm{B} T\,\tilde{\gamma}(0)^2 \tag{7-6-11}$$

(7-6-5), (7-6-9), (7-6-11)式とから

$$\gamma(t) = \tilde{\gamma}(0)^2 \exp\{-\tilde{\gamma}(0)t\} \tag{7-6-12}$$

この式を展開すると, 時間の冪項は奇数と偶数とからなる. 一方, ランジュヴァン方程式で展開される速度相関関数は,(7-3-21～23) 式で示したように時間の偶数冪項で展開される. そのため, 記憶関数の時間冪項も偶数だけであり,(7-6-12) 式は数学的な厳密性からいえば矛盾する. しかし, 短時間範囲の議論では, 後で示すように(7-6-12) 式は十分によい近似になっている. 以下この式を用いる.(7-6-12) 式の初期値 $\tilde{\gamma}(0)^2$ は(7-5-2) 式を時間に関して微分することにより得られる.

$$\tilde{\gamma}(0)^2 = -\frac{\ddot{Z}^{\pm\pm}(0)}{Z^{\pm\pm}(0)} \tag{7-6-13}$$

(7-3-21)～(7-3-23) 式を上の式に代入することにより, 初期値は次のように与えられる.

$$\tilde{\gamma}(0)^2 = \frac{\alpha^0}{3\mu} \qquad \tilde{\gamma}(0) = \left(\frac{\alpha^0}{3\mu}\right)^{\frac{1}{2}} \tag{7-6-14}$$

これを(7-5-10), (7-5-11) 式に代入すると, 微視的な溶融塩の電気伝導度が得られる. すなわち,

$$\sigma^\pm = \frac{nz^2 e^2}{m^\pm}\frac{1}{\tilde{\gamma}(0)} = \left(\frac{nz^2 e^2}{m^\pm}\right)\left\{\frac{1}{\left(\dfrac{\alpha^0}{3\mu}\right)^{\frac{1}{2}}}\right\} \tag{7-6-15}$$

ここで, $\dfrac{1}{\mu} = \dfrac{1}{m^+} + \dfrac{1}{m^-}$

表 7-6-1　σ_{cal} の表.

	$\sigma\,(\Omega^{-1}\mathrm{cm}^{-1})$		
	cal.	MD	exp.
KBr (1100 K)	2.47	0.90	1.84
KCl (1100 K)	3.09	2.71	2.30
KF (1200 K)	5.67	5.99	4.55
NaCl (1200 K)	4.34	3.77	3.95
NaF (1300 K)	6.47	8.63	5.02
RbBr (1200 K)	1.65	1.46	1.72

$$\alpha^0 = n\int_0^\infty \left\{ \frac{\partial^2 \phi^{+-}(r)}{\partial r^2} + \frac{2}{r}\frac{\partial \phi^{+-}(r)}{\partial r} \right\} g^{+-}(r) 4\pi r^2 \mathrm{d}r$$

である．これらを用いて実際に計算した溶融アルカリ・ハロゲン化物の伝導度を表7-6-1に示す．計算結果は，実験値にかなり近い結果になっている．また図7-6-1a, b に MD シミュレーションによって得られた結果を示す．

また，(7-3-21～23)式から部分伝導度と直接的な関係をもつ連結速度相関関数を次のように定義する．

$$Z_\sigma^+(t) \equiv \langle \boldsymbol{v}_i^+(t)\boldsymbol{v}_j^+(0)\rangle - \langle \boldsymbol{v}_i^+(t)\boldsymbol{v}_l^-(0)\rangle$$

$$= \frac{3k_\mathrm{B} T}{m^+}\left\{ 1 - \frac{t^2}{2}\frac{\alpha^0}{3\mu} + (t\,\mathrm{の}\,4\,\text{次以上の項}) \right\} \tag{7-6-16}$$

$$Z_\sigma^-(t) \equiv \langle \boldsymbol{v}_k^-(t)\boldsymbol{v}_l^-(0)\rangle - \langle \boldsymbol{v}_i^+(t)\boldsymbol{v}_l^-(0)\rangle$$

$$= \frac{3k_\mathrm{B} T}{m^-}\left\{ 1 - \frac{t^2}{2}\frac{\alpha^0}{3\mu} + (t\,\mathrm{の}\,4\,\text{次以上の項}) \right\} \tag{7-6-17}$$

これらの式と(7-4-16～17) 式とから次式を得る．

$$\sigma^\pm = \frac{nz^2 e^2}{3k_\mathrm{B} T}\int_0^\infty Z_\sigma^\pm(t)\mathrm{d}t$$

$$= \frac{nz^2 e^2}{m^\pm}\int_0^\infty \left\{ 1 - \frac{t^2}{2}\left(\tilde{\gamma}(0)^2\right) + (t\,\mathrm{の}\,4\,\text{次以上の項}) \right\} \tag{7-6-18}$$

7. 溶融塩における輸送現象；電気伝導　　　　155

(a)

(b)

図 **7-6-1a,b**　溶融塩における伝導度.

(7-6-15) 式と(7-6-18) 式を比較すると次式のような興味深い関係式が導出される.

$$\frac{1}{\tilde{\gamma}(0)} = \int_0^\infty \left\{ 1 - \frac{t^2}{2}\left(\tilde{\gamma}(0)^2\right) + (t\text{ の 4 次以上の項}) \right\} \tag{7-6-19}$$

7-7　理論的に導出される速度相関関数

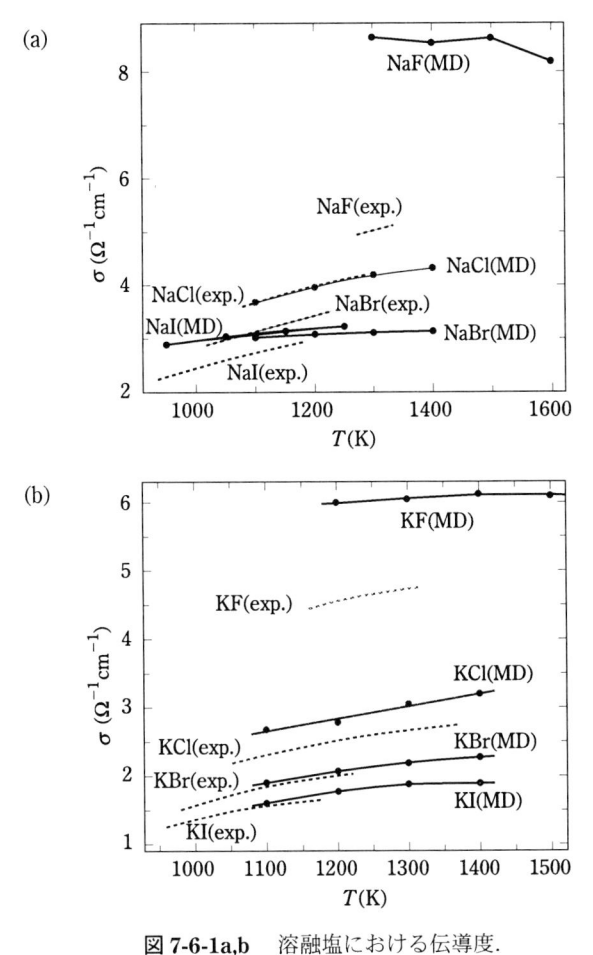

この節では $\gamma(t)$ から速度相関関数がどのように導出されるかを調べよう. (7-

5-3) 式を参照すると，$\tilde{Z}_\sigma^\pm(\omega)$ は

$$\frac{3k_B T}{m^\pm} + i\omega \tilde{Z}_\sigma^\pm(\omega) = \tilde{\gamma}(\omega)\, \tilde{Z}_\sigma^\pm(\omega) \tag{7-7-1}$$

(7-6-12) 式を用いると，それゆえ

$$\tilde{Z}_\sigma^\pm(\omega) = \frac{\dfrac{3k_B T}{m^\pm}}{-i\omega + \tilde{\gamma}(\omega)} = \frac{\dfrac{3k_B T}{m^\pm}}{-i\omega + \left\{\dfrac{\tilde{\gamma}(0)^2}{-i\omega + \tilde{\gamma}(\omega)}\right\}} \tag{7-7-2}$$

これを逆変換すると，

$$Z_\sigma^\pm(t) = \left(\frac{3k_B T}{m^\pm}\right) \exp\left(\frac{-\tilde{\gamma}(0)\,t}{2}\right)\left[\cos\left\{\left(\frac{\sqrt{3}}{2}\right)\tilde{\gamma}(0)\,t\right\} + \frac{1}{\sqrt{3}}\sin\left\{\left(\frac{\sqrt{3}}{2}\right)\tilde{\gamma}(0)\,t\right\}\right] \tag{7-7-3}$$

$$= \frac{3k_B T}{m^\pm}\left\{1 - \left(\frac{t^2}{2!}\right)\tilde{\gamma}(0)^2 - \left(\frac{t^3}{3!}\right)\left(\frac{3\tilde{\gamma}(0)^3}{8}\right) + (\text{over } t^4)\right\} \tag{7-7-4}$$

がえられる．

(7-7-3) 式による計算結果と MD シミュレーションの結果は，7-9節で示されるであろう．$Z_\sigma^\pm(t)$ は実験では導出できない物理量であるので，シミュレーションの結果とだけしか比較できない．けれども，双方はかなりよい一致した値である．

7-8　ここまで展開してきた理論の欠陥（もしくは近似の限界）

摩擦に関する記憶関数を表わす(7-6-12) 式から伝導度に関する速度相関関数，例えば陽イオン（cation）のそれ，$Z_\sigma^+(t)$ を求めると(7-7-3) 式のように表現される[9]．即ち，

$$Z_\sigma^+(t) = \left(\frac{3k_B T}{m^+}\right)\exp\left\{\frac{-\tilde{\gamma}(0)\,t}{2}\right\}\left[\cos\left\{\left(\frac{\sqrt{3}}{2}\right)\tilde{\gamma}(0)\,t\right\} + \frac{1}{\sqrt{3}}\sin\left\{\left(\frac{\sqrt{3}}{2}\right)\tilde{\gamma}(0)\,t\right\}\right] \tag{7-8-1}$$

$$= \frac{3k_B T}{m^+}\left\{1 - \left(\frac{t^2}{2!}\right)\tilde{\gamma}(0)^2 - \left(\frac{t^3}{3!}\right)\left(\frac{3\tilde{\gamma}(0)^3}{8}\right) + (\text{over } t^4)\right\} \tag{7-8-2}$$

となり，t^3 の項が出現する．しかし理論から導出された展開項は正確に時間 t の偶数冪項からなっている[6,7]．

この矛盾を解消するためには，ランジュヴァン方程式における摩擦力に関する記憶関数（memory function）を表わす関数形を構築しなければならない．

実際，7章3節で考察したように，ランジュヴァン方程式から得られる $Z_\sigma^+(t)$ が時間 t の偶数冪項からなる展開式であるので，左辺は時間 t の奇数冪項の展開式となる．一方，右辺は時間 t に関する積分であるから，被積分項（integrand）はやはり時間 t の偶数冪項の展開式のはずである．したがって，記憶関数（memory function）$\gamma(t)$ は必然的に時間 t の偶数冪項の展開式であらねばならない．

これまでに提案されている有用な記憶関数（available memory function）のいくつか（Levesque and Verlet, Tankeshwar et al., Hoshino et al.）はわれわれの用いた近似式を含めて，この偶数冪項の和に注意していない[6,10-12]．

それゆえ，厳密な理論展開に際しては $Z_\sigma^+(t)$ と $\gamma(t)$ の時間依存の整合性を求めることが必要である．換言すれば，$Z_\sigma^+(t)$ と $\gamma(t)$ とが時間 t の偶数展開項で表現されるべきである．例えば，(7-6-19) 式を満足する関数系の例として，

$$\frac{1}{A}=\int_0^\infty f(t)\mathrm{d}t,\quad f(t)=\left[1-\left(\frac{t^2}{2}\right)A^2+(\text{over }t^4)\right] \tag{7-8-3}$$

例1 $\quad f(t)=J_0\{kt\}=1-\left(\dfrac{t^2}{2}\right)k^2+\left(\dfrac{t^4}{4!}\right)\left(\dfrac{3k^4}{8}\right)+\cdots\cdots$ (7-8-4)

例2 $\quad f(t)=\exp\left(-\dfrac{k^2t^2}{2}\right)=1-\left(\dfrac{t^2}{2}\right)k^2+\left(\dfrac{t^4}{2!}\right)\left(\dfrac{k^4}{4}\right)+\cdots\cdots$ (7-8-5)

7-8-a 統計力学における伝統的な理論展開により $Z_\sigma^\pm(t)$ と $\gamma(t)$ を求める方法

理論の展開のしかたには2通りの方法がある．第1は，記憶関数（memory function）$\gamma(t)$ として妥当な解析関数（analytic form）を仮定し，下記のプロセスで速度相関関数を導出する．

$$\gamma(t)(\text{assumed}) \xrightarrow{\text{Laplace } T} \tilde{\gamma}(\omega) \xrightarrow{\substack{\text{Insertion into } L\text{-}T \text{ of} \\ \text{Langevin equation}}} \tilde{Z}_\sigma(\omega) \xrightarrow{\text{Inverse Laplace } T} Z_\sigma(t)$$

この場合の条件はあくまでも,

$$\int_0^\infty \gamma(t)\mathrm{d}t = \tilde{\gamma}(0) \tag{7-8-6}$$

を満たさなければならない.

あるいは逆にシミュレーションで得られた速度相関関数にマッチした解析関数形 (analytic functional form) を出発点にして逆のプロセスをたどる. その場合は,

$$Z_\sigma(t) = \frac{3k_\mathrm{B}T}{m^+}\left[1 - \frac{t^2}{2}\{\tilde{\gamma}(0)^2\} + (\text{over } t^4)\right] \tag{7-8-7}$$

正常のプロセスをaとし, 逆のプロセスをbとすると, それぞれの候補となる関数は,

(a-1); $\quad \gamma(t) = \tilde{\gamma}(0)^2 \mathrm{sech}^2\{\tilde{\gamma}(0)t\}, \quad \int_0^\infty \mathrm{sech}^2\{\tilde{\gamma}(0)t\}\mathrm{d}t = \dfrac{1}{\tilde{\gamma}(0)}$ \hfill (7-8-8)

(a-2); $\quad (t^{2n})$ $(n=1,2\cdots\cdots)$ で展開できる解析関数, たとえば,

$$\gamma(t) = \tilde{\gamma}(0)^2 \exp\left\{-\left(\frac{\pi}{4}\right)\tilde{\gamma}(0)^2 t^2\right\} \tag{7-8-9}$$

(b-1); $\quad Z_\sigma(t) = \left(\dfrac{3k_\mathrm{B}T}{m^+}\right)\mathrm{sech}\left\{\dfrac{\tilde{\gamma}(0)t}{2}\right\}\cos\left\{\dfrac{\sqrt{3}\tilde{\gamma}(0)t}{2}\right\}$ \hfill (7-8-10)

$$= \left(\frac{3k_\mathrm{B}T}{m^+}\right)\left[1 - \left(\frac{t^2}{2}\right)\{\tilde{\gamma}(0)^2\} + \left(\frac{t^4}{4!}\right)\left(\frac{25}{8}\right)\{\tilde{\gamma}(0)^2\} + \cdots\cdots\right] \tag{7-8-11}$$

この(b-1) 式は, タンケシュワーら (Tankeshwar et al.) によって提案された表式である[13].

(b-2); 今後新たに構築されるかも知れない t の偶数冪関数形.

7. 溶融塩における輸送現象；電気伝導

7-8-b 具体的計算
(a-1)を用いた場合

$\tilde{\gamma}(\omega)$ の導出と $\tilde{Z}_\sigma(\omega) \longrightarrow Z_\sigma(t)$ を求めなければならない.

$$\tilde{\gamma}(\omega) = \int_0^\infty \exp(i\omega t)\, \tilde{\gamma}(0)^2 \,\text{sech}^2\{\tilde{\gamma}(0)t\}\mathrm{d}t$$

$$= \int_0^\infty \left[\frac{4\cos(\omega t)}{\{\exp(\gamma t)+\exp(-\gamma t)\}^2}\right]\mathrm{d}t + i\int_0^\infty \left[\frac{4\sin(\omega t)}{\{\exp(\gamma t)+\exp(-\gamma t)\}^2}\right]\mathrm{d}t$$

(7-8-12)

まず,

$$\int_0^\infty \left[\frac{4\cos(\omega t)}{\{\exp(\gamma t)+\exp(-\gamma t)\}^2}\right]\mathrm{d}t = \frac{1}{2}\int_{-\infty}^\infty \left[\frac{4\cos(\omega t)}{\{\exp(\gamma t)+\exp(-\gamma t)\}^2}\right]\mathrm{d}t$$

(7-8-13)

を複素変数関数論から求める.

$\exp(\gamma t) = s$ とすると,

$$\int_{-\infty}^\infty \left[\frac{4\cos(\omega t)}{\{\exp(\gamma t)+\exp(-\gamma t)\}^2}\right]\mathrm{d}t = \frac{2}{\gamma}\int_0^\infty \left[\frac{4s^{1+\left(\frac{i\omega}{\gamma}\right)}}{(s^2+1)^2}\right]\mathrm{d}t$$

(7-8-14)

複素積分をするために,

$$f(z) = \frac{4z^{1+\left(\frac{i\omega}{\gamma}\right)}}{(z^2+1)^2}$$

(7-8-15)

となる $f(z)$ を考え, 図7-8-1 のような積分路をとる.

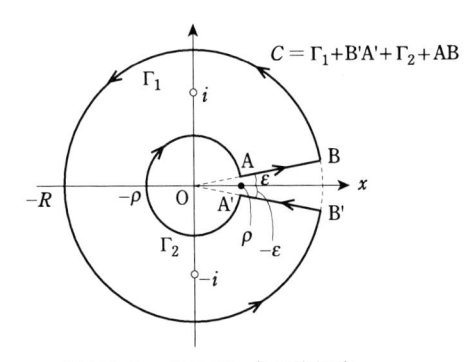

図 7-8-1 (7-8-16) 式の積分路.

$$\int cf(z)\mathrm{d}z = \int_{\Gamma_1} + \int_{\Gamma_2} + \int_{AB} f(z)\mathrm{d}z + \int_{B'A'} f(z)\mathrm{d}z \tag{7-8-16}$$

$z = \mathrm{Re}^{i\theta}$ とし，$\lim \varepsilon \to 0$，$R \to \infty$ とすると，

$$\int_{AB} f(z)\mathrm{d}z + \int_{B'A'} f(z)\mathrm{d}z = \int_0^\infty \left[\frac{4s^{1+\left(\frac{i\omega}{\gamma}\right)}}{(s^2+1)^2}\right]\mathrm{d}t\left[1-\exp\left(-\frac{2\pi\omega}{\gamma}\right)\right] \tag{7-8-17}$$

一方，コーシー（Cauchy）の定理から，

$$\int cf(z)\mathrm{d}z = 2\pi i[\mathrm{Re}\{f(z),i\} + \mathrm{Re}\{f(z),-i\}] = \frac{2\pi\omega}{2\gamma}\left\{\exp\left(-\frac{\pi\omega}{2\gamma}\right) + \exp\left(-\frac{3\pi\omega}{2\gamma}\right)\right\} \tag{7-8-18}$$

それゆえ，

$$\int_0^\infty \left[\frac{4\cos(\omega t)}{\{\exp(\gamma t) + \exp(-\gamma t)\}^2}\right]\mathrm{d}t$$

$$= \left(\frac{\pi\omega}{\gamma^2}\right)\frac{\exp\left(-\frac{\pi\omega}{2\gamma}\right) + \exp\left(-\frac{3\pi\omega}{2\gamma}\right)}{1-\exp\left(-\frac{2\pi\omega}{\gamma}\right)} = \left(\frac{\pi\omega}{2\gamma^2}\right)\frac{1}{\sinh\left(\frac{\pi\omega}{2\gamma}\right)} \tag{7-8-19}$$

(7-8-19) 式は $\omega \to 0$ のときは，

$$\tilde{\gamma}(\omega \to 0) = \int_0^\infty \tilde{\gamma}(0)^2 \mathrm{sech}^2\{\tilde{\gamma}(0)t\}\mathrm{d}t = \tilde{\gamma}(0) \tag{7-8-20}$$

(a-2) の $\tilde{\gamma}(\omega)$ 導出

次の公式を用いる．

$$\int_0^\infty \exp\left(-\alpha^2 t^2\right)\cos(\omega t)\mathrm{d}t = \left(\frac{\pi^{\frac{1}{2}}}{2\alpha}\right)\exp\left(-\frac{\omega^2}{4\alpha^2}\right) \tag{7-8-21}$$

$\alpha^2 = \left(\frac{\pi}{4}\right)\tilde{\gamma}(0)^2$ より，

$$\int_0^\infty \exp\left(-\alpha^2 t^2\right)\cos(\omega t)\mathrm{d}t = \tilde{\gamma}(0)\exp(-\pi\tilde{\gamma}(0)^2\omega^2) \tag{7-8-22}$$

$\omega = 0$ のとき，(7-8-22) 式は確かに有効摩擦定数（effective friction constant）$\tilde{\gamma}(0)$

になる．一方，虚数部 (imaginary part)： $i\int_0^\infty \exp(-\alpha^2 t^2)\sin(\omega t)\mathrm{d}t$ を複素積分で求めると，ゼロ（私の計算に間違いがなければ）となる．したがって，

$$\tilde{\gamma}(\omega) = \tilde{\gamma}(0)\exp(-\pi\tilde{\gamma}(0)^2 \omega^2) \tag{7-8-23}$$

(7-8-23) 式から数値計算により速度相関関数への導出はそれほど困難でないであろう．

7-8-c $\tilde{\gamma}(\omega)$ が求まったとき，$Z_\sigma^\pm(t)$ へどう進めるか

$\tilde{\gamma}(\omega)$ の複素共役を $\tilde{\gamma}^*(\omega)$ とする．古石－田巻の結果を用い，これまでの伝統的方法による理論を応用すれば[3,6,7]，

$$\begin{aligned}
Z_\sigma^\pm(t) &= \langle v_i^\pm(t) v_j^\pm(0)\rangle - \langle v_i^+(t) v_k^-(0)\rangle \\
&= \frac{3k_B T}{2\pi m^\pm}\int_{-\infty}^{\infty}\left[\left\{\frac{1}{i\omega}+\tilde{\gamma}(\omega)\right\}+\left\{\frac{1}{i\omega}+\tilde{\gamma}^*(\omega)\right\}\right]\exp(i\omega t)\mathrm{d}t \\
&= \frac{3k_B T}{2\pi m^\pm}\int_{-\infty-i\varepsilon}^{\infty-i\varepsilon}\left\{\frac{1}{i\omega}+\tilde{\gamma}(\omega)\right\}\exp(i\omega t)\mathrm{d}t
\end{aligned} \tag{7-8-24}$$

しかし，記憶関数（memory function）としては妥当であっても，ラプラス (Laplace) 変換や逆変換で解析関数表示（analytic form）の結果は到底得られない．それでは，どうするか？ その解決法として，以下のような竹野の方法がある[14,15]．

最初に，Langevin 方程式と等価な次式を考える．

$$\frac{\mathrm{d}y(t)}{\mathrm{d}t} = \int_0^t q(t-s)\,y(s)\mathrm{d}s \tag{7-8-25}$$

$q(t)$ の冪級数展開

$$q(t) = \sum_{n=0}^{\infty}\left(\frac{q_n}{n!}\right)t^n \qquad \left(q_n = q^{(n)}(0)\right) \tag{7-8-26}$$

が得られているとき，$y(t)$ は次のようにして冪級数展開表現式で求められる．次のような $y(t)$ の冪級数表現式を考える．

$$y(t) = \sum_{m=0}^{\infty}\left(\frac{y_m}{m!}\right)t^m \qquad \left(y_m = y^{(m)}(0)\right) \tag{7-8-27}$$

形式的な計算により，

$$\int_0^t q(t-s)y(s)\mathrm{d}s = \sum_{n,m=0}^{\infty}\left(\frac{q_n}{n!}\right)\left(\frac{y_m}{m!}\right)\int_0^t (t-s)^n s^m \mathrm{d}s$$

$$= t^{n+m+1}\int_0^1 (1-p)^n p^m \mathrm{d}p = t^{n+m+1} B(n+1, m+1)$$

$$= (t^{n+m+1})\frac{\Gamma(n+1)\Gamma(m+1)}{\Gamma(n+m+1)} = \frac{(t^{n+m+1})(n!m!)}{(n+m+1)!}$$
(7-8-28)

ここで $B(n+1, m+1)$ および $\Gamma(n+1)$ 等はそれぞれベータ関数（beta function）とガンマ関数（gamma function）を意味する．したがって，

$$\int_0^t q(t-s)y(s)\mathrm{d}s = \sum_{n,m=0}^{\infty}\left\{q_n y_m \frac{(t^{n+m+1})}{(n+m+1)!}\right\} = \sum_{n,m=0}^{\infty}\left(\frac{z_k}{k!}\right)t^k \quad (7\text{-}8\text{-}29)$$

ただし，

$$z_k = \sum_{k=m+n+1} q_n y_m \tag{7-8-30}$$

一方，

$$y'(t) = \left\{\sum_{k=0}^{\infty}\left(\frac{y_k}{k!}\right)t^k\right\}' = \sum_{k=0}^{\infty}\left(\frac{y_{k+1}}{k!}\right)t^k \tag{7-8-31}$$

これを(7-8-25)に代入し，両辺を比較すれば，

$$y_1 = 0$$

$$y_{k+1} = \left\{\sum_{m=0}^{k-1}(q_{k-m-1} y_m)\right\} \quad (k=1, 2, \cdots) \tag{7-8-32}$$

という漸化式がえられる．それゆえ，

$$y_1 = 0$$
$$y_2 = q_0 y_0$$
$$y_3 = q_1 y_0 + q_0 y_1 = q_1 y_0$$
$$y_4 = q_2 y_0 + q_1 y_1 + q_0 y_2 = (q_2 + q_0^2) y_0$$
$$y_5 = q_3 y_0 + q_2 y_1 + q_1 y_2 + q_0 y_3 = (q_3 + 2q_0 q_1) y_0 \tag{7-8-33}$$

以下，速度相関関数が偶数冪展開項の和であることから，$(k+1)$が偶数である場合の y_{k+1} の項を書くと，

7. 溶融塩における輸送現象；電気伝導

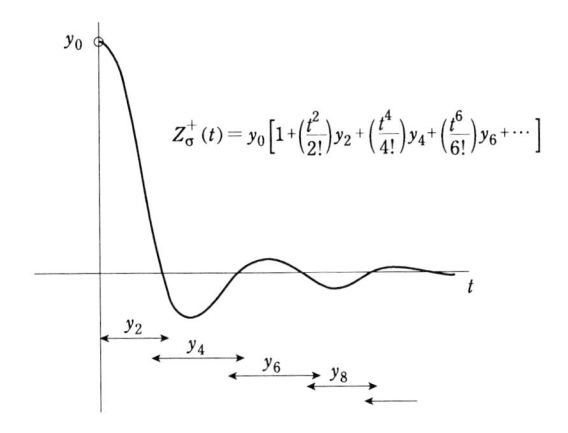

$$Z_\sigma^+(t) = y_0\left[1+\left(\frac{t^2}{2!}\right)y_2+\left(\frac{t^4}{4!}\right)y_4+\left(\frac{t^6}{6!}\right)y_6+\cdots\right]$$

図 7-8-2　種々の k に対する y_{k+1} の有効時間範囲.

$$y_6 = q_4 y_0 + q_2 y_2 + q_0 y_4 = \left(q_4 + 2q_2 q_0 + q_0^3\right) y_0 = \left(q_4 + 2q_2 q_0 + q_0^3\right) y_0$$
$$y_8 = q_6 y_0 + q_4 y_2 + q_2 y_4 + q_0 y_6 = \left(q_0^4 + 3q_0^2 q_2 + q_2^2 + 2q_0 q_4 + q_6\right) y_0$$

(7-8-34)

速度相関関数（velocity correlation function = VCF）のグラフにおいて，それぞれの y_{k+1} の項の顕著な領域（図7-8-2参照）があり，VCFの時間に対する振動的変化からみて y_8 までを考慮すれば十分であろう．したがって，対応する q_{k+1} は q_6 まででよいと思われる．

7-8-d　上記理論の実際の応用

前節までに導出した理論は直ちに以下のように応用できる．

$$q(t) = -\gamma(t) = -\tilde{\gamma}(0)^2\left[1-\left(\frac{t^2}{2!}\right)\tilde{\gamma}(0)^2+\cdots\cdots\right]$$

(7-8-35)

$q_0 = -\tilde{\gamma}(0)^2$

$q_2 = \tilde{\gamma}(0)^4$ の関数

$y_0 = \dfrac{3k_\mathrm{B}T}{m^+}$ 　$(= Z_\sigma^+(0))$

(a-1), $\gamma(t) = \tilde{\gamma}(0)^2 \operatorname{sech}^2\{\tilde{\gamma}(0)t\}$ のとき，

$$= \tilde{\gamma}(0)^2 \left\{1 - \left(\frac{t^2}{2!}\right)\tilde{\gamma}(0)^2 + 65\left(\frac{t^4}{4!}\right)\tilde{\gamma}(0)^4 - 61\left(\frac{t^6}{6!}\right)\tilde{\gamma}(0)^6 + \cdots\cdots\right\} \quad (7\text{-}8\text{-}36)$$

$$\therefore q_0 = -\tilde{\gamma}(0)^2,\ q_2 = 2\tilde{\gamma}(0)^4,\ q_4 = -65\tilde{\gamma}(0)^6,\ q_6 = 61\tilde{\gamma}(0)^8,\ \cdots\cdots \quad (7\text{-}8\text{-}37)$$

$$\therefore y(t) = \frac{3k_\mathrm{B}T}{m^+}\left[1 - \left(\frac{t^2}{2!}\right)\tilde{\gamma}(0)^2 + 3\left(\frac{t^4}{4!}\right)\tilde{\gamma}(0)^4 - \cdots\cdots\right] \quad (7\text{-}8\text{-}38)$$

(a-2), $\gamma(t) = \tilde{\gamma}(0)^2 \exp\left\{-\left(\frac{\pi}{4}\right)\tilde{\gamma}(0)^2 t^2\right\}$ のとき，

$$= \tilde{\gamma}(0)^2 \left\{1 - \left(\frac{t^2}{2!}\right)\left(2\pi\tilde{\gamma}(0)^2\right) + \left(\frac{t^4}{4!}\right)\left(\frac{3}{4}\right)\left(\pi^2\tilde{\gamma}(0)^4\right)\right.$$
$$\left. - \left(\frac{t^6}{6!}\right)\left(\frac{15}{8}\right)\left(\pi^3\tilde{\gamma}(0)^6\right) + \cdots\cdots\right\} \quad (7\text{-}8\text{-}39)$$

$$\therefore q_0 = -\tilde{\gamma}(0)^2,\ q_2 = 2\pi\tilde{\gamma}(0)^4,\ q_4 = -\left(\frac{3}{4}\right)\pi\tilde{\gamma}(0)^6,\ q_6 = \left(\frac{15}{8}\right)\tilde{\gamma}(0)^8,\ \cdots\cdots$$

$$\therefore y(t) = \frac{3k_\mathrm{B}T}{m^+}\left[1 - \left(\frac{t^2}{2!}\right)\tilde{\gamma}(0)^2 + (2)3\left(\frac{t^4}{4!}\right)\tilde{\gamma}(0)^4 - \cdots\cdots\right]$$

$y(t)$ のシミュレーションの結果を再現するためには，記憶関数（memory function）として，(a-1)と(a-2)の混合形（mixed version）を試みる必要がある．すなわち，もっとも一般化した $\gamma(t)$ として次式を用いることができる．

$$\gamma(t) = \tilde{\gamma}(0)^2 \left[\alpha\operatorname{sech}^2\{\tilde{\gamma}(0)t\} + (1-\alpha)\sum_{i=1}^{n}a_i\exp\left\{-\left(\frac{\pi}{4}\right)\tilde{\gamma}(0)^2 t^2\right\}\right] \quad (7\text{-}8\text{-}40)$$

ここで α は0から1までの可変最適化パラメーター（variable fitting parameter），$\sum_{i=1}^{n}a_i = 1$ ($n = 1\sim3$, $\sum_{i=1}^{n}a_i = 1$) である．

最近，溶融 NaCl に対して MD シミュレーションを遂行し，得られた減衰記憶関数 $\gamma(t)$ を次式のような3元ガウス関数を用いて最適化させることができた[15]．そして，それぞれのガウス関数に対応した短範囲イオン配置の空間構造を導出している．すなわち，

$$\gamma(t) = \tilde{\gamma}(0)^2 \sum_{i=1}^{3} a_i \exp\left\{-\left(\frac{\pi}{4}\right)b_i\,\tilde{\gamma}(0)^2\,t^2\right\} \tag{7-8-41}$$

ここで $\sum_{i=1}^{3} a_i = 1$, および

$$\frac{(b_2 b_3)^{\frac{1}{2}} a_1 + (b_3 b_1)^{\frac{1}{2}} a_2 + (b_1 b_2)^{\frac{1}{2}} a_3}{(b_1 b_2 b_3)^{\frac{1}{2}}} = 1 \tag{7-8-42}$$

(7-8-41) および (7-8-42) 式からわかるように，a_i と b_i はそれぞれ，3種類の短範囲構造の占める割合（存在確率）とそれらの減衰緩和の速さに関する係数である．このようにして得られた $\gamma(t)$ の再現させる係数値を表7-8-1に示し，図7-8-3に再現性を示す．表で示すように，存在確率の順に従って列記してある．

表 **7-8-1** 3種のガウス関数に対応する存在確率および減衰の速さの度合い．

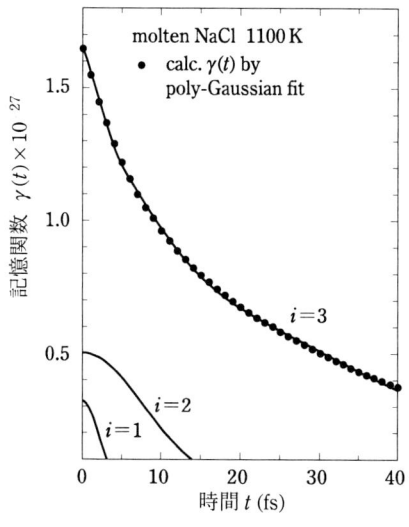

		$i=1$	$i=2$	$i=3$
$\gamma(t)$ より求めた割合	a_i	0.194	0.314	0.492
	b_i	97.50	6.52	0.382

図 **7-8-3** MDによって得られた溶融NaClにおける摩擦の記憶関数 $\gamma(t)$ を3種のガウス関数の和で表わしたときのそれぞれの成分．

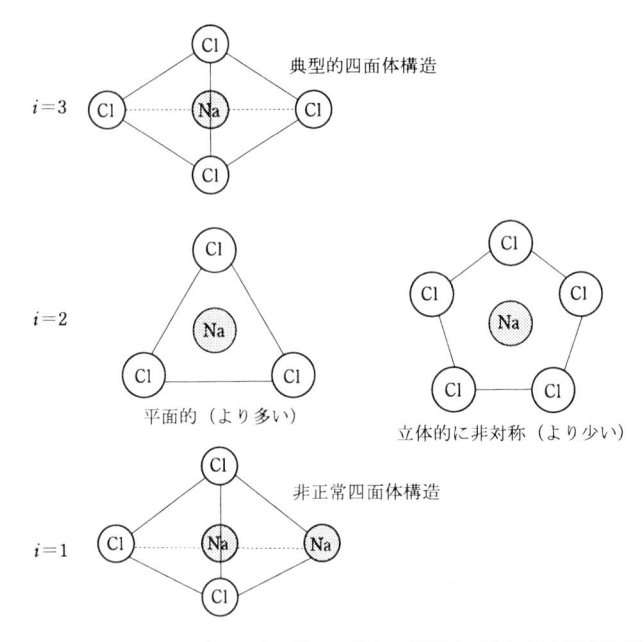

図中:
- $i=3$ 典型的四面体構造 (Cl 4個が Na を囲む)
- $i=2$ 平面的（より多い）/ 立体的に非対称（より少い）
- $i=1$ 非正常四面体構造

図 7-8-4 図 7-8-3 におけるそれぞれのガウス関数に対応する短範囲構造.

 一方，MDで得られる近似的短範囲構造は，図 7-8-4 で示されるようにおおよそ3種類のタイプに分類することができる．タイプ1は，近似的にある＋イオンのまわりに4配位の－イオンによって四面体を構成し，その存在確率は 0.49 であり，緩和の速さが遅いというか比較的に安定な構造である．従って表の $i=3$ に分類される構造に対応する．MDによるタイプ2の構造は，5配位の存在確率が 0.15 と 3配位の存在確率が 0.17，合わせて存在確率が 0.32 となる短範囲構造で立体的にやや不安定で減衰緩和の速さはかなり速い．表の $i=2$ に対応する．タイプ3の構造は立体的には四面体の4配位であるが，ある＋イオンのまわりに1個の＋イオンと3個の－イオンが配置される構造で，その存在確率は 0.19 なり，その立体構造は極めて不安定であるため，緩和が極めて速い．このイオン配置は表の $i=1$ に対応する．

 このように，$\gamma(t)$ を再現する係数 a_i，すなわちそれぞれの存在確率は，MDによって得られる存在確率と極めてよい一致を示す．また，タイプ3のように，あ

る意味でミスフィッテングな配置をとる確率が大きいというのは興味深い事実である．

7-9 計算機シミュレーションによる溶融塩の速度相関関数

溶融NaClに対して，妥当なイオン間相互作用ポテンシャルを用いて遂行された速度相関関数$\langle v_i^+(t) v_j^+(0) \rangle$, $\langle v_i^+(t) v_i^+(0) \rangle$, $\langle v_k^-(t) v_l^-(0) \rangle$, $\langle v_k^-(t) v_k^-(0) \rangle$および$\langle v_i^+(t) v_l^-(0) \rangle$等計算機シミュレーションの結果を図7-9-1と7-9-2に示す．自己速度相関関数以外の速度相関関数すべての時間的変化とういか時間的周期が同一であることが特徴である．これらは空間的な周期境界条件の下で，用いた粒子数は512個，一回の時間間隔one time stepは2.0×10^{-15}sで，30,000 stepsの結果である．

これらの図からわかるように，$t=0$でこれらの関数は有限の値をもち，すべてが(7-3-10〜13)式を満足することがわかる．その意味で，ここで得られるシミュレーションは新しい実験結果に相当する．換言すれば，シミュレーションによる実験によって，理論式(7-3-10〜13)が証明されたことになる．

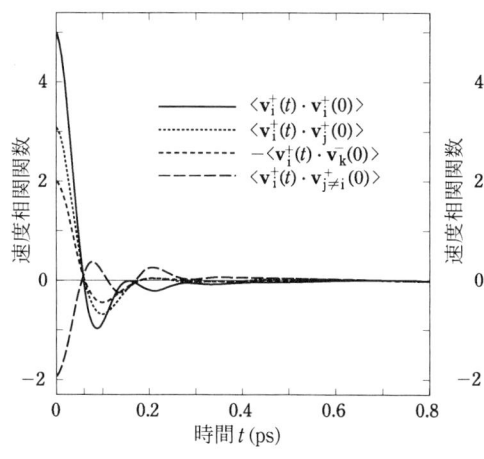

図7-9-1 MDによって得られた溶融NaCl（1100 K）におけるNaイオンに関する種々の速度相関関数[6]．
(Reprinted with permission from T. Koishi, S. Kawase and S. Tamaki, J. Chem. Phys. **116** (2002) 3018-3026. Copyright 2002, AIP Publishing LLC.)

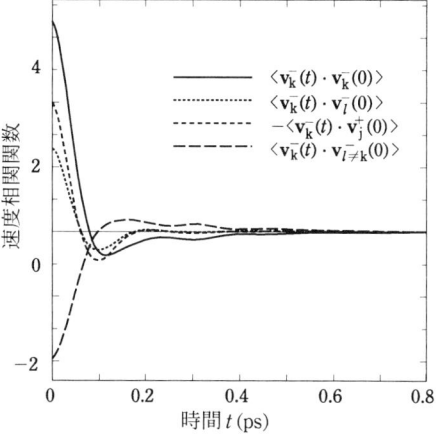

図7-9-2 MDによって得られた溶融NaCl（1100 K）におけるClイオンに関する種々の速度相関関数[6]．
(Reprinted with permission from T. Koishi, S. Kawase and S. Tamaki, J. Chem. Phys. **116** (2002) 3018-3026. Copyright 2002, AIP Publishing LLC.)

7-10 非等価溶融塩における電気伝導度

溶融 $A_2^{1+}B^{2-}$ 系では，単位体積中に 1 価の n^+ 個の陽イオン A^{1+} と n^- 個の B^{2-} イオンとからなる非等価溶融塩があるとしよう．詳しい内容は文献を参照して頂くとして [16]，ここでは結果だけを記す．まず，

$$\langle v_i^+(0) v_l^-(0) \rangle = -3k_B T \left(\frac{1}{m^+ + m^-} \right)\left(\frac{n^+}{n^-} \right) = -3k_B T \left(\frac{1}{m^+ + m^-} \right)\left(\frac{c^+}{c^-} \right) \tag{7-10-1}$$

ここで $n^+(=2n_0)$, $n^-(=n_0)$ は単位体積当たりの正負イオンの数密度であり，c^+, c^- はその割合である．すなわち，$c^+ + c^- = 1$ である．

この系では部分伝導度の比が次式のようになる．

$$\frac{\sigma^+}{\sigma^-} = \frac{|z^+|m^-}{|z^-|m^+} = \frac{m^-}{2m^+} \tag{7-10-2}$$

$$\frac{1}{\mu} = \frac{1}{m^+} + \frac{2}{m^-} \tag{7-10-3}$$

となり，部分伝導度は

$$\therefore \sigma^+ = \left(\frac{2n_0 e^2}{m^+} \right) \int_0^\infty \left[1 - \left\{ \left(\frac{t^2}{2} \right)\left(\frac{2n_0 \langle \phi^{+-} \rangle}{9\mu} \right) \right\} + (\text{higher order}) \right] dt \tag{7-10-4}$$

これまでの成果により，速度相関関数が $\left[1 - \left(\frac{t^2}{2} \right)\gamma^2 + (\text{higher order}) \right]$ の形で与えられるとき，次式が成立する．すなわち，

$$\frac{1}{\gamma} = \int_0^\infty \left\{ 1 - \left(\frac{t^2}{2} \right)\gamma^2 + (\text{higher order}) \right\} dt$$

これを用いると(7-10-4)式は次のようになる．

$$\sigma^+ = 2n_0 e^2 \left(\frac{1}{m^+ \gamma} \right) \tag{7-10-5}$$

ここで

$$\gamma = \left(\frac{2n_0 \langle \phi^{+-} \rangle}{9\mu} \right)^{\frac{1}{2}} \tag{7-10-6}$$

$$\langle \phi^{+-} \rangle = \int_0^\infty \left\{ \left(\frac{\partial^2 \phi^{+-}(r)}{\partial r^2} \right) + \left(\frac{2}{r} \right) \left(\frac{\partial \phi^{+-}(r)}{\partial r} \right) \right\} g^{+-}(r) 4\pi r^2 \mathrm{d}r \qquad (7\text{-}10\text{-}7)$$

同様にして

$$\therefore \sigma^- = \left(\frac{4n_0 e^2}{m^-} \right) \int_0^\infty \left\{ 1 - \left(\frac{t^2}{2} \right) \left(\frac{2n_0 \langle \phi^{+-} \rangle}{9\mu} \right) + (\text{higher order}) \right\} \mathrm{d}t$$
$$= \left(4n_0 e^2 \right) \frac{1}{m^+ \gamma} \qquad (7\text{-}10\text{-}8)$$

7-11 擬二元系溶融塩の電気伝導度

本節では、工業的に利用価値の高い炭酸塩燃料電池として用いられている溶融塩 $[K_2CO_3]_{1-c}[Li_2CO_3]_c$ 系の電気伝導度について調べる。単位体積当たりの数密度は全部合わせて $3n_0$ とする。

陽イオンは2種類あるので、次式のように与えられる。

$$\sigma^+ = \sigma_{K^+} + \sigma_{Li^+} \qquad (7\text{-}11\text{-}1)$$

$$\sigma_{K^+} = (1-c) \frac{2n_0 z^{+2} e^2}{m_{K^+} \gamma_{K^+}} \qquad (7\text{-}11\text{-}2)$$

$$\sigma_{Li^+} = c \left(\frac{2n_0 z^{+2} e^2}{m_{Li^+} \gamma_{Li^+}} \right) \qquad (7\text{-}11\text{-}3)$$

ここで

$$\gamma_{K^+} = \left(\frac{2n_0 \langle \phi^{K\text{-}CO_3} \rangle}{9\mu_K} \right)^{\frac{1}{2}} \qquad (7\text{-}11\text{-}4)$$

$$\langle \phi^{K\text{-}CO_3} \rangle = \int_0^\infty \left\{ \frac{\partial^2 \phi^{K\text{-}CO_3}}{\partial r^2} + \frac{2}{r} \frac{\partial \phi^{K\text{-}CO_3}}{\partial r} \right\} g^{K\text{-}CO_3}(r) 4\pi r^2 \mathrm{d}r \qquad (7\text{-}11\text{-}5)$$

$$\frac{1}{\mu_K} = \frac{1}{m_{K^+}} + \frac{2}{m_{CO_3^-}} \qquad (7\text{-}11\text{-}6)$$

同様に,

$$\gamma_{Li^+} = \left(\frac{2n_0 \langle \phi^{Li\text{-}CO_3} \rangle}{9\mu_{Li}} \right)^{\frac{1}{2}} \qquad (7\text{-}11\text{-}7)$$

$$\langle \phi^{\text{Li-CO}_3} \rangle = \int_0^\infty \left\{ \frac{\partial^2 \phi^{\text{Li-CO}_3}}{\partial r^2} + \frac{2}{r} \frac{\partial \phi^{\text{Li-CO}_3}}{\partial r} \right\} g^{\text{Li-CO}_3}(r) 4\pi r^2 \, dr \tag{7-11-8}$$

$$\frac{1}{\mu_{\text{Li}}} = \frac{1}{m_{\text{Li}^+}} + \frac{2}{m_{\text{CO}_3^-}} \tag{7-11-9}$$

それゆえ，次式が成立する．

$$\frac{m_{\text{Li}^+} \sigma_{\text{Li}^+}}{|z^+|} + \frac{m_{\text{K}^+} \sigma_{\text{K}^+}}{|z^+|} = \frac{m_{\text{CO}_3^-} \sigma_{\text{CO}_3^-}}{|z^-|} \tag{7-11-10}$$

そこで，

$$\frac{1}{\gamma_{\text{CO}_3^-}} = \frac{c}{\gamma_{\text{Li}^+}} + \frac{(1-c)}{\gamma_{\text{K}^+}} \tag{7-11-11}$$

を定義すると，

$$\sigma_{\text{CO}_3^-} = \frac{4n_0 e^2}{m^-} \left[\frac{(1-c)}{\gamma_{\text{K}^+}} + \frac{c}{\gamma_{\text{Li}^+}} \right] \tag{7-11-12}$$

がえられる．

ここでは$\langle v_{\text{K},i}^+(t) v_{\text{Li},j}^+(0) \rangle = 0$ であることを用いた．これは，KとLiイオンとの間には運動量保存則が存在しないためである．

図7-11-1で示すように，シミュレーションの結果では，Liの濃度cの減少とと

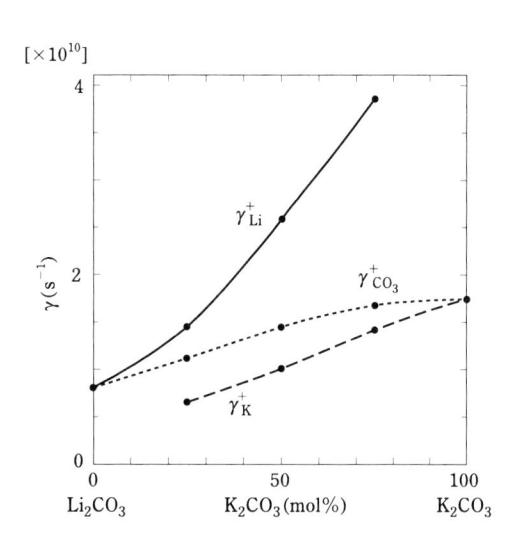

図 7-11-1 MD による溶融 Li$_2$CO$_3$-K$_2$CO$_3$ 系における $\bar{\gamma}(0)$ の濃度依存性[17]．
(Reproduced with permission from T. Koishi, S. Kawase, S. Tamaki and T. Ibisuzaki, J. Phys. Soc. Japan, **69** (2000) 3291-3296. Copyright 2000, JPS.)

もに $\tilde{\gamma}_{Li}(0)$ の値が増加する．また，Kの濃度$(1-c)$の減少とともに $\tilde{\gamma}_K(0)$ の値が減少している[17]．これらは，それぞれ $\langle \phi^{Li\text{-}CO_3}\rangle$ および $\langle \phi^{K\text{-}CO_3}\rangle$ における積分値の濃度変化と単位体積中のイオン数nの濃度依存性による．

7-12　溶融 AgI-AgBr 系の部分伝導度

これも同様にして求められる．結果だけを以下に示す．$[AgI]_{1-c}[AgBr]_c$ の系においては $n^+ = n^- = n_0$, $z^+ = -z^- = 1$ である．1価の溶融塩の場合の微視的表示は文献1, 2, 3で十分に議論してあるけれども，必ずしも平易でない．以下にその筋道を述べる．

系の運動量保存則から出発する．

$$-\sum_{i=1}^{N} \boldsymbol{p}_{Ag,i}^{+}(0) = \sum_{k=1}^{(1-c)N} \boldsymbol{p}_{I,k}^{-}(0) + \sum_{l=1}^{cN} \boldsymbol{p}_{Br,l}^{-}(0) \tag{7-12-1}$$

両辺に $\boldsymbol{v}_{Ag}^{+}(0)$ を掛けて統計平均をとると，

$$\begin{aligned}&-\left\{(1-c)\langle \boldsymbol{v}_{Ag,i}^{+}(0)\boldsymbol{v}_{Ag,j}^{+}(0)\rangle + c\langle \boldsymbol{v}_{Ag,i}^{+}(0)\boldsymbol{v}_{Ag,j}^{+}(0)\rangle\right\}\\&= (1-c)\langle \boldsymbol{v}_{Ag,i}^{+}(0)\boldsymbol{v}_{I,k}^{-}(0)\rangle + c\langle \boldsymbol{v}_{Ag,i}^{+}(0)\boldsymbol{v}_{Br,l}^{-}(0)\rangle\end{aligned} \tag{7-12-2}$$

両辺の各成分，すなわち$(1-c)$あるいはcの項がそれぞれ等しいとおくと，

$$-m_{Ag}\langle \boldsymbol{v}_{Ag,i}^{+}(0)\boldsymbol{v}_{Ag,j}^{+}(0)\rangle = m_I\langle \boldsymbol{v}_{Ag,i}^{+}(0)\boldsymbol{v}_{I,k}^{-}(0)\rangle \tag{7-12-3}$$

$$-m_{Ag}\langle \boldsymbol{v}_{Ag,i}^{+}(0)\boldsymbol{v}_{Ag,j}^{+}(0)\rangle = m_{Br}\langle \boldsymbol{v}_{Ag,i}^{+}(0)\boldsymbol{v}_{Br,l}^{-}(0)\rangle \tag{7-12-4}$$

一方，統計力学により次式が与えられる．

$$\left\langle \frac{\boldsymbol{p}_i^{+} \cdot \partial H}{\partial \boldsymbol{p}_i^{+}} \right\rangle = 3k_B T \tag{7-12-5}$$

ここでHamiltonian H は次式であたえられる．

$$H = \sum_i \left(\frac{\boldsymbol{p}_i^{+2}}{2m^+}\right) + \sum_k \left(\frac{\boldsymbol{p}_k^{-2}}{2m^-}\right)$$
$$+ \sum_{i,j}\phi^{++}\left(|\boldsymbol{r}_i^+ - \boldsymbol{r}_j^+|\right) + \sum_{i,k}\phi^{+-}\left(|\boldsymbol{r}_i^+ - \boldsymbol{r}_k^-|\right) + \sum_{k,l}\phi^{--}\left(|\boldsymbol{r}_k^+ - \boldsymbol{r}_l^-|\right) \tag{7-12-6}$$

(7-12-1) 式からわかるように，変数 $\boldsymbol{p}_{Ag,i}^{+}$ は変数 $\boldsymbol{p}_{Ag,j}^{+}$, $\boldsymbol{p}_I^{-}$ および変数 $\boldsymbol{p}_{Br}^{-}$ との間に関数関係があるので次式が成立する．

$$\frac{\partial H}{\partial \boldsymbol{p}_{\mathrm{Ag},i}^{+}} = \frac{\partial H}{\partial \boldsymbol{p}_{\mathrm{Ag},j}^{+}} \cdot \frac{\partial \boldsymbol{p}_{\mathrm{Ag},j}^{+}}{\partial \boldsymbol{p}_{\mathrm{Ag},i}^{+}} + \frac{\partial H}{\partial \boldsymbol{p}_{\mathrm{I},k}^{-}} \cdot \frac{\partial \boldsymbol{p}_{\mathrm{I},k}^{-}}{\partial \boldsymbol{p}_{\mathrm{Ag},i}^{+}} + \frac{\partial H}{\partial \boldsymbol{p}_{\mathrm{Br},l}^{-}} \cdot \frac{\partial \boldsymbol{p}_{\mathrm{Br},l}^{-}}{\partial \boldsymbol{p}_{\mathrm{Ag},i}^{+}} \tag{7-12-7}$$

したがって(7-12-7)式に $\boldsymbol{p}_i^+$ を掛けると次のようになる.

$$\boldsymbol{p}_{\mathrm{Ag}}^{+} \cdot \frac{\partial H}{\partial \boldsymbol{p}_{\mathrm{Ag}}^{+}} = m_{\mathrm{Ag}}^{+} \boldsymbol{v}_{\mathrm{Ag},i}^{+} \cdot \boldsymbol{v}_{\mathrm{Ag},j}^{+} \left(\frac{\partial \boldsymbol{p}_{\mathrm{Ag},j}^{+}}{\partial \boldsymbol{p}_{\mathrm{Ag},i}^{+}} \right) + m_{\mathrm{Ag}}^{+} \boldsymbol{v}_{\mathrm{Ag},i}^{+} \cdot \boldsymbol{v}_{\mathrm{I},k}^{-} \left(\frac{\partial \boldsymbol{p}_{\mathrm{I},k}^{-}}{\partial \boldsymbol{p}_{\mathrm{Ag},i}^{+}} \right)$$

$$+ m_{\mathrm{Ag}}^{+} \boldsymbol{v}_{\mathrm{Ag},i}^{+} \cdot \boldsymbol{v}_{\mathrm{Br},l}^{-} \left(\frac{\partial \boldsymbol{p}_{\mathrm{Br},l}^{-}}{\partial \boldsymbol{p}_{\mathrm{Ag},i}^{+}} \right) \tag{7-12-8}$$

(7-12-8)式の統計平均をとると,

$$\left\langle \boldsymbol{p}_i^{+} \cdot \frac{\partial H}{\partial \boldsymbol{p}_i^{+}} \right\rangle = (1-c)\left\{ m_{\mathrm{Ag}}^{+} \langle \boldsymbol{v}_{\mathrm{Ag},i}^{+} \cdot \boldsymbol{v}_{\mathrm{Ag},j}^{+} \rangle - m_{\mathrm{Ag}}^{+} \langle \boldsymbol{v}_{\mathrm{Ag},i}^{+} \cdot \boldsymbol{v}_{\mathrm{I},k}^{-} \rangle \right\}$$

$$+ c\left\{ m_{\mathrm{Ag}}^{+} \langle \boldsymbol{v}_{\mathrm{Ag},i}^{+} \cdot \boldsymbol{v}_{\mathrm{Ag},j}^{+} \rangle - m_{\mathrm{Ag}}^{+} \langle \boldsymbol{v}_{\mathrm{Ag},i}^{+} \cdot \boldsymbol{v}_{\mathrm{Br},l}^{-} \rangle \right\} = (1-c)\,3k_{\mathrm{B}}T + c\,3k_{\mathrm{B}}T$$

$$\tag{7-12-9}$$

(7-12-3),(7-12-4) を代入し, 組成比 (fraction), (1-c), と c の項がそれぞれ等しいとすると,

$$\langle \boldsymbol{v}_{\mathrm{Ag},i}^{+} \cdot \boldsymbol{v}_{\mathrm{I},k}^{-} \rangle = - \frac{3k_{\mathrm{B}}T}{m_{\mathrm{Ag}}^{+} + m_{\mathrm{I}}^{-}} \tag{7-12-10}$$

$$\langle \boldsymbol{v}_{\mathrm{Ag},i}^{+} \cdot \boldsymbol{v}_{\mathrm{Br},l}^{-} \rangle = - \frac{3k_{\mathrm{B}}T}{m_{\mathrm{Ag}}^{+} + m_{\mathrm{Br}}^{-}} \tag{7-12-11}$$

(7-12-3), (7-12-4), (7-12-10), (7-12-11) より,

$$\langle \boldsymbol{v}_{\mathrm{I},k}^{-} \cdot \boldsymbol{v}_{\mathrm{I},l}^{-} \rangle = 3k_{\mathrm{B}}T \left[\frac{\dfrac{m_{\mathrm{Ag}}^{+}}{m_{\mathrm{I}}^{-}}}{m_{\mathrm{Ag}}^{+} + m_{\mathrm{I}}^{-}} \right] \tag{7-12-12}$$

$$\langle \boldsymbol{v}_{\mathrm{Br},k'}^{-} \cdot \boldsymbol{v}_{\mathrm{Br},l'}^{-} \rangle = 3k_{\mathrm{B}}T \left\{ \frac{\dfrac{m_{\mathrm{Ag}}^{+}}{m_{\mathrm{Br}}^{-}}}{m_{\mathrm{Ag}}^{+} + m_{\mathrm{Br}}^{-}} \right\} \tag{7-12-13}$$

一方, $\langle \boldsymbol{v}(t)\boldsymbol{v}(0) \rangle$ の $\dfrac{t^2}{2}$ に関する項は,

7. 溶融塩における輸送現象；電気伝導 173

$$\langle v^+_{Ag,i} \cdot \ddot{v}^+_{Ag,j} \rangle = 3k_B T \left\{ \frac{(1-c)\, n_0 \langle \phi^{Ag\text{-}I} \rangle}{3m^2_{Ag}} \right\} + 3k_B T \left\{ \frac{c\, n_0 \langle \phi^{Ag\text{-}Br} \rangle}{3m^2_{Ag}} \right\} \tag{7-12-14}$$

$$\langle v^+_{Ag,i} \cdot \ddot{v}^-_{I,k} \rangle = 3k_B T \left\{ \frac{(1-c)\, n_0 \langle \phi^{Ag\text{-}I} \rangle}{3m_{Ag} m_I} \right\} \tag{7-12-15}$$

$$\langle v^+_{Ag,i} \cdot \ddot{v}^-_{Br,k'} \rangle = 3k_B T \left\{ \frac{c\, n_0 \langle \phi^{Ag\text{-}Br} \rangle}{3m_{Ag} m_{Br}} \right\} \tag{7-12-16}$$

$$\langle v^-_{I,k} \cdot \ddot{v}^-_{I,l} \rangle = 3k_B T \left\{ \frac{(1-c)\, n_0 \langle \phi^{Ag\text{-}I} \rangle}{3m^2_I} \right\} \tag{7-12-17}$$

$$\langle v^-_{Br,k'} \cdot \ddot{v}^-_{I,l'} \rangle = 3k_B T \left\{ \frac{c\, n_0 \langle \phi^{Ag\text{-}I} \rangle}{3m^2_{Br}} \right\} \tag{7-12-18}$$

これらから

$$\sigma^+_{Ag} = n_0 z^{+2} e^2 \left(\frac{1}{m_{Ag} \gamma_{Ag}} \right) \tag{7-12-19}$$

$$\frac{1}{\gamma^+_{Ag}} = \frac{(1-c)}{\gamma^-_I} + \frac{c}{\gamma^-_{Br}} \tag{7-12-20}$$

$$\gamma^-_I = \left(\frac{n_0 \langle \phi^{Ag\text{-}I} \rangle}{3\mu_I} \right)^{\frac{1}{2}} \tag{7-12-21}$$

$$\langle \phi^{Ag\text{-}I} \rangle = \int_0^\infty \left\{ \frac{\partial^2 \phi^{Ag\text{-}I}}{\partial r^2} + \left(\frac{2}{r} \right)\left(\frac{\partial \phi^{Ag\text{-}I}}{\partial r} \right) \right\} g^{Ag\text{-}I}(r) 4\pi r^2 \, dr \tag{7-12-22}$$

$$\frac{1}{\mu_I} = \frac{1}{m_I} + \frac{1}{m_{Ag}} \tag{7-12-23}$$

$$\gamma_{Br} = \left(\frac{n_0 \langle \phi^{Ag\text{-}Br} \rangle}{3\mu_{Br}} \right)^{\frac{1}{2}} \tag{7-12-24}$$

$$\langle \phi^{Ag\text{-}Br} \rangle = \int_0^\infty \left\{ \frac{\partial^2 \phi^{Ag\text{-}Br}}{\partial r^2} + \left(\frac{2}{r} \right)\left(\frac{\partial \phi^{Ag\text{-}Br}}{\partial r} \right) \right\} g^{Ag\text{-}Br}(r) 4\pi r^2 \, dr \tag{7-12-25}$$

$$\frac{1}{\mu_{Br}} = \frac{1}{m_{Br}} + \frac{1}{m_{Ag}} \tag{7-12-26}$$

(7-12-21), (7-12-24) 式は c の変化と共に，n_0, $g^{\text{Ag-I}}(r)$, $g^{\text{Ag-Br}}(r)$ も少々変化するであろう．

$$\sigma^- = \sigma_{\text{I}}^- + \sigma_{\text{Br}}^- \tag{7-12-27}$$

$$\sigma_{\text{I}}^- = (1-c)\left(\frac{n_0 z^{-2} e^2}{m_{\text{I}} \gamma_{\text{I}}}\right) \tag{7-12-28}$$

$$\sigma_{\text{Br}}^- = \frac{c\, n_0 z^{-2} e^2}{m_{\text{Br}} \gamma_{\text{Br}}} \tag{7-12-29}$$

電荷の条件，$z^+ = -z^- = 1$，および (7-12-19), (7-12-20), (7-12-28), (7-12-29) 式を用いると，

$$m_{\text{I}} \gamma_{\text{I}} \sigma_{\text{I}}^- + m_{\text{Br}} \gamma_{\text{Br}} \sigma_{\text{Br}}^- = m_{\text{Ag}} \gamma_{\text{Ag}} \sigma_{\text{Ag}}^+ = (n_0 e^2) \tag{7-12-30}$$

あるいは，

$$m_{\text{I}} \sigma_{\text{I}}^- + m_{\text{Br}} \sigma_{\text{Br}}^- = (n_0 e^2)\left\{\frac{(1-c)}{\gamma_{\text{I}}} + \frac{c}{\gamma_{\text{Br}}}\right\} = \frac{n_0 e^2}{\gamma_{\text{Ag}}} = m_{\text{Ag}} \sigma_{\text{Ag}}^+ \tag{7-12-31}$$

がえられる．松永らはシミュレーションにより，この (7-12-30) 式が成立することを証明している[16]．

7-13 溶融 AgI-CuI 系の部分伝導度

ここでも $\langle \boldsymbol{v}_{\text{Cu},i}^+(t) \boldsymbol{v}_{\text{Ag},j}^+(0) \rangle = 0$ の結果を用いる．$[\text{AgI}]_{1-c}[\text{CuI}]_c$ の系においては，$n^+ = n^- = n_0$, $z^+ = -z^- = 1$ である．前節と全く同様にして，

$$\sigma_{\text{Ag}}^+ = (1-c)\left(n_0 z^{+2} e^2\right)\left(\frac{1}{m_{\text{Ag}} \gamma_{\text{Ag}}}\right) \tag{7-13-1}$$

$$\gamma_{\text{Ag}}^+ = \left(\frac{n_0 \langle \phi^{\text{Ag-I}} \rangle}{3\mu_{\text{Ag}}}\right)^{\frac{1}{2}} \tag{7-13-2}$$

$$\langle \phi^{\text{Ag-I}} \rangle = \int_0^\infty \left\{\frac{\partial^2 \phi^{\text{Ag-I}}}{\partial r^2} + \left(\frac{2}{r}\right)\left(\frac{\partial \phi^{\text{Ag-I}}}{\partial r}\right)\right\} g^{\text{Ag-I}}(r) 4\pi r^2 dr \tag{7-13-3}$$

ここで

$$\frac{1}{\mu_{\text{Ag}}} = \frac{1}{m_{\text{Ag}}} + \frac{1}{m_{\text{I}}} \tag{7-13-4}$$

$$\sigma_{Cu}^+ = c\left(n_0 z^{+2} e^2\right)\left(\frac{1}{m_{Cu}\gamma_{Cu}}\right) \tag{7-13-5}$$

$$\gamma_{Cu}^+ = \left(\frac{n_0 \langle \phi^{Cu\text{-}I}\rangle}{3\mu_{Cu}}\right)^{\frac{1}{2}} \tag{7-13-6}$$

$$\langle \phi^{Cu\text{-}I}\rangle = \int_0^\infty \left\{\frac{\partial^2 \phi^{Cu\text{-}I}}{\partial r^2} + \left(\frac{2}{r}\right)\left(\frac{\partial \phi^{Cu\text{-}I}}{\partial r}\right)\right\} g^{Cu\text{-}I}(r) 4\pi r^2 dr \tag{7-13-7}$$

また，

$$\frac{1}{\mu_{Cu}} = \frac{1}{m_{Cu}} + \frac{1}{m_I} \tag{7-13-8}$$

更に，

$$\sigma_I^- = \frac{n_0 z^{-2} e^2}{m_I \gamma_I} \tag{7-13-9}$$

$$\frac{1}{\gamma_I} = \frac{(1-c)}{\gamma_{Ag}} + \frac{c}{\gamma_{Cu}} \tag{7-13-10}$$

電荷の条件，$z^+ = -z^- = 1$ より，

$$m_{Ag}\gamma_{Ag}\sigma_{Ag}^+ + m_{Cu}\gamma_{Cu}\sigma_{Cu}^+ = m_I \gamma_I \sigma_I^- = (n_0 e^2) \tag{7-13-11}$$

あるいは，

$$m_{Ag}\sigma_{Ag}^+ + m_{Cu}\sigma_{Cu}^+ = m_I \gamma_I \sigma_I^- = (n_0 e^2)\left\{\frac{(1-c)}{\gamma_{Ag}} + \frac{c}{\gamma_{Cu}}\right\} = \frac{n_0 e^2}{\gamma_I} \tag{7-13-12}$$

が成立する．

7-14 溶融AlF$_3$の電気伝導度

溶融AlF$_3$はボーキサイトから電気分解により純度の高い金属アルミニウムを析出させる際のプロセスで重要な役割を果たしている．その観点からこの系を採用した．

これまでの研究から，いくつかの速度相関関数は次式で与えられる．

$$\langle v_i^+(0) v_k^-(0)\rangle = -\frac{12 k_B T}{m^+ + 3m^-} \tag{7-14-1}$$

$$\langle v_i^+(0) v_j^+(0)\rangle = -\frac{3m^-}{m^+}\langle v_i^+(0) v_k^-(0)\rangle \tag{7-14-2}$$

$$\langle v_k^-(0)\,v_l^-(0)\rangle = -\frac{m^+}{3m^-}\langle v_i^+(0)\,v_k^-(0)\rangle \tag{7-14-3}$$

以下，これまでに詳述したことについてのまとめをしておくことにする．

まず，速度相関関数における t の2乗の係数を調べるために，一般的な変数の相関の統計力学的平均 $\langle A(s)B(t+s)\rangle$ について考える．定常状態では，

$$\frac{d\langle A(s)\,B(t+s)\rangle}{ds}=0 \tag{7-14-4}$$

それゆえ，

$$\langle \dot{A}(0)\,B(t)\rangle + \langle A(0)\,\dot{B}(t)\rangle = 0 \tag{7-14-5}$$

これは $t=0$ でも成立する．したがって，

$$\langle \dot{A}(0)\,B(0)\rangle = -\langle A(0)\,\dot{B}(0)\rangle \tag{7-14-6}$$

それゆえ，$A(0)=v_i^+(t)$ および $B(0)=\dot{v}_i^+(0)$ とすると，

$$\langle v_i^+\,\ddot{v}_j^+\rangle = -\langle \dot{v}_i^+\,\dot{v}_j^+\rangle \tag{7-14-7}$$

正負のイオン間ポテンシャルについて考えると(同種イオン間相互作用は考えなくてよいので[6])，Hamilton の運動方程式より，

$$\dot{p}_i^+ = \frac{\partial H}{\partial r_i^+} = 3n_0 \times \left\{\frac{\partial \phi^{+-}(r)}{\partial r}\text{ に関する積分項}\right\} \tag{7-14-8}$$

ここで，$3n_0$ は＋イオンからみた単位体積あたりの相手の－イオン数．また，統計力学的平均値については，次の関係式を用いる．

$$\langle |\nabla\phi|^2\rangle = k_B T\langle \nabla^2\phi\rangle \tag{7-14-9}$$

従って，

$$\dot{p}_i^+\,\dot{p}_j^+ = k_B T\left(9n_0^2\right)\int_0^\infty\left\{\frac{\partial^2\phi^{+-}}{\partial r^2}+\left(\frac{2}{r}\right)\left(\frac{\partial\phi^{+-}}{\partial r}\right)\right\}g^{+-}(r)4\pi r^2\,dr \tag{7-14-10}$$

この平均は

$$\langle \dot{v}_i^+\,\dot{v}_j^+\rangle = k_B T\left(\frac{9n_0^2}{4n_0}\right)\left(\frac{1}{m^{+2}}\right)\int_0^\infty\left\{\frac{\partial^2\phi^{+-}}{\partial r^2}+\left(\frac{2}{r}\right)\left(\frac{\partial\phi^{+-}}{\partial r}\right)\right\}g^{+-}(r)4\pi r^2\,dr \tag{7-14-11}$$

ここで積分の前の括弧の分母は単位体積あたりのイオンの総数である．

$$\therefore \langle v_i^+\,\ddot{v}_j^+\rangle = k_B T\left(\frac{9n_0^2}{4n_0}\right)\left(\frac{1}{m^{+2}}\right)\langle\phi^{+-}(r)\rangle = k_B T\left(\frac{9n_0}{4}\right)\left(\frac{1}{m^{+2}}\right)\langle\phi^{+-}(r)\rangle \tag{7-14-12}$$

7. 溶融塩における輸送現象；電気伝導

ただし,

$$\langle \phi^{+-}(r) \rangle = \int_0^\infty \left\{ \frac{\partial^2 \phi^{+-}}{\partial r^2} + \left(\frac{2}{r} \right) \left(\frac{\partial \phi^{+-}}{\partial r} \right) \right\} g^{+-}(r) 4\pi r^2 \mathrm{d}r \tag{7-14-13}$$

同様にして,

$$\langle \boldsymbol{v}_i^+ \ddot{\boldsymbol{v}}_k^- \rangle = k_B T \left(\frac{3n_0}{4} \right) \left(\frac{1}{m^+ m^-} \right) \langle \phi^{+-}(r) \rangle \tag{7-14-14}$$

$$\langle \boldsymbol{v}_k^- \ddot{\boldsymbol{v}}_l^- \rangle = k_B T \left(\frac{n_0}{4} \right) \left(\frac{1}{m^{-2}} \right) \langle \phi^{+-}(r) \rangle \tag{7-14-15}$$

$$\therefore \langle \boldsymbol{v}_i^+(t) \boldsymbol{v}_j^+(0) \rangle = 4 \left(\frac{3k_B T}{m^+} \right) \left(\frac{3m^-}{m^+ + 3m^-} \right) \left\{ 1 - \left(\frac{t^2}{2!} \right) \left(\frac{n_0 \langle \phi^{+-}(r) \rangle}{16\mu} \right) \right\} \tag{7-14-16}$$

ここで

$$\frac{1}{\mu} = \frac{3}{m^+} + \frac{1}{m^-}$$

したがって,

$$\langle \boldsymbol{j}_i^+(t) \boldsymbol{j}_j^+(0) \rangle = \left(\frac{9n_0^2 e^2}{4n_0} \right) 4 \left(\frac{3k_B T}{m^+} \right) \left(\frac{3m^-}{m^+ + 3m^-} \right) \left\{ 1 - \left(\frac{t^2}{2!} \right) \left(\frac{n_0 \langle \phi^{+-}(r) \rangle}{16\mu} \right) \right\}$$

$$= 3k_B T \left(\frac{9n_0 e^2}{m^+} \right) \left(\frac{3m^-}{m^+ + 3m^-} \right) \left\{ 1 - \left(\frac{t^2}{2!} \right) \left(\frac{n_0 \langle \phi^{+-}(r) \rangle}{16\mu} \right) \right\} \tag{7-14-17}$$

同様に

$$\langle \boldsymbol{j}_i^+(t) \boldsymbol{j}_k^-(0) \rangle = 3k_B T \left(\frac{9n_0 e^2}{m^+} \right) \left(\frac{m^+}{m^+ + 3m^-} \right) \left\{ 1 - \left(\frac{t^2}{2!} \right) \left(\frac{n_0 \langle \phi^{+-}(r) \rangle}{16\mu} \right) \right\}$$

$$= 3k_B T \left(\frac{3n_0 e^2}{m^-} \right) \left(\frac{3m^-}{m^+ + 3m^-} \right) \left\{ 1 - \left(\frac{t^2}{2!} \right) \left(\frac{n_0 \langle \phi^{+-}(r) \rangle}{16\mu} \right) \right\} \tag{7-14-18}$$

および

$$\langle \boldsymbol{j}_k^-(t) \boldsymbol{j}_l^-(0) \rangle = 3k_B T \left(\frac{3n_0 e^2}{m^-} \right) \left(\frac{m^+}{m^+ + 3m^-} \right) \left\{ 1 - \left(\frac{t^2}{2!} \right) \left(\frac{n_0 \langle \phi^{+-}(r) \rangle}{16\mu} \right) \right\} \tag{7-14-19}$$

$$\therefore \sigma^+ = \frac{9n_0 e^2}{m^+ \tilde{\gamma}(0)} \tag{7-14-20}$$

$$\tilde{\gamma}(0) = \left(\frac{n_0 \langle \phi^{+-} \rangle}{16\mu} \right)^{\frac{1}{2}} \tag{7-14-21}$$

$$\sigma^- = \frac{3n_0 e^2}{m^- \tilde{\gamma}(0)} \tag{7-14-22}$$

となる．しかし，これまでに具体的な数値計算はなされていないようである．

参考文献

1) B. R. Sundheim, J. Phys. Chem., **60** (1956) 1381.
2) T. Koishi and S. Tamaki, J. Phys. Soc. Japan, **68** (1999) 964-971.
3) 戸田盛和・久保亮五 編集，岩波講座 統計物理学，1978 年第 2 版．
4) H. Mori, Progress of Theoretical Physics, 33, 1965, pp. 423-455.
5) 藤坂博一，非平衡系の統計力学，産業図書，1998 年．
6) T. Koishi, S. Kawase and S. Tamaki, J. Chem. Phys., **116** (2002) 3018~3026.
7) T. Koishi and S. Tamaki, J. Chem. Phys., **121** (2004) 333-340.
8) T. Koishi and S. Tamaki, J. Chem. Phys., **123** (2005) 194501-194511.
9) J. P. Hansen and I. R. McDonald, *Theory of Simple Liquids*, 2nd ed. Academic Press, New York, 1986.
10) D. Levesque and L. Verlet, Phys. Rev., **A2** (1970) 2514.
11) K. Tankeshwar, K. N. Pathak and S. Ranganathan, J. Phys., Condens. Matter, **2** (1990) 5891-5905.
12) K. Hoshino, F. Shimojo and S. Munejiri, J. Phys. Soc. Japan, **71** (2002) 119-124.
13) K. Tankeshwar, B. Singla and K. N. Pathak, J. Phys. Condens. Matters, **3** (1991) 3173-3182.
14) 竹野茂治，私信．
15) M. Kusakabe, S. Takeno, T. Koishi, S. Matsunaga and S. Tamaki, Molecular Simulation, **38** (2012) 45-56
16) S. Matsunaga, T. Koishi and S. Tamaki, Molecular Simulation, **33** (2007) 613-621.
    S. Matsunaga, T. Koishi and S. Tamaki, Molecular Simulation, **A449-451** (2007) 693-698.
17) T. Koishi, S. Kawase, S. Tamaki and T. Ibisuzaki, J. Phys. Soc. Japan, **69** (2000) 3291-3296.

8. 溶融塩における輸送現象の理論的基礎

　前章では主として溶融塩におけるイオンの動きに対してランジュヴァン方程式を用いて理論的解析を遂行し，いくつかの系における構成イオンの部分伝導度を導出した．

　この章では，このようにして得られた溶融塩の電気伝導度および拡散係数に関するランジュヴァン方程式の妥当性について，統計力学的基礎付けをして今後の発展のためのバックグラウンドにしたい．また前章で触れなかった伝導に関する諸問題についても詳説したい．

　溶融塩に電場をかけると，電場の方向にイオンが移動するためイオンの分布に変化を生ずる．この章では，それに伴う伝導度の表式の修正をおこなう．これはNernst-Einstein効果からのズレとして有名である．また，前章で展開した直流電気伝導度理論をさらに発展させ，交流伝導度の一般的表式を導出する．その具体例として溶融NaClを取扱い，分子動力学や実験結果と比較する．また，超イオン導電体で知られている伝導度理論との関連についても論じたい．溶融塩の実用性もしくは工業的見地からみて，種々の過程において電気伝導度が重要な役割を演じていることを紹介する．

8-1　ランジュヴァン（Langevin）方程式採用の妥当性への基礎付け

　本節ではLangevin方程式が本質的にはニュートン（Newton）の運動の第2法則と等価であることを統計力学の観点から考察する．換言すれば，力学量の運動方程式から，確率論的解釈が可能となるLangevin方程式を導出することである．

　$t = 0$ における位相空間の一点 (p, q) にあった代表点の力学量の時間的変化を

$a(p,q,t)$ とすると,

$$\frac{\partial a(p,q,t)}{\partial t} = \sum \text{自由度の和} \left\{ -\left(\frac{\partial H}{\partial q}\right)\left(\frac{\partial}{\partial p}\right) + \left(\frac{\partial H}{\partial p}\right)\left(\frac{\partial}{\partial q}\right) \right\} a(p,q,t)$$
$$= -iLa \tag{8-1-1}$$

L はリュウヴィル (Liouville) 方程式

$$\frac{\partial \rho}{\partial t} + \sum_j \left\{ \left(\frac{p_j}{m_j}\right)\left(\frac{\partial \rho}{\partial q_j}\right) - \left(\frac{\partial U}{\partial q_j}\right)\left(\frac{\partial \rho}{\partial p_j}\right) \right\} = 0 \tag{8-1-2}$$

の第2項に相当する.ここで ρ は位相空間の代表点 (q_j, p_j) の密度を表わす.

(1)式はまた形式的に

$$a(p,q,t) = \exp(-iLt)\, a(p,q) \tag{8-1-3}$$

とも書ける.ここで $a(p,q)$ は t = 0 における力学量の初期値である.

演算子法の公式から,(8-1-3) 式はハミルトン (Hamilton) の運動方程式を満たすことが導かれる.

一方,統計力学の基本的な論理構造は,ミクロな法則を妥当な考え方で,粗視化 (coarse-graining) することにより,情報を縮約してマクロな関係式を導くことにある.

この縮約は,対象を,ある断面への射影 (projection) としてとらえることであり,この過程がどのような法則によって記述されるかを明らかにすればよい.

ある系の状態が $q = (q_1, q_2, q_3, \dots q_n)$ という変数で与えられるとする.その状態の t = t における分布の時間的な移り変わりが次のようなマルコフ (Markov) 的,すなわち,t = t における分布のみに依存するとしよう.

$$\partial f \frac{(q_1, q_2, q_3, \dots q_n, t)}{\partial t} = \Gamma f \tag{8-1-4}$$

ここで Γ は線形演算子である.

いま,$(q_1, q_2, q_3, \dots q_n)$ の内,$q' = (q_1, q_2, q_3, \dots q_m)$ だけが観測(あらわな変数群)され,$q'' = (q_{m+1}, q_{m+2}, q_{m+3}, \dots q_n)$ は隠れた観測変数 (hidden observables) としよう.前述の情報の縮約は q' だけの変化の過程で記述されるとする.つまり粗視化された分布 g として,

$$g = \mathrm{P}f \tag{8-1-5}$$

なる射影作用素 (projection operator) を定義する. すると, 次式のような関数関係がえられる[1].

$$\mathrm{P}f = \hat{g}(q', t)\varphi_0(q'') \tag{8-1-6}$$

結局, (8-1-5) 式の運動方程式として,

$$\begin{aligned}\frac{\partial \mathrm{P}f(q,t)}{\partial t} &= \mathrm{P}\Gamma \mathrm{P}f(q,t) + \mathrm{P}\Gamma \int_{t_0}^{t} d\tau \exp\{(t-\tau)\mathrm{P}'\Gamma\}\mathrm{P}'\Gamma \mathrm{P}f(q,\tau)\} \\ &\quad + \mathrm{P}\Gamma \exp\{(t-t_0)\mathrm{P}'\Gamma\}\mathrm{P}'f_0 \end{aligned} \tag{8-1-7}$$

ここで $\mathrm{P}' = 1 - \mathrm{P}$ である. あるいはラプラス (Laplace) 変換して

$$\left[s - \mathrm{P}\Gamma - \left\{\frac{1}{s - \mathrm{P}'\Gamma}\right\}\mathrm{P}'\Gamma\right]\mathrm{P}f = \mathrm{P}f_0 + \mathrm{P}\Gamma\left\{\frac{1}{s - \mathrm{P}'\Gamma}\right\}\mathrm{P}'f_0 \tag{8-1-8}$$

ここで,

$$f(q,s) = \int_{t_0}^{\infty} dt \exp\{-s(t-t_0)\}f(q,t) \tag{8-1-9}$$

(8-1-7) 式は, (8-1-4) 式のマルコフ過程から出発したのに, 不完全な変数, すなわち限られた変数だけによって記述される射影が非マルコフ過程 (non-Markovian process) になることを示している. これを更に時間的, 空間的に観測の精度を犠牲にした粗視化 (coarse-graining) を行うと, 再びマルコフ過程 (Markovian process) に戻る.

(8-1-7) 式で記憶関数 (memory function) の持続が短く, $\hat{g}$ の変化の早さが遅いときは,

$$\frac{\partial \hat{g}}{\partial t} = \Gamma'\hat{g} \tag{8-1-10}$$

なる方程式となり, マルコフ過程に戻る. この物理的例としては, ある粒子 (液体金属中のイオンや溶融塩中の構成イオン) のブラウン運動 (Brownian motion) を考えればよい. 拡散係数を与えることになる自己速度相関関数の t- 依存性は非マルコフ的であるが, 積分量はマルコフ過程としての拡散係数を与えることに対応する.

いま考えている系が熱平衡 (thermal equilibrium) にあるとする. それに関するある力学量 a (*e.g.* Brownian particle の velocity) のゆらぎについて考える. 任意の位相関数 $g(p,q)$ についての射影 $\mathrm{P}g$ を次のように定義する.

$$\mathrm{P}g = \frac{a(a,g)}{(a,a)} \tag{8-1-11}$$

ただし

$$(a,g) \equiv \langle a,g \rangle = C \iint dp\, dq\, \exp\left\{\frac{-H(p,q)}{k_\mathrm{B} T}\right\} a(p,q) g(p,q) \tag{8-1-12}$$

ここで C はカノニカル分布の規格化因数, 積分は多次元の位相空間全体にわたる.

$$\mathrm{P}^2 = \mathrm{P}, \quad a_0 = a \quad \mathrm{P}a = a \quad \mathrm{P}'a = 0 \tag{8-1-13}$$

(8-1-7) 式の $f \to a$, $\Gamma \to -iL$ とおくと,

$$\frac{d(a,a_\mathrm{t})}{dt} = -\int_0^t \gamma(t-\tau)(a,a_\mathrm{t})\,d\tau \tag{8-1-14}$$

ただし,

$$\gamma(t) = \frac{\dot{a}, \exp(-it\mathrm{P}'L)\dot{a}}{(a,a)} \tag{8-1-15}$$

となる.

$a_\mathrm{t} = \mathbf{v}_\mathrm{i}(t), a = \mathbf{v}_\mathrm{i}(0)$ とすれば, (8-1-14) 式は速度相関に関する Langevin 方程式である. あるいは,

$$\frac{da_\mathrm{t}}{dt} = -\int_0^t \gamma(t-\tau) a_\mathrm{t}\,d\tau + \frac{R_\mathrm{t}}{m} \tag{8-1-16}$$

$$R_\mathrm{t} = \exp(-it\mathrm{P}'L)\dot{a}, \quad R_0 = \dot{a}$$

となる. 着目した粒子の Langevin 方程式に相当する式が得られる.

このようにして Poisson の運動方程式から一般化された Langevin 方程式 (ただし(8-1-16)式の積分の下限は $-\infty$ となるが) が導かれる. これらは森によって定式化されたものである[2]. 藤坂は上記の議論を物理的により明確化し, 以下のような理論を展開している[3].

まず, Poisson の運動方程式の形式解を次のようにおく.

8. 溶融塩における輸送現象の理論的基礎

$$A_\mu(t) = \exp(-iLt) A_\mu(0) \tag{8-1-17}$$

ここで, μ はミクロな自由度である. また, $A = \{A_\mu\}$, $t \leq 0$ で $\hat{A}_\mu$ をもつとする. $t \geq 0$ の緩和過程で $\{A_\mu^-(t)\}$ は,

$$\hat{A}_\mu(t) = \text{Tr}\{\hat{A}_\mu(t)\rho\} \tag{8-1-18}$$

外部からのかく乱を $\{h_\mu\}$ とする. また, 密度 ρ は次式で与えられる.

$$\rho = \frac{\exp\{-\beta(H - \sum h_\mu A_\mu)\}}{Z} \tag{8-1-19}$$

ρ を $\{h_\mu\}$ について 1 次までとると, $t \geq 0$ に対して,

$$\hat{A}_\mu(t) = \sum (A(t), A)[(A, A)]_v^{-1} \hat{A}_\mu(0) \tag{8-1-20}$$

(8-1-20) 式の導出のための数学的手法を以下に紹介する.

ρ の展開に関する演算子法について A と B を非可換な演算子とする.

$$F(s) = \exp\{-s(A+B)\}$$

$$\frac{dF(s)}{ds} = -s(A+B)F(s) \qquad F(0) = 1$$

$F(s) = \exp(-sA)G(s)$ とおくと,

$$\frac{dF(s)}{ds} = -\frac{A\exp(-sA)G(s) + \exp(-sA)dG(s)}{ds}$$

$$\therefore \frac{\exp(-sA)dG(s)}{ds} = -(A+B)F(s) + AF(s) = -BF(s)$$

$$\frac{dG(s)}{ds} = -\exp(-sA)BF(s) = -\exp(sA)B\exp(-sA)G(s)$$

$$G(0) = 1$$

$$\therefore G(s) = 1 - \int_0^s ds' \exp(s'A)B\exp(-s'A)G(s')$$

$$= 1 - \int_0^s ds' \exp(s'A)B\exp(-s'A)$$

$$+ \int_0^s ds' \int_0^{s'} ds'' \exp(s'A)B\exp(-s'A)\exp(s''A)B\exp(-s''A) + \cdots\cdots$$

これを用いると(8-1-20)式が得られる. (8-1-20) 式で $\hat{A}_\mu(0)$ にかかる行列は緩和関数（relaxation function）の行列であり，

$$\Xi(t) = (A(t), A)(A, A)^{-1} \tag{8-1-21}$$

は初期時刻から力学量の平均値が平衡値からずれたとき，平衡値に戻っていく最も確からしい緩和（relaxation）を表現している．

さて, (8-1-17) 式で時間変化の様相を, 最も確率の高い最確部分(8-1-18) 式とそれからのずれ $\tilde{A}_\mu(t)$ とに分ける.

$$A_\mu(t) = \sum \Xi_{\mu\nu}(t) A_\nu(t) + \tilde{A}_\mu(t) \tag{8-1-22}$$

まず(8-1-17) 式に P' を作用（operate）させると，最も可能性の高い過程（most probable path）からのずれに対する運動方程式が得られる．即ち，

$$\tilde{A}_\mu(t) = \sum \int_0^t \Xi_{\mu\nu}(t-s) F_\nu(t) ds \tag{8-1-23}$$

$$F_\nu(t) = i \exp(-\mathrm{P}'Lt) \mathrm{P}'LA_\mu(0) \tag{8-1-24}$$

また(8-1-17) 式に P を作用（operate）させ, (8-1-22) と(8-1-23) を用いると，

$$\frac{d\Xi(t)}{dt} = \Xi(t) i\Omega - \int_0^t \Xi(s) \Phi(t-s) ds \tag{8-1-25}$$

が得られる．ここで,

$$i\Omega_{\mu\nu} = \sum_\gamma \{\dot{A}_\mu, A_\gamma\} \left[(A, A)^{-1}\right]_{\gamma\nu} \tag{8-1-26}$$

$$\begin{aligned}\Phi_{\mu\nu}(t) &= -\sum_\gamma \{-iLF_\mu(t), A_\gamma\} \left[(A, A)^{-1}\right]_{\gamma\nu} \\ &= \sum_\gamma \{F_\mu(t), F_\gamma(0)\} \left[(A, A)^{-1}\right]_{\gamma\nu}\end{aligned} \tag{8-1-27}$$

(8-1-22), (8-1-23)をラプラス（Laplace）変換し，数学的操作（mathematical manipulation）を施すと，

$$\frac{dA(t)}{dt} = i\Omega A(t) - \int_0^t \Phi(t-s) A(s) ds + F(t) \tag{8-1-28}$$

となる．右辺第1項は可逆的振動を表わす集団運動，第2項は記憶効果を伴う散逸項，第3項はゆらぎの力（fluctuating force）に関する項を表わす．

このようにしてランジュヴァン方程式採用の妥当性が証明されたことになる．

前章の取り扱いでは，第1項は伝導，拡散には関与しないので，省略したことに相当する．

8-2 速度相関関数について

一般的に次のような局所的力学変数を定義する．

$$A(\boldsymbol{r},t) = \sum_{i=1}^{N} a_i(t)\delta[\boldsymbol{r}-\boldsymbol{r}_i(t)] \tag{8-2-1}$$

ここで a_i は粒子 i の質量，速度等任意の物理量である．この式をフーリエ (Fourier) 変換すると，

$$A_q(t) = \int A(\boldsymbol{r},t)\exp(-i\boldsymbol{q}\cdot\boldsymbol{r})\,d\boldsymbol{r} = \sum_{i=1}^{N} a_i(t)\exp\{-i\boldsymbol{q}\cdot\boldsymbol{r}_i(t)\} \tag{8-2-2}$$

連続の方程式 (equation of continuity) から，

$$\dot{A}(\boldsymbol{r},t) + \nabla j^A(\boldsymbol{r},t) = 0, \quad \text{あるいはF-T表示で} \quad \dot{A}_q(t) + i\boldsymbol{q}\,j_q^A(t) = 0 \tag{8-2-3}$$

ミクロな数密度 (number density) $\rho(\boldsymbol{r},t)$ は

$$\rho(\boldsymbol{r},t) = \sum_{i=1}^{N} \delta[\boldsymbol{r}-\boldsymbol{r}_i(t)] \tag{8-2-4}$$

関連する荷電粒子の流れ (particle current) は

$$j(\boldsymbol{r},t) = \sum_{i=1}^{N} \boldsymbol{v}_i(t)\delta[\boldsymbol{r}-\boldsymbol{r}_i(t)], \quad \text{あるいはF-Tで}$$

$$j_q(t) = \sum_{i=1}^{N} \boldsymbol{v}_i(t)\exp\{-i\boldsymbol{q}\cdot\boldsymbol{r}_i(t)\} \tag{8-2-5}$$

$z^+ = -z^- = z = 1$ のとき，(8-2-4), (8-2-5) はそれぞれ電荷密度 (charge density) および電流密度 (charge current density) となる．

一般的な自己相関関数を次のように定義する．

$$C_{AA}(\boldsymbol{q},t) \equiv \langle A_q(t)\,A_q(0)\rangle \tag{8-2-6}$$

(8-2-4), (8-2-5) 式および相関関数の統計力学的平均 (ensemble average) の公式を用いると，

$$-\left.\frac{d^2 C_{AA}(\boldsymbol{q},t)}{dt^2}\right|_{t=0} = \langle \dot{A}_q(0)\,\dot{A}_{-q}(0)\rangle = \langle -i\boldsymbol{q}\,j_q^A(0)\,i\boldsymbol{q}\,j_{-q}^A(0)\rangle \tag{8-2-7}$$

$A = \rho$ とすると,

$$C(\boldsymbol{q},t) = \frac{1}{N}\langle \dot{\rho}_q(t)\dot{\rho}_{-q}(0)\rangle = -\frac{\mathrm{d}^2 F(\boldsymbol{q},t)}{\mathrm{d}t^2} \tag{8-2-8}$$

$F(\boldsymbol{q},t)$ は中間関数(intermediate function)と呼ばれ,$S(q,\omega)$ を ω についてのフーリエ逆変換(Fourier inversion transform)に相当する.

一般に,$C_{\alpha,\beta}(\boldsymbol{q},t)$(ここで α と β は座標軸である)は縦波 $C_l(q,t)$ と横波 $C_t(q,t)$ に分けて以下のように表現することができる.

$$C_{\alpha,\beta}(\boldsymbol{q},t) = \tilde{q}_\alpha \cdot \tilde{q}_\beta C_l(q,t) + (\delta_{\alpha\beta} - \tilde{q}_\alpha \cdot \tilde{q}_\beta)C_t(q,t) \tag{8-2-9}$$

ここで $\tilde{q}_\alpha$, $\tilde{q}_\beta$ は $\tilde{\boldsymbol{q}} = \dfrac{\boldsymbol{q}}{q}$ の α, β 成分である.因みに,溶融塩の場合,$C_l(q,t)$ のラプラス(Laplace)変換 $\tilde{C}_l(q,\omega)$ は,

$$\tilde{C}_l(q,\omega) = \omega^2\{S^{++}(q,\omega) + S^{--}(q,\omega) - 2S^{+-}(q,\omega)\} \tag{8-2-10}$$

さて,電場 $\boldsymbol{E}(\boldsymbol{q},\omega)$($\boldsymbol{q}$ は空間的変化の度合いであり,ω は周波数に対応する)に対して電流密度(charge current)$\boldsymbol{J}(\boldsymbol{q},\omega)$ はオームの法則により次式で与えられる.

$$\boldsymbol{J}(\boldsymbol{q},\omega) = \sigma(\boldsymbol{q},\omega)\boldsymbol{E}(\boldsymbol{q},\omega) \tag{8-2-11}$$

ここで $\sigma(\boldsymbol{q},\omega)$ は(8-2-7), (8-2-9)に関連して

$$\sigma(\boldsymbol{q},\omega) = \left(\frac{\boldsymbol{qq}}{q^2}\right)\sigma_l(\boldsymbol{q},\omega) + \left\{\boldsymbol{I} - \left(\frac{\boldsymbol{qq}}{q^2}\right)\right\}\sigma_t(\boldsymbol{q},\omega) \tag{8-2-12}$$

$\sigma_l(\boldsymbol{q},\omega)$ と $\sigma_t(\boldsymbol{q},\omega)$ は縦波,横波に対応するスカラー量である.また,$\sigma(\boldsymbol{q},\omega)$ は伝導度テンソルである.

$\sigma_l(\boldsymbol{q},\omega)$ と $\sigma_t(\boldsymbol{q},\omega)$ を求めるには連結した速度相関関数(combined velocity correlation functions)である(8-2-7), (8-2-8)を(8-2-9)式のように分解し,それぞれを(8-2-1)式に代入すればよいが t^4 以上の項の導出は極めて困難である.実際,これまでに詳しい議論がなされているのは(8-2-7)式に関することである[4-6].

本研究では,むしろ溶融塩における部分電気伝導度 $\sigma^{\pm}(q,\omega)$ に対応した $Z_\sigma^{\pm}(q,\omega)$ についての詳細を次節でのべる.

8-3　速度相関関数 $Z_\sigma^\pm(q,\omega)$ へ向けて

これまでの研究から，溶融塩における各構成イオンの直流電気伝導度 $\sigma^\pm(DC)$ は，久保の公式（Kubo-formulae）として次式で与えられる．

$$\sigma^\pm(DC) = \left(\frac{nz^{\pm 2}e^2}{3k_B T}\right)\int_0^\infty Z_\sigma^\pm(t)dt \tag{8-3-1}$$

ここでは $z^+ = -z^- = z = 1$ とする．また，

$$Z_\sigma^+(t) \equiv \langle v_i^+(t)v_j^+(0)\rangle - \langle v_i^+(t)v_k^-(0)\rangle \tag{8-3-2}$$

及び

$$Z_\sigma^-(t) \equiv \langle v_k^-(t)v_l^-(0)\rangle - \langle v_i^+(t)v_k^-(0)\rangle \tag{8-3-3}$$

ここで 〈 〉は統計力学的平均（ensemble average）また，(8-3-2), (8-3-3) 式の i, j, k, l については，($i=j$ and $i \neq j$), ($i \neq k$), ($k = l$ and $k \neq l$)である．

それぞれの速度相関関数（一般式として $\langle v_i(t)v_j(0)\rangle$ と書くことにすると）は，マクローリン（Mclaurin）展開により，次式のように与えられる．

$$\langle v_i(t)v_j(0)\rangle = \langle v_i(0)v_j(0)\rangle + \frac{t^2}{2!}\langle \ddot{v}_i(0)v_j(0)\rangle + \cdots \tag{8-3-4}$$

以下に $Z_\sigma^\pm(t) \to Z_\sigma^\pm(q,t)$ のように空間的な速度の変化を導入するには，をどのようにしたらよいかについて述べる．

$Z_\sigma^\pm(q,t)$（ここで，波動ベクトル q は位置 r のフーリエ変換である）導出のために，次のように構成陽イオンの運動量 $p_i^+(q,t)$ を定義する．

$$p_i^+(q,t) = m^+ v_i^+(t)\exp\{iq\cdot r_i^+(t)\} \tag{8-3-5}$$

(8-3-5)式に対して次のような Poisson の運動方程式を展開する．

$$\frac{dp_i^+(q,t)}{dt} = -[H, p_i^+(q,t)] \tag{8-3-6}$$

ここで H は系のハミルトニアン（Hamiltonian）である．(8-3-6) 式は，$t = 0$ の場合，

$$\left.\frac{dp_i^+(q,t)}{dt}\right|_{t=0} = \left[iq\left(\frac{p_i^{+2}}{m^+}\right)\right. \\ \left. - \frac{\partial \sum_{j=1}\phi^{++}(|r_i^+ - r_j^+|) + \sum_{k=1}\phi^{+-}(|r_i^+ - r_k^-|)}{\partial r_i^+}\right]\exp(iq\cdot r_i^+) \tag{8-3-7}$$

ここで $\exp\{i\boldsymbol{q}\cdot\boldsymbol{r}_i^+\}$ は $t=0$ における $\exp\{i\boldsymbol{q}\cdot\boldsymbol{r}_i^+(t)\}$ の値である. (8-3-7) 式を用いて再度ポアッソン方程式 (Poisson equation) を適用すると,

$$\frac{d\dot{\boldsymbol{p}}_i^+(\boldsymbol{q},t)}{dt} = -[H, \dot{\boldsymbol{p}}_i^+(\boldsymbol{q},t)]$$

$$\left.\frac{d\dot{\boldsymbol{p}}_i^+(\boldsymbol{q},t)}{dt}\right|_{t=0} = -\left[i\boldsymbol{q}\left(\frac{2\boldsymbol{p}_i^+}{m^+}\right)\cdot\right.$$

$$\left.\frac{\partial\sum_{j=1}\phi^{++}\left(\left|\boldsymbol{r}_i^+-\boldsymbol{r}_j^+\right|\right)+\sum_{k=1}\phi^{+-}\left(\left|\boldsymbol{r}_i^+-\boldsymbol{r}_k^-\right|\right)}{\partial \boldsymbol{r}_i^+}\right]\exp(i\boldsymbol{q}\cdot\boldsymbol{r}_i^+)$$

$$-\left(\frac{\boldsymbol{p}_i^+}{m^+}\right)\left[\frac{\partial^2\sum_{j=1}\phi^{++}\left(\left|\boldsymbol{r}_i^+-\boldsymbol{r}_j^+\right|\right)+\sum_{k=1}\phi^{+-}\left(\left|\boldsymbol{r}_i^+-\boldsymbol{r}_k^-\right|\right)}{\partial \boldsymbol{r}_i^{+2}}\right]\exp(i\boldsymbol{q}\cdot\boldsymbol{r}_i^+)$$

$$+\left(\frac{\boldsymbol{p}_i^+}{m^+}\right)\left[\frac{\partial^2\sum_{j=1}\phi^{++}\left(\left|\boldsymbol{r}_i^+-\boldsymbol{r}_j^+\right|\right)}{\partial \boldsymbol{r}_i^+ \partial \boldsymbol{r}_j^+}\right]\exp(i\boldsymbol{q}\cdot\boldsymbol{r}_i^+)$$

$$-\left(\frac{\boldsymbol{p}_k^-}{m^-}\right)\left\{\frac{\partial^2\sum_{k=1}\phi^{+-}\left(\left|\boldsymbol{r}_i^+-\boldsymbol{r}_k^-\right|\right)}{\partial \boldsymbol{r}_i^+ \partial \boldsymbol{r}_k^-}\right\}\exp(i\boldsymbol{q}\cdot\boldsymbol{r}_i^+)+i\boldsymbol{q}\left(\frac{\boldsymbol{p}_i^+}{m^+}\right)\left[i\boldsymbol{q}\left(\frac{\boldsymbol{p}_i^{+2}}{m^+}\right)\right.$$

$$\left.-\frac{\partial\left\{\sum_{j=1}\phi^{++}\left(\left|\boldsymbol{r}_i^+-\boldsymbol{r}_j^+\right|\right)+\sum_{k=1}\phi^{+-}\left(\left|\boldsymbol{r}_i^+-\boldsymbol{r}_k^-\right|\right)\right\}}{\partial \boldsymbol{r}_i^+}\right]\exp(i\boldsymbol{q}\cdot\boldsymbol{r}_i^+)$$

(8-3-8)

この式で $\dfrac{\partial^2\left\{\sum_{j=1}\phi^{++}\left(\left|\boldsymbol{r}_i^+-\boldsymbol{r}_j^+\right|\right)\right\}}{\partial \boldsymbol{r}_i^+ \partial \boldsymbol{r}_j^+} = -\dfrac{\partial^2\left\{\sum_{j=1}\phi^{++}\left(\left|\boldsymbol{r}_i^+-\boldsymbol{r}_j^+\right|\right)\right\}}{\partial \boldsymbol{r}_i^{+2}}$ を用いると,

$\phi^{++}\left(\left|\boldsymbol{r}_i^+-\boldsymbol{r}_j^+\right|\right)$ の項はキャンセルされる. また, (8-3-8) 式の右辺第1項はフーリエ逆変換のとき, 積分範囲の処理から消去されるので, 結局,

8. 溶融塩における輸送現象の理論的基礎

$$\left.\frac{d\dot{\boldsymbol{p}}_i^+(\boldsymbol{q},t)}{dt}\right|_{t=0} = -\left\{q^2\left(\frac{\boldsymbol{p}_i^+}{m^+}\right)\left(\frac{\boldsymbol{p}_i^{+2}}{m^+}\right)\right.$$

$$+\left(\frac{\boldsymbol{p}_i^+}{m^+}\right)\frac{\partial^2 \sum_{k=1}\phi^{+-}\left(\left|\boldsymbol{r}_i^+ - \boldsymbol{r}_k^-\right|\right)}{\partial \boldsymbol{r}_i^{+2}}$$

$$\left.+\left(\frac{\boldsymbol{p}_k^-}{m^-}\right)\frac{\partial^2 \sum_{k=1}\phi^{+-}\left(\left|\boldsymbol{r}_i^+ - \boldsymbol{r}_k^-\right|\right)}{\partial \boldsymbol{r}_i^+ \partial \boldsymbol{r}_k^-}\right\}\exp(i\boldsymbol{q}\cdot\boldsymbol{r}_i^+) \tag{8-3-9}$$

したがって(8-2-2)式の右辺第1項に q 依存項を導入した後，平均（ensemble average）の際に，乱雑位相近似（random phase approximation）を適用すると，t で展開したときの t^2 の項は，

$$\langle \ddot{\boldsymbol{v}}_i^+(\boldsymbol{q},0)\boldsymbol{v}_j^+(-\boldsymbol{q},0)\rangle = -\left(\frac{3k_B T}{m^{+2}}\right)\langle\exp\{i\boldsymbol{q}(\boldsymbol{r}_i^+ - \boldsymbol{r}_j^+)\rangle$$

$$\left[(q^2 k_B T)+\left(\frac{n}{3}\right)\int_0^\infty\left\{\frac{\partial^2\phi^{+-}(r)}{\partial r^2}+\frac{2}{r}\frac{\partial\phi^{+-}(r)}{\partial r}\right\}g^{+-}(r)4\pi r^2 dr\right] \tag{8-3-10}$$

この式はアブラモら（Abramo et al.）の導出した結果に等しい[4]．$q=0$ つまり空間的に一様な電場がかかるような場合には，(8-3-10) 式は7章で示したように，我々が以前に導いた式に一致する[7-9]．

同様にして

$$\langle \ddot{\boldsymbol{v}}_k^-(\boldsymbol{q},0)\boldsymbol{v}_l^-(-\boldsymbol{q},0)\rangle = -\left(\frac{3k_B T}{m^{-2}}\right)\langle\exp\{i\boldsymbol{q}(\boldsymbol{r}_i^- - \boldsymbol{r}_l^-)\rangle$$

$$\left[(q^2 k_B T)+\left(\frac{n}{3}\right)\int_0^\infty\left\{\frac{\partial^2\phi^{+-}(r)}{\partial r^2}+\frac{2}{r}\frac{\partial\phi^{+-}(r)}{\partial r}\right\}g^{+-}(r)4\pi r^2 dr\right]$$

$$\tag{8-3-11}$$

また，

$$\left\{\frac{\partial^2 \sum_{k=1}\phi^{+-}\left(\left|\boldsymbol{r}_i^+ - \boldsymbol{r}_k^-\right|\right)}{\partial \boldsymbol{r}_i^+ \partial \boldsymbol{r}_k^-}\right\} = -\left\{\frac{\sum_{k=1}\phi^{+-}\left(\left|\boldsymbol{r}_i^+ - \boldsymbol{r}_k^-\right|\right)}{\partial \boldsymbol{r}_i^{+2}}\right\} \tag{8-3-12}$$

に注意すると，

$$\langle \dot{v}_i^+(\boldsymbol{q},0) v_k^-(-\boldsymbol{q},0)\rangle = -\left(\frac{3k_BT}{m^+m^-}\right)\cdot\langle\exp\{i\boldsymbol{q}(\boldsymbol{r}_i^+ - \boldsymbol{r}_k^-)\}\rangle$$

$$\left[\left(\frac{n}{3}\right)\int_0^\infty\left\{\frac{\partial^2\phi^{+-}(r)}{\partial r^2}+\frac{2}{r}\frac{\partial\phi^{+-}(r)}{\partial r}\right\}g^{+-}(r)4\pi r^2\mathrm{d}r\right] \quad (8\text{-}3\text{-}13)$$

それゆえ，(8-3-2), (8-3-3)式に対応する $Z_\sigma^\pm(\boldsymbol{q},t)$ は，

$$Z_\sigma^\pm(\boldsymbol{q},t) \equiv \langle v_i^+(\boldsymbol{q},t) v_j^+(-\boldsymbol{q},0)\rangle - \langle v_i^+(\boldsymbol{q},t) v_k^-(-\boldsymbol{q},0)\rangle$$

$$= \left(\frac{3k_BT}{m^+}\right)\left(\frac{m^-}{m^++m^-}\right)\left[1-\left(\frac{t^2}{2!}\right)\left\{(q^2k_BT)(m^++m^-)\left(\frac{1}{m^-}\right)+\left(\frac{\alpha^0}{3\mu}\right)\right\}\right.$$

$$\left.+\text{higher order over }t^4\right]\cdot\langle\exp\{i\boldsymbol{q}(\boldsymbol{r}_i^+-\boldsymbol{r}_j^+)\}\rangle$$

$$+\left(\frac{3k_BT}{m^+}\right)\left(\frac{m^+}{m^++m^-}\right)\left\{1-\left(\frac{t^2}{2!}\right)\right\}\left\{\left(\frac{\alpha^0}{3\mu}\right)+\text{higher order over }t^4\right\}\cdot\langle\exp\{i\boldsymbol{q}(\boldsymbol{r}_i^+-\boldsymbol{r}_k^-)\}\rangle$$

$$(8\text{-}3\text{-}14)$$

および

$$Z_\sigma^-(\boldsymbol{q},t)\equiv\langle v_k^-(q,t) v_l^-(-q,0)\rangle-\langle v_i^+(q,t) v_k^-(-q,0)\rangle$$

$$=\left(\frac{3k_BT}{m^-}\right)\left(\frac{m^+}{m^++m^-}\right)\left[1-\left(\frac{t^2}{2!}\right)\left\{(q^2k_BT)(m^++m^-)\left(\frac{1}{m^+}\right)+\left(\frac{\alpha^0}{3\mu}\right)\right\}\right.$$

$$\left.+\text{higher order over }t^4\right]\cdot\langle\exp\{i\boldsymbol{q}(\boldsymbol{r}_k^--\boldsymbol{r}_l^-\}\rangle$$

$$+\left(\frac{3k_BT}{m^-}\right)\left(\frac{m^-}{m^++m^-}\right)\left\{1-\left(\frac{t^2}{2!}\right)\right\}\left\{\left(\frac{\alpha^0}{3\mu}\right)+\text{higher order over }t^4\right\}\cdot\langle\exp\{i\boldsymbol{q}(\boldsymbol{r}_i^+-\boldsymbol{r}_k^-\}\rangle$$

$$(8\text{-}3\text{-}15)$$

ただし，

$$\alpha^0 = n\int_0^\infty\left\{\frac{\partial^2\phi^{+-}(r)}{\partial r^2}+\frac{2}{r}\frac{\partial\phi^{+-}(r)}{\partial r}\right\}g^{+-}(r)4\pi r^2\mathrm{d}r \quad (8\text{-}3\text{-}16)$$

$$\frac{1}{\mu}=\frac{1}{m^+}+\frac{1}{m^-} \quad (8\text{-}3\text{-}17)$$

このように, $Z_\sigma^\pm(q,t)$ には波動ベクトル q および部分構造因子 (partial structure factors) が関与する. $q=0$ のとき, (8-3-14), (8-3-15) 式は前出の古石－田巻の結果に帰着する [7-9].

以下の取り扱いにおいて, 系の内部では一様に交流外場 $E(\omega)$ がかかったと仮定する. すなわち, 系の内部では到るところ $q=0$, 一様に交流電場 $E(\omega)$ がかかっているとする.

8-4 外部からの電場によるイオンの分布の変化に伴う伝導度の表式の修正

ところで, 外場 $E_0(\omega)$ によって系のイオンの空間的な構造配置 (configuration) は若干変形 (modulate) され, 各イオンに作用する電場は $E_0(\omega)$ でない. 例えば, $\omega=0$ の場合, 各イオンに働く電場は次式で表わされる.

$$E(\omega=0) = E_0(\omega=0) - \Delta_{BR}\, E(\omega=0) \tag{8-4-1}$$

ここで

$$\Delta_{BR} = \left(\frac{4\pi n}{3k_B T}\right) \int_d^\infty \left\{\frac{\partial \phi^{+-}(r)}{\partial r}\right\} g^{+-}(r) r^3 \mathrm{d}r \tag{8-4-2}$$

ここで積分の下限の d は陰陽イオン間の接触距離 (contact distance) である. (8-4-2) 式は 1964 年にバーン－ライス (Berne and Rice) によって分子論的展開を用いて導出された [10]. 我々はこれについて物理的描像を明確にし, 分かり易い導出法を見出した [9].

まず任意の溶融塩の系 ($z^+ = -z^- = z$, $n^+ = n^- = n$) において, 印加する電場の強さを x-軸の方向に E_0 とすると, 測定される電流 $j_{obs}(\mathrm{DC})$ との間には次のような関係で測定される電気伝導度 $\sigma_{obs}(\mathrm{DC})$ が定義される.

$$j_{obs}(\mathrm{DC}) = \sigma_{obs}(\mathrm{DC}) E_0 \tag{8-4-3}$$

$r=0$ の原点に陽イオン 1 をおき, そこから $(r, \theta, \varphi = 0 \sim 2\pi)$ と $(r+\mathrm{d}r, \theta+\mathrm{d}\theta, \varphi = 0 \sim 2\pi)$ とに囲まれた小さなリングの中に陰イオン 2 をおく. 外場によって 1-2 間のイオンの分布は次のように変形される.

$$g_0^{+-}(r) \exp\left(-\frac{U}{k_B T}\right) \approx g_0^{+-}(r) \left\{1 + \left(\frac{zeE_0 r \cos\theta}{k_B T}\right)\right\} \tag{8-4-4}$$

それゆえ$(r, \varphi = 0 \sim 2\pi)$と$(r+\mathrm{d}r, \varphi = 0 \sim 2\pi)$とによって囲まれたリング状体積中の陰イオンの数は

$$2\pi n g_0^{+-}(r)\left\{1+\left(\frac{zeE_0 r\cos\theta}{k_{\mathrm{B}}T}\right)\right\}r^2\sin\theta\,\mathrm{d}\theta\,\mathrm{d}r$$

となる．これらすべての陰イオンが原点の陽イオン1と相互作用する．その力の和は

$$F = -2\pi n \int_d^\infty \int_0^\pi \left(\frac{\partial \phi^{+-}(r)}{\partial r}\right) g_0^{+-}(r)\left\{1+\left(\frac{zeE_0 r\cos\theta}{k_{\mathrm{B}}T}\right)\right\}r^2\sin\theta\cos\theta\,\mathrm{d}\theta\,\mathrm{d}r \tag{8-4-5}$$

ここで積分下限dは陰陽イオン間の接触距離である．

外場がゼロのとき，Fはゼロになる筈である．このことを考慮すると，最終的に上の式は

$$F = -2\pi n\left(\frac{zeE_0}{k_{\mathrm{B}}T}\right)\int_d^\infty \int_0^\pi \left\{\frac{\partial \phi^{+-}(r)}{\partial r}\right\}g^{+-}(r)r^3\sin\theta\cos^2\theta\,\mathrm{d}\theta\,\mathrm{d}r \tag{8-4-6}$$

$$= -\Delta_{\mathrm{BR}} zeE_0$$

ここで

$$\Delta_{\mathrm{BR}} = \left(\frac{4\pi n}{k_{\mathrm{B}}T}\right)\int_d^\infty \left\{\frac{\partial \phi^{+-}(r)}{\partial r}\right\}g^{+-}(r)r^3\,\mathrm{d}r \tag{8-4-7}$$

このようにして(8-4-2)式が導出される．

以上のことは物理的に次のように説明される．

各イオンに働く内部電場Eは，$\Delta_{\mathrm{BR}}E$に比例したイオン分布の変形を受け，全体として与えられる内部電場の式は

$$E = E_0 - \Delta_{\mathrm{BR}} E \tag{8-4-8}$$

となる．すなわち，

$$E = \frac{E_0}{1+\Delta_{\mathrm{BR}}} \tag{8-4-9}$$

それゆえ，系の各イオンに働く電場は，$E_0(\omega=0)$でなく，(8-4-1)式より導いた$E(\omega=0)$である．ただし，外部電場によるイオン自身の分極に伴う効果は無視し

た．また，測定される電流は，

$$j_{\text{obs}}^{\pm}(\text{DC}) = \left(\frac{nz^2e^2}{m^{\pm}}\right)\left\{\frac{1}{\tilde{\gamma}(0)}\right\}\left\{\frac{1}{1+\Delta_{\text{BR}}}\right\}E_0 \tag{8-4-10}$$

である．したがって，測定される電気伝導度 $\sigma_{\text{obs}}^{\pm}(\text{DC})$ は

$$\sigma_{\text{obs}}^{\pm}(\text{DC}) = \left(\frac{nz^2e^2}{m^{\pm}}\right)\left\{\frac{1}{\tilde{\gamma}(0)}\right\}\left\{\frac{1}{1+\Delta_{\text{BR}}}\right\} \tag{8-4-11}$$

8-5 交流伝導度

溶融塩に交流電場を印加したとき，応答される交流伝導度（alternative current conductivity = AC conductivity）について詳細に調べよう．

陰陽イオンの電荷を $z^{\pm}$ とした場合，単純化されたランジュヴァン方程式は次式で与えられる．

$$\frac{m^{\pm}d\boldsymbol{v}_{\text{i}}^{\pm}(t)}{dt} = -\xi^{\pm}\boldsymbol{v}_{\text{i}}^{\pm}(t) + z^{\pm}eE_0\exp(i\omega t) \tag{8-5-1}$$

ここで $\xi^{\pm}$ は摩擦係数に相当する比例定数である．この式はまた電気伝導に対するドルーデ（Drude）理論の出発点である．この式から交流部分伝導度は次式で与えられる．

$$\sigma^{\pm}(\omega) = \left(\frac{nz^2e^2}{m^{\pm}}\right)\left[\frac{1}{\{-i\omega+\xi^{\pm}\}}\right] \tag{8-5-2}$$

$\omega=0$ の条件は直流伝導度であり，

$$\sigma^{\pm}(\omega\to 0) = \left(\frac{nz^2e^2}{m^{\pm}}\right)\left(\frac{1}{\xi^{\pm}}\right) \tag{8-5-3}$$

これまでの議論から，$\xi^{\pm} = \tilde{\gamma}(0)$ である．したがって(8-5-2)式は次のように書き換えられる．

$$\sigma^{\pm}(\omega) = \left(\frac{nz^2e^2}{m^{\pm}}\right)\left\{\frac{1}{-i\omega+\tilde{\gamma}(0)}\right\}$$

$$= \left(\frac{nz^2e^2}{m^{\pm}}\right)\left\{\frac{\tilde{\gamma}(0)+i\omega}{\tilde{\gamma}(0)^2+\omega^2}\right\} \tag{8-5-4}$$

この式は金属中の電子伝導にも応用される．その場合，質量 $m^{\pm}$ として伝導電

子の質量を選び,摩擦係数 $\tilde{\gamma}(0)$ の代わりに伝導電子の衝突の緩和時間 $\tau\left(=\dfrac{1}{\tilde{\gamma}(0)}\right)$ が用いられる.

(8-4-11)式と(8-5-4)式との組み合わせにより,

$$\sigma^{\pm}(\omega)=\left(\frac{nz^{\pm 2}e^2}{m^{\pm}}\right)\left[\frac{1}{\{-i\omega+\tilde{\gamma}(\omega)\}}\right]\left\{\frac{1}{1+\Delta_{\mathrm{BR}}}\right\} \tag{8-5-5}$$

が得られる. ここで

$$\tilde{\gamma}(\omega)=\int_0^\infty \exp(i\omega t)\,\gamma(t)\mathrm{d}t \tag{8-5-6}$$

ω がある程度大きくなると,外場 $E_0(\omega)$ によって変調されたイオン分布の移動にも遅れが発生するであろう. その遅れを表現する減衰関数としては,イオンの運動における Langevin 方程式の中のイオンに対する摩擦の遅れと同じように $\varphi(t)=A\cdot\exp\{-\tilde{\gamma}(0)t\}$ とおくことにする. 係数 A は次のようにして求められる.

$$\Delta_{\mathrm{BR}}(\omega)=\int_0^\infty \exp(i\omega t)\,\varphi(t)\mathrm{d}t \tag{8-5-7}$$

$$\Delta_{\mathrm{BR}}(\omega)=\Delta_{\mathrm{BR}}(0)=\int_0^\infty \varphi(t)\mathrm{d}t \tag{8-5-8}$$

結果として

$$A=\tilde{\gamma}(0)\,\Delta_{\mathrm{BR}} \tag{8-5-9}$$

$$\Delta_{\mathrm{BR}}(\omega)=\frac{\Delta_{\mathrm{BR}}}{\left[1-i\omega\left\{\dfrac{1}{\tilde{\gamma}(0)}\right\}\right]} \tag{8-5-10}$$

(8-5-10) 式は所謂デバイ(Debye)型の緩和式(relaxation formula)である. この式を(8-5-5) 式の Δ_{BR} と置き換え,$\tilde{\gamma}(0)$ の代わりに $\tilde{\gamma}(\omega)$ を用いれば部分交流伝導度 $\sigma^{\pm}(\omega)$ は,

$$\sigma^{\pm}(\omega)=\left(\frac{nz^{\pm 2}e^2}{m^{\pm}}\right)\left[\frac{1}{\{-i\omega+\tilde{\gamma}(\omega)\}}\right]\left[1+\left\{\frac{\Delta_{\mathrm{BR}}}{1-\left(\dfrac{i\omega}{\tilde{\gamma}(0)}\right)}\right\}\right]^{-1} \tag{8-5-11}$$

これまでに論及したように,記憶関数 $\gamma(t)$ は近似的に,$\tilde{\gamma}(0)^2\exp\{-\tilde{\gamma}(0)t\}$ で与えられる. したがって,そのフーリエ−ラプラス変換式は次式で与えられる.

8. 溶融塩における輸送現象の理論的基礎

$$\tilde{\gamma}(\omega) = \tilde{\gamma}(0)^2 \left(\frac{\tilde{\gamma}(0) + i\omega}{\omega^2 + \tilde{\gamma}(0)^2} \right) \tag{8-5-12}$$

or $\quad = \gamma'(\omega) + i\gamma''(\omega)$

ここで，$\gamma'(\omega)$および$\gamma''(\omega)$はそれぞれ，実数部と虚数部とを表わす．(8-5-12) 式から直ちに，

$$\gamma''(\omega) = \gamma'(\omega)^{\frac{1}{2}} \left[\frac{1}{\tilde{\gamma}(0) - \gamma'(\omega)} \right]^{\frac{1}{2}} \tag{8-5-13}$$

あるいは，

$$\left[\gamma'(\omega) - \left\{ \frac{1}{2\tilde{\gamma}(0)} \right\} \right]^2 + \gamma''(\omega)^2 = \frac{1}{4\tilde{\gamma}(0)^2} \tag{8-5-14}$$

(8-5-14) 式は，図 8-5-1 で示されるように，縦座標が$\gamma''(\omega)$で横座標が$\gamma'(\omega)$とするとき，半径が$\frac{\tilde{\gamma}(0)}{2}$である半円を形作るコール–コール関数 (Cole-Cole function) である．また，$\gamma''(\omega)$と$\gamma'(\omega)$は，互いにクラマース–クローニッヒの関係 (Kramers-Kronig relation) をもっている．

以下で示すように，(8-5-12)～(8-5-14) 式はデバイ型誘電緩和理論と相似の関係

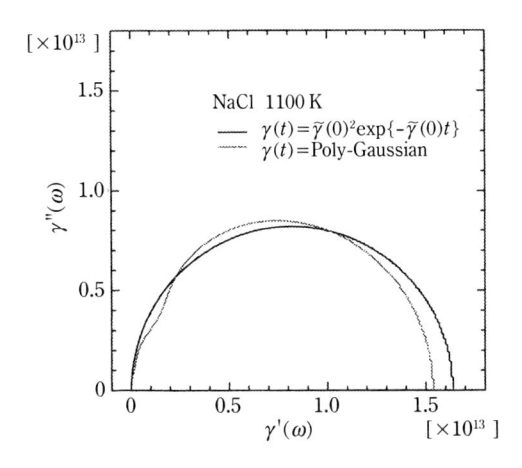

図 8-5-1 MD によって得られた溶融 NaCl における摩擦に関する記憶関数 $\gamma(t)$ のフーリエ–ラプラス変換 $\tilde{\gamma}(\omega)$ の Cole-Cole 表示．

をもっている.

任意の物質における電磁場理論によれば，系の電気変位 $D(t)$ は電場の強さ $E(t)$ と分極 $P(t)$ を用いると,

$$D(t) = E(t) + 4\pi P(t)$$
$$= \varepsilon_\infty E(t) + \int_{-\infty}^{t} dt' \varphi(t-t') E(t') \tag{8-5-15}$$

で表わされる．ここで ε_∞ は主として電子分極によってもたらされる瞬時の応答に比例する誘電定数であり，$\varphi(t-t')$ は緩和関数である．

(8-5-15) 式にラプラス変換をほどこすと,

$$D(\omega) = \varepsilon E(\omega) \tag{8-5-16}$$

ここで

$$\varepsilon(\omega) = \varepsilon'(\omega) + \varepsilon''(\omega) = \varepsilon_\infty + \int_0^t dt \exp(i\omega t) \varphi(t) \tag{8-5-17}$$

もしデバイ型の緩和関数 $\varphi(t) = \left(\dfrac{\varepsilon_s - \varepsilon_\infty}{\tau}\right) \exp\left(\dfrac{-t}{\tau}\right)$，ただし ε_s および τ はそれぞれ静的誘電定数と緩和の時定数，を仮定すると,

$$\varepsilon'(\omega) - \varepsilon_\infty = (\varepsilon_s - \varepsilon_\infty) \left\{ \frac{1}{1+(\omega\tau)^2} \right\} \tag{8-5-18}$$

および

$$\varepsilon''(\omega) = (\varepsilon_s - \varepsilon_\infty) \left\{ \frac{\omega\tau}{1+(\omega\tau)^2} \right\} = \left[\{\varepsilon_s - \varepsilon'(\omega)\}\{\varepsilon'(\omega) - \varepsilon_\infty\} \right]^{\frac{1}{2}} \tag{8-5-19}$$

(8-5-15)〜(8-5-19) は $\varepsilon'(\omega)$ および $\varepsilon''(\omega)$ に対して Cole-Cole 描写をする．丁度，$(\varepsilon'(\omega) - \varepsilon_\infty)$，$\varepsilon''(\omega)$，$\varepsilon_s$ のグループが $\gamma'(\omega)$，$\gamma''(\omega)$，$\tilde{\gamma}(0)$ に対応する．

溶融 NaCl の場合には，次節で述べるように，ランジュヴァン方程式における記憶関数 $\gamma(t)$ は次式のように多元ガウス関数和で表現される．

$$\gamma(t) = \tilde{\gamma}(0)^2 \sum_{i=1}^{3} a_i \exp\left\{ -\left(\frac{\pi}{4}\right) b_i \tilde{\gamma}(0)^2 t^2 \right\} \tag{8-5-20}$$

ここで

$$\sum_{i=1}^{3} a_i = 1, \quad \frac{\left\{(b_2 b_3)^{\frac{1}{2}} a_1 + (b_3 b_1)^{\frac{1}{2}} a_2 + (b_1 b_2)^{\frac{1}{2}} a_3\right\}}{(b_1 b_2 b_3)^{\frac{1}{2}}} = 1 \quad (8\text{-}5\text{-}21)$$

ここで a_i および b_i はフィッテング・パラメーターである．すなわち，この系では3種類の減衰過程が存在する．(8-5-20) 式をラプラス変換すると，

$$\tilde{\gamma}(\omega) = \tilde{\gamma}(0) \sum_{i=1}^{3} \left(\frac{a_i}{(b_i)^{\frac{1}{2}}}\right) \exp\left\{-\frac{\omega^2}{\pi b_i \tilde{\gamma}(0)^2}\right\} \times \left[1 + i\left\{\frac{2}{(\pi)^{\frac{1}{2}}}\right\} \int_0^{h(\omega)} \exp(t^2) dt\right] \quad (8\text{-}5\text{-}22)$$

ここで積分の上限 $h(\omega)$ は，

$$h(\omega) = \frac{\omega}{(\pi b_i)^{\frac{1}{2}} \tilde{\gamma}(0)} \quad (8\text{-}5\text{-}23)$$

厳密に言えば，これらはCole-Cole関数を満足しないけれども，数値的には(8-5-14) 式に近い（図 8-5-1 参照）．

このように，線形応答理論によって与えられる交流伝導度はクラマース-クローニッヒ関係式（Kramers-Kronig relation）を満たすので次式が得られる．

$$\lim_{\omega \to \infty} \omega \operatorname{Im} \sigma^{\pm}(\omega) = \left(\frac{\pi}{2}\right) \int_0^{\infty} d\omega \operatorname{Re} \sigma^{\pm}(\omega) \quad (8\text{-}5\text{-}24)$$

$\omega \to \infty$ の極限において，(8-5-11) 式は

$$\sigma^{\pm}(\omega) \approx i\left(\frac{nz^2 e^2}{m^{\pm}}\right) \quad (\text{for } \omega \to \infty) \quad (8\text{-}5\text{-}25)$$

それゆえ

$$\lim_{\omega \to \infty} \omega \operatorname{Im} \sigma^{\pm}(\omega) = \left(\frac{\pi}{2}\right) \int_0^{\infty} d\omega \operatorname{Re} \sigma^{\pm}(\omega) = i\left(\frac{nz^2 e^2}{m^{\pm}}\right) \quad (8\text{-}5\text{-}26)$$

の関係がある．この式はモーメント和則（moment sum rule）と呼ばれている．

8-6　$\sigma^{\pm}(\omega)$ の具体的表示の例－溶融 NaCl の場合－

これまでになされた研究から，溶融塩における Langevin 方程式の中のイオンの運動に対する遅延摩擦関数（retarded friction function）$\gamma(t)$ は近似的に $\tilde{\gamma}(0)^2 \exp\{-\tilde{\gamma}(0)t\}$ の関数形で表現される．しかし，正しい理論的結果は偶関数

でなければならない．最近われわれ（Kusakabe *et al.*）は近似式と等価な偶関数の導出に成功した．具体的計算例は溶融 NaCl に対してなされている．それによると，$\gamma(t)$ は次のような多元ガウス関数（poly-Gaussian functions）で表わされる．

$$\gamma(t) = \tilde{\gamma}(0)^2 \sum_{i=1}^{3} a_i \exp\left\{-\left(\frac{\pi}{4}\right) b_i \tilde{\gamma}(0)^2 t^2\right\} \tag{8-6-1}$$

ただし

$$\sum_{i=1}^{3} a_i = 1, \quad \frac{\left\{(b_2 b_3)^{\frac{1}{2}} a_1 + (b_3 b_1)^{\frac{1}{2}} a_2 + (b_1 b_2)^{\frac{1}{2}} a_3\right\}}{(b_1 b_2 b_3)^{\frac{1}{2}}} = 1 \tag{8-6-2}$$

ここで a_i，b_i は調整のためのパラメーター（fitting parameters）である．それぞれの b_i に対応して，3種類の減衰過程（decaying process）が存在し，それぞれの割合（fraction）が a_i であることは既に述べた．これらは丁度 MD でえられた構造の代表的な配置（configuration）と極めてよい対比をなすことが判明している．

(8-6-1) 式のフーリエ－ラプラス（Fourier-Laplace）変換値は次式で与えられる．

$$\tilde{\gamma}(\omega) = \tilde{\gamma}(0) \sum_{i=1}^{3} \exp\left\{-\frac{\omega^2}{b_i \pi \tilde{\gamma}(0)^2}\right\} \times \left[1 - i \left\{\frac{2\tilde{\gamma}(0)}{(b_i \pi)^{\frac{1}{2}}}\right\} \int_0^{f(\omega)} \exp(t^2) dt \right] \tag{8-6-3}$$

ここで [ ] 内の第2項の積分の上限値 $f(\omega)$ は，$f(\omega) = \dfrac{\omega}{(b_i \pi)^{\frac{1}{2}} \tilde{\gamma}(0)}$ である．これを (8-5-11) 式の $\tilde{\gamma}(\omega)$ に代入すれば，交流複素伝導度がえられる．

以下に溶融 NaCl の交流伝導度の計算結果を示す．まず，$Z_\sigma^\pm(t)$ の MD から得られる記憶関数 $\gamma(t)$ のラプラス変換値 $\tilde{\gamma}(0)$ は 4.06×10^{13} sec^{-1} となった．ただし，$n = 1.59 \times 10^{28}$ m^{-3} を用いた[12]．また，$\Delta_{BR} = -0.02$ を用いると，Re$\sigma(\omega)$(= Re$\sigma^+(\omega)$ + Re$\sigma^-(\omega)$) および Im$\sigma(\omega)$(=Im$\sigma^+(\omega)$+Im$\sigma^-(\omega)$) は，それぞれ図 8-6-1 のようになる．

得られた結果は，ペトラヴィック－デルホンメイユ（Petravic and Delhommelle）

8. 溶融塩における輸送現象の理論的基礎

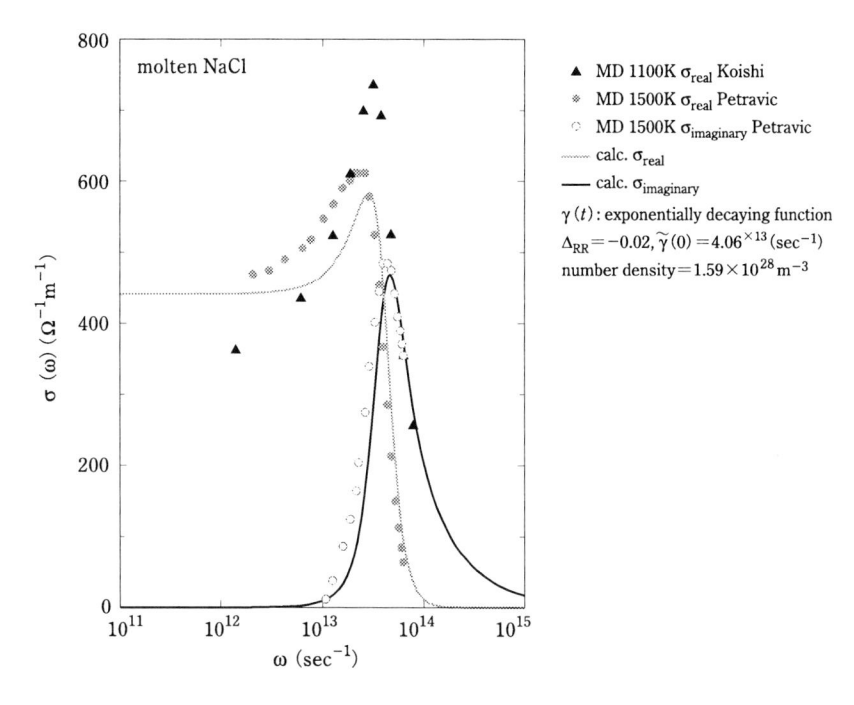

図 8-6-1 理論式およびMDによって得られた溶融NaClにおける交流伝導度 $\sigma(\omega)$.

が次式を用いてMDから直接計算した値に近い[13]．

$$\sigma(\omega) = \left(\frac{n_0 z^2 e^2}{3k_B T}\right) \int_0^\infty \exp(i\omega t)\left\{Z_\sigma^+(t) + Z_\sigma^-(t)\right\} dt \tag{8-6-4}$$

このように理論計算の結果とMDの結果が良い一致を示すことは，理論式の妥当性を示唆している．

8-7 伝導度と拡散係数における記憶関数（memory function）の相違について

一般化された溶融塩におけるランジュヴァン方程式をもう一度書くと，

$$\frac{m^\pm d\boldsymbol{v}_i^\pm(t)}{dt} = -\int_0^t \xi^\pm(t-t')\boldsymbol{v}_i^\pm(t')dt' + \boldsymbol{R}_i^\pm(t) \tag{8-7-1}$$

ここで $\xi^\pm(t-t')$ は記憶関数(memory function)もしくは遅延摩擦関数(retarded friction function)とよばれる.$R_i^\pm(t)$ はイオン i に働くランダムなゆらぎの力 (random fluctuating force)である.

(8-7-1)式に $v_j^\pm(0)$ あるいは $v_i^\pm(0)$ をかけて統計力学的平均(ensemble average)をとるとき,次のような新たな記憶関数が定義される.

$$\langle \xi^\pm(t-t')\,v_i^\pm(t)\,v_j^\pm(0)\rangle = \gamma_\sigma^\pm(t-t')\langle v_i^\pm(t)\,v_j^\pm(0)\rangle \quad \text{(for } i=j \text{ and } i\neq j)$$
(8-7-2)

$$\langle \xi^\pm(t-t')\,v_i^\pm(t)\,v_i^\pm(0)\rangle = \gamma_D^\pm(t-t')\langle v_i^\pm(t)\,v_i^\pm(0)\rangle \quad \text{(for } i \text{ itself)} \qquad (8\text{-}7\text{-}3)$$

$\gamma_\sigma^\pm(t)$, $\gamma_D^\pm(t)$ はそれぞれ伝導度と拡散係数に関連する遅延摩擦関数(retarded friction functions)である.このように $\gamma_\sigma^\pm(t)$, $\gamma_D^\pm(t)$ を別々に定義できることは明らかである.即ち,

$$\gamma_\sigma^\pm(t) = \frac{\dot{v}_i^\pm(0), \exp(-it\mathrm{P}'L)\dot{v}_j^\pm(0)}{\dot{v}_i^\pm(0), \dot{v}_j^\pm(0)}$$
(8-7-4)

$$\gamma_D^\pm(t) = \frac{\dot{v}_i^\pm(0), \exp(-it\mathrm{P}'L)\dot{v}_i^\pm(0)}{\dot{v}_i^\pm(0), \dot{v}_i^\pm(0)}$$
(8-7-5)

(8-1-16)と(8-7-4)から出発して,揺動散逸定理(fluctuation dissipation theorem)を適用し,$\gamma(t)$ として対数減衰型関数(exponentially decaying function)を仮定すると,(8-4-4)式

$$\gamma_\sigma^\pm(t) = \tilde{\gamma}(0)^2 \exp\{-\tilde{\gamma}(0)t\}$$
(8-7-6)

がえられる.

同様にして,$\gamma_D^\pm(t)$ も次の様な対数的減衰関数を仮定する.

$$\gamma_D^\pm(t) = \gamma_0^\pm \exp\{-\beta^\pm |t|\}$$
(8-7-7)

これまでと同様な手法から,

$$\int_0^\infty \langle v_i^\pm(t)\,v_i^\pm(0)\rangle \mathrm{d}t = \frac{3k_\mathrm{B}T}{m^\pm}\int_0^\infty\left\{1-\left(\frac{t^2}{2}\right)\left(\frac{\alpha^\pm}{m^\pm}\right)+(\text{terms over } t^4)\right\}\mathrm{d}t \quad (8\text{-}7\text{-}8)$$

(8-4-3)式の類推から,

$$\int_0^\infty \left\{ 1 - \left(\frac{t^2}{2}\right)\left(\frac{\alpha^\pm}{m^\pm}\right) + (\text{terms over } t^4) \right\} dt = \frac{1}{\left(\dfrac{\alpha^\pm}{m^\pm}\right)^{\frac{1}{2}}} \tag{8-7-9}$$

とおくと,

$$\beta^\pm = \left(\frac{\alpha^\pm}{m^\pm}\right)^{\frac{1}{2}} \tag{8-7-10}$$

したがって

$$\gamma_D^\pm(t) = \left(\frac{\alpha^\pm}{m^\pm}\right) \exp\left\{-\left(\frac{\alpha^\pm}{m^\pm}\right)^{\frac{1}{2}} t\right\} \tag{8-7-11}$$

ここで,

$$\alpha^\pm = \frac{n}{2}\int_0^\infty \left[\int_0^\infty \left\{\frac{\partial^2 \phi^{\pm\pm}(r)}{\partial r^2} + \left(\frac{2}{r}\right)\frac{\partial \phi^{\pm\pm}(r)}{\partial r}\right\} g^{\pm\pm}(r) \right.$$
$$\left. + 2\left\{\frac{\partial^2 \phi^{+-}(r)}{\partial r^2} + \left(\frac{2}{r}\right)\frac{\partial \phi^{+-}(r)}{\partial r}\right\} g^{+-}(r) \right] 4\pi r^2 dr \tag{8-7-12}$$

8-8 Brüesch らの超イオン導電体における伝導度理論との関連について

ブリューイッシュら (Brüesch et al.) はニュートン (Newton) の運動方程式の拡張として，次の様な線形結合したランジュヴァン方程式 (a set of coupled linearlized Langevin equation) を提案する際，遅延摩擦関数 (retarded friction function) とは独立に，遅れのない摩擦力 (non-retarded friction force) を仮定した[14]．

$$\frac{m^\pm d\boldsymbol{v}_i^\pm(t)}{dt} = -m^\pm \Gamma \boldsymbol{v}_i^\pm(t) - m^\pm \int_0^t M(t-t') \boldsymbol{v}_i^\pm(t') dt' + \boldsymbol{R}_i^\pm(t) \tag{8-8-1}$$

ここで右辺第1項は遅れのない摩擦抵抗力であり，第2項 $M(t-t')$ は遅れを伴う摩擦抵抗力に関する遅延摩擦関数である．$M(t)$ は正の値をもち，Γ より大きい場合は，よく知られた減衰振動 (damped oscillation) に関する運動方程式をあたえる．

その結果，得られた交流伝導度は,

$$\sigma^{\pm}(\omega) = \frac{nz^{\pm 2}e^2}{m^{\pm}} \left[\frac{1}{\{-i\omega + \Gamma + \tilde{M}(\omega)\}} \right] \tag{8-8-2}$$

である．ここで $\tilde{M}(\omega)$ は $M(t)$ のフーリエーラプラス（Fourier-Laplace）変換である．

一方，直流伝導度はこれまでの議論から，次式のようにかける．

$$\sigma^{\pm}(0) = \frac{\left(\dfrac{nz^{\pm 2}e^2}{m^{\pm}}\right)}{\tilde{\gamma}(0)} \tag{8-8-3}$$

$\omega = 0$ における(8-8-2)式と(8-8-3)式とは相等しいので，

$$\Gamma + \tilde{M}(0) = \tilde{\gamma}(0) \tag{8-8-4}$$

(8-8-3)式の $\tilde{\gamma}(0)$ は正負イオンの換算質量 μ と正負イオン間の相互作用ポテンシャルのみに依存する量である．したがって，Γ と $\tilde{M}(0)$ とは次式のような関係がある．

$$\Gamma = c\tilde{\gamma}(0), \quad \tilde{M}(0) = (1-c)\tilde{\gamma}(0) \tag{8-8-5}$$

ここで，$c, (1-c)$ はそれぞれの配分の割合をしめしている．

遅延記憶関数（retarded memory function）$M(t)$ は(8-7-6)式の形をしているので一般化した関数表示として次式が得られる

$$M(t) = (1-c)\tilde{\gamma}(0)^2 f(t) \quad \text{and} \quad \int_0^\infty f(t)\mathrm{d}t = \frac{1}{\tilde{\gamma}(0)} \tag{8-8-6}$$

(8-8-2), (8-8-5), (8-8-6)式とから，次式が得られる．

$$\sigma^{\pm}(\omega) = \frac{nz^{\pm 2}e^2}{m^{\pm}} \left[\frac{1}{\{-i\omega + c\tilde{\gamma}(0) + (1-c)\tilde{\gamma}(0)^2 \tilde{f}(\omega)\}} \right] \tag{8-8-7}$$

ここで

$$\tilde{f}(\omega) = \int_0^\infty \exp(-i\omega t)f(t)\mathrm{d}t \tag{8-8-8}$$

さらに Δ_{BR} の寄与を考えると，

$$\sigma^{\pm}(\omega) = \frac{nz^{\pm 2}e^2}{m^{\pm}} \left[\frac{1}{\{-i\omega + c\tilde{\gamma}(0) + (1-c)\tilde{\gamma}(0)^2 \tilde{f}(\omega)\}} \right] \times \left[1 + \frac{\Delta_{\mathrm{BR}}}{1 - \left(\dfrac{i\omega}{\tilde{\gamma}(0)}\right)} \right]^{-1} \tag{8-8-9}$$

$f(t)$ が既知のとき,(8-8-9) 式の表示は実験値もしくはシミュレーション値を定量的に再現できる可能性がある,という点で有用である.というのは,Γ と $\tilde{M}(0)$ の配分の割合を示す c をパラメーターとすることができるからである.しかし,目下のところパラメーター c を決めるための理論がない.

$f(t)$ の表示として単純かつ有用な表式として $f(t) = \exp\{-\tilde{\gamma}(0)t\}$ を用いると,

$$M(t) = (1-c)\,\tilde{\gamma}(0)^2 \exp\{-\tilde{\gamma}(0)t\} \tag{8-8-10}$$

あるいは,溶融 NaCl に対して構成イオンの構造分布と一貫性のある遅延記憶関数 (retarded memory function) を用いると,

$$M(t) = (1-c)\,\tilde{\gamma}(0)^2 \sum_{i=1}^{3} a_i \exp\left\{-\left(\frac{\pi}{4}\right) b_i\,\tilde{\gamma}(0)^2 t^2\right\} \tag{8-8-11}$$

ここで $b_i's$ は前述したように,イオンの構造配置に関連した遅れの記憶の減衰の度合いの相違の係数であり,$a_i's$ はそれぞれの割合を示す.

8-9 溶融塩の電気伝導の知見の重要性

溶融塩の実用性というか工業的見地からみて,以下のように種々の過程や利用において電気伝導度が重要な役割を演じている.それゆえ,伝導度についての詳細な物性論的基礎が求められてきた.

1) 溶融塩からの電気分解による金属の析出,製造過程に関連して,
 (i) $MgCl_2$, $CaCl_2$ から Mg や Ca の製造.
   伝導度の実験データ: C. J. Janz, F. W. Dampier and P. K. Lorentz; Electrical conductance, density and viscosity data, R. P. I., Troy, N. Y. (1966)
 (ii) AlF_3 および Na_3AlF_6 から Al の製造にきわめて重要.
2) その他,複合イオン (complex ion) を含む非等価溶融塩 (non-equivalent molten salts) の工業的利用として,
 (i) 炭酸塩:酸素―水素系燃料電池に使用.
 (ii) 固体でガラス化する溶融塩 (Glass-forming molten salts): $0.4Ca(NO_3)_2$-$0.6K(NO_3)$ の研究.

参考文献

1) 戸田盛和・久保亮五 編, 岩波講座 統計物理学, 1978年第2版.
2) H. Mori, Progress of Theoretical Physics, **33** (1965) 423-455.
3) 藤坂博一, 非平衡系の統計力学, 産業図書, 1998.
4) M. C. Abramo, M. Parrinello and M. P. Tosi, J. Nonmetals, **2**, (1974) 67-73.
5) E. M. Adams, I. R. McDonald and K. Singer, Proc. Roy. Soc., Lond., **A357** (1977) 37-57.
6) P. V. Giaquinta, M. Parrinello and M. P. Tosi, Physica, **92A** (1978) 185-197.
7) T. Koishi, S. Kawase and S. Tamaki, J. Chem. Phys., **116** (2002) 3018-3026.
8) T. Koishi and S. Tamaki, J. Chem. Phys., **121** (2004) 333-340
9) T. Koishi and S. Tamaki, J. Chem. Phys., **123** (2005) 194501-194511.
10) B. J. Berne and S. A. Rice, J. Chem. Phys., **40** (1964) 1347.
11) M. P. Tosi and F. G. Fumi, J. Phys. Chem. Solids, **25** (1964) 45.
12) G. J. Janz, *Molten Salts Handbook*, Academic Press, New York, 1967.
13) J. Petravic and J. Delhommelle, J. Chem Phys., **119** (2004) 8511-8518.
14) P. Brüesch, L. Pietronero, S. Strässler and H. R. Zeller, Phys. Rev. B, **15** (1977) 4631-4637.

9. 溶融塩におけるイオンの拡散係数

　まず一般論として単純な液体における原子の拡散について調べ,その発展として溶融塩におけるイオンの拡散について論ずることにしよう.

　液体における伝導度に直結する粒子の易動度と拡散係数の比例関係は,Einsteinの関係式として,よく知られたuniversal relationの一つと考えられてきた.しかし,溶融塩における部分電気伝導度の比が逆質量の比に等しいuniversal relationに対し,構成イオンの拡散係数の比は逆質量の比とはならず,むしろその比が1から大きく離れることは事件事実として,また分子動力学の成果としてよく知られている.それを解く鍵は自己速度相関関数と自他速度相関関数の相違にある.本章ではこれらの詳細を説明したい.

　また,今日では放射性物質の取り扱いの慎重さから,拡散係数の実験的導出はほとんど核磁気共鳴法が用いられているが,その実験法は必ずしも容易でない.これに代わる新しい手法として,筆者らの開始した実験を紹介する.

9-1　液体における拡散

　ある粒子系があり,x方向においてその粒子の密度が$n(x)$で与えられるとしよう.$n(x)$が一定でないとき,粒子の流れJ_nが発生する.その流れの大きさは次式によって与えられる.即ち,

$$J_n = - D \, \mathrm{grad}_x \, n(x) \tag{9-1-1}$$

ここでDは流れの大きさを決める定数で拡散係数(diffusion constantもしくはdiffusion coefficient)と呼ばれる.この式はフィック(Fick)の法則と呼ばれている.

一方，連続の方程式は，

$$\frac{\partial n}{\partial t} = -\mathrm{div}\, J_\mathrm{n} \tag{9-1-2}$$

で与えられる．(9-1-1) 式を(9-1-2) 式に代入すると，

$$\frac{\partial n}{\partial t} = \frac{\partial \left(\frac{D \partial n}{\partial x} \right)}{\partial x} = D \left(\frac{\partial^2 n}{\partial x^2} \right) \tag{9-1-3}$$

これが拡散方程式と呼ばれている式で，最後の項は D が $n(x)$ の大きさに依存しないときである．多くの場合，最後の式が用いられる．この式から判るように，拡散係数 D のディメンションは CGS 単位で表わせば cm^2/sec = cm^3·cm/cm^2·sec ある．その物理的意味は，単位時間に単位面積当たりを単位体積がどれだけの長さを進むか，を表わしている．

　液体中のある粒子に着目する．t=0 のとき原点にあったその粒子が t=τ で位置 $R_1 = r_1$ に移動し，t=2τ で $R_2 = r_1 + r_2$，…… のようにランダムな歩み (random walk) をしたとすると，n 回のランダムな歩みによる変位は

$$R_\mathrm{n} = \sum_{i=1}^{n} r_i \tag{9-1-4}$$

となる．この変位の2乗をとると，

$$R_\mathrm{n}^2 = \sum_{i=1}^{n} r_i^2 + 2 \sum_{j=1}^{(n-1)} \sum_{i=1}^{(n-j)} |r_i||r_{i+j}|\cos\theta_{i,i+j} \tag{9-1-5}$$

n が大きくなると，この式の最後の項は平均してゼロとなるので，

$$R_\mathrm{n}^2 = \sum_{i=1}^{n} r_i^2 \equiv n\langle r^2 \rangle \equiv \langle R^2 \rangle = \langle X^2 \rangle + \langle Y^2 \rangle + \langle Z^2 \rangle \tag{9-1-6}$$

したがって

$$\langle X^2 \rangle = \frac{n}{3}\langle r^2 \rangle = \frac{f}{3}\langle r^2 \rangle t \quad (\text{ここで} f \text{は単位時間当たりの random walk の頻度}) \tag{9-1-7}$$

　これらをブラウン運動の理論から考察する．Δt 時間の粒子の変位を Δx とする．Δx の大きさはいろいろである．その確率分布を $\Psi(\Delta x)$ と置くことにす

る．Δt は十分短いが，Δx の次々にとりうる値は前の値に左右されないと仮定する．

従って，$t + \Delta t$ で場所 x に粒子が見出される確率密度は，

$$W(x, t+\Delta t) = \int W(x-\Delta x, t)\Psi(\Delta x)\mathrm{d}(\Delta x) \tag{9-1-7}$$

$W(x, t+\Delta t)$ 等を t については1次まで，x については2次までテイラー（Taylor）展開し，さらに

$$\int \Delta x\, \Psi(\Delta x)\mathrm{d}(\Delta x) = 0, \quad \int \Psi(\Delta x)\mathrm{d}(\Delta x) = 1$$

を用いると，

$$\frac{\partial W}{\partial t} = \left\{\frac{\langle(\Delta x)^2\rangle}{2\Delta t}\right\}\left(\frac{\partial^2 W}{\partial x^2}\right) \tag{9-1-8}$$

ここで

$$\langle(\Delta x)^2\rangle \equiv \int (\Delta x)^2\, \Psi(\Delta x)\mathrm{d}(\Delta x) \tag{9-1-9}$$

もし

$$D = \frac{\langle(\Delta x)^2\rangle}{2\Delta t} \tag{9-1-10}$$

とおくと，

$$\frac{\partial W}{\partial t} = D\left(\frac{\partial^2 W}{\partial x^2}\right) \tag{9-1-11}$$

となり，ランダムな歩みにおける拡散方程式が得られる．(9-1-10) 式から

$$\langle X^2 \rangle = 2Dt \tag{9-1-12}$$

となるので，

$$D = \frac{f}{6}\langle r^2 \rangle = \frac{1}{6}\left(\frac{n}{t}\right)\langle r^2 \rangle = \frac{\langle r^2 \rangle}{6\tau} \tag{9-1-13}$$

この式における τ は，粒子がランダムな歩みをする際に時間 τ 毎に歩みの向きが変わることを暗々裏に想定した．換言すれば，時間 τ の歩みで他の粒子との衝突

（ミクロには衝突ではなく，粒子間相互作用ポテンシャルによる効果であるが）によって向きを変える，と捉えることができるので，その距離 r は平均原子（もしくはイオン）間距離 l の程度であろう．

例えば，l を 3 Å にとり，液体における拡散係数を 3~5×10^{-5} cm^2/sec とすると，τ の値は 5~3×10^{-12} sec となる．液体中の粒子（原子もしくはイオン）の熱振動の周期が固体のそれに近いとすれば，大体 10^{-12} sec であるとすれば，5 回程度振動しながら，隣の粒子の位置に到達することになる．

粒子が見出される確率密度 $W(x,t)$ を一般化して，粒子が時刻 t，場所 r に位置する確率密度を $G(r,t)$ とする．全体の粒子数を N とすると，次のようにも書ける．

$$\frac{\partial G(r,t)}{\partial t} = D\frac{\partial^2 G(r,t)}{\partial x^2} \qquad (9\text{-}1\text{-}14)$$

この式の初期条件として，

$$G(r,0) = \delta(0)$$

また $G(r,t)$ のフーリエ変換は

$$F_s(k,t) = \int dr \exp(ik\cdot r) G(r,t) \qquad (9\text{-}1\text{-}15)$$

ここで，$F_s(k,0) = 1$ である．
(9-1-14) 式の両辺をフーリエ変換すると，

$$\frac{\partial F_s(k,t)}{\partial t} = -k^2 D F_s(k,t) \qquad (9\text{-}1\text{-}16)$$

この式を解くと，

$$F_s(k,t) = \exp(-k^2 Dt) \qquad (9\text{-}1\text{-}17)$$

それゆえ，

$$\left\{\frac{\partial^2 F_s(k,t)}{\partial k^2}\right\}_{k\to 0} = -2Dt \qquad (9\text{-}1\text{-}18)$$

一方，(1-15) 式を微分すると，

$$\left\{\frac{\partial^2 F_s(k,t)}{\partial k^2}\right\}_{k\to 0} = -\frac{1}{3}\int_0^\infty 4\pi r^4 G(r,t)\mathrm{d}r = -\frac{1}{3}\langle r^2(t)\rangle \tag{9-1-19}$$

ここで係数 $\frac{1}{3}$ はベクトル $\boldsymbol{k}$ をスカラー化したことによるものである. (9-1-17) 式と(9-1-19) 式から,

$$\langle r^2(t)\rangle = 6Dt \tag{9-1-20}$$

もし, $t = 0$ で位置 r_0 から粒子が拡散し, $t = t$ で $r(t)$ に位置するとき, この式は次のように書ける.

$$\langle |r(t)-r_0|^2\rangle = 6Dt \tag{9-1-21}$$

時空相関関数 $G(r, t)$ は次のようにも書ける.

$$G(r,t) = \frac{1}{N}\left\langle \sum_{j=1}^{N}\delta\left[r-\{r_j(t)-r_j(0)\}\right]\right\rangle \tag{9-1-22}$$

このフーリエ変換式は

$$\begin{aligned}F_s(k,t) &= \frac{1}{N}\left\langle \sum_{j=1}^{N}\exp\left[ik\cdot\{r_j(t)-r_j(0)\}\right]\right\rangle \\ &= \frac{1}{N}\left\langle \sum_{j=1}^{N}\exp\{-ik\cdot r_j(0)\}\exp\{ik\cdot r_j(t)\}\right\rangle\end{aligned} \tag{9-1-23}$$

これを微分すると(9-1-19) 式が得られるから, (9-1-22) 式が正しいことが証明される.

ここで(9-1-22) 式を久保の線形応答理論形式, すなわち時間相関関数（time-correlation function）の積分形で表示することを試みよう. まず,

$$r(t)-r_0 = \int_0^t \mathrm{d}t'v(t'),\quad [r(t)-r_0]^2 = \int_0^t \mathrm{d}t'\int_0^t \mathrm{d}t''v(t')v(t'') \tag{9-1-24}$$

それゆえ,

$$\langle |r(t)-r_0|^2\rangle = \int_0^t \mathrm{d}t'\int_0^t \mathrm{d}t''\langle v(t')v(t'')\rangle \tag{9-1-25}$$

となる. また,

$$\langle v(t')v(t'')\rangle = \langle v(t'-t'')v(0)\rangle = \langle v(t''-t')v(0)\rangle \tag{9-1-26}$$

である．$\tau = t'' - t'$ とおくと，

$$\left\langle \left|r(t)-r_0\right|^2 \right\rangle = 2t\int_0^t \left\{1-\left(\frac{\tau}{t}\right)\right\}\langle v(0)v(\tau)\rangle\,\mathrm{d}\tau \tag{9-1-27}$$

この式で時間 t を十分に大きくとると，

$$6Dt = 2t\int_0^t \langle v(0)v(\tau)\rangle\,\mathrm{d}\tau \tag{9-1-28}$$

$t \to \infty$ にとると最終的に拡散係数 D は，

$$D = \frac{1}{3}\int_0^\infty \langle v(0)v(\tau)\rangle\,\mathrm{d}\tau \tag{9-1-29}$$

で与えられる．ここで $\langle v(0)v(\tau)\rangle$ は自己速度相関関数，すなわち系における任意の粒子の時刻 $t = 0$ と $t = \tau$ における速度相関の統計力学的平均（ensemble average）である．

巨視的係数と微視的変数の同等性

ここでは(9-1-27) 式で示したような一般的関係，即ち巨視的輸送係数（macroscopic transport coefficient）γ と微視的な動的変数（microscopic dynamical variables）$A(t)$ との間の関係式を詳しく証明する．

$$\gamma = \left\langle \left|A(t)-A(0)\right|^2 \right\rangle = 2t\int_0^\infty \langle \dot{A}(t)-\dot{A}(0)\rangle\,\mathrm{d}t \tag{9-1-30}$$

拡散係数の導出に用いられるように，$A(t) = \boldsymbol{r}(t)$, $\dot{A}(t) = \boldsymbol{v}(t)$ とする．すると，

$$\boldsymbol{r}(t)-\boldsymbol{r}(0) = \int_0^t \boldsymbol{v}(t')\,\mathrm{d}t' \tag{9-1-31}$$

$$\left\langle \left|\boldsymbol{r}(t)-\boldsymbol{r}(0)\right|^2 \right\rangle = \int_0^t \mathrm{d}t' \int_0^t \langle \boldsymbol{v}(t')\boldsymbol{v}(t'')\rangle\,\mathrm{d}t'' \tag{9-1-32}$$

一方，time reversibility より，

$$\langle \boldsymbol{v}(t')\boldsymbol{v}(t'')\rangle = \langle \boldsymbol{v}(t'-t'')\boldsymbol{v}(0)\rangle = \langle \boldsymbol{v}(t''-t')\boldsymbol{v}(0)\rangle$$

であるので，

… 9. 溶融塩におけるイオンの拡散係数

$$\int_0^t dt' \int_0^t \langle v(t')v(t'')\rangle dt'' = \int_0^t dt' \int_0^t \langle v(t'-t'')v(0)\rangle dt''$$

$\langle v(t'-t'')v(0)\rangle = \varphi(t'-t'')$ とすると,

$$= \int_0^t dt' \int_0^{t'} \varphi(t'-t'') dt'' + \int_0^t dt' \int_{t'}^t \varphi(t'-t'') dt''$$

$$= \int_0^t dt' \int_0^{t'} \varphi(t'-t'') dt'' + \int_0^t dt'' \int_0^{t''} \varphi(t'-t'') dt'$$

ここで $t' \to t''$, $t'' \to t'$ の変換を行うと,

$$= \int_0^t dt' \int_0^{t'} \varphi(t'-t'') dt'' + \int_0^t dt' \int_{t'}^t \varphi(t''-t') dt''$$

$$= \int_0^t dt' \int_0^{t'} \{\varphi(\tau)+\varphi(-\tau)\} d\tau = 2\int_0^t dt' \int_0^{t'} \varphi(\tau) d\tau$$

$$= 2\int_0^t d\tau \int_\tau^t \varphi(\tau) dt' = 2\int_0^t (t-\tau)\varphi(\tau) d\tau$$

$$= 2t \int_0^t \left\{1-\frac{\tau}{t}\right\} \varphi(\tau) d\tau \tag{9-1-32}$$

$t \to \infty$ にとると,

$$2t \int_0^t \left\{1-\frac{\tau}{t}\right\} \varphi(\tau) d\tau = 2t \int_0^\infty \varphi(\tau) d\tau = 2t \int_0^\infty \langle v(t)v(0)\rangle dt \tag{9-1-33}$$

となり,(9-1-30) が証明された.

9-2 溶融塩における伝導度と拡散係数の大きな相違

前章までに述べたように,溶融塩における構成イオンの部分伝導度の比は,そのイオンの質量の逆比で与えられる,という黄金則がある.すなわち,

$$\frac{\sigma^+(\mathrm{DC})}{\sigma^-(\mathrm{DC})} = \left(\frac{|z^+|}{|z^-|}\right)\left(\frac{m^-}{m^+}\right) \tag{9-2-1}$$

ここで z^+ と z^- はイオンの電荷,そして m^+ と m^- はそれぞれの質量である.

一方,液体における一般論として,構成粒子(溶融塩では陰陽イオン)の易動

度と拡散係数との間にはアインシュタインの関係式（Einstein relation）として知られている比例関係がある[1]．これを溶融塩に適用すると[2,3]，

$$\sigma(\mathrm{DC}) = \frac{e^2}{k_\mathrm{B} T}\left(n^+ z^{+2} D^+ + n^- z^{-2} D^-\right)(1-\Delta) \tag{9-2-2}$$

ここで Δ はネルンスト－アインシュタイン関係式（Nernst-Einstein relation）とよばれ，理論的には(8-4-2)式で与えられる．

Δ は実験的には0.2程度なので，もしこれを無視すると，(9-2-2)式は次のようになる．

$$\left\{\sigma^+(\mathrm{DC}) - \left(\frac{e^2}{k_\mathrm{B} T}\right)\left(n^+ z^{+2} D^+\right)\right\} + \left\{\sigma^-(\mathrm{DC}) - \left(\frac{e^2}{k_\mathrm{B} T}\right)\left(n^- z^{-2} D^-\right)\right\} = 0 \tag{9-2-3}$$

この式において，+イオンと-イオンからの寄与は独立であろうから，次式が成立する．

$$\frac{\sigma^+(\mathrm{DC})}{\sigma^-(\mathrm{DC})} = \frac{D^+}{D^-} \tag{9-2-4}$$

もしこの式が正しければ，正負イオンの拡散係数の割合も質量の逆比になる筈である．しかし，多くの実験値ならびにMDシミュレーションで得られた結果はこれを根本から否定している．

それでは(9-2-2)式において，どこに誤りがあるのであろうか？一番分かり易い手掛かりは伝導度についてのグリーン－久保公式であろう．そのために，(7-4-15)式で伝導度を表現すると，

$$\sigma = \sigma^+ (= \sigma^{++} + \sigma^{+-}) + \sigma^- (= \sigma^{--} + \sigma^{+-}) \tag{9-2-5}$$

ここで

$$\sigma^{++} = \left(\frac{nz^2 e^2}{3 k_\mathrm{B} T}\right)\int_0^\infty \langle \boldsymbol{v}_i^+(t)\,\boldsymbol{v}_j^+(0)\rangle\,\mathrm{d}t, \quad (i=j, i\neq j) \tag{9-2-6}$$

同様に

$$\sigma^{--} = \left(\frac{nz^2 e^2}{3 k_\mathrm{B} T}\right)\int_0^\infty \langle \boldsymbol{v}_k^-(t)\,\boldsymbol{v}_l^-(0)\rangle\,\mathrm{d}t, \quad (k=l, k\neq l) \tag{9-2-7}$$

および

$$\sigma^{+-} = -\left(\frac{nz^2e^2}{3k_{\rm B}T}\right)\int_0^\infty \langle v_{\rm i}^-(t)\, v_{\rm k}^-(0)\rangle\, {\rm d}t \tag{9-2-8}$$

これに対し,

$$D^\pm = \left(\frac{1}{3k_{\rm B}T}\right)\int_0^\infty \langle v_{\rm i}^\pm(t)\, v_{\rm i}^\pm(0)\rangle\, {\rm d}t \tag{9-2-9}$$

であり,(9-2-3) 式に代入する速度相関関数に相違があるからである.

このことは理論的に,溶融塩における拡散係数を決定している正負イオンの自己速度相関関数と伝導度を与える速度相関関数とは相等しくない,という顕著な事実があるということである.換言すれば,単体の液体のときに成立していた,速度相関関数(自己ならびに自他による)と自己速度相関関数が等しい,という関係が成立しないことを示している.

9-3 溶融アルカリ・ハロゲン化物におけるイオンの拡散係数 (MDシミュレーション)

本節では実際に我々が遂行した溶融アルカリ・ハロゲン化物中における陰陽イオンの拡散係数の結果について述べよう.

その手順は,個々の溶融塩に対して自己速度相関関数をMDシミュレーションによって計算し,これをグリーン-久保の式に代入してそれぞれの拡散係数を導出するものである.

溶融アルカリ・ハロゲン化物として,NaF, NaCl, NaBr, NaI, KI, KCl, KBrおよびKIを選び,その自己相関関数の統計力学的平均値を,平衡状態下でのMDシミュレーションを遂行する.それぞれの系の粒子数は512個で,1ステップを2.0×10^{-15} sとし,30000ステップを行なう.

温度を一定に保つために,能勢の方法を用いる[4].また用いたイオン間ポテンシャルはよく知られたトシーフミ(Tosi-Fumi)のポテンシャルである[5].

得られた自己速度相関関数を次のように与えられるグリーン-久保の公式に代入する.

$$D^\pm = \frac{1}{3}\int_0^\infty \langle v_{\rm i}^\pm(t)\, v_{\rm i}^\pm(0)\rangle\, {\rm d}t \tag{9-3-1}$$

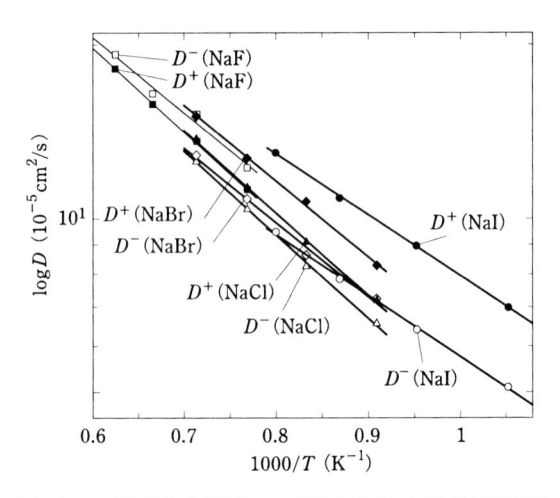

図 9-3-1a MDによって得られた溶融ハロゲン化アルカリの拡散係数と温度依存性.

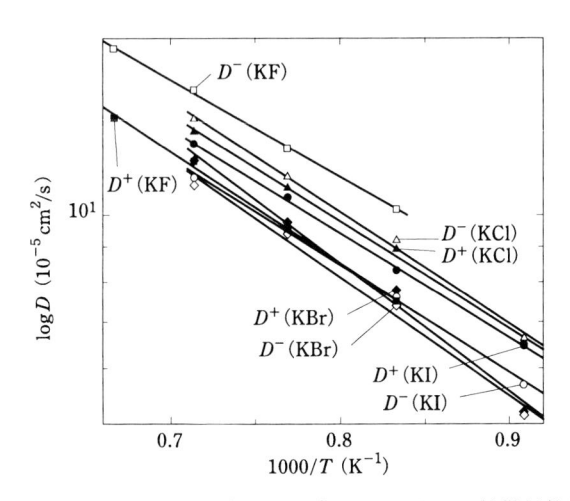

図 9-3-1b MDによって得られた溶融ハロゲン化アルカリの拡散係数と温度依存性.

このようにして,いくつかの温度における得られた拡散係数は図9-3-1a, bに示した.

正負イオンの拡散係数の比が逆質量比でないことは表9-3-1から明らかである.むしろ,図9-3-2で示すように,拡散係数比 $\dfrac{D^+}{D^-}$ がイオン半径の逆比, $\dfrac{r^-}{r^+}$ と関連

9. 溶融塩におけるイオンの拡散係数

表 9-3-1　図 9-3-2 の数値表.

	r^+/r^-	D^+/D^-
NaF	1.008	0.930±0.024
NaCl	1.355	1.090±0.004
NaBr	1.467	1.181±0.035
NaI	1.630	1.388±0.010
KF	0.806	0.772±0.024
KCl	1.083	0.969±0.010
KBr	0.173	1.048±0.027
KI	0.303	1.113±0.017

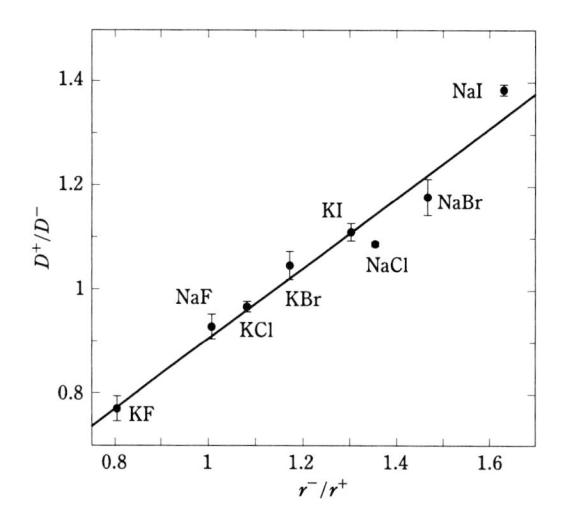

図 9-3-2　溶融ハロゲン化アルカリにおける拡散係数比 D^+/D^- とイオン半径比 r^-/r^+ の相関.

することが見出された.

　それでは自己速度相関関数 $\langle v_i^\pm(t) v_i^\pm(0) \rangle$ は，どのような表式で表されるのであろうか？　次節以下で詳細な議論を展開する.

9-4 一般化されたランジュヴァン方程式—
　　拡散係数と伝導度の相違に関連して

ランジュヴァン方程式をもう一度書くと[6]，

$$\frac{m^{\pm} d\boldsymbol{v}_i^{\pm}(t)}{dt} = -m^{\pm}\int_{-\infty}^{t} \xi^{\pm}(t-t')\boldsymbol{v}_i^{\pm}(t')dt' + \boldsymbol{R}_i^{\pm}(t) \tag{9-4-1}$$

ここで $\xi^{\pm}(t)$ と $\boldsymbol{R}_i^{\pm}(t)$ はそれぞれ陽イオンと陰イオンに働く遅延摩擦関数とランダムなゆらぎの力である．

8-7節で述べたように，遅延摩擦関数 $\xi^{\pm}(t)$ は，どういう平均をとるかによって関数形が異なる[3]．拡散係数の場合は，

$$\langle \xi^{\pm}(t-t')\boldsymbol{v}_i^{\pm}(t')\boldsymbol{v}_i^{\pm}(0)\rangle = \gamma_D^{\pm}(t-t')\langle \boldsymbol{v}_i^{\pm}(t)\boldsymbol{v}_i^{\pm}(0)\rangle \tag{9-4-2}$$

拡散に関する速度相関関数 $Z_D^{\pm}(t) \equiv \langle \boldsymbol{v}_i^{\pm}(t)\boldsymbol{v}_i^{\pm}(0)\rangle$ を用いると，

$$\frac{dZ_D^{\pm}(t)}{dt} = -\int_0^t \gamma_D^{\pm}(t-s)Z_D^{\pm}(s)ds \tag{9-4-3}$$

この式のラプラス変換は，

$$\mathcal{L}\dot{Z}_D^{\pm}(t) \equiv \int_0^{\infty} \exp(i\omega t)\dot{Z}_D^{\pm}(t)dt$$

$$= \left[\exp(i\omega t)Z_D^{\pm}(t)\right]_0^{\infty} + i\omega\int_0^{\infty}\exp(i\omega t)Z_D^{\pm}(t)dt$$

$$= -Z_D^{\pm}(0) + i\omega\tilde{Z}_D^{\pm}(\omega) \tag{9-4-4}$$

ここでは $Z_D^{\pm}(t=\infty) = 0$ を用いた．一方，(9-4-3) 式の右辺は

$$\mathcal{L}\left\{-\int_0^{\infty}\gamma_D^{\pm}(t)Z_D^{\pm}(t-s)ds\right\}$$

$$= -\int_0^{\infty}\exp\{i\omega(t-s)\}\gamma_D^{\pm}(t-s)d(t-s)\int_0^{\infty}\exp(i\omega s)Z_D^{\pm}(s)ds \tag{9-4-5}$$

$$= -\tilde{\gamma}_D^{\pm}(\omega)\tilde{Z}_D^{\pm}(\omega)$$

のようになるから，

$$-Z_D^{\pm}(0) + i\omega\tilde{Z}_D^{\pm}(\omega) = -\tilde{\gamma}_D^{\pm}(\omega)\tilde{Z}_D^{\pm}(\omega)$$

$$\tilde{Z}_\mathrm{D}^\pm(\omega) = \frac{Z_\mathrm{D}^\pm(0)}{\{-i\omega + \tilde{\gamma}_\mathrm{D}^\pm(\omega)\}} \tag{9-4-6}$$

拡散係数 $D^\pm$ は,

$$D^\pm = \frac{1}{3}\int_0^\infty \langle \boldsymbol{v}_\mathrm{i}^\pm(t)\boldsymbol{v}_\mathrm{i}^\pm(0)\rangle \mathrm{d}t = \frac{1}{3}\tilde{Z}_\mathrm{D}^\pm(0) = \frac{\left(\dfrac{k_\mathrm{B}T}{m^\pm}\right)}{\gamma_\mathrm{D}^\pm(0)} \tag{9-4-7}$$

であり, $\gamma_\mathrm{D}^\pm(0)$ を導出すればよい.

9-5 自己速度相関関数 $Z_\mathrm{D}^\pm(t) \equiv \langle v_\mathrm{i}^\pm(t)v_\mathrm{i}^\pm(0)\rangle$ の短時間範囲内の表現

これまでになされた議論から, $Z_\mathrm{D}^\pm(t) \equiv \langle \boldsymbol{v}_\mathrm{i}^\pm(t)\boldsymbol{v}_\mathrm{i}^\pm(0)\rangle$ で定義される自己速度相関関数は短時間の範囲内で次式のように展開される.

$$\begin{aligned}Z_\mathrm{D}^\pm(t) = \langle \boldsymbol{v}_\mathrm{i}^\pm(t)\boldsymbol{v}_\mathrm{i}^\pm(0)\rangle &= \langle \boldsymbol{v}_\mathrm{i}^\pm(0)\boldsymbol{v}_\mathrm{i}^\pm(0)\rangle + \frac{t^2}{2}\langle \boldsymbol{v}_\mathrm{i}^\pm(t)\ddot{\boldsymbol{v}}_\mathrm{i}^\pm(0)\rangle \\ &\quad + (\text{higher order over } t^4)\end{aligned} \tag{9-5-1}$$

右辺第2項を求めるために, 粒子 (実際には正負のイオン) について次のようなポアッソンの運動方程式から出発する.

$$\dot{\boldsymbol{p}} = -[H, \boldsymbol{p}] \tag{9-5-2}$$

一方, 次式のような代数関係式を以下で用いる[7].

$$\langle \boldsymbol{p}\,\ddot{\boldsymbol{p}}\rangle = -\langle \dot{\boldsymbol{p}}^2\rangle, \quad \langle \boldsymbol{p}\,\dddot{\boldsymbol{p}}\rangle = \langle \ddot{\boldsymbol{p}}\,\dot{\boldsymbol{p}}\rangle \tag{9-5-3}$$

例えば, 陽イオン i の運動量の二次微分の一般的表式は

$$(\ddot{\boldsymbol{p}}_\mathrm{i}^+) = -\sum_j \frac{\boldsymbol{p}_\mathrm{j}^+}{m^+}\left(\frac{\partial^2 V}{\partial r_\mathrm{j}^+\partial r_\mathrm{i}^+}\right) - \sum_k \frac{\boldsymbol{p}_\mathrm{k}^-}{m^-}\left(\frac{\partial^2 V}{\partial r_\mathrm{k}^-\partial r_\mathrm{i}^+}\right) \tag{9-5-4}$$

ここで V はイオン相互作用ポテンシャルの総和として,

$$V = \sum_{i\neq j}\phi^{++}\left(|\mathbf{r}_\mathrm{i}^+ - \mathbf{r}_\mathrm{j}^+|\right) + \sum_{i\neq k}\phi^{+-}\left(|\mathbf{r}_\mathrm{i}^+ - \mathbf{r}_\mathrm{k}^-|\right) + \sum_{k\neq l}\phi^{--}\left(|\mathbf{r}_\mathrm{k}^- - \mathbf{r}_l^-|\right) \tag{9-5-5}$$

これを(9-5-4)式に代入すると,

$$\boldsymbol{p}_\mathrm{i}^+\ddot{\boldsymbol{p}}_\mathrm{i}^+ = -\sum_j^N\left(\frac{\boldsymbol{p}_\mathrm{i}^+\boldsymbol{p}_\mathrm{j}^+}{m^+}\right)\frac{\partial^2 V}{\partial \boldsymbol{r}_\mathrm{j}^+\partial \boldsymbol{r}_\mathrm{i}^+} - \sum_k^N\left(\frac{\boldsymbol{p}_\mathrm{i}^+\boldsymbol{p}_\mathrm{k}^-}{m^-}\right)\frac{\partial^2 V}{\partial \boldsymbol{r}_\mathrm{k}^-\partial \boldsymbol{r}_\mathrm{i}^+} \tag{9-5-6}$$

それゆえ(9-5-4) 式の平均は,

$$\langle \boldsymbol{p}_i^+ \ddot{\boldsymbol{p}}_i^+ \rangle = -k_B T \alpha^+, \qquad \alpha^+ = \left\langle \sum_i^N \frac{\partial^2 V}{\partial r_i^{+2}} \right\rangle \tag{9-5-7}$$

同様に, $\langle \boldsymbol{p}_k^- \ddot{\boldsymbol{p}}_k^- \rangle$ の平均は,

$$\langle \boldsymbol{p}_k^- \ddot{\boldsymbol{p}}_k^- \rangle = -k_B T \alpha^-, \qquad \alpha^- = \left\langle \sum_k^N \frac{\partial^2 V}{\partial r_k^{-2}} \right\rangle \tag{9-5-8}$$

それゆえ $Z_D^\pm(t)$ は

$$Z_D^\pm(t) = \frac{3k_B T}{m^\pm} \left\{ 1 - \left(\frac{t^2}{2!} \right) \left(\frac{\alpha^\pm}{3m^\pm} \right) + \text{higher order over } t^4 \right\} \tag{9-5-9}$$

と書ける.

次節ではこれら α^+ および α^- の表式について論じよう.

9-6　自己速度相関関数における
イオン間相互作用の寄与 α^+ および α^- の導出

本節では(9-5-7), (9-5-8) 式を実際に定式化する.

中心イオン i に働く他のイオンからの寄与として, $|\boldsymbol{r}_i^+ - \boldsymbol{r}_k^-|$ 方向の位置 $\boldsymbol{r}_k^-$ に存在する－イオンからの寄与と, $|\boldsymbol{r}_i^+ - \boldsymbol{r}_j^+|$ 方向の $\boldsymbol{r}_j^+$ に位置する＋イオンからの寄与を独立に取り扱うということは, 次のような処方によることを意味する.

(1)　まず $\dfrac{\partial^2 V}{\partial r_i^{+2}}$ における前者の寄与は $\sum_{i \neq k} \left\{ \dfrac{\partial^2 \phi^{+-}(|\boldsymbol{r}_i^+ - \boldsymbol{r}_k^-|)}{\partial r_i^{+2}} \right\}$ で与えられ, 以下のいずれかの条件下で達成される.

　a) $\boldsymbol{r}_i^+$ に位置する中心イオンの周りには, 他の＋イオンは存在せず, $\boldsymbol{r}_k^-$ ($k=1,2,3,\cdots\cdots$) に－イオンのみが分布, 存在する場合.

　b) 局所的に, すべての＋イオンがある任意の方向に平行に移動（変位）する場合, いわば＋＋間の相対的位置は平衡状態であり, 統計力学的平均（ensemble average）として＋＋イオン間に力の変化はない.

a) の状態は物理的にありえないので, b) の状態を想定するときに得られる. すなわち,

$$\left\langle \sum_{i \neq k} \left\{ \frac{\partial^2 \phi^{+-}(|\boldsymbol{r}_i^+ - \boldsymbol{r}_k^-|)}{\partial \boldsymbol{r}_i^{+2}} \right\} \right\rangle \propto \alpha^0$$

(2) 次に，$|\boldsymbol{r}_i^+ - \boldsymbol{r}_j^+|$ 方向の $\boldsymbol{r}_j^+$ に位置する＋イオンから $\boldsymbol{r}_i^+$ に位置する中心の＋イオンへの寄与を独立に取り扱うことができる，ということは $\sum_{i \neq j} \left\{ \frac{\partial^2 \phi^{++}(|\boldsymbol{r}_i^+ - \boldsymbol{r}_j^+|)}{\partial \boldsymbol{r}_i^{+2}} \right\}$ だけを取り扱うことに相当する．それは以下のような条件下でのみ実現する．

c) $\boldsymbol{r}_i^+$ に位置する中心イオンの周りには，他の−イオンは存在せず，$\boldsymbol{r}_j^+$ ($j \neq i$，＋イオン i 以外のすべての＋イオンの位置）に＋イオンのみが分布，存在する場合．

条件 c) だけでは，条件 a) と同様に，物理的に存在しえない．したがって，$|\boldsymbol{r}_i^+ - \boldsymbol{r}_j^+|$ 方向のポテンシャルの 2 次微分は，c) の条件に加えて $\left\{ \frac{\partial^2 \phi^{+-}(|\boldsymbol{r}_i^+ - \boldsymbol{r}_k^-|)}{\partial \boldsymbol{r}_i^{+2}} \right\}$ の $|\boldsymbol{r}_i^+ - \boldsymbol{r}_j^+|$ 方向成分を考慮した物理量でなければならない．$(\boldsymbol{r}_i^+ - \boldsymbol{r}_k^-)$ と $(\boldsymbol{r}_i^+ - \boldsymbol{r}_j^+)$ の二つの方向のなす角度を θ とすると，

$$\alpha^+ = \left\langle \frac{\sum_i^N \partial^2 V}{\partial \boldsymbol{r}_i^{+2}} \right\rangle = (1 + \cos\theta)(\alpha^0 + \langle ++ \rangle) \qquad (9\text{-}6\text{-}1)$$

ここで

$$\alpha^0 = \frac{\partial^2 \left\{ \sum_{i \neq k} \phi^{+-}(|\boldsymbol{r}_i^+ - \boldsymbol{r}_k^-|) \right\}}{\partial \boldsymbol{r}_i^{+2}}$$

$$= n \int_0^\infty \left\{ \frac{\partial^2 \phi^{+-}}{\partial r^2} + \frac{2}{r} \frac{\partial \phi^{+-}}{\partial r} \right\} g^{+-}(r) 4\pi r^2 \mathrm{d}r \qquad (9\text{-}6\text{-}2)$$

および

$$\langle ++ \rangle = \left\langle \frac{\partial^2 \left\{ \sum_{i \neq j} \phi^{++}(|\boldsymbol{r}_i^+ - \boldsymbol{r}_j^+|) \right\}}{\partial \boldsymbol{r}_i^{+2}} \right\rangle$$

$$= \frac{n}{2} \int_0^\infty \left\{ \frac{\partial^2 \phi^{++}}{\partial r^2} + \frac{2}{r} \frac{\partial \phi^{++}}{\partial r} \right\} g^{++}(r) 4\pi r^2 \mathrm{d}r \qquad (9\text{-}6\text{-}3)$$

同様にして

$$\alpha^- = \left\langle \sum_{k=l} \phi^{--} \frac{|\boldsymbol{r}_k^- - \boldsymbol{r}_l^-|}{\partial \boldsymbol{r}_k^{-2}} \right\rangle = (1+\cos\theta)(\alpha^0 + \langle -- \rangle) \tag{9-6-4}$$

ここで

$$\langle -- \rangle = \frac{n}{2} \int_0^\infty \left\{ \frac{\partial^2 \phi^{--}}{\partial r^2} + \frac{2}{r} \frac{\partial \phi^-}{\partial r} \right\} g^{--}(r) 4\pi r^2 \mathrm{d}r \tag{9-6-5}$$

9-7 拡散に関する記憶関数 $\gamma_\mathrm{D}^\pm(t)$ について

拡散に関する記憶関数 $\gamma_\mathrm{D}^\pm(t)$ については後でMDシミュレーションの結果を示すが，ここでは理論式について考察する．まず，$\gamma_\mathrm{D}^\pm(t)$ を次のようにおく．

$$\gamma_\mathrm{D}^\pm(t) = \gamma_\mathrm{D}^\pm(0) f_\mathrm{D}^\pm(t) \tag{9-7-1}$$

ただし $f_\mathrm{D}^\pm(0) = 1$ となるようにする．

9-4節を参照すれば，次式が得られる．

$$\gamma_\mathrm{D}^\pm(0) = -\frac{\ddot{Z}_\mathrm{D}^\pm(0)}{Z_\mathrm{D}^\pm(0)} = \frac{\alpha^\pm}{3m^\pm} \tag{9-7-2}$$

厳密に言えば $f_\mathrm{D}^\pm(t)$ に対する理論式はない．しかし，ここでは $\gamma_\mathrm{D}^\pm(t)$ を一般化した減衰関数として指数関数とガウス関数の和として近似する．すなわち，

$$\gamma_\mathrm{D}^\pm(t) = \frac{\alpha^\pm}{3m^\pm}\left[C\exp(-\Gamma^\pm t) + (1-C)\exp\left\{-\left(\frac{\pi}{4}\right)\Gamma^{\pm 2} t^2\right\}\right] \tag{9-7-3}$$

ここで C は $0 \leq C \leq 1$ の条件を満たす可変定数とする．そして減衰ファクター Γ^+，Γ^- はかならずしも同一である必要はない．

(9-7-3)式のラプラス変換の長波長極限値 $\tilde{\gamma}_\mathrm{D}^\pm(0)$ は次のようになる．

$$\tilde{\gamma}_\mathrm{D}^\pm(0) = \left(\frac{\alpha^\pm}{3m^\pm}\right)\left(\frac{1}{\Gamma^\pm}\right) \tag{9-7-4}$$

この関係式を(9-4-7)式に代入すると，

$$D^\pm = \left(\frac{3k_\mathrm{B} T}{\alpha^\pm}\right)\Gamma^\pm \tag{9-7-5}$$

残された問題は $\Gamma^\pm$ の定式化である．そのために，溶融塩の部分伝導度導出の際

に得られた次式を思い起こすことにしよう．

$$\frac{1}{\tilde{\gamma}(0)} = \int_0^\infty \left\{ 1 - \left(\frac{t^2}{2}\right)(\tilde{\gamma}(0))^2 + (\text{over } t^4) \right\} dt \tag{9-7-6}$$

このような関係式が拡散係数導出に際しても適用できるとすると，

$$\int_0^\infty \left\{ 1 - \left(\frac{t^2}{2}\right)\left(\frac{\alpha^\pm}{3m^\pm}\right) + (\text{over } t^4) \right\} dt = \left\{ \frac{1}{\left(\frac{\alpha^\pm}{3m^\pm}\right)^{\frac{1}{2}}} \right\} \tag{9-7-7}$$

これを(9-4-7)式に代入すると，

$$D^\pm = \left(\frac{k_B T}{m^\pm}\right)\left\{ \frac{1}{\left(\frac{\alpha^\pm}{3m^\pm}\right)^{\frac{1}{2}}} \right\} \tag{9-7-8}$$

この結果を(9-7-5) 式と比較すると，

$$\frac{\Gamma^\pm}{\left(\frac{\alpha^\pm}{3m^\pm}\right)} = \left(\frac{3m^\pm}{\alpha^\pm}\right)^{\frac{1}{2}} \tag{9-7-9}$$

となる．それゆえ，

$$\Gamma^\pm = \left(\frac{\alpha^\pm}{3m^\pm}\right)^{\frac{1}{2}} \tag{9-7-10}$$

および

$$\gamma_D^\pm(t) = \left(\frac{\alpha^\pm}{3m^\pm}\right)\left[C \exp\left\{-\left(\frac{\alpha^\pm}{3m^\pm}\right)^{\frac{1}{2}} t\right\} + (1-C)\exp\left\{-\left(\frac{\pi}{4}\right)\left(\frac{\alpha^\pm}{3m^\pm}\right)t^2\right\} \right] \tag{9-7-11}$$

類推関係式 (9-7-7) 式が数値的に妥当であることを以下に説明しよう．式の左辺は数学的に次式のように近似されるであろう．すなわち，

$$\int_0^\infty \left\{ 1 - \left(\frac{t^2}{2}\right)\left(\frac{\alpha^\pm}{3m^\pm}\right) + (\text{over } t^4) \right\} dt \simeq \int_0^\infty \exp\left\{-\left(\frac{\alpha^\pm}{3m^\pm}\right)\left(\frac{t^2}{2}\right)\right\} dt \tag{9-7-12}$$

恒等式

$$\int_0^\infty \exp\{-(a^2 x^2)\} dx = \frac{\pi^{\frac{1}{2}}}{2a} \tag{9-7-13}$$

を用いると，

$$\int_0^\infty \exp\left\{-\left(\frac{\alpha^\pm}{3m^\pm}\right)\left(\frac{t^2}{2}\right)\right\}\mathrm{d}t = \left(\frac{\pi}{2}\right)^{\frac{1}{2}}\left(\frac{3m^\pm}{\alpha^\pm}\right)^{\frac{1}{2}} \sim 1.25\left(\frac{3m^\pm}{\alpha^\pm}\right)^{\frac{1}{2}} \quad (9\text{-}7\text{-}14)$$

したがって,

$$D^\pm = \left(\frac{\pi}{2}\right)^{\frac{1}{2}}\left(\frac{k_\mathrm{B}T}{m^\pm}\right)\left(\frac{3m^\pm}{\alpha^\pm}\right)^{\frac{1}{2}} = 1.25\left(\frac{k_\mathrm{B}T}{m^\pm}\right)\left(\frac{3m^\pm}{\alpha^\pm}\right)^{\frac{1}{2}} \quad (9\text{-}7\text{-}15)$$

この式と(9-7-8)式とを比較すれば $\left(\frac{\pi}{2}\right)^{\frac{1}{2}}$ 倍となる係数をのぞいて同等であることがわかる．それゆえ，(9-7-8)式は溶融塩における拡散係数の表式で有用であろう．

9-8　溶融NaClに対する拡散係数のMDシミュレーション

9-3節ではMDシミュレーションによる自己速度相関関数から拡散係数を求めたが，拡散係数の本質について前章までに論じた内容との関連については論及し

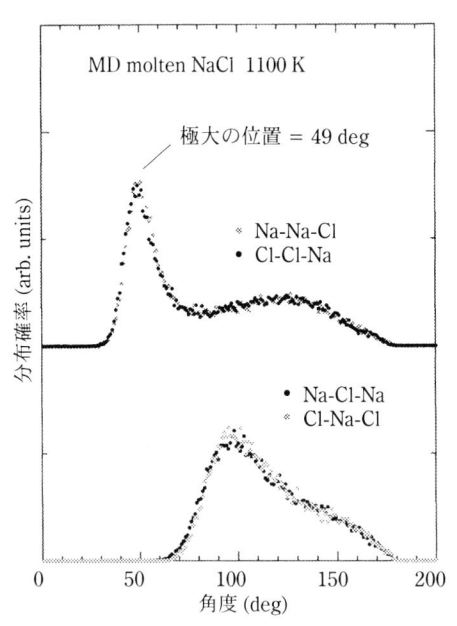

図9-8-1　MDによる溶融NaClにおけるイオン－イオン間の角度分布．

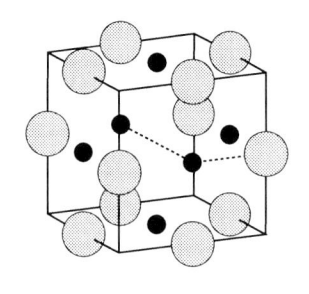

図9-8-2　溶融NaClにおける短範囲構造に近い固体NbOの構造．

なかった．本節ではその観点に立脚して，MDシミュレーションで得られた結果を解説する．

用いたイオン間ポテンシャルはトシーフミ（Tosi-Fumi）のポテンシャルを出発点にして，これに5章で論じた遮蔽効果を考慮したポテンシャル．そのほかの手順は9-3節と同一である．

一方，溶融NaClの構造に関するMDシミュレーションによると，最隣接イオン間の配位数は約4，Na-Na-ClとCl-Cl-Naの角度は図9-8-1で示すように約49度（$\frac{\pi}{4}$に近い）である．

それゆえ，$\cos\theta = 0.707$とする．因みに，これらの条件を満たすイオンの短範囲構造はNbO構造（図9-8-2参照）である．

これらを用いて得られた陰陽イオンの自己速度相関関数とα^0および$\alpha^\pm$は，表9-8-1に示す．特徴的なことは，$\alpha^\pm$がα^0のほぼ2倍の値をもつことである．誘電定数$\frac{1}{\varepsilon} = 0.9$を用いると，MDの結果とかなりよい一致をしめす．

これらの値を(9-7-8)式に代入すると，拡散係数が得られる．これを表9-8-2に示す．

表 9-8-1　溶融NaClにおけるα^0と$\alpha^\pm$の値．

	MD	Eqs.9-6-1~4 (=A)	$(1/\varepsilon)$A and $(1/\varepsilon) = 0.9$
α^0 (kg/sec^2)	104.4	117.2	105.5
α^+ (kg/sec^2)	192.6	216.2	192.4
α^- (kg/sec^2)	212.9	233.8	207.2

表 9-8-2　溶融NaClにおける拡散係数（理論値，MDシミュレーション値，実験値）．

($\times 10^9$ nm^2/sec)	MSD(by MD)	VAF(by MD)	Eq. (9-7-8)	$D^\pm$ (experimental)
D^+ (1100 K)	7.20	6.58	8.8	8.5 (1073 K)
D^- (1100 K)	6.58	6.23	7.6	5.9 (1073 K)

MSD；平均自乗変位（mean square displacement）による．
VAF；自己速度相関関数の積分（integration of velocity auto-correlation function）による．
D (experimental)；拡散係数の値は，G. Ciccotti, G. Jacucci and I. R. McDonald, Phys. Rev. A, **13**, (1976) 426. に引用されている実験値．

因みに，溶融AgIの場合には，＋イオンのまわりの構造と－イオンのまわりの構造とがかなり異なる場合には同一のθを採用できないので，異なった結果を与えるであろう．

9-8-1　$Z_D^{\pm}(t)$ の MD シミュレーションから求められた $\gamma_D^{\pm}(t)$

7-8-c節で，速度相関関数から記憶関数を求める，もしくはその逆を求めるための帰納法（recursion method）を示した．その手法は自己速度相関関数 $Z_D^{\pm}(t)$ と自己記憶関数 $\gamma_D^{\pm}(t)$ に対しても適用される．以下にそれを示す．それぞれは，短時間範囲で次のように展開できる．

$$\gamma_D^{\pm}(t) = \sum_{n=0}^{\infty} \left(\frac{\gamma_n}{n!}\right) t^n \qquad (\gamma_n = \gamma^{(n)}(0)) \tag{9-8-1}$$

および

$$Z_D^{\pm}(t) = \sum_{m=0}^{\infty} \left(\frac{Z_m}{m!}\right) t^m \qquad (Z_m = Z^{(m)}(0)) \tag{9-8-2}$$

γ_n と Z_m との間の相互関係式は次式のようになる．

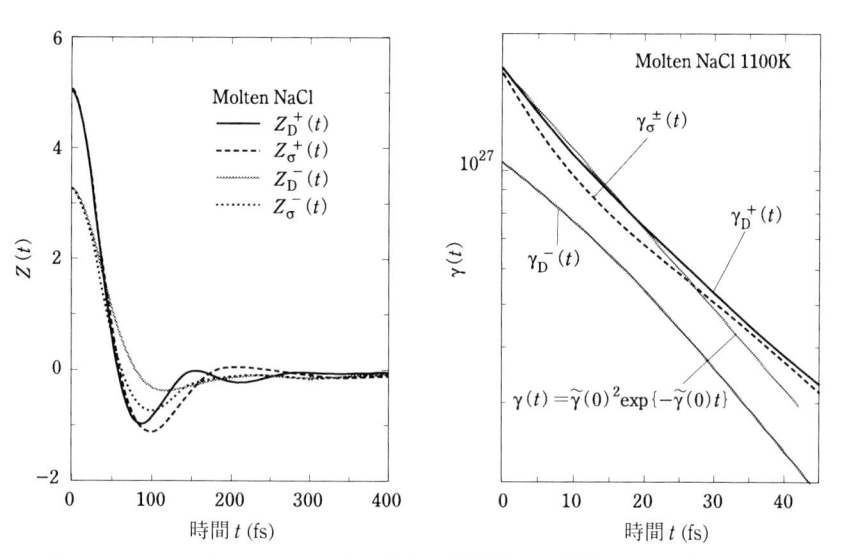

図 9-8-3　Recursion method による速度相関関数から摩擦の記憶関数の導出．

$$Z_1 = 0$$

$$Z_{k+1} = \sum_{k-m-1}^{k-1} (\gamma_{k-m-1} Z_m) \quad (k=1,2,\cdots) \tag{9-8-3}$$

これらを用いて，溶融 NaCl における MD から得られた $Z_D^+(t)$ から $\gamma_D^+(t)$ を導出すると，図 9-8-3 が得られる．

この結果，$\gamma_D^+(t)$ は伝導度の場合に得られた記憶関数 $\gamma_\sigma^+(t)$ にほぼ等しい．言い換えれば，$\tilde{\gamma}(0)^2 \exp\{-\tilde{\gamma}(0)t\}$ で近似される．それに反して，$\gamma_D^-(t)$ の減衰は $\gamma_D^+(t)$ の減衰よりかなり遅いことがわかった．

9-9　溶融塩におけるイオンの拡散係数の測定方法－伝統的(traditional)

1950年代まで，物質中の原子もしくはイオンの拡散係数の測定の中心は，放射性同位元素を用いた手法であった．勿論，この手法の長所は正確な実験結果が得られることであった．欠点は，放射性物質の取り扱いの危険性と用いられる放射性同位元素の種類に限りがある，ということであった．

ハーン（Hahn）は1950年，当時の固体物理学における最先端の実験手法として核磁気共鳴（Nuclear Magnetic Resonance = NMR）の応用としてスピン・エコーの手法を用いると，原子もしくはイオンの拡散係数が求められることに気付いた[8]．核磁気共鳴およびスピン・エコーの原理や実験手法については，多くの出版された専門書を参照すればよい．

実験対象の試料が液体であるとする．スピン・エコー法は，z 方向に作られた均一静磁場中の核スピンに対して，90°パルスを印加して巨視的磁化ベクトルを x-y 平面上に倒す．90°パルスを印加してからある時間後（Hahn の用いた時間は 1/300 sec のオーダー）に180°パルスを印加すると，同じ時間後に x-y 面における分散されていたスピンが合体してエコー信号を観測するものである．得られたエコー信号の大きさを測定することにより緩和過程における緩和時間が求められる．この緩和時間が試料の液体の粘性に比例することを用い，更に粘性と拡散係数との関係から拡散係数を求めることができる．

上記のように，単純なスピン・エコー法から拡散係数を導出するためには，緩和時間と粘性の関係式であるデバイ（Debye）の方程式と，粘性と拡散係数との

間の関係式であるストークス-アインシュタイン (Stokes-Einstein) の方程式を,用いるというか仮定しなければならない.この曖昧さをなくした手法がスティスカル-タナー (Stejskal-Tanner) のパルス印加勾配核磁気共鳴法 (Pulsed Field Gradient NMR = PFG-NMR) である[9]).

Stejskal-Tanner の PFG-NMR は Hahn のスピン・エコーの手法に加えて, z 方向に原子もしくはイオンの拡散に感応する一対の線形磁場勾配 (長さ δ で, 強度 g のパルス) を印加できるようにした手法である.実際には 90°パルス印加のあとに, g の勾配パルスを与え, 180°のパルス印加のあと, 再度 (初めの勾配パルス印加から時間　が経過したときに) g の勾配パルスをかけたあとのエコーの強度を測定する.原子もしくはイオンが拡散する場合,このエコー強度 $S(g)$ と $g = 0$ のときのエコー強度の比は,

$$\frac{S(g)}{S(0)} = \exp\left[-\gamma^2 g^2 D \delta^2 \left\{\Delta - \left(\frac{\delta}{3}\right)\right\}\right] \quad (9\text{-}9\text{-}1)$$

ここで D は拡散係数である.

Stejskal-Tanner 以降,多くの研究者が PFG-NMR の手法を用いてイオンの拡散係数を測定し,他の方法による結果と比較することにより, PFG-NMR の手法が拡散係数測定の有力な手段であることを確認している.詳しいいくつかの総合報告が報告されている[10-12]).

この手法を用いたフッ素イオン系溶融塩におけるフッ素イオンの拡散係数測定として Rollet et al. の報告を挙げておく[13]).

9-10　溶融塩におけるイオンの拡散係数の測定方法-新しい方法

1999 年に,新しい測定方法が提案された[14]).熱勾配が発生しないような工夫をした試料に, 5000 秒から 15000 秒の間,外部電場をかけた後,それをスイッチオフする.そうすると,電場が掛けられていたあいだに両極方向に移動していた陰陽イオンの分極電荷それぞれが元の平衡状態に戻ろうとして逆流が発生する.それと共に残留電場が時間とともに減衰する.この減衰曲線から拡散係数を求める方法である.以下にその概略を示す.

長さ l の溶融塩試料に直流小電場 $\frac{V}{l}$ ($V_x = V, 0, 0$) をかけると,イオン質量流が

発生する．このイオンの流れは，J^+ および J^- とすると，

$$J^+ = D^+ \left[-\left(\frac{\partial \rho^+}{\partial x}\right) + \left\{\frac{\rho^+ z^+ |e| c^+ E_x}{k_B T}\right\} \right] \tag{9-10-1}$$

$$J^- = D^- \left[-\left(\frac{\partial \rho^-}{\partial x}\right) + \left\{\frac{\rho^- z^- |e| c^- E_x}{k_B T}\right\} \right] \tag{9-10-2}$$

ここで，ρ^+ および ρ^- は＋および－イオンの平均の電荷密度からの変化量であり，c^+ および c^- はそれぞれのイオンのアインシュタイン関係式（Einstein relation）からのずれを示す．ρ^+ および ρ^- は次の連続の方程式を満たす．すなわち，

$$\left(\frac{\partial \rho^+}{\partial t}\right) + \left(\frac{\partial J^+}{\partial x}\right) = 0, \quad \left(\frac{\partial \rho^-}{\partial t}\right) + \left(\frac{\partial J^-}{\partial x}\right) = 0 \tag{9-10-3}$$

それゆえ，

$$\left(\frac{\partial \rho^+}{\partial t}\right) = D^+ \left[\left(\frac{\partial^2 \rho^+}{\partial x^2}\right) - \left\{\rho^+ z^+ |e| c^+ \left(\frac{\partial E_x}{\partial x}\right) k_B T\right\} - \left\{\frac{z^+ |e| c^+ E_x}{k_B T}\right\} \left(\frac{\partial \rho^+}{\partial x}\right) \right] \tag{9-10-4}$$

$$\left(\frac{\partial \rho^-}{\partial t}\right) = D^- \left[\left(\frac{\partial^2 \rho^-}{\partial x^2}\right) - \left\{\rho^- z^- |e| c^- \left(\frac{\partial E_x}{\partial x}\right) k_B T\right\} - \left\{\frac{z^- |e| c^- E_x}{k_B T}\right\} \left(\frac{\partial \rho^-}{\partial x}\right) \right] \tag{9-10-5}$$

定常状態ではこれらの式の左辺はゼロである．それゆえ，

$$\rho^+(x, t \to \infty) = \sum_{n=1}^{\infty} A_n^+ \cos(\lambda_n x) \tag{9-10-6}$$

$$\rho^-(x, t \to \infty) = \sum_{n=1}^{\infty} A_n^- \cos(\lambda_n x) \tag{9-10-7}$$

とおける．ここで

$$\lambda_n \equiv \frac{n\pi}{l} \quad (n = 1, 2, 3, \cdots\cdots)$$

であり，A_n^+，A_n^- はそれぞれの n における定数である．
$\rho^+(x)$，$\rho^-(x)$ は $x = \frac{l}{2}$ の周辺で直線的に変化している，と考えられるから，近似的に次のようにおける．すなわち，

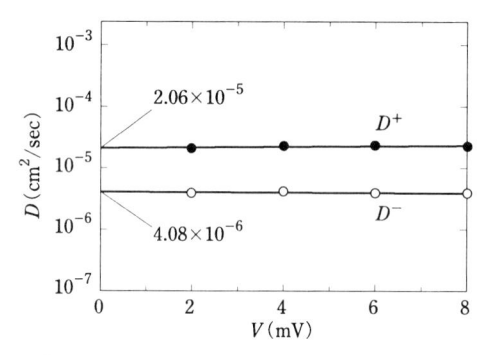

図 9-10-1 溶融 AgI における正負イオンの拡散係数の実験的導出[14].
(Reproduced with permission from H. Araki, T. Koishi and S. Tamaki, J. Phys. Soc. Japan, **68** (1999) 134-139. Copyright 1999, JPS.)

$$\rho^+(x) = \frac{\alpha^+ \left\{x - \left(\frac{l}{2}\right)\right\}^3}{\left(\frac{l}{2}\right)^3} + \frac{\beta^+ \left\{x - \left(\frac{l}{2}\right)\right\}}{\left(\frac{l}{2}\right)} \tag{9-10-8}$$

$$\rho^-(x) = \frac{\alpha^- \left\{x - \left(\frac{l}{2}\right)\right\}^3}{\left(\frac{l}{2}\right)^3} + \frac{\beta^- \left\{x - \left(\frac{l}{2}\right)\right\}}{\left(\frac{l}{2}\right)} \tag{9-10-9}$$

α, β はある定数である. (9-10-6), (9-10-7) および (9-10-8), (9-10-9) 式を比較することにより,

$$A_n^+ = -\alpha^+ \left\{\left(\frac{24}{n^2\pi^2}\right) - \left(\frac{192}{n^4\pi^4}\right)\right\} - \beta^+ \left(\frac{8}{n^2\pi^2}\right) \quad (n=1,3,5,\cdots) \tag{9-10-10}$$

$$A_n^- = -\alpha^- \left\{\left(\frac{24}{n^2\pi^2}\right) - \left(\frac{192}{n^4\pi^4}\right)\right\} - \beta^- \left(\frac{8}{n^2\pi^2}\right) \quad (n=1,3,5,\cdots) \tag{9-10-11}$$

ある瞬間に印加電圧をスイッチオフしたとする. (9-10-4) 式および (9-10-5) 式からPoisson方程式を用いると, 発生する内部電場 E から得られる起電力 (EMF) は次のようになる.

$$\text{EMF}(t) = \frac{2}{\varepsilon}\left[-\sum_{n=1}^{\infty}\left(\frac{A_n^+}{\lambda_n^2}\right)\exp(-\lambda_n D^+ t) + \sum_{n=1}^{\infty}\left(\frac{A_n^-}{\lambda_n^2}\right)\exp(-\lambda_n D^- t)\right]$$

$$(n=1,3,5,\cdots) \tag{9-10-12}$$

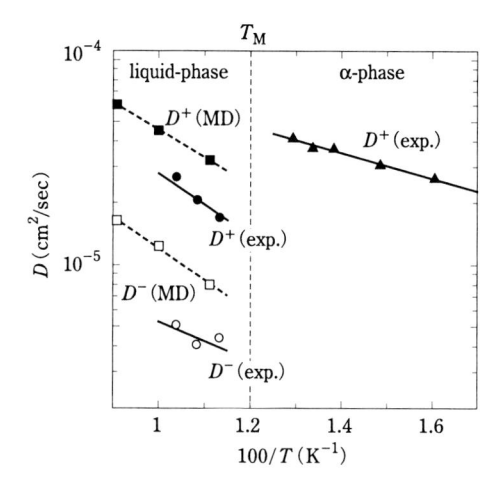

図 9-10-2 実験で得られた溶融 AgI の正負イオンの拡散係数における温度依存性[14].
(Reproduced with permission from H. Araki, T. Koishi and S. Tamaki, J. Phys. Soc. Japan, **68** (1999) 134-139. Copyright 1999, JPS.)

ここで ε は溶融塩試料の誘電率である．実際には $n = 1$ だけで他の寄与は無視できるので，残留起電力の時間依存性は次式で与えられる．

$$\text{EMF}(t) = A \exp\left\{-\left(\frac{\pi^2}{l^2}\right) D^+ t\right\} + B \exp\left\{-\left(\frac{\pi^2}{l^2}\right) D^- t\right\} \tag{9-10-13}$$

ここで A, B は未知の定数である．

A, B が未知であっても，時間依存の曲線から拡散係数 D^+ と D^- が求められる．このようにして荒木らは溶融 AgI における陰陽イオンそれぞれの拡散係数を導出した[14]．結果を図 9-10-1 および 9-10-2 に示す．温度が 1000 K のとき，$D^+ \sim 10^{-4}$ cm^2/sec および $D^- \sim 10^{-5}$ cm^2/sec であった．

この手法に関する詳しい解析は荒木らの原論文を参照されたい[14].

参考文献

1) N. H. March and M. P. Tosi, *Atomic Dynamics in Liquids*, MacMillan Press, London, 1976.
2) B. J. Berne and S. A. Rice, J. Chem. Phys., **45** (1966) 1086.

3) S. A. Rice and P. Gray, *The Statistical Mechanics of Simple Liquids*, Wiley, New York, 1965.
4) S. Nosé, J. Chem. Phys., **81** (1984) 511.
5) M. P. Tosi and F. G. Fumi, J. Phys. Chem. Solids, **25** (1964) 45.
6) T. Koishi and S. Tamaki, J. Chem. Phys., **123** (2005) 194501-194511.
7) D. A. McQuarrie, *Statistical Mechanics*, Indiana Univ. Press, 1976.
8) E. L. Hahn, Phys. Rev., **80** (1950) 580.
9) E. O. Stejskal and J. E. Tanner, J. Chem. Phys., **42** (1965) 288-292.
10) W. S. Price, Concepts Magn. Reson., **9** (1997) 299-336.
11) K. Nicolay, K. P. J. Braun, R. A. de Graaf, R. M. Dijkhuizen and ZM. J. Kruiskamp, NMR Biomed., **14** (2001) 94-111.
12) S. Viel, F. Ziarelli, G. Pagès, C. Carrara and S. Caldarelli, J. Mag. Res., **190** (2008) 113-123.
13) A-L. Rollet, V. Sariu-Kanian and C. Bessada, Inorg. Chem., **48** (2009) 10972-10975.
14) H. Araki, T. Koishi and S. Tamaki, J. Phys. Soc. Japan, **68** (1999) 134-139.

10. 溶融塩における熱伝導

　溶融塩の熱伝導について論ずる前に，あらゆる液体に対して適応される熱伝導度の一般的議論を展開し，その成果を踏まえて溶融塩を対象にした議論を展開する．

　固体の熱伝導は，構成原子・分子・イオンが格子振動によって高温から低温方向に熱の伝搬，すなわちフォノンの伝搬が生ずる結果であることはよく知られている．一方，気体中の熱伝導は，構成粒子間の衝突を含む相互作用によって，運動エネルギーの授受から生ずることも自明であろう．液体における熱伝導の古典的概念も固体や気体における熱伝導の拡張的展開で説明がなされた．確かに液体中でも局所的かつ短時間範囲では固体に類似した熱振動は存在するであろう．しかし，液体における熱伝導度の大小を決定している要素は何であろうか．非可逆過程の統計力学を駆使すると，熱伝導度の度合いは局所的な熱のゆらぎの大小によって決定される．これを揺動散逸の定理というが，本章ではこれに基づいて理論を展開し，実験データと対比しよう．

10-1　研究目的
　近年，溶融塩を用いた工業的応用の技術的発展に伴い，その基本物性の知見が求められている．それに関連して，溶融塩の熱伝導に関する知見も広く知られつつある．

　溶融塩のみならず，物質の液体状態における熱伝導度の求め方として，実験データの集積に呼応すべく理論的側面からの貢献も少なくない．

　液体における熱伝導の本質は，局所的な熱エネルギーの輸送の度合いによるも

のである．一方，液体の粘性の物理的な本質は，局所的な運動量の輸送に伴う変化に由来する．このように，熱伝導と粘性はそれぞれ熱エネルギーと運動量の輸送に伴う変化に由来する類似性をもつことから，これまで液体の粘性に関する理論の中で，運動量に関する項を熱エネルギーに置き換えることにより直ちに熱伝導度理論に移り変わることが報告されてきた．

この章の主たる目的は溶融塩における熱伝導度をこれまで具体的に計算が実行されてこなかったグリーン－久保理論を発展させ，溶融塩における新しい熱伝導度の理論ならびにその具体的計算を遂行し，近年極めてアクティヴになされつつある計算機シミュレーションの結果および実験結果と対比させようとするものである．

10-2　液体における古典的な熱伝導度理論

1935年，ブリッジマン（Bridgeman）[1]は，ある液体において，温度勾配が存在するとき，構成するある着目した分子は隣接分子との間で，熱振動（thermal vibration of quasi-crystalline）に伴う熱エネルギーの交換を通して熱が伝導されるものと考え，その構成分子間の熱エネルギーのやり取りとりは音速で行われる，と考えた．1個の分子が熱振動のエネルギーとして$3k_B T$をもつとすると，温度勾配xの方向にaだけ隔った二つの分子のエネルギーの差は$3k_B\left(\dfrac{dT}{dx}\right)a$である．音速を$v_s$とすると，このエネルギーが$a$の距離だけ移動するのに要する時間は$\dfrac{a}{v_s}$である．$a$を平均分子間距離とすると，熱の流れに垂直な単位断面積内には$\dfrac{1}{a^2}$の分子が存在するから，単位時間にこの面を通して流れる熱量は，

$$Q = \lambda\left(\dfrac{dT}{dx}\right) = 3k_B\left(\dfrac{dT}{dx}\right)a\left(\dfrac{1}{\dfrac{a}{v_s}}\right)\left(\dfrac{1}{a^2}\right) = 3k_B v_s a^{-2}\left(\dfrac{dT}{dx}\right) \tag{10-2-1}$$

故に熱伝導度は

$$\lambda = 3k_B v_s a^{-2} \tag{10-2-2}$$

で与えられる．この式を用いた結果は水，アセトン，エチルエーテル等で実測値と良い一致を示す．

1939年，押田[2]は液体においても固体と同様な格子振動が存在すると仮定してアンドレイド（Andrade）が展開した液体における粘性の理論[3]の構想にヒントを受け，液体における熱伝導度の理論を展開し，次のような結果を得た．

$$\lambda = \frac{3k_{\mathrm{B}}\nu}{a} \tag{10-2-3}$$

ここでνは分子の振動数を表す．押田は振動数としてリンデマン（Lindemann）の表式を用い，いくつかの有機液体についての計算を遂行し，実験値とのよい一致を得ている．

しかしながら，今日ではBridgemanや押田の理論は単に歴史的な古典論としての位置を占めるだけであり，これ以上の論及の必要はない．

10-3 液体における熱伝導度の分子論的理論

液体における熱の流れのような不可逆現象に関する統計力学は，1946年からボルン－グリーン（Born-Green）[4]およびカークウッド（Kirkwood）[5]によって建設され，1950年にアーヴィング－カークウッド（Irving-Kirkwood）[6]の導出した方程式によって液体における分子論的表式がひとまず定式化された．以下，そこに到る長い道のりの概略を説明する．

いまN個の同種の単原子分子によって構成される液体の系があるとしよう．系のi番目の分子の位置座標を$\boldsymbol{r}_i$とし，その運動量を$\boldsymbol{p}_i$とする．するとある時刻tにおける次の位相空間の素体積，$d\tau = d\boldsymbol{r}_1 d\boldsymbol{r}_2 \cdots d\boldsymbol{r}_N d\boldsymbol{p}_1 d\boldsymbol{p}_2 \cdots d\boldsymbol{p}_N$の中の状態$(\boldsymbol{r}_1, \boldsymbol{r}_2 \cdots \boldsymbol{r}_N, \boldsymbol{p}_1, \boldsymbol{p}_2 \cdots \boldsymbol{p}_N)$にある確率を

$$f^{(N)} d\tau = f^{(N)}(\boldsymbol{r}_1, \boldsymbol{r}_2 \cdots \boldsymbol{r}_N, \boldsymbol{p}_1, \boldsymbol{p}_2 \cdots \boldsymbol{p}_N) d\tau \tag{10-3-1}$$

で表す．$f^{(N)}$の時間的変化は

$$\frac{\partial f^{(N)}}{\partial t} \sum_{i=1}^{N} \left\{ \frac{\partial (\boldsymbol{r}_i f^{(N)})}{\partial \boldsymbol{r}_i} + \frac{\partial (\boldsymbol{p}_i f^{(N)})}{\partial \boldsymbol{p}_i} \right\} \tag{10-3-2}$$

任意の量$\alpha(\boldsymbol{r}_1, \boldsymbol{r}_2 \cdots \boldsymbol{r}_N, \boldsymbol{p}_1, \boldsymbol{p}_2 \cdots \boldsymbol{p}_N)$の平均値（つまり物理量），$\langle \alpha; f^{(N)} \rangle$は

$$\langle \alpha; f^{(N)} \rangle = \int \alpha f^{(N)} d\boldsymbol{r}_1 d\boldsymbol{r}_2 \cdots d\boldsymbol{r}_N, d\boldsymbol{p}_1 d\boldsymbol{p}_2 \cdots d\boldsymbol{p}_N \tag{10-3-3}$$

もし α が時間 t の顕わな関数（explicit function）でないとすると，

$$\frac{\partial \langle \alpha; f^{(N)} \rangle}{\partial t} = \left\langle \alpha; \frac{\partial f^{(N)}}{\partial t} \right\rangle$$

$$= \sum_{i=1}^{N} \left\langle \left\{ \left(\frac{1}{m}\right) p_k \left(\frac{\partial \alpha}{\partial r_i}\right) + F_k \left(\frac{\partial \alpha}{\partial p_i}\right) \right\}; f^{(N)} \right\rangle \qquad (10\text{-}3\text{-}4)$$

(10-3-3) 式に対応する系の粒子密度，質量密度，運動量の流れ，エネルギー等は以下のようになる．

$$\rho(\boldsymbol{r},t) = \left\langle \sum_{i=1}^{N} \delta(\boldsymbol{r}_i - \boldsymbol{r}); f^{(N)} \right\rangle \qquad (10\text{-}3\text{-}5)$$

$$\rho_m(\boldsymbol{r},t) = \left\langle m \sum_{i=1}^{N} \delta(\boldsymbol{r}_i - \boldsymbol{r}); f^{(N)} \right\rangle \qquad (10\text{-}3\text{-}6)$$

$$m\rho(\boldsymbol{r},t)\boldsymbol{u}(\boldsymbol{r},t) = \left\langle \sum_{i=1}^{N} \boldsymbol{p}_i \delta(\boldsymbol{r}_i - \boldsymbol{r}); f^{(N)} \right\rangle \qquad (10\text{-}3\text{-}7)$$

$$E(\boldsymbol{r},t) = E_K(\boldsymbol{r},t) + E_V(\boldsymbol{r},t)$$

$$E_K(\boldsymbol{r},t) = \frac{1}{2m} \left\langle \sum_{i=1}^{N} (\boldsymbol{p}_i - m\boldsymbol{u})^2 \delta(\boldsymbol{r}_i - \boldsymbol{r}); f^{(N)} \right\rangle \qquad (10\text{-}3\text{-}8)$$

$$E_V(\boldsymbol{r},t) = \frac{1}{2} \left\langle \sum \sum_{j \neq i=1}^{N} \phi(|\boldsymbol{p}_i - \boldsymbol{p}_j|) \delta(\boldsymbol{r}_i - \boldsymbol{r}); f^{(N)} \right\rangle \qquad (10\text{-}3\text{-}9)$$

(10-3-8)式で与えられるように，$E_K(\boldsymbol{r}, t)$ は $(\boldsymbol{r}, t)$ における粒子（分子）i の運動量 $\boldsymbol{p}_i$ とその局所部分の平均速度 $\boldsymbol{u}(\boldsymbol{r}, t)$ による運動量との差つまり運動量の揺らぎを示している．

　(10-3-7) 式を(10-3-4) 式に代入すると，流体（液体）の巨視的運動方程式（macroscopic equation of motion）として知られる次式のようなナヴィアーストークス（Navier-Stokes）の方程式が得られる．

$$\frac{\partial(\rho \boldsymbol{u})}{\partial t} + \frac{\partial(\rho \boldsymbol{u}\boldsymbol{u})}{\partial \boldsymbol{r}} = \boldsymbol{X} + \frac{\partial \boldsymbol{\sigma}}{\partial \boldsymbol{r}} \qquad (10\text{-}3\text{-}10)$$

ここで $\boldsymbol{X}(\boldsymbol{r}, t)$ は系の単位体積に働く外力で，

$$\boldsymbol{X}(\boldsymbol{r},t) = \left\langle \sum_{i=1}^{N} \boldsymbol{X}_i \delta(\boldsymbol{r}_i - \boldsymbol{r}); f^{(N)} \right\rangle \qquad (10\text{-}3\text{-}11)$$

10. 溶融塩における熱伝導

σ は歪みテンソル (stress tensor) と呼ばれ, 運動量項 (momentum term) と相互作用項 (potential term) とに分けられる.

$$\sigma = \sigma_K + \sigma_V$$

$$\sigma_K = -\left(\frac{1}{m}\right)\left\langle \sum_{i=1}^{N}(p_i - mv)^2 \delta(r_i - r); f^{(N)} \right\rangle \tag{10-3-12}$$

$$s_V = \frac{1}{2}\left\langle \sum\sum_{j\neq i=1}^{N} r_{i,j} \left\{\frac{\partial \phi(|p_i - p_j|)}{\partial r_{ij}}\right\} \delta(r_i - r); f^{(N)} \right\rangle \tag{10-3-13}$$

同様にして(10-3-8)と(10-3-9)を(10-3-4)式に代入すると,

$$\frac{\partial E}{\partial t} + \nabla \cdot (vE) = -\nabla \cdot \left\langle \sum_{i=1}^{N}\frac{m}{2}\left\{\left(\frac{p_i}{m}\right) - v\right\}^3 \delta(r_i - r); f^{(N)} \right\rangle$$

$$+ \frac{1}{2}\left\langle \sum\sum_{j\neq i=1}^{N}\left\{\left(\frac{p_i}{m}\right) - v\right\}\left\{\frac{\partial \phi(|p_i - p_j|)}{\partial r_{ij}}\right\}\{\delta(r_i - r) - \delta(r_i - r)\}; f^{(N)} \right\rangle$$

$$- \frac{1}{2}\nabla \cdot \left\langle \sum\sum_{j\neq i=1}^{N}\left\{\frac{\partial \phi(|p_i - p_j|)}{\partial r_{ij}}\right\}\left\{\left(\frac{p_i}{m}\right) - v\right\}\delta(r_i - r); f^{(N)} \right\rangle$$

$$\tag{10-3-14}$$

上式の $\{\delta(r_i - r) - \delta(r_j - r)\}$ に関して高次の項 (higher order term) を省略すると熱流ベクトル (heat flux vector) $q(=-\lambda\nabla \cdot T)$ が求まる. 熱伝導度 λ は, 運動のエネルギーによる寄与とポテンシャルエネルギーによる寄与とに分けることができる. すなわち,

$$\lambda = \lambda_K + \lambda_V \tag{10-3-15}$$

λ_K と λ_V の具体的表式はライス-グレイ (Rice-Gray) のテキストもしくはイッケンベリー-ライス (Ikenberry-Rice)[7] の論文に詳しい表式が載せられている.

カークウッド-ライス (Kirkwood-Rice) によれば[8], (10-3-15) 式の右辺第1項は第2項に比して小さいという. そしてその結果次式を得た.

$$\lambda = -\frac{k_B T}{12\gamma m}\left[\frac{\partial\left\{\rho^2 \int_0^\infty r^2 \nabla^2 \phi \gamma(r) 4\pi r^2 \, dr\right\}}{\partial T}\right] \tag{10-3-16}$$

ここで γ は摩擦係数（friction constant）であり，次式で与えられる．

$$\gamma = \frac{\rho}{3m} \int_0^\infty \left\{ \frac{\partial^2 \phi(r)}{\partial r^2} + \frac{2}{r} \frac{\partial \phi(r)}{\partial r} \right\} g(r) 4\pi r^2 \, dr \tag{10-3-17}$$

また，分子間相互作用ポテンシャルとして（剛体球+soft potential）を仮定したライス-アルナット（Rice-Allnatt）理論[9]では極めて巧みな数学的処理による展開がなされている．

まず，分子間距離の減少と共に，分子間ポテンシャル $\phi(r)$ が引力部から急激に立ち上がって斥力部になるが，その値がゼロとなる距離を σ とおく．そのとき，得られる熱伝導度は下記のように気の遠くなるような式によって表わされている．

$$\lambda = \lambda_K^{(1)} + \lambda_K^{(2)} + \lambda_V \tag{10-3-18}$$

$$\lambda_K^{(1)} = \frac{75 k_B^2 T}{32 m g(\sigma)} \frac{1 + \left\{ \dfrac{2\pi\rho\sigma^3 g(\sigma)}{5} \right\}}{2\Omega + \left\{ \dfrac{45\gamma}{16 n m g(\sigma)} \right\}} \times \left[1 + \frac{\Omega}{\left\{ \Omega + \dfrac{45\gamma}{16 \rho m g(\sigma)} \right\}} \right] \tag{10-3-19}$$

$$\lambda_K^{(2)} = \frac{75 k_B^2 T g(\sigma)}{32 m \Omega} \left(\frac{2\pi\rho\sigma^3}{5} \right)^2 \left(\frac{32}{9\pi^{\frac{3}{2}}} \right) \tag{10-3-20}$$

$$\lambda_V = \frac{\pi k_B T \rho^2}{3\gamma} \int_\sigma^\infty \left\{ \frac{r \, d\phi(r)}{dr} - \phi(r) \right\} \left\{ \frac{d\left(\dfrac{\partial \ln g(r)}{\partial T} \right)}{dr} \right\} g(r) r^3 \, dr$$

$$+ \frac{\pi k_B T \rho^2}{\gamma} \int_\sigma^\infty \left\{ \phi(r) - \left(\frac{1}{3} \right) \frac{r \, d\phi(r)}{dr} \right\} \left\{ \frac{\left(\dfrac{\partial g(r)}{\partial T} \right)}{dr} \right\} r^2 \, dr \tag{10-3-21}$$

ここで $\quad \Omega = \left(\dfrac{4\pi k_B T}{m} \right)^{\frac{1}{2}} \sigma^2$

このように，得られた結果は複雑で表式の個々の物理的意義および貢献度は，はっきりしないのでこれ以上の詳細は省略する．

10-4　揺動散逸定理に基づく熱伝導度の理論（グリーン−久保の理論）

　前節で展開した熱伝導度に関する分子論的理論は,取り扱いの数学的展開の煩雑さから,導出された表式の各項について物理的理解は必ずしも明瞭でない.そのためか,これらの応用は液体アルゴンや液体金属に留まっている.その打開というか,より物理的にクリアな観点からの展開が本節でのべるグリーン−久保理論（Green-Kubo theory）である.これについてはハンゼン−マクドナルド（Hansen-McDonald）[10]やマーチ−トシ（March-Tosi）[11]およびライス−グレイ（Rice-Gray）[12]のテキストが参考になる.

　10-3 節で簡単に述べたナヴィアー−ストークス（Navier-Stokes）の方程式を導くためには,局所蜜度に関する連続の方程式から出発する.局所速度$u(r, t)$は次式を通して定義される.

$$p(r, t) = m\rho(r, t)u(r, t) \tag{10-4-1}$$

局所運動量 $p(r, t)$ に関連してそれぞれの保存則から次の連続の方程式がえられる.

$$\dot{\rho}(r,t) + \frac{1}{m}\nabla p(r,t) = 0 \tag{10-4-2}$$

$$\dot{p}(r,t) + \nabla \sigma(r,t) = 0 \tag{10-4-3}$$

$$\dot{e}(r,t) + \nabla J^e(r,t) = 0 \tag{10-4-4}$$

ここで $\sigma(r, t)$ は前に述べた歪みテンソル（stress tensor）と呼ばれたが,その物理的意味は運動量の流れに相当する.$J^e(r, t)$はエネルギーの流れに相当する.

　ランダウ−リフシッツ（Landau-Lifshitz）によれば,$\sigma(r, t)$は次式で与えられる[13].

$$s^{\alpha\beta}(r,t) = \delta_{\alpha\beta}P(r,t) - \eta\left\{\frac{\partial v_\alpha(r,t)}{\partial r_\beta} + \frac{\partial v_\beta(r,t)}{\partial r_\alpha}\right\}$$
$$+ \delta_{\alpha\beta}\left\{\left(\frac{2}{3}\right)\eta - \zeta\right\}\nabla \cdot v(r,t) \tag{10-4-5}$$

ここで $P(r, t)$ は局所圧力（local pressure）,η,ζ はそれぞれ粘性係数（shear viscosity）と体積粘性係数（bulk viscosity）である.これを(10-4-3) 式に代入す

ると，線形化した Navier-Stokes の方程式が得られる．

$$m\rho(\boldsymbol{r},t)\dot{\boldsymbol{v}}(\boldsymbol{r},t)+\nabla\cdot P(\boldsymbol{r},t)-\eta\nabla^2\cdot\boldsymbol{v}(\boldsymbol{r},t)-\left\{\left(\frac{1}{3}\right)\eta+\zeta\right\}\nabla\nabla\cdot\boldsymbol{v}(\boldsymbol{r},t)=0 \tag{10-4-6}$$

また Landau-Lifshitz によりエネルギー流密度 (energy current density)，$\boldsymbol{J}^e(\boldsymbol{r},t)$ は次のように定義される．

$$\boldsymbol{J}^e(\boldsymbol{r},t)=h\boldsymbol{v}(\boldsymbol{r},t)-\lambda\nabla\cdot T(\boldsymbol{r},t) \tag{10-4-7}$$

ここで h はエンタルピー密度 (enthalpy density) で，$h=(e+P)$ で与えられる．(10-4-7) 式に関する Landau-Lifshitz の理論の詳細は 10-12 補足 A で述べる．これを (10-4-4) 式に代入すると，

$$\frac{\partial\left[e(\boldsymbol{r},t)-\left\{\dfrac{(e+P)\rho(\boldsymbol{r},t)}{\rho}\right\}\right]}{\partial t}-\lambda\nabla^2 T(\boldsymbol{r},t)=0 \tag{10-4-8}$$

$\left[e(\boldsymbol{r},t)-\left\{\dfrac{(e+P)\rho(\boldsymbol{r},t)}{\rho}\right\}\right]=Q(\boldsymbol{r},t)$ とすると，熱伝導度に関するマクロな表式が得られる．

$$\frac{\partial Q(\boldsymbol{r},t)}{\partial t}-\lambda\nabla^2 T(\boldsymbol{r},t)=0 \tag{10-4-9}$$

$Q(\boldsymbol{r},t)$ は熱エネルギー密度 (heat energy density) として説明される．なぜなら，$T\,\mathrm{d}S=\mathrm{d}U+P\,\mathrm{d}V=\mathrm{d}(eV)+P\,\mathrm{d}V$ から

$$\left(\frac{T}{V}\right)\mathrm{d}S=\mathrm{d}e(\boldsymbol{r},t)-\left\{\frac{(e+P)\rho(\boldsymbol{r},t)}{\rho}\right\}=\mathrm{d}Q(\boldsymbol{r},t) \tag{10-4-10}$$

すなわちエントロピー密度 (entropy density) の変化である $\dfrac{\mathrm{d}S}{V}$ に温度 T をかければ $Q(\boldsymbol{r},t)$ の変化が得られる．また熱エネルギーのゆらぎは，局所的内部エネルギーの変化からエンタルピー変化を引いた量として表現されている．
$\delta\rho(\boldsymbol{r},t)=\rho(\boldsymbol{r},t)-\rho,\ \delta T(\boldsymbol{r},t)=T(\boldsymbol{r},t)-T$ とおくと，

$$\delta P(\boldsymbol{r},t)=\left(\frac{\partial P}{\partial \rho}\right)_T \delta\rho(\boldsymbol{r},t)+\left(\frac{\partial P}{\partial T}\right)_\rho \delta\rho(\boldsymbol{r},t) \tag{10-4-11}$$

$$\delta q(\boldsymbol{r},t)=-\frac{T}{n}\left(\frac{\partial P}{\partial T}\right)_\rho \delta\rho(\boldsymbol{r},t)+\rho c_v \delta T(\boldsymbol{r},t) \tag{10-4-12}$$

10. 溶融塩における熱伝導

ここで，c_v は一粒子当たりの定積比熱である．(10-4-11)，(10-4-12) 式を連続の方程式および Navier-Stokes の方程式に代入すると，$\boldsymbol{j}(\boldsymbol{r},t) = \rho\boldsymbol{v}(\boldsymbol{r},t)$ であるから，

$$\frac{\partial \delta\rho(\boldsymbol{r},t)}{\partial t} + \nabla\cdot\boldsymbol{j}(\boldsymbol{r},t) = 0 \tag{10-4-13}$$

$$\left\{\left(\frac{\partial}{\partial t}\right) - a\nabla^2\right\}\delta T(\boldsymbol{r},t) - \left(\frac{T}{n^2 c_v}\right)\left(\frac{\partial P}{\partial T}\right)\cdot\left\{\frac{\partial \delta\rho(\boldsymbol{r},t)}{\partial t}\right\} = 0 \tag{10-4-14}$$

ここで $a = \dfrac{\lambda}{nc_v}$，$c_v$ は一粒子あたりの定積比熱である．上式を Fourier（空間）- Laplace（時間）変換する．そのためには，次の変換の公式を用いる．

$$\mathcal{L}\text{-}F\left\{\frac{\partial \delta T(\boldsymbol{r},t)}{\partial t}\right\} = iz\tilde{T}_k(z) - T_k(t=0)$$

$$-i\omega\tilde{\rho}_k(\omega) + i\boldsymbol{k}\cdot\tilde{\boldsymbol{j}}_k(\omega) = \rho_k \tag{10-4-15}$$

$$(-i\omega + ak^2)\tilde{T}_k(\omega) + \left(\frac{iT}{\rho^2 c_v}\right)\left(\frac{\partial P}{\partial T}\right)_\rho \tilde{j}_k(\omega) = T_k \tag{10-4-16}$$

ここで，

$$\tilde{\rho}_k(\omega) = \int_0^\infty dt\,\exp(i\omega t)\int\delta\rho(\boldsymbol{r},t)\exp(-i\boldsymbol{k}\cdot\boldsymbol{r}) \tag{10-4-17}$$

また，ρ_k，T_k は $t=0$ における空間フーリエ変換の値である．

これらを用いると，

$$(-i\omega + ak^2)\tilde{Q}_k(\omega) + \lambda k^2\left(\frac{\partial T}{\partial \rho}\right)s\tilde{\rho}_k(\omega) = Q_k \tag{10-4-18}$$

k の値が小さいとき，この式における左辺第 2 項は省略できる．従って，

$$\tilde{Q}_k(\omega) = \frac{Q_k}{(-i\omega + D_T k^2)} \tag{10-4-19}$$

ここで $D_T = \dfrac{\lambda}{\rho c_p}$ である．したがって，

$$\operatorname{Re}\tilde{Q}_k(\omega)Q_{-k} \sim \left(\frac{D_T k^2}{\omega^2}\right) \tag{10-4-20}$$

それゆえ

$$\lambda = \rho c_{\mathrm{p}} \lim_{\omega \to 0} \lim_{k \to 0} \left(\frac{\omega^2}{k^2} \right) \frac{\langle \tilde{Q}_{\mathrm{k}}(\omega) Q_{-\mathrm{k}} \rangle}{\langle Q_0^2 \rangle} \tag{10-4-21}$$

$\langle Q_0^2 \rangle = T^2 N k_{\mathrm{B}} c_{\mathrm{p}}$ を代入すると,

$$\begin{aligned}\lambda &= \left(\frac{n c_{\mathrm{p}}}{T^2 N k_{\mathrm{B}} c_{\mathrm{p}}} \right) \lim_{\omega \to 0} \lim_{k \to 0} \left(\frac{\omega^2}{k^2} \right) \langle \tilde{Q}_{\mathrm{k}}(\omega) Q_{-\mathrm{k}} \rangle \\ &= \left(\frac{1}{V k_{\mathrm{B}} T^2} \right) \lim_{\omega \to 0} \lim_{k \to 0} \left(\frac{\omega^2}{k^2} \right) \langle \tilde{Q}_{\mathrm{k}}(\omega) Q_{-\mathrm{k}} \rangle \end{aligned} \tag{10-4-22}$$

一方, (10-4-4) 式の heat energy density, $Q(\boldsymbol{r},t) = \left[e(\boldsymbol{r},t) - \left\{ \frac{(e+P)\boldsymbol{\rho}(\boldsymbol{r},t)}{\rho} \right\} \right]$ に対応して, 熱流 $\boldsymbol{J}^{\mathrm{Q}}(\boldsymbol{r},t) = Q(\boldsymbol{r},t)\boldsymbol{u}(\boldsymbol{r},t)$ のフーリエ変換を行う.

$$\boldsymbol{J}^{\mathrm{Q}}(\boldsymbol{r},t) = \boldsymbol{J}^{\mathrm{e}}(\boldsymbol{r},t) - \left\{ \frac{(e+P)\boldsymbol{j}(\boldsymbol{r},t)}{\rho} \right\} \tag{10-4-23}$$

この熱流のフーリエ変換項は次式のエネルギー保存則を充たす.

$$\frac{\mathrm{d} Q_{\mathrm{k}}(t)}{\mathrm{d}t} + i\boldsymbol{k} \boldsymbol{J}_{\mathrm{k}}^{\mathrm{Q}}(t) = 0 \tag{10-4-24}$$

$\dot{Q}_{\mathrm{k}}(t) = -i\omega Q_{\mathrm{k}}(t)$, $\dot{Q}_{-\mathrm{k}}(0) = -i\omega Q_{-\mathrm{k}}$ であるから,

$$\begin{aligned}\int_0^\infty \dot{Q}_{\mathrm{k}}(t) \dot{Q}_{-\mathrm{k}}(0) \exp(i\omega t) \, \mathrm{d}t &= (i\omega)^2 \int_0^\infty \dot{Q}_{\mathrm{k}}(t) \dot{Q}_{-\mathrm{k}}(0) \exp(i\omega t) \, \mathrm{d}t \\ &= -\omega^2 \langle \tilde{Q}_{\mathrm{k}}(\omega) Q_{-\mathrm{k}} \rangle = (i\boldsymbol{k})^2 \int_0^\infty \langle J_{\mathrm{k}}^{\mathrm{Q}}(t) J_{-\mathrm{k}}^{\mathrm{Q}}(0) \rangle \exp(i\omega t) \, \mathrm{d}t \end{aligned} \tag{10-4-25}$$

それゆえ,

$$\langle \tilde{Q}_{\mathrm{k}}(\omega) Q_{-\mathrm{k}} \rangle = \left(\frac{k}{\omega} \right)^2 \int_0^\infty \langle J_{\mathrm{k}}^{\mathrm{Q}}(t) J_{-\mathrm{k}}^{\mathrm{Q}}(0) \rangle \exp(i\omega t) \, \mathrm{d}t \tag{10-4-26}$$

これを(10-4-22) 式に代入し, $\boldsymbol{k}$ に平行な軸を z にとると,

$$\begin{aligned}\lambda &= \left(\frac{1}{V k_{\mathrm{B}} T^2} \right) \lim_{\omega \to 0} \lim_{k \to 0} \left(\frac{\omega^2}{k^2} \right) \langle \tilde{Q}_{\mathrm{k}}(\omega) Q_{-\mathrm{k}} \rangle \\ &= \left(\frac{1}{V k_{\mathrm{B}} T^2} \right) \lim_{\omega \to 0} \int_0^\infty \langle J_0^{\mathrm{Q}z}(t) J_0^{\mathrm{Q}z}(0) \rangle \exp(i\omega t) \, \mathrm{d}t \end{aligned} \tag{10-4-27}$$

まず(10-4-23)式の右辺第1項のフーリエ変換に関連して,

$$e(r,t) = \sum_{j=1}^{N} E_j \delta [r - r_j(t)] \tag{10-4-28}$$

であるから

$$e_k = \int dr \sum_{j=1}^{N} E_j \delta[r - r_j(t)] \exp(-ikr) = \sum_{j=1}^{N} E_j \exp(-ikr_j) \tag{10-4-29}$$

ここで E_j は1個の粒子(分子) j のもつエネルギーである. (10-4-29)式を用いることから自明であるが,全粒子の和をとることになる.

ともあれ, (10-4-4)式から J_k^e の k 方向(これを z 軸にとることにする)の成分に関して次式が得られる.

$$-ikJ_k^{ez} = \dot{e}_k = \frac{d\left\{\sum_{j=1}^{N} E_j \exp(-ikr_j)\right\}}{dt}$$

$$= \frac{d\left[\sum_{j=1}^{N}\left\{\left(\frac{1}{2}\right)m v_j^2 + \left(\frac{1}{2}\right)\sum_{j=1}^{N} \phi(r_{ij})\right\} \exp(-ik \cdot r_j)\right]}{dt} \tag{10-4-30}$$

それゆえ $k \to 0$ の極限で, z 方向の energy current は次式で与えられる.

$$J_0^{ez} = \sum_{j=1}^{N}\left[\left(\frac{1}{2}\right)m v_j^2 + \frac{1}{2}\sum_{i \neq j}^{N} \phi(r_{ij})\right] u_{jz} - \frac{1}{2}\sum \sum_{i \neq j}^{N} v_i \cdot r_{ij} \frac{\partial \phi(r_{ij})}{\partial z_{ij}} \tag{10-4-31}$$

同様に, $j(r,t) = \rho v(r,t)$ のフーリエ変換は,

$$j(r,t) = \rho v(r,t) = \rho \sum_{j=1}^{N} u_j \delta[r - r_j(t)] \tag{10-4-32}$$

これをを用いて(10-4-23)式の $\left\{\dfrac{(e+P)j(r,t)}{\rho}\right\}$ の項についてのフーリエ変換を行う.

$$\mathrm{FT}\left\{\frac{(e+P)j(r,t)}{\rho}\right\}_k = \sum_{j=1}^{N}\{\langle h_j \rangle \exp(-ikr_j)\} \tag{10-4-33}$$

ここで $\langle h_j \rangle$ は粒子1個のエンタルピー(enthalpy)の統計力学的平均であり,その内容は次の通りである.

$$\langle h_{\mathrm{j}} \rangle = \left\langle \left[\left(\frac{1}{2} \right) m \, \boldsymbol{v}_{\mathrm{j}}^{2} + \frac{1}{2} \sum_{\mathrm{i} \neq \mathrm{j}}^{\mathrm{N}} \phi(r_{\mathrm{ij}}) \right] + \frac{PV}{N} \right\rangle \tag{10-4-34}$$

それゆえ,(10-4-30)と同様に,

$$-i\boldsymbol{k} \left[\mathrm{FT} \left\{ \frac{(e+P)\boldsymbol{j}(\boldsymbol{r},t)}{\rho} \right\}_{\mathrm{k}} \right] = \frac{\mathrm{d}\left[\sum_{\mathrm{j}=1}^{\mathrm{N}} \{\langle h_{\mathrm{j}} \rangle \exp(-i\boldsymbol{k}\,\boldsymbol{r}_{\mathrm{j}})\} \right]}{\mathrm{d}t} \tag{10-4-35}$$

したがって,

$$J_0^{\mathrm{ez}} = \sum_{\mathrm{j}=1}^{\mathrm{N}} \left[\left(\frac{1}{2} \right) m \, \boldsymbol{v}_{\mathrm{j}}^{2} + \frac{1}{2} \sum_{\mathrm{i} \neq \mathrm{j}}^{\mathrm{N}} \phi(r_{\mathrm{ij}}) - \langle h_{\mathrm{j}} \rangle \right] u_{\mathrm{jz}} - \frac{1}{2} \sum \sum_{\mathrm{i} \neq \mathrm{j}}^{\mathrm{N}} \boldsymbol{v}_{\mathrm{i}} \cdot \boldsymbol{r}_{\mathrm{ij}} \frac{\partial \phi(r_{\mathrm{ij}})}{\partial z_{\mathrm{ij}}} \tag{10-4-36}$$

この式で平均のエンタルピー（enthalpy）に関する項を

$\sum_{\mathrm{j}=1}^{\mathrm{N}} \{\langle h_{\mathrm{j}} \rangle\} u_{\mathrm{jz}} = \langle h_{\mathrm{j}} \rangle \sum_{\mathrm{j}=1}^{\mathrm{N}} u_{\mathrm{jz}}$ とすると，これは運動量保存則からゼロとなる．このように考えて

$$\lambda = \frac{1}{V k_{\mathrm{B}} T^{2}} \int_{0}^{\infty} \left\langle J_0^{\mathrm{ez}}(t) J_0^{\mathrm{ez}}(0) \right\rangle \mathrm{d}t \tag{10-4-37}$$

もしくは三次元ベクトル表示でかくと,

$$\lambda = \frac{1}{3V k_{\mathrm{B}} T^{2}} \int_{0}^{\infty} \left\langle \boldsymbol{J}_0^{\mathrm{ez}}(t) \boldsymbol{J}_0^{\mathrm{ez}}(0) \right\rangle \mathrm{d}t \tag{10-4-38}$$

この式はGreen[14], Mori[15], Kadanoff and Martin[16] によって導出されている．この式を用いて計算機シミュレーションが遂行されている．

確かに平均のエンタルピー（enthalpy）に関する項を

$\sum_{\mathrm{j}=1}^{\mathrm{N}} \{\langle h_{\mathrm{j}} \rangle\} \boldsymbol{u}_{\mathrm{j}} = \langle h_{\mathrm{j}} \rangle \sum_{\mathrm{j}=1}^{\mathrm{N}} \boldsymbol{u}_{\mathrm{j}}$ （ベクトル表示にした）とする限りはこの項はゼロと置けるであろう．その背景には，$\boldsymbol{j}(\boldsymbol{r}, t)$ を(10-4-32) 式のように近似したことによるものである．正しくは $\boldsymbol{j}(\boldsymbol{r}, t) = \rho(\boldsymbol{r}, t) \boldsymbol{u}(\boldsymbol{r}, t)$ としなけらばならない．そのことを以下で示す．

まず近似的に $\boldsymbol{j}(\boldsymbol{r}, t) = \rho \boldsymbol{v}(\boldsymbol{r}, t)$ とすると，(10-4-23) 式の圧力項 $P\left\{ \dfrac{\boldsymbol{j}(\boldsymbol{r},t)}{\rho} \right\}$ のフーリエ変換は次式で与えられる．

$$\mathrm{FT}\left\{\frac{Pj(r,t)}{\rho}\right\} = P\int\sum_{j=1}^{N}v_j\delta[r-r_j(t)]\exp(-ikr)\,dr$$
$$= P\sum_{j=1}^{N}\int v_j\delta[r-r_j(t)]\exp(-ikr)\,dr \tag{10-4-39}$$

v_jは粒子jの速度である.(10-4-39) 式の最後の項の積分は個々の粒子の占める体積であるから，粒子jの占める有効体積をv_jとすると，

$$\mathrm{FT}\left\{\frac{Pj(r,t)}{\rho}\right\} = P\sum_{j=1}^{N}v_j v_j\exp(-ikr_j)$$
$$= P\{v_1 v_1\exp(-ikr_1) + v_2 v_2\exp(-ikr_2) + \cdots\cdots\} \tag{10-4-40}$$

ここで$\langle v_j\rangle = \dfrac{V}{N}$である.

もし，この式を $P\langle v_j\rangle\sum_{j=1}^{N}v_j\exp(-ikr_j)$ と近似して k の長波長極限値をとれば，

$$\mathrm{FT}\left\{\frac{Pj(r,t)}{\rho}\right\} \simeq P\langle v_j\rangle\sum_{j=1}^{N}v_j = \frac{PV}{N}\sum_{j=1}^{N}v_j \tag{10-4-41}$$

となり，運動量保存則からゼロとおけるであろう．しかし，$k\to 0$の(10-4-40) 式は $\sum_{j=1}^{N}v_j v_j$ で与えられるので，運動量保存則は適用されない．対応して$\langle h_j\rangle$の圧力項は

$$\langle h_j\rangle = \left\langle\left[\frac{1}{2}m v_j^2 + \frac{1}{2}\sum_{i\neq j}^{N}\phi(r_{ij})\right]\right\rangle + \frac{P}{\rho_j} \tag{10-4-42}$$

とすれば，$\dfrac{1}{\rho_j}$ は着目した粒子jの有効占有空間v_jを示すことになる．

ここまでの取り扱いは，圧力Pは巨視的な物理量としてきた．もし巨視的な物理量として体積Vもしくは$\dfrac{V}{N}$を採用するのであれば，粒子jの有効占有体積$\dfrac{V}{N}$に働く局所的圧力（local pressure）としてp_jを定義すれば，

$$\mathrm{FT}\left\{\frac{Pj(r,t)}{\rho}\right\} = V\sum_{j=1}^{N}p_j v_j\exp(-ikr_j) \tag{10-4-43}$$

となる．

ここで $\sum_{j=1}^{N} p_j = P$ である．あるいは $\langle p_j \rangle = \dfrac{P}{N}$ である．従って，近似的には再び(10-4-41)式が得られる．

これらのことを考慮すると，(10-4-38)の代わりに，

$$\lambda = \frac{1}{3Vk_B T^2} \int_0^\infty \left\langle J_0^Q(t) J_0^Q(0) \right\rangle dt \tag{10-4-44}$$

となる．ここで，

$$J_0^Q = \sum_{j=1}^{N} \left[E_j - \langle E_j \rangle - \left(\frac{P}{\rho_j} \right) \right] v_j - \frac{1}{2} \sum \sum_{i\ne j}^{N} v_i \cdot r_{ij} \frac{\partial \phi(r_{ij})}{\partial r_{ij}}$$

$$= \sum_{j=1}^{N} \left[\Delta E_j - \left(\frac{P}{\rho_j} \right) \right] v_j - \frac{1}{2} \sum \sum_{i\ne j}^{N} v_i \cdot r_{ij} \frac{\partial \phi(r_{ij})}{\partial r_{ij}}$$

$$= \sum_{j=1}^{N} \left[\frac{1}{2} m v_j^2 + \frac{1}{2} \sum_{i\ne j}^{N} \phi(r_{ij}) - \left\langle \frac{1}{2} m v_j^2 + \frac{1}{2} \sum_{i\ne j}^{N} \phi(r_{ij}) \right\rangle - \left(\frac{P}{\rho_j} \right) \right] v_j$$

$$- \frac{1}{2} \sum \sum_{i\ne j}^{N} v_i \cdot r_{ij} \frac{\partial \phi(r_{ij})}{\partial r_{ij}}$$

$$\tag{10-4-45}$$

ここで $\Delta E_j = (E_j - \langle E_j \rangle)$ は着目した粒子jのエネルギーの揺らぎに相当する．後で(10-4-44)および(10-4-45)を用いた計算を実行する．

10-5　局所的な熱ゆらぎの大きさが熱伝導の度合いを示す

本節では前節で導出した熱伝導度の表式を，より物理的な立場で論ずることにする．

図10-5-1のように断面積Sのある物質が横軸x方向にあるとしよう．ある位置xの断面A(x)の温度をTとする．$x + dx$の断面B($x + dx$)の温度を$T + dT$だとしよう．そのとき，時間dtの間にAからBに流れる熱量は，$-\lambda S \left(\dfrac{\partial T}{\partial x} \right) dt$ である．Aにおける温度の傾きが $\left(\dfrac{\partial T}{\partial x} \right)$ ということは，Bの温度の傾きが

$\partial \left[T + \left(\dfrac{\partial T}{\partial x} \right) dx \right] = \left(\dfrac{\partial T}{\partial x} \right) + \left(\dfrac{\partial^2 T}{\partial x^2} \right) dx$ である．従って，dtの時間にAB間に蓄えら

10. 溶融塩における熱伝導

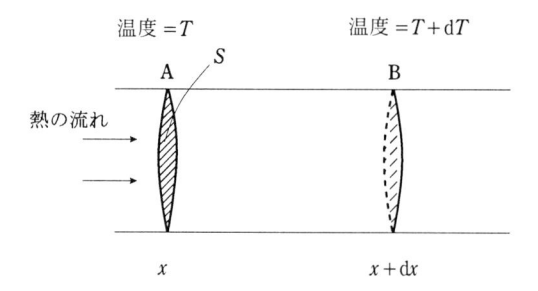

<figure>
温度 = T 温度 = $T + \mathrm{d}T$
A S B
熱の流れ
x $x + \mathrm{d}x$
</figure>

図 10-5-1 物質における熱の流れと熱伝導度.

れる熱量は

$$\left[-\lambda S\left(\frac{\partial T}{\partial x}\right)\mathrm{d}t - (-\lambda S)\left\{\left(\frac{\partial T}{\partial x}\right) + \left(\frac{\partial^2 T}{\partial x^2}\right)\mathrm{d}x\right\}\right]\mathrm{d}t = -\lambda S\left(\frac{\partial^2 T}{\partial x^2}\right)\mathrm{d}x\,\mathrm{d}t$$

(10-5-1)

である.AB間の物質の密度を ρ とすると,総量は $\rho S \mathrm{d}x$ である.物質を構成する粒子1個あたりの定積比熱を c_v とすると,蓄えられた熱量は $\rho c_\mathrm{v} S \cdot \mathrm{d}T \cdot \mathrm{d}x$ と

$$\left(\frac{\partial T}{\partial x}\right) = \left(\frac{\lambda}{\rho c_\mathrm{v}}\right)\left(\frac{\partial^2 T}{\partial x^2}\right) = \left(\frac{\lambda}{\rho c_\mathrm{v}}\right)\nabla^2 T$$

(10-5-2)

この式はよく知られた物質の絶対温度が T のときの熱伝導度に関する巨視的方程式(macroscopic formula)である.

局所的には熱の流れは,その場所における熱エネルギーの平均値からのズレつまり余分のエネルギーによって与えられるから,上式は温度 T の代わりに $\tilde{E}$(余分の熱量であり,丁度10-4節における $Q(\boldsymbol{r}, t)$ に相当する)と置き換えることができる.すなわち,

$$\left(\frac{\partial \tilde{E}}{\partial x}\right) = \left(\frac{\lambda}{\rho c_\mathrm{v}}\right)\nabla^2 \tilde{E}$$

(10-5-3)

位置と時刻 $(\boldsymbol{r}, t)$ における $\tilde{E}(\boldsymbol{r}, t)$ の $\boldsymbol{r}$ についてのフーリエ展開は次のように書ける.

$$\mathrm{FT}_\mathrm{r}\,\tilde{E}(\boldsymbol{r}, t) = L(\boldsymbol{k}, t) = \sum_{\mathrm{j}=1}^{\mathrm{N}} \tilde{E}_\mathrm{j} \exp(i\boldsymbol{k} \cdot \boldsymbol{r}(t))$$

(10-5-4)

これを(10-5-3) に代入すると,

$$L(\boldsymbol{k},t) = L(\boldsymbol{k},0) = \exp\left(-\frac{\lambda k^2 T}{\rho c_v}\right) \tag{10-5-5}$$

さて $\tilde{E}(\boldsymbol{r},t)$ は微視的表現として次のように書ける.

$$\tilde{E}(\boldsymbol{r},t) = \sum_{j=1}^{N} \tilde{E}_j \delta(\boldsymbol{r}_j - \boldsymbol{r}) \tag{10-5-6}$$

ここで $\tilde{E}_j = E_j - \langle E_j \rangle$ である. 位置 $\boldsymbol{r}$ を z 方向にとっても一般性は失われないので,

$$L(\boldsymbol{k},t) = \sum_{j=1}^{N} \tilde{E}_j \exp(i \cdot k\, z_j(t)) \tag{10-5-7}$$

とすると,

$$\begin{aligned}L(\boldsymbol{k},t) &= \sum_{j=1}^{N} \tilde{E}_j \exp(i \cdot k\, z_j(t)) = L(\boldsymbol{k},0)\exp\left(-\frac{\lambda k^2 t}{\rho c_v}\right) \\ &= \sum_{j=1}^{N} \tilde{E}_j(0)\exp(i \cdot k\, z_j(0))\exp\left(-\frac{\lambda k^2 t}{\rho c_v}\right)\end{aligned} \tag{10-5-8}$$

両辺に複素共役の $L^*(\boldsymbol{k},0)$ をかけ, 統計力学的平均をとると,

$$\begin{aligned}&\left\langle \sum_{j=1}^{N}\sum_{l=1}^{N} \tilde{E}_j(0)\tilde{E}_l(t)\exp\left[ik\{z_l(t)-z_j(0)\}\right]\right\rangle \\ &= \left\langle \sum_{j=1}^{N}\sum_{l=1}^{N} \tilde{E}_j(0)\tilde{E}_l(t)\exp\left[ik\{z_l(t)-z_j(0)\}\right]\right\rangle \exp\left(-\frac{\lambda k^2 t}{\rho c_v}\right)\end{aligned} \tag{10-5-9}$$

エネルギー保存則により, 一定圧力下におけるエネルギーのゆらぎは次式で与えられる.

$$\begin{aligned}&\left\langle \sum_{j=1}^{N}\sum_{l=1}^{N} \tilde{E}_j(0)\tilde{E}_l(t)\right\rangle = \left\langle \sum_{j=1}^{N}\sum_{l=1}^{N} \tilde{E}_j(0)\tilde{E}_l(0)\right\rangle \\ &= \left\langle (E - \langle E \rangle)^2 \right\rangle = k_B T^2 C_V\end{aligned} \tag{10-5-10}$$

ここで $C_V = N c_v$ である. N はアヴォガドロ (Avogadro) 数である. (10-5-9) 式を Taylor 展開すると,

10. 溶融塩における熱伝導

$$\left\langle \sum_{j=1}^{N}\sum_{l=1}^{N}\tilde{E}_j(0)\tilde{E}_l(t)\exp\left[ik\{z_l(t)-z_j(0)\}\right]\right\rangle = \left\langle \sum_{j=1}^{N}\sum_{l=1}^{N}\tilde{E}_j(0)\tilde{E}_l(t)\right\rangle$$
$$+ik\left\langle \sum_{j=1}^{N}\sum_{l=1}^{N}\tilde{E}_j(0)\tilde{E}_l(t)\{z_l(t)-z_j(0)\}\right\rangle$$
$$-\frac{k^2}{2}\left\langle \sum_{j=1}^{N}\sum_{l=1}^{N}\tilde{E}_j(0)\tilde{E}_l(t)\{z_l(t)-z_j(0)\}^2\right\rangle + \cdots\cdots$$

(10-5-11)

定常状態におけるエネルギー保存則から,

$$\left\langle \sum_{j=1}^{N}\sum_{l=1}^{N}\tilde{E}_j(0)\tilde{E}_l(t)z_l(t)\right\rangle = \left\langle \sum_{j=1}^{N}\sum_{l=1}^{N}\tilde{E}_j(t)\tilde{E}_l(t)z_l(t)\right\rangle$$
$$=\left\langle \sum_{j=1}^{N}\sum_{l=1}^{N}\tilde{E}_j(0)\tilde{E}_l(0)z_l(0)\right\rangle$$

(10-5-12)

これを用いると, (10-5-11) 式の右辺第 2 項はゼロとなるから(10-5-9) 式は

$$\left\langle \sum_{j=1}^{N}\sum_{l=1}^{N}\tilde{E}_j(0)\tilde{E}_l(t)\exp\left[ik\{z_l(t)-z_j(0)\}\right]\right\rangle$$
$$=\left\langle \sum_{j=1}^{N}\sum_{l=1}^{N}\tilde{E}_j(0)\tilde{E}_l(0)\right\rangle - \frac{k^2}{2}\left\langle \sum_{j=1}^{N}\sum_{l=1}^{N}\tilde{E}_j(0)\tilde{E}_l(t)\{z_l(t)-z_j(0)\}^2\right\rangle + \cdots\cdots$$
$$=\left\langle \sum_{j=1}^{N}\sum_{l=1}^{N}\tilde{E}_j(0)\tilde{E}_l(0)\exp\left[ik\{z_l(0)-z_j(0)\}\right]\right\rangle \exp\left(-\frac{\lambda k^2 t}{\rho c_v}\right)$$

(10-5-13)

k の項について比較すると,

$$\left\langle \sum_{j=1}^{N}\sum_{l=1}^{N}\tilde{E}_j(0)\tilde{E}_l(0)\right\rangle = \left\langle \sum_{j=1}^{N}\sum_{l=1}^{N}\tilde{E}_j(0)\tilde{E}_l(0)\exp\left[ik\{z_l(0)-z_j(0)\}\right]\right\rangle$$

(10-5-14)

この式を用いると, k^2 の係数は,

$$\frac{1}{2}\left\langle \sum_{j=1}^{N}\sum_{l=1}^{N}\tilde{E}_j(0)\tilde{E}_l(t)\{z_l(t)-z_j(0)\}^2\right\rangle$$
$$=\left\langle \sum_{j=1}^{N}\sum_{l=1}^{N}\tilde{E}_j(0)\tilde{E}_l(0)\right\rangle\left(\frac{\lambda t}{\rho c_v}\right)$$
$$=k_B T^2 V \lambda t$$

(10-5-15)

それゆえ

$$
\begin{aligned}
\lambda &= \left(\frac{1}{2Vk_B T^2 t}\right)\left\langle \sum_{j=1}^{N}\sum_{l=1}^{N} \tilde{E}_j(0)\tilde{E}_l(t)\left\{z_l(t)-z_j(0)\right\}^2 \right\rangle \\
&= \left(\frac{1}{2Vk_B T^2 t}\right)\left\langle \sum_{j=1}^{N}\left\{z_l(t)\tilde{E}_l(t)-z_j(0)\tilde{E}_j(0)\right\}^2 \right\rangle \\
&= \left(\frac{1}{Vk_B T^2}\right)\int_0^{\infty}\langle S(t)\,S(0)\rangle\,\mathrm{d}t
\end{aligned}
\tag{10-5-16}
$$

ここで

$$
S(t) = \mathrm{d}\sum_{j=1}^{N} \frac{z_j(t)\tilde{E}_j(t)}{\mathrm{d}t} \tag{10-5-17}
$$

(10-5-16) 式の導出のために次のような巨視的輸送係数 (macroscopic transport coefficient) γ と微視的な動的変数 (microscopic dynamical variables) $A(t)$ との間の関係式 (Appendix B 参照) を用いた.

$$
\gamma = \left\langle |A(t)-A(0)|^2 \right\rangle = 2t\int_0^{\infty}\left\langle \dot{A}(t)\dot{A}(0)\right\rangle \mathrm{d}t \tag{10-5-18}
$$

$A(t)$をベクトルの流れ (vectorial flux) にし, $S(t)$とかくと,

$$
\lambda = \frac{1}{3Vk_B T^2}\int_0^{\infty}\langle \boldsymbol{S}(t)-\boldsymbol{S}(0)\rangle\,\mathrm{d}t \tag{10-5-19}
$$

ここで

$$
\boldsymbol{S} = \mathrm{d}\sum_{j=1}^{N} \frac{\boldsymbol{r}_j \tilde{E}_j}{\mathrm{d}t} \tag{10-5-20}
$$

$\tilde{E}_j$ は10-4節で示されたと同様に熱エネルギーのゆらぎのフーリエ成分の長波長極限値に等しいので,

$$
\begin{aligned}
\tilde{E}_j = E_j - \langle E_j\rangle &= \lim_{k\to 0}\left[\left\{\left(\frac{\boldsymbol{p}_j^2}{2m}\right)+\frac{1}{2}\sum_{i\neq j}^{N}\phi(r_{ij})-\langle h_j\rangle\right\}\exp(-\boldsymbol{k}\cdot\boldsymbol{r}_j)\right] \\
&= \left\{\left(\frac{\boldsymbol{p}_j^2}{2m}\right)+\frac{1}{2}\sum_{i\neq j}^{N}\phi(r_{ij})-\langle h_j\rangle\right\}
\end{aligned}
\tag{10-5-21}
$$

ここで$\langle h_j \rangle$は1個の粒子jのエンタルピーである．(10-5-21) を(10-5-20) 式に代入すると，

$$S = \sum_{j=1}^{N}\left[\left\{\left(\frac{p_j^2}{2m}\right) - \langle h_j \rangle\right\} + \sum_{i \neq j}^{N}\left\{r_{ij}F_{ij} + \frac{1}{2}\sum_{i \neq j}^{N}\phi(r_{ij})\right\}\right]\frac{p_j}{m} \tag{10-5-22}$$

ここでF_{ij}は粒子i-j間に働く力である．(10-5-22) 式を(10-5-19) 式に代入した結果は(10-4-44) 式のベクトル表示式に完全に一致する．即ち，

$$\lambda = \frac{1}{3Vk_B T^2}\int_0^{\infty}\langle J_0^Q(t) \cdot J_0^Q(0)\rangle dt \tag{10-5-23}$$

この節における展開は，マッコーリー（McQuarrie）のテキストが詳しい[17]．また，(10-5-19)〜(10-5-23) 式については，ライスーグレイ（Rice-Gray）のテキストにも採用されている[12]．このようにして，熱伝導度λはグリーン－久保公式（Green-Kubo formulae），(10-4-38)もしくは(10-4-44)，あるいは(10-5-16)もしくは(10-5-19) 式で表示される．ただし，(10-4-38) ではエンタルピー項が運動量保存則から寄与しない，とした．しかし，次節で示すように，これを残した本節での取扱いが溶融塩への応用で重要である．

本節では熱伝導度λは，外部からの加熱（広い意味では力を加えたことに相当する）に対する系の応答を表すものが，外力が働いていない熱平衡状態で，その系がもつ"局所的熱ゆらぎ"によって表示されることを示したもので，熱的平衡状態にある系の内部の熱エネルギーのミクロなゆらぎ（揺動）の大きさが散逸するマクロな物理量を決定しているものであり，揺動散逸定理と呼ばれている．

後に本節で展開した手法を溶融塩に応用する．

10-6　混合液体における熱伝導度

前節までに展開された議論は単体の液体に応用できるが，組成に濃度のゆらぎが存在する場合には，更なる展開が必要となる．以下，ランダウーリフシッツ（Landau-Lifshitz）[13]，ツバレーフ（Zubarev）[18]，ハンゼン－マクドナルド（Hansen-McDonald）[10] のテキストからの適当な取捨選択により，得られた結果を示す．

単体液体の場合，単位質量（unit mass）あたりの全運動量（total momentum）を $\rho \boldsymbol{v}$ とする．連続の方程式は(10-4-31) 式で示したように，

$$\frac{\partial \rho}{\partial t} + \mathrm{div}(\rho \boldsymbol{v}) = 0 \tag{10-6-1}$$

拡散がない場合，与えられた液体の組成は時間的に変化しない．すなわち，

$$\left(\frac{\mathrm{d}c}{\mathrm{d}t}\right) = \frac{\partial c}{\partial t} + \boldsymbol{v} \cdot \mathrm{grad}\, c \tag{10-6-2}$$

それゆえ，

$$\frac{\partial(\rho c)}{\partial t} + \mathrm{div}(\rho c \boldsymbol{v}) = 0 \tag{10-6-3}$$

これはある混合液体 (liquid mixture) における一つの成分に対する連続の方程式である．ここで ρc は単位体積におけるその成分の質量（mass）である．(10-6-3) 式の積分表示は

$$\partial \int (\rho c) \frac{\mathrm{d}V}{\partial t} = -\oint \rho c \boldsymbol{v} \cdot \mathrm{d}f \tag{10-6-4}$$

もし拡散がおこると，問題にしている成分の流量（flux），$\rho c \boldsymbol{v}$ に加えて拡散の流速密度（flux density）$\boldsymbol{i}_\mathrm{d}$ が流出する．それゆえ，次式が得られる．

$$\partial \int (\rho c) \frac{\mathrm{d}V}{\partial t} = -\oint \rho c \boldsymbol{v} \cdot \mathrm{d}f - \oint \boldsymbol{j}_\mathrm{d} \cdot \mathrm{d}f \tag{10-6-5}$$

微分形式では

$$\frac{\partial(\rho c)}{\partial t} = -\mathrm{div}(\rho c \boldsymbol{v}) - \mathrm{div}\, \boldsymbol{j}_\mathrm{d} \tag{10-6-6}$$

混合液体においては，次のような熱力学的関係がある．

$$\mathrm{d}\varepsilon = T\mathrm{d}s + \left(\frac{P}{\rho^2}\right)\mathrm{d}\rho + \mu\mathrm{d}c \tag{10-6-7}$$

$$\mathrm{d}w = T\mathrm{d}s + \left(\frac{1}{\rho}\right)\mathrm{d}P + \mu\mathrm{d}c \tag{10-6-8}$$

$$\mathrm{d}P = \rho\mathrm{d}w - \rho T\mathrm{d}s - \rho\mu\mathrm{d}c \tag{10-6-9}$$

ここで μ は

10. 溶融塩における熱伝導

$$\mu = \left(\frac{\mu_1}{m_1}\right) - \left(\frac{\mu_2}{m_2}\right) \tag{10-6-10}$$

である．その証明は以下のとおり．

系が1グラムを構成するのは $m_1 n_1 + m_2 n_2 = 1$，また $c = m_1 n_1$ である．一方，(10-6-7) 式は次のように書ける．

$$\begin{aligned} d\varepsilon &= T\,ds + \left(\frac{P}{\rho^2}\right)d\rho + \mu_1\,dn_1 + \mu_2\,dn_2 \\ &= T\,ds + \left(\frac{P}{\rho^2}\right)d\rho + \left(\frac{\mu_1}{m_1}\right) - \left(\frac{\mu_2}{m_2}\right)dc \end{aligned} \tag{10-6-11}$$

これらを用いると，(10-4-37) 式は次のように修正される．

$$\rho T\left\{\left(\frac{\partial s}{\partial t}\right) + \boldsymbol{v}\cdot\mathrm{grad}\,s\right\} = \sigma'_{ik}\left(\frac{\partial v_i}{\partial x_k}\right) + \mathrm{div}(\boldsymbol{j}_q - \mu\boldsymbol{j}_d) - \boldsymbol{j}_d\cdot\mathrm{grad}\,\mu \tag{10-6-12}$$

(10-6-6) 式と(10-6-12) 式が $\boldsymbol{j}_q$ と $\boldsymbol{j}_d$ を求める基礎方程式である．
(10-6-12)式を積分形で書き，σ'_{ik} のを省くと，

$$\partial\!\int\!\rho s\,\frac{dV}{\partial t} = -\int\!\left\{\frac{(\boldsymbol{j}_q - \mu\boldsymbol{j}_d)}{T^2}\right\}\mathrm{grad}\,T\,dV - \int\!\left\{\frac{(\boldsymbol{j}_d\cdot\mathrm{grad}\,\mu)}{T}\right\}dV + \cdots\cdots \tag{10-6-13}$$

このようにして $\boldsymbol{j}_d$ と $\boldsymbol{j}_q$ は $\mathrm{grad}\,\mu$ と $\mathrm{grad}\,T$ の結合した線形表示（combined linear expressions）で表わされる．すなわち，

$$\boldsymbol{j}_d = -\alpha\,\mathrm{grad}\,\mu - \beta\,\mathrm{grad}\,T \tag{10-6-14}$$

$$\boldsymbol{j}_q = \delta\,\mathrm{grad}\,\mu - \gamma\,\mathrm{grad}\,T + \mu\,\boldsymbol{j}_d \tag{10-6-15}$$

オンサーガー関係式（Onsager relation）により，$\delta = \beta T$ の関係がある．(10-6-14) 式と(10-6-15) 式から μ を消去すると，

$$\boldsymbol{j}_q = \left\{\frac{\alpha + \beta T}{\alpha}\right\}\boldsymbol{j}_d - \lambda\,\mathrm{grad}\,T \tag{10-6-16}$$

ここで

$$\lambda = \gamma - \frac{\beta^2 T}{\alpha} \tag{10-6-17}$$

λは混合系における熱伝導度を示す．以上はLandau-LifshitzおよびHansen-McDonaldのテキストに掲載されている内容の抜粋である．

Zubarevは(10-6-14), (10-6-15)式とは多少異なるが本質的には同等である定式化を試みている．以下にそれを示す．記号は主としてZubarevによる[18]．

$$j_q = \left(\frac{L_0}{T^2}\right)\nabla T - \sum_{i=1}^{2} L_i \nabla\left(\frac{\mu_i}{T}\right) \tag{10-6-18}$$

$$j_d = \left(\frac{L_i}{T^2}\right)\nabla T - \sum_{i=1}^{2} L_{ij} \nabla\left(\frac{\mu_j}{T}\right) \tag{10-6-19}$$

ここで

$$\sum_{i=1}^{2} m_i L_i = 0, \quad \sum_{i=1}^{2} m_i L_{ij} = 0$$

それゆえ $\sum_{i=1}^{2} m_i j_{di} = 0$ となる．これは運動量保存則に相当する．$j_{d1} = j_d$ と書くと，$j_{d2} = -\left(\frac{m_1}{m_2}\right)j_d$ である．Landau-Lifshitzと同様に $\mu = \left(\frac{\mu_1}{m_1}\right) - \left(\frac{\mu_2}{m_2}\right)$ とおくと，

$$j_q = -\left(\frac{L_0}{T^2}\right)\nabla T - L_1 m_1 \nabla\left(\frac{\mu}{T}\right) \tag{10-6-20}$$

$$j_d = -\left(\frac{L_1}{T^2}\right)\nabla T - L_{11} m_1 \nabla\left(\frac{\mu}{T}\right) \tag{10-6-21}$$

このような線形方程式における係数はオンサーガーの現象論比例係数（Onsager phenomenological coefficients）と呼ばれる．このとき，熱伝導度λは次式で与えられる．

Heyes-Marchは(10-6-20), (10-6-21)式の代わりに次式のような表現をした[19]．

$$m_1 j_d = -L_{11} \nabla\left(\frac{\mu}{T}\right) - \left(\frac{L_{1q}}{T^2}\right)\nabla T \tag{10-6-22}$$

$$j_q = -L_{q1} \nabla\left(\frac{\mu}{T}\right) - \left(\frac{L_{qq}}{T^2}\right)\nabla T \tag{10-6-23}$$

ここでオンサーガー関係式（Onsager relation）により，$L_{1q} = L_{q1}$ である．

10. 溶融塩における熱伝導

その結果，この混合系の熱伝導度 λ は次式で与えられる．

$$\lambda = \left\{ L_{qq} - \left(\frac{L_{1q}^2}{L_{11}} \right) \right\} \frac{1}{T^2} \tag{10-6-24}$$

オンサーガー現象論比例係数はグリーン－久保公式（Green-Kubo formulae）を用いるとそれぞれ，

$$L_{11} = \frac{V}{3k_B} \int_0^\infty \langle \boldsymbol{j}_d(t) \boldsymbol{j}_d(0) \rangle \, \mathrm{d}t \tag{10-6-25}$$

$$L_{1Q} = \frac{V}{3k_B} \int_0^\infty \langle \boldsymbol{j}_q(t) \boldsymbol{j}_d(0) \rangle \, \mathrm{d}t \tag{10-6-26}$$

$$L_{QQ} = \frac{V}{3k_B} \int_0^\infty \langle \boldsymbol{j}_q(t) \boldsymbol{j}_q(0) \rangle \, \mathrm{d}t \tag{10-6-27}$$

となる．ここで，$\boldsymbol{j}_d(t)$ は質量の流れ密度（mass flux density）である．すなわち，

$$\boldsymbol{j}_d(t) = \boldsymbol{j}_{d1}(t) = \frac{m_1}{V} \sum_{j=1}^{N_1} \boldsymbol{v}_j(t) \tag{10-6-28}$$

また，$j_q(t)$ は(10-4-28)を用いると，

$$\begin{aligned}
\boldsymbol{j}_d &= \left(\frac{1}{V}\right) J_0^{ez} \\
&= \left(\frac{1}{V}\right) \sum_{j=1}^{N_1} \left[\frac{1}{2} m \boldsymbol{v}_j^2 + \sum_{i \neq j}^{N_1} \phi(r_{ij}) \right] - \frac{1}{2} \sum \sum_{i \neq j}^{N_1} \boldsymbol{v}_i \cdot \boldsymbol{r}_{ij} \frac{\partial \phi(r_{ij})}{\partial z_{ij}} \\
&\quad + \left(\frac{1}{V}\right) \sum_{k=1}^{N_2} \left[\frac{1}{2} m \boldsymbol{v}_k^2 + \sum_{k \neq l}^{N_k} \phi(r_{kl}) \right] - \frac{1}{2} \sum \sum_{k \neq l}^{N_2} \boldsymbol{v}_k \cdot \boldsymbol{r}_{kl} \frac{\partial \phi(r_{kl})}{\partial z_{kl}}
\end{aligned} \tag{10-6-29}$$

それゆえ，$\left(\dfrac{L_{qq}}{T^2}\right)$ は単体であれば，(10-4-29) 式と一致する．すなわち，

$$\lambda = \frac{L_{qq}}{T^2} = \frac{V}{3k_B} \int_0^\infty \langle \boldsymbol{j}_q(t) \boldsymbol{j}_q(0) \rangle \, \mathrm{d}t = \frac{1}{Vk_B T^2} \int_0^\infty \langle J_0^{ez}(t) J_0^{ez}(0) \rangle \, \mathrm{d}t \tag{10-6-30}$$

ヘイズ－マーチ（Heyes-March）の取り扱いでは[19]，MD シミュレーションを念頭においているため，成分1の運動量の流れを示す(10-6-20) 式と熱流の保存則，(10-6-21) 式とを連立させればよかった．なぜならば，成分2の運動量の流

れは，系全体の運動量保存則，$\sum_{i=1}^{2} m_i j_{d1} = 0$ を用いて成分1で示すことができるから独立変数として採用する必要がなく，それに応じて，グリーン－久保公式も成分1の運動量の流れと熱量の流れに関する時間相関関数だけで表示できた．

しかし，溶融塩における熱伝導度理論の体系化という観点で，次節で示すような若干の修正をする．

10-7 溶融塩における熱伝導度

プラズマ系や溶融塩を対象にした熱伝導度の理論はこれまで，MDシミュレーションを遂行するために組み立てられた理論が確立されている[20-22)]．ここではMDシミュレーションを念頭におかない純粋な理論の構築を進める．理論を展開させるためにシンドジングル－ジラン（Sindzingre-Gillan）の表式を参考にした．

簡単のため，1モルの体積 V，等価溶融塩（equivalent molten salts）（$z^+ = -z^- = z$, $N^+ = N$, $N^- = N$）を想定する．全電荷流（total charge current）J_σ と全熱流（total heat current）J_q についてのオンサーガーの現象論方程式（Onsager phenomenological equations）から出発する．熱力学的力（thermodynamic forces）として電気化学ポテンシャル（electrochemical potential）$\tilde{\mu}$ を用いると，次式のようになる．

$$J_\sigma = L_{zz}\left\{\nabla T\left(\frac{\tilde{\mu}_z}{k_B T}\right)\right\} - L_{zq}\nabla\left(-\frac{1}{k_B T}\right) \tag{10-7-1}$$

$$J_q = L_{qz}\left\{\nabla T\left(\frac{\tilde{\mu}_z}{k_B T}\right)\right\} - L_{qq}\nabla\left(-\frac{1}{k_B T}\right) \tag{10-7-2}$$

L_{zz} は＋イオン電荷と－イオン電荷の流れに関する係数であり，$L_{zq}(=L_{qz})$ は＋イオンおよび－イオンと全熱流との相関を示す係数である．また L_{qq} は熱流に関する係数である．$\tilde{\mu}_z$ は系の電気化学ポテンシャル（electrochemical potential）であり，系の化学ポテンシャル（chemical potential）μ とは次のような関係がある．

$$\nabla\left(\frac{\tilde{\mu}_z}{T}\right) = \nabla\left(\frac{\mu}{T}\right) + \nabla\left(\frac{\Phi}{T}\right) \tag{10-7-3}$$

Φは電気化学ポテンシャル（electrostatic potential）である．また系の $\tilde{\mu}_z$ 具体的表示は以下のようにして求められる．

それぞれのイオンの電気化学ポテンシャル（electrochemical potentials），$\tilde{\mu}^+$ と $\tilde{\mu}^-$ は次式で与えられる．

$$\tilde{\mu}^+ = \mu^+ + z^+ e\Phi \tag{10-7-4}$$

$$\tilde{\mu}^- = \mu^- + z^- e\Phi \tag{10-7-5}$$

すでに述べたように，混合系の化学ポテンシャル（chemical potential）は(10-6-10)式で表現される．すなわち，

$$\mu = \left(\frac{\mu_1}{m_1}\right) - \left(\frac{\mu_2}{m_2}\right) \tag{10-7-6}$$

$\left(\dfrac{\mu_1}{m_1}\right), \left(\dfrac{\mu_2}{m_2}\right)$ をそれぞれ $\left(\dfrac{\mu^+}{m^+}\right), \left(\dfrac{\mu^-}{m^-}\right)$ に置き換え，(10-7-4) と (10-7-5) 式とを用いると，

$$\left\{\left(\frac{\mu^+}{m^+}\right)-\left(\frac{\mu^-}{m^-}\right)\right\} = \frac{\left(\dfrac{\tilde{\mu}^+}{m^+}\right)-\left(\dfrac{\tilde{\mu}^-}{m^-}\right)}{\left(\dfrac{z^+}{m^+}\right)-\left(\dfrac{z^-}{m^-}\right)} + \left\{\left(\frac{z^+}{m^+}\right)-\left(\frac{z^-}{m^-}\right)\right\}\Phi \tag{10-7-7}$$

両辺を $\left\{\left(\dfrac{z^+}{m^+}\right)-\left(\dfrac{z^-}{m^-}\right)\right\}$ で割ると，

$$\frac{\left(\dfrac{\tilde{\mu}^+}{m^+}\right)-\left(\dfrac{\tilde{\mu}^-}{m^-}\right)}{\left(\dfrac{z^+}{m^+}\right)-\left(\dfrac{z^-}{m^-}\right)} = \frac{\left(\dfrac{\mu^+}{m^+}\right)-\left(\dfrac{\mu^-}{m^-}\right)}{\left(\dfrac{z^+}{m^+}\right)-\left(\dfrac{z^-}{m^-}\right)} + \Phi \tag{10-7-8}$$

この式と(10-7-3) 式とを比較することにより，次式が得られる．

$$\tilde{\mu}_z = \frac{\left(\dfrac{\tilde{\mu}^+}{m^+}\right)-\left(\dfrac{\tilde{\mu}^-}{m^-}\right)}{\left(\dfrac{z^+}{m^+}\right)-\left(\dfrac{z^-}{m^-}\right)} = \frac{(m^-\tilde{\mu}^+)-(m^+\tilde{\mu}^-)}{(z^+em^-)-(z^-em^+)} \tag{10-7-9}$$

電荷流と熱流の線形オンサーガー現象論方程式（Onsager linear equations）をも

う一度書くと,

$$\boldsymbol{J}_\sigma = L_{zz}\left\{\nabla T\left(\frac{\tilde{\mu}_z}{k_\mathrm{B} T}\right)\right\} - L_{zq}\nabla\left(-\frac{1}{k_\mathrm{B} T}\right)$$

$$\boldsymbol{J}_q = L_{qz}\left\{\nabla T\left(\frac{\tilde{\mu}_z}{k_\mathrm{B} T}\right)\right\} - L_{qq}\nabla\left(-\frac{1}{k_\mathrm{B} T}\right)$$

(10-7-1) と(10-7-2) 式から $\left\{\nabla T\left(\frac{\tilde{\mu}_z}{k_\mathrm{B} T}\right)\right\}$ を消去すると,

$$\boldsymbol{J}_q = \left(\frac{L_{qz}}{L_{zz}}\right)\boldsymbol{J}_\sigma - \left\{L_{qq} - \left(\frac{L_{qz}^2}{L_{zz}}\right)\right\}\nabla\left(-\frac{1}{k_\mathrm{B} T}\right) \tag{10-7-10}$$

となるので, 熱伝導度 λ は(10-6-24) 式と同様に次式であたえられる.

$$\lambda = \left\{L_{qq} - \left(\frac{L_{qz}^2}{L_{zz}}\right)\right\}\left(\frac{1}{k_\mathrm{B} T^2}\right) \tag{10-7-11}$$

(10-7-11) 式におけるオンサーガーの現象論比例係数 (Onsager phenomenological coefficients) のグリーン－久保公式は次のとおりである.

$$L_{\alpha\beta} = \frac{1}{3V}\int_0^\infty \langle \boldsymbol{J}_\alpha(t)\boldsymbol{J}_\beta(0)\rangle \mathrm{d}t \tag{10-7-12}$$

$$\boldsymbol{J}_\sigma = \left\{\sum_{i=1}^{N^+} z^+ e\,\boldsymbol{u}_i^+ + \sum_{k=1}^{N^-} z^+ e\,\boldsymbol{u}_k^-\right\} \tag{10-7-13}$$

$$\boldsymbol{J}_q = \sum_{j=1}^{N^\pm}\left[\left\{\left(\frac{\boldsymbol{p}_j^{\pm 2}}{2m^\pm}\right) - h_j^\pm\right\} + \sum_{i\neq j}^{N^\pm}\{\boldsymbol{r}_{ij}\boldsymbol{F}_{ij} + \phi(r_{ij})\}\right]\left(\frac{\boldsymbol{p}_j^{\pm 2}}{2m^\pm}\right) \tag{10-7-14}$$

溶融塩であるので, 位置 $\boldsymbol{r}_j$ と $\boldsymbol{r}_k$ にある正負イオンそれぞれのエンタルピー h_j^+ と h_k^- を物理的に定義することは困難であるが, 一応 h_j^+ および h_k^- のように書き記す. エンタルピーのうちの圧力項, PV における P は $P = P^+ + P^-$ であり, 等価溶融塩では $P^+ = P^- = \dfrac{P}{2}$ である.

以下ではこのイオンのエンタルピー項, h_j^+ および h_k^- を, それぞれ $\langle E_j^+\rangle + \dfrac{P^+}{\rho_j^+}$ および $\langle E_k^-\rangle + \dfrac{P^-}{\rho_k^-}$ と書くことにする.

溶融塩における 1 モルの $\boldsymbol{J}_q$ は次式によって与えられることは自明である.

$$J_q = \sum_{j=1}^{N^\pm} \left[\left(\frac{p_j^{+2}}{2m^+} \right) + \left\{ \sum_{i \neq j}^{N} \phi^{++}(r_{ji}) + \sum_{k \neq j}^{N^-} \phi^{+-}(r_{jk}) \right\} - \langle E_j^+ \rangle - \left(\frac{P^+}{\rho_j^+} \right) \right.$$
$$+ \sum_{i \neq j}^{N^+} \left(r_{ji}^{++} F_{ji}^{++} \right) + \sum_{k \neq j}^{N^-} \left(r_{jk}^{+-} F_{jk}^{+-} \right) \left] \left(\frac{p_j^+}{m^+} \right) \right.$$
$$+ \sum_{k=1}^{N^-} \left[\left(\frac{p_k^{-2}}{2m^-} \right) + \left\{ \sum_{i \neq j}^{N^+} \phi^{-+}(r_{ki}) + \sum_{l \neq k}^{N^-} \phi^{--}(r_{lk}) \right\} - \langle E_k^- \rangle - \left(\frac{P^-}{\rho_k^-} \right) \right.$$
$$\left. + \sum_{l \neq k}^{N^-} \left(r_{kl}^{--} F_{kl}^{--} \right) + \sum_{j \neq k}^{N^+} \left(r_{kj}^{-+} F_{kj}^{-+} \right) \right] \left(\frac{p_k^-}{m^-} \right) \quad (10\text{-}7\text{-}15)$$

ここで
$$\left(r_{ji}^{++} F_{ji}^{++} \right) = \left(r_j^+ - r_i^+ \right) F_{ji}^{++} \quad (10\text{-}7\text{-}16)$$

であり，F_{ji}^{++} はイオン i からイオン j に働く力である．したがって，$F_{ji}^{++} = -F_{ij}^{++}$ となる．それゆえ，イオン j の位置 r_j^+ に働く力を F_j^+ と書く．同様に r_j^+ に働く陰イオンからの力を F_j^- と書くと，その積の総和 $\sum_{i \neq j}^{N^+} (r_j^+ F_j^+) + \sum_{k \neq j}^{N^-} (r_j^+ F_j^-)$ がスカラー積の和で表わされるならば，クラウジウスのヴィリアル定理により

$$\sum_{i \neq j}^{N^+} (r_j^+ F_j^+) + \sum_{k \neq j}^{N^-} (r_j^+ F_j^-) = -\sum_j^{N^+} \langle 2K_j^+ \rangle \quad (10\text{-}7\text{-}17)$$

で与えられる．

しかし，(10-7-17) 式における $(r_j^+ F_j^+)$ は，テンソル・マトリックスである．そのためにはテンソル・マトリックの $\left\{ \left(F_{ji}^{++} r_{ji}^{++} \right) + \left(F_{jk}^{+-} r_{jk}^{+-} \right) \right\}$ と $\left\{ \left(F_{kl}^{--} r_{kl}^{--} \right) + \left(F_{kj}^{-+} r_{kj}^{-+} \right) \right\}$ の各成分を計算する．

テンソル・マトリックスあるいはディアデック（dyadic），$F\,r$ に関する熱流は $\frac{1}{2} \sum_j \sum_{i \neq j} (F_{ji} r_{ji}) \cdot u_j$ で与えられる．より詳しく書けば，直交座標系の基本ベクトルを e_1, e_2, e_3 とすると，F_{ji}, r_{ji}, u_j は以下のようになる．ここで $(F_{ji}) = (X_{ji}, Y_{ji}, Z_{ji})$，$(r_{ji}) = (x_{ji}, y_{ji}, z_{ji})$ および $(u_j) = (u_{jx}, u_{jy}, u_{jz})$ である．すなわち，

$$F_{ji} = X_{ji}\,e_1 + Y_{ji}\,e_2 + Z_{ji}\,e_3$$
$$r_{ji} = x_{ji} e_1 + y_{ji} e_2 + z_{ji} e_3$$
$$u_j = u_{jx} e_1 + u_{jy} e_2 + u_{jz} e_3$$

これらを用いてテンソル形式で書けば，

$$\frac{1}{2}\sum_{j}\sum_{i\neq j}\left(F_{ji}\,r_{ji}\right)\cdot u_{j}$$

$$=\frac{1}{2}\sum_{j}\left[\left\{\sum_{i\neq j}\left(X_{ji}x_{ji}\right)v_{jx}e_{1}\otimes e_{1}\cdot e_{1}+\sum_{i\neq j}\left(X_{ji}y_{ji}\right)v_{jy}e_{1}\otimes e_{2}\cdot e_{2}\right.\right.$$
$$\left.+\sum_{i\neq j}\left(X_{ji}z_{ji}\right)v_{jz}e_{1}\otimes e_{3}\cdot e_{3}\right\}$$
$$+\left\{\sum_{i\neq j}\left(Y_{ji}x_{ji}\right)v_{jx}e_{2}\otimes e_{1}\cdot e_{1}+\sum_{i\neq j}\left(Y_{ji}y_{ji}\right)v_{jy}e_{2}\otimes e_{2}\cdot e_{2}\right.$$
$$\left.+\sum_{i\neq j}\left(Y_{ji}z_{ji}\right)v_{jz}e_{2}\otimes e_{3}\cdot e_{3}\right\}$$
$$+\left\{\sum_{i\neq j}\left(Z_{ji}x_{ji}\right)v_{jx}e_{3}\otimes e_{1}\cdot e_{1}+\sum_{i\neq j}\left(Z_{ji}y_{ji}\right)v_{jy}e_{3}\otimes e_{2}\cdot e_{2}\right.$$
$$\left.\left.+\sum_{i\neq j}\left(Z_{ji}z_{ji}\right)v_{jz}e_{3}\otimes e_{3}\cdot e_{3}\right\}\right]$$

$$=\frac{1}{2}\sum_{j}\left[\left\{\sum_{i\neq j}\left(X_{ji}x_{ji}\right)v_{jx}e_{1}(e_{1}\cdot e_{1})+\sum_{i\neq j}\left(X_{ji}y_{ji}\right)v_{jy}(e_{2}\cdot e_{2})e_{1}\right.\right.$$
$$\left.+\sum_{i\neq j}\left(X_{ji}z_{ji}\right)v_{jz}(e_{3}\cdot e_{3})e_{1}\right\}$$
$$+\left\{\sum_{i\neq j}\left(Y_{ji}x_{ji}\right)v_{jx}(e_{1}\cdot e_{1})e_{2}+\sum_{i\neq j}\left(Y_{ji}y_{ji}\right)v_{jy}(e_{2}\cdot e_{2})e_{2}\right.$$
$$\left.+\sum_{i\neq j}\left(Y_{ji}z_{ji}\right)v_{jz}(e_{3}\cdot e_{3})e_{2}\right\}$$
$$+\left\{\sum_{i\neq j}\left(Z_{ji}x_{ji}\right)v_{jx}(e_{1}\cdot e_{1})e_{3}+\sum_{i\neq j}\left(Z_{ji}y_{ji}\right)v_{jy}(e_{2}\cdot e_{2})e_{3}\right.$$
$$\left.\left.+\sum_{i\neq j}\left(Z_{ji}z_{ji}\right)v_{jz}(e_{3}\cdot e_{3})e_{3}\right\}\right]$$

$$=\frac{1}{2}\sum_{j}\begin{pmatrix}\sum_{i\neq j}(X_{ji}x_{ji}) & \sum_{i\neq j}(X_{ji}y_{ji}) & \sum_{i\neq j}(X_{ji}z_{ji})\\ \sum_{i\neq j}(Y_{ji}x_{ji}) & \sum_{i\neq j}(Y_{ji}y_{ji}) & \sum_{i\neq j}(Y_{ji}z_{ji})\\ \sum_{i\neq j}(Z_{ji}x_{ji}) & \sum_{i\neq j}(Z_{ji}y_{ji}) & \sum_{i\neq j}(Z_{ji}z_{ji})\end{pmatrix}\begin{pmatrix}v_{jx}\\ v_{jy}\\ v_{jz}\end{pmatrix}$$

$$=\frac{1}{2}\sum_{j}\left[\left\{\sum_{i\neq j}\left(X_{ji}x_{ji}\right)v_{jx}+\sum_{i\neq j}\left(X_{ji}y_{ji}\right)v_{jy}+\sum_{i\neq j}\left(X_{ji}z_{ji}\right)v_{jz}\right\}\right.$$
$$+\left\{\sum_{i\neq j}\left(Y_{ji}x_{ji}\right)v_{jx}+\sum_{i\neq j}\left(Y_{ji}y_{ji}\right)v_{jy}+\sum_{i\neq j}\left(Y_{ji}z_{ji}\right)v_{jz}\right\}$$
$$\left.+\left\{\sum_{i\neq j}\left(Z_{ji}x_{ji}\right)v_{jx}+\sum_{i\neq j}\left(Z_{ji}y_{ji}\right)v_{jy}+\sum_{i\neq j}\left(Z_{ji}z_{ji}\right)v_{jz}\right\}\right]$$

(10-7-18)

のようになる．ここでテンソル積に関する $(e_\alpha \otimes e_\beta)\cdot e_\gamma = (e_\beta \cdot e_\gamma)e_\alpha$ の関係式を用いた．

(10-7-16) 式における $\left(r_j^+ F_j^+\right)$ とイオン j の速度 $\left(\dfrac{p_j^+}{m^+}\right)$ との相関は考えられないので，$\left(r_j^+ F_j^+\right)$ の項はあらかじめ統計力学平均 (ensemble average) をとってもよいであろう．

まず原点に陽イオン j を置き，その周囲のある位置 (r,θ,ϕ) に他のイオン i が来るとしよう．ここで (r,θ,ϕ) は極座標で考えると，r は距離，θ は z-軸から r 方向までの角度，および ϕ は x-y 平面内における x-軸から y-軸までの角度である．

半径 r と $(r+\mathrm{d}r)$ に囲まれた球殻の中で，位置 r のまわりの微小体積 $r^2\,\mathrm{d}r\cdot\sin\theta\,\mathrm{d}\theta\cdot\mathrm{d}\varphi$ の中に存在するイオンの数は $ng(r)r^2\,\mathrm{d}r\cdot\sin\theta\,\mathrm{d}\theta\cdot\mathrm{d}\varphi$ である．ここで n はイオンの数密度であり，$g(r)$ はイオンの存在確率に比例する動径分布関数である．

それゆえ，球殻 $4\pi r^2\cdot\mathrm{d}r$ の中のイオン（代表してイオン i と置いた）と原点に置かれたイオン j との間の Virial 項を 0 から ∞ まで積分すると，

$$\sum_{i\ne j}(X_{ji}x_{ji}) = 8n\int_0^{\frac{\pi}{2}}\sin^3\theta\,\mathrm{d}\theta\int_0^{\frac{\pi}{2}}\cos^2\varphi\,\mathrm{d}\varphi\int_0^\infty g(r)4\pi r^2\,\mathrm{d}r g(r)F(r)$$
$$= \frac{1}{3}n\int_0^\infty g(r)4\pi r^2\,\mathrm{d}r F(r)r$$

(10-7-19)

$$\sum_{i\ne j}(X_{ji}y_{ji}) = 8n\int_0^{\frac{\pi}{2}}\sin^3\theta\,\mathrm{d}\theta\int_0^{\frac{\pi}{2}}\cos^2\varphi\sin\varphi\,\mathrm{d}\varphi\int_0^\infty g(r)4\pi r^2\,\mathrm{d}r F(r)r$$
$$= \frac{2}{3\pi}n\int_0^\infty g(r)4\pi r^2\,\mathrm{d}r F(r)r$$

(10-7-20)

$$\sum_{i\ne j}(X_{ji}z_{ji}) = 8n\int_0^{\frac{\pi}{2}}\sin^2\theta\cos\theta\,\mathrm{d}\theta\int_0^{\frac{\pi}{2}}\cos^2\varphi\,\mathrm{d}\varphi\int_0^\infty g(r)4\pi r^2\,\mathrm{d}r F(r)r$$
$$= \frac{2}{3\pi}n\int_0^\infty g(r)4\pi r^2\,\mathrm{d}r F(r)r$$

(10-7-21)

そのほかのテンソル・マトリックスの対角項および非対角項はそれぞれ，上の式

に等しい．これらの式の右辺の係数8はθとφの積分範囲を$\frac{1}{8}$球 $(x \geqq 0, y \geqq 0, z \geqq 0)$ に取ったため，球全体に換算するために付け加えたものである．

ここで簡単化のため，

$$n\int_0^\infty g(r)4\pi r^2 \,\mathrm{d}r F(r)r = \Phi \tag{10-7-22}$$

とおくと, (10-7-18) 式は

$$\frac{1}{2}\sum_j \begin{pmatrix} \left(\frac{1}{3}\right)\Phi & \left(\frac{2}{3\pi}\right)\Phi & \left(\frac{2}{3\pi}\right)\Phi \\ \left(\frac{2}{3\pi}\right)\Phi & \left(\frac{1}{3}\right)\Phi & \left(\frac{2}{3\pi}\right)\Phi \\ \left(\frac{2}{3\pi}\right)\Phi & \left(\frac{2}{3\pi}\right)\Phi & \left(\frac{1}{3}\right)\Phi \end{pmatrix} \begin{pmatrix} v_{jx} \\ v_{jy} \\ v_{jz} \end{pmatrix}$$

$$= \frac{1}{2}\sum_j\left[\left\{\left(\frac{1}{3}\right)\Phi v_{jx} + \left(\frac{2}{3\pi}\right)\Phi v_{jy} + \left(\frac{2}{3\pi}\right)\Phi v_{jz}\right\}\right.$$

$$+ \left\{\left(\frac{2}{3\pi}\right)\Phi v_{jx} + \left(\frac{1}{3}\right)\Phi v_{jy} + \left(\frac{2}{3\pi}\right)\Phi v_{jz}\right\}$$

$$+ \left.\left\{\left(\frac{2}{3\pi}\right)\Phi v_{jx} + \left(\frac{2}{3\pi}\right)\Phi v_{jy} + \left(\frac{1}{3}\right)\Phi v_{jz}\right\}\right]$$

$$= \frac{1}{2}\sum_j\left[\left\{\left(\frac{1}{3}\right)\Phi + 2\times\left(\frac{2}{3\pi}\right)\Phi\right\}v_{jx}\right.$$

$$+ \left\{\left(\frac{1}{3}\right)\Phi + 2\times\left(\frac{2}{3\pi}\right)\Phi\right\}v_{jy} + \left.\left\{\left(\frac{1}{3}\right)\Phi + 2\times\left(\frac{2}{3\pi}\right)\Phi\right\}v_{jx}\right]$$

$$= \frac{1}{2}\sum_j\left\{\left(\frac{1}{3}\right)\Phi + 2\times\left(\frac{2}{3\pi}\right)\Phi\right\}\boldsymbol{v}_j$$

$$\tag{10-7-23}$$

それゆえ，Virial のテンソル項, $\frac{1}{2}\sum_j\sum_{i\neq j}(F_{ji}r_{ji})\boldsymbol{v}_j$ は次式で表現される．

$$\frac{1}{2}\sum_j\sum_{i\neq j}(F_{ji}r_{ji})\boldsymbol{v}_j = \frac{1}{2}\sum_j\left\{\frac{1}{3} + 2\left(\frac{2}{3\pi}\right)\right\}\Phi \boldsymbol{v}_j$$

$$= \frac{1}{2}\times 0.785\sum_j\Phi \boldsymbol{v}_j \tag{10-7-24}$$

一方，球殻 $4\pi r^2 \mathrm{d}r$ の中の複数イオンiと原点のイオンjとの間によって生ずる

ヴィリアル項（Virial term），すなわち力 F と位置ベクトル r とのスカラー積 $F \cdot r$ による項は

$$\frac{1}{2}\sum_{j}\sum_{i\neq j}(F_{ji}r_{ji})v_j = \frac{1}{2}\sum_{j}\sum_{i\neq j}\{(X_{ji}x_{ji})+(Y_{ji}y_{ji})+(Z_{ji}z_{ji})\}v_j$$

$$= \frac{1}{2}\sum_{j} n\int_{0}^{\infty} g(r)4\pi r^2 \,\mathrm{d}r\, F(r) = \frac{1}{2}\sum_{j}\left\{3\times\left(\frac{1}{3}\right)\Phi\right\}v_j$$

$$= \frac{1}{2}\sum_{j}\Phi v_j$$

(10-7-25)

(10-7-24) 式と (10-7-25) 式を比較すれば，(10-7-17) 式の代わりに次式が得られる．

$$\sum_{i\neq j}^{N^+}(r_j^+ F_j^+) + \sum_{k\neq j}^{N^-}(r_j^+ F_j^-) = -0.785\sum_{j}^{N^+}\langle 2K_j^+\rangle \tag{10-7-26}$$

すなわち，Virial項はクラウジウスのヴィリアル定理による値の0.785倍になっている．

また(10-7-15)における右辺第1項の括弧内は内部エネルギーのゆらぎに等しいので，次のように書ける．

$$\left[\left(\frac{p_j^{+2}}{2m^+}\right)+\left\{\sum_{i\neq j}^{N}\phi^{++}(r_{ji})+\sum_{i\neq j}^{N}\phi^{+-}(r_{jk})\right\}-\langle E_j^+\rangle\right] = \left(E_j^+ - \langle E_j^+\rangle\right) = \Delta E_j^+$$

(10-7-27)

同様に

$$\left[\left(\frac{p_k^{-2}}{2m^-}\right)+\left\{\sum_{l\neq k}^{N}\phi^{--}(r_{lk})+\sum_{i\neq k}^{N}\phi^{+-}(r_{ik})\right\}-\langle E_k^-\rangle\right] = \left(E_k^- - \langle E_k^-\rangle\right) = \Delta E_k^-$$

(10-7-28)

それゆえ，

$$J_q = \sum_{j=1}^{N^+}\left\{\Delta E_j^+ - 2\times 0.785\langle K_j^+\rangle - \left(\frac{P^+}{\rho_j^+}\right)\right\}\left(\frac{p_j^+}{m^+}\right)$$

$$+ \sum_{k=1}^{N^-}\left\{\Delta E_k^- - 2\times 0.785\langle K_k^-\rangle - \left(\frac{P^-}{\rho_k^-}\right)\right\}\left(\frac{p_k^-}{m^-}\right) \tag{10-7-29}$$

ここで ρ_j^+ と ρ_k^- は陽イオン j と陰イオン k の周辺の局所密度 (local density) を表わす．従って

$$\begin{aligned}
\boldsymbol{J}_q(t)\boldsymbol{J}_q(0) = &\sum_{j=1}^{N^+}\sum_{i=1(i=j,i\neq j)}^{N^+}\left\{(\Delta E_j^+)^2 + 4\times(0.785)^2\langle K_j^+\rangle\langle K_i^+\rangle + \left(\frac{P^+}{\rho_j^+}\right)\left(\frac{P^+}{\rho_i^+}\right)\right.\\
&\left. -4\times 0.785\Delta E_j^+\langle K_j^+\rangle - 2\Delta E_j^+\left(\frac{P^+}{\rho_j^+}\right) + 4\times 0.785\langle K_j^+\rangle\left(\frac{P^+}{\rho_i^+}\right)\right\}\left(\frac{\boldsymbol{p}_j^+\boldsymbol{p}_i^+}{m^{+2}}\right)\\
&+\sum_{k=1}^{N^-}\sum_{l=1(k=l,k\neq l)}^{N^-}\left\{(\Delta E_k^-)^2 + 4\times(0.785)^2\langle K_k^-\rangle\langle K_l^-\rangle + \left(\frac{P^-}{\rho_k^-}\right)\left(\frac{P^-}{\rho_l^-}\right)\right.\\
&\left. -4\times 0.785\Delta E_k^-\langle K_k^-\rangle - 2\Delta E_k^-\left(\frac{P^-}{\rho_l^-}\right) + 4\times 0.785\langle K_k^-\rangle\left(\frac{P^-}{\rho_l^-}\right)\right\}\left(\frac{\boldsymbol{p}_k^-\boldsymbol{p}_l^-}{m^{-2}}\right)\\
&+\sum_{j=1}^{N^+}\sum_{k=1}^{N^-}\left\{\Delta E_j^+\Delta E_k^- - 2\times 0.785\Delta E_j^+\langle K_k^-\rangle - \Delta E_j^+\left(\frac{P^-}{\rho_k^-}\right)\right.\\
&\quad -2\times 0.785\langle K_j^+\rangle\Delta E_k^- + 4\times(0.785)^2\langle K_j^+\rangle\langle K_k^-\rangle + 2\times 0.785\langle K_j^+\rangle\left(\frac{P^-}{\rho_k^-}\right)\\
&\left. -\left(\frac{P^+}{\rho_j^+}\right)\Delta E_k^- + 2\times 0.785\left(\frac{P^+}{\rho_j^+}\right)\langle K_k^-\rangle + \left(\frac{P^+}{\rho_j^+}\right)\left(\frac{P^-}{\rho_k^-}\right)\right\}\left(\frac{\boldsymbol{p}_j^+\cdot\boldsymbol{p}_k^-}{m^+m^-}\right)
\end{aligned}$$

(10-7-30)

再確認することであるが，ここでは速度相関関数の統計力学的平均とは独立に，$\left(\dfrac{P^+}{\rho_j^+}\right)$ と $\left(\dfrac{P^-}{\rho_k^-}\right)$ についての統計力学的平均が取れると仮定している．すなわち，右辺の中括弧 { } 中括弧と速度相関の小括弧との相関を無視できて，それぞれの統計力学的平均をとってよいことになる．

また，エネルギーのゆらぎ $(\Delta E_j^+)^2$, $(\Delta E_k^-)^2$, $\langle K_j^+\rangle$, $\langle K_k^-\rangle$ はそれぞれイオン1個あたり次式で与えられる．

$$\left\langle(\Delta E_j^+)^2\right\rangle = \left\langle(\Delta E_k^-)^2\right\rangle = k_B T^2 c_v \tag{10-7-31}$$

ここで c_v はイオン1個あたりの定積比熱で，実際には正負イオン対の定積比熱を仮想的に等分配する．すなわち，$c_v^+ = c_v^- = c_v =$ (1対の陰陽イオンの定積比熱

の $\frac{1}{2}$)である.

ここでは陰陽イオンのエネルギーの揺らぎの平均とそれぞれの運動のエネルギー平均は相等しいと近似した.

$$\langle K_j^+ \rangle = \langle K_k^- \rangle = \frac{3}{2} k_B T \tag{10-7-32}$$

また,$\left\langle \Delta E_j^+ \Delta E_{j \neq i}^+ \right\rangle = \left\langle \Delta E_k^- \Delta E_{k \neq l}^- \right\rangle = \left\langle \Delta E_j^+ \Delta E_k^- \right\rangle = 0$,$\left\langle \Delta E_j^+ \right\rangle = \left\langle \Delta E_k^- \right\rangle = 0$ を仮定する.

(10-7-30) 式の $\left(\dfrac{P}{\rho^\pm} \right)$ の項は剛体球モデル（hard sphere model）でよく知られている次式を用いる.

$$(P^\pm) = \rho^\pm k_B T Y \tag{10-7-33}$$

ここで Y は 10-13 節の補足 B で示すようにイオンの充填率（packing fraction）の関数で与えられる.また,これらを(10-7-30) に代入し,統計力学的平均をとると,

$$\begin{aligned}
\boldsymbol{J}_q(t) \boldsymbol{J}_q(0) &= \sum_{j=1}^{N^+} \left\langle (\Delta E_j^+)^2 \right\rangle \left\langle \frac{\boldsymbol{p}_j^+(t) \boldsymbol{p}_j^+(0)}{m^{+2}} \right\rangle \\
&+ \sum_{j=1}^{N^+} \sum_{i=1 (i=j, i \neq j)}^{N^+} \left\{ 4 \times (0.785)^2 \langle K_j^+ \rangle \langle K_i^+ \rangle + \left(\frac{P^+}{\rho_j^+} \right) \left(\frac{P^+}{\rho_i^+} \right) \right. \\
&\quad - 4 \times 0.785 \Delta E_j^+ \langle K_j^+ \rangle - 2 \Delta E_j^+ \left(\frac{P^+}{\rho_j^+} \right) \\
&\quad \left. + 4 \times 0.785 \langle K_j^+ \rangle \left(\frac{P^+}{\rho_i^+} \right) \right\} \left\langle \frac{\boldsymbol{p}_j^+(t) \boldsymbol{p}_i^+(0)}{m^{+2}} \right\rangle \\
&+ \sum_{k=1}^{N^-} \left\langle (\Delta E_k^-)^2 \right\rangle \left\langle \frac{\boldsymbol{p}_k^-(t) \boldsymbol{p}_k^-(0)}{m^{-2}} \right\rangle \\
&+ \sum_{k=1}^{N^-} \sum_{l=1 (k=l, k \neq l)}^{N^-} \left\{ 4 \times (0.785)^2 \langle K_k^- \rangle \langle K_l^- \rangle + \left(\frac{P^-}{\rho_k^-} \right) \left(\frac{P^-}{\rho_l^-} \right) \right. \\
&\quad \left. - 4 \times 0.785 \Delta E_k^- \langle K_k^- \rangle - 2 \Delta E_k^- \left(\frac{P^-}{\rho_l^-} \right) \right.
\end{aligned}$$

$$+4\times0.785\langle K_k^-\rangle\left(\frac{P^-}{\rho_l^-}\right)\Bigg\}\left\langle\frac{\boldsymbol{p}_k^-(t)\boldsymbol{p}_k^-(0)}{m^{-2}}\right\rangle$$

$$+\sum_{j=1}^{N^+}\sum_{k=1}^{N^-}\Bigg\{\Delta E_j^+\Delta E_k^- -2\times0.785\Delta E_j^+\langle K_k^-\rangle -\Delta E_j^+\left(\frac{P^-}{\rho_k^-}\right)$$

$$-2\times0.785\langle K_j^+\rangle\Delta E_k^- +4\times(0.785)^2\langle K_j^+\rangle\langle K_k^-\rangle +2\times0.785\langle K_j^+\rangle\left(\frac{P^-}{\rho_k^-}\right)$$

$$-\left(\frac{P^+}{\rho_j^+}\right)\Delta E_k^- +2\times0.785\left(\frac{P^+}{\rho_j^+}\right)\langle K_k^-\rangle +\left(\frac{P^+}{\rho_j^+}\right)\left(\frac{P^-}{\rho_k^-}\right)\Bigg\}\left\langle\frac{\boldsymbol{p}_j^+(t)\boldsymbol{p}_k^-(0)}{m^+m^-}\right\rangle$$

(10-7-34)

この式に上述の関係式を導入すると,

$$\langle\boldsymbol{J}_q(t)\boldsymbol{J}_q(0)\rangle = k_B T^2 C_V^+\langle\boldsymbol{v}_j^+(t)\boldsymbol{v}_j^+(0)\rangle$$
$$+k_B T^2\{9\times(0.785)^2 R+6\times0.758 YR+Y^2 R\}\langle\boldsymbol{v}_j^+(t)\boldsymbol{v}_i^+(0)\rangle$$
$$+k_B T^2 C_P^-\langle\boldsymbol{v}_k^-(t)\boldsymbol{v}_k^-(0)\rangle$$
$$+k_B T^2\{9\times(0.785)^2 R+6\times0.758 YR+Y^2 R\}\langle\boldsymbol{v}_k^-(t)\boldsymbol{v}_l^-(0)\rangle$$
$$+k_B T^2\{9\times(0.785)^2 R+6\times0.758 YR+Y^2 R\}\langle\boldsymbol{v}_j^+(t)\boldsymbol{v}_k^-\rangle$$

(10-7-35)

一方, (10-7-35) 式における速度相関は, 電気伝導および拡散の章で導出している. それらの表式は次式によって与えられている.

$$\langle\boldsymbol{v}_{j\,or\,k}^{\pm}(t)\boldsymbol{v}_{j\,or\,k}^{\pm}(0)\rangle = \left(\frac{3k_B T}{m^{\pm}}\right)\left\{1-\left(\frac{t^2}{2}\right)\left(\frac{\alpha^{\pm}}{3m^{\pm}}\right)+\text{(higher order over }t^4)\right\}$$

(10-7-36)

ここで

$$\alpha^{\pm} = (1+\cos\theta)\alpha^0 + \langle\pm\pm\rangle \qquad (10\text{-}7\text{-}37)$$

$$\alpha^0 = n\int_0^\infty\left\{\left(\frac{\partial^2\phi^{+-}(r)}{\partial r^2}\right)+\left(\frac{2}{r}\right)\left(\frac{\partial\phi^{+-}(r)}{\partial r}\right)\right\}g^{+-}(r)4\pi r^2\,\mathrm{d}r \qquad (10\text{-}7\text{-}38)$$

$$\left(\frac{1}{\mu}\right) = \left(\frac{1}{m^+}\right) + \left(\frac{1}{m^-}\right) \tag{10-7-39}$$

$$\langle \pm \pm \rangle = n\int_0^\infty \left\{\left(\frac{\partial^2 \phi^{\pm\pm}(r)}{\partial r^2}\right) + \left(\frac{2}{r}\right)\left(\frac{\partial \phi^{\pm\pm}(r)}{\partial r}\right)\right\} g^{\pm\pm}(r) 4\pi r^2 \, dr \tag{10-7-40}$$

また ($j = i$ and $j \neq i$) および ($k = l$ and $k \neq l$) に対しては

$$\langle v_j^+(t) v_i^+(0) \rangle = \left(\frac{3k_B T}{m^+}\right)\left(\frac{m^-}{m^+ + m^-}\right)\left\{1 - \left(\frac{t^2}{2}\right)\left(\frac{\alpha^0}{3\mu}\right) + \text{(higher order over } t^4)\right\}$$
($j = i$ and $j \neq i$) \hfill (10-7-41)

$$\langle v_k^-(t) v_l^- \rangle = \left(\frac{3k_B T}{m^-}\right)\left(\frac{m^-}{m^+ + m^-}\right)\left\{1 - \left(\frac{t^2}{2}\right)\left(\frac{\alpha^0}{3\mu}\right) + \text{(higher order over } t^4)\right\}$$
($k = l$ and $k \neq l$) \hfill (10-7-42)

$$\langle v_j^+(t) v_k^- \rangle = -\left(\frac{3k_B T}{m^+ + m^-}\right)\left\{1 - \left(\frac{t^2}{2}\right)\left(\frac{\alpha^0}{3\mu}\right) + \text{(higher order over } t^4)\right\}$$
($j \neq k$) \hfill (10-7-43)

である.

溶融塩における最近の研究によれば, (10-7-36, 10-7-41〜43) 式における右辺の最後の中括弧の定積分は事実上次式を満足する[23].

$$\int_0^\infty \left\{1 - \left(\frac{t^2}{2}\right)\left(\frac{\alpha^\pm}{3m^\pm}\right) + \text{(higher order over } t^4)\right\} dt = \frac{1}{\gamma_D^\pm} \tag{10-7-44}$$

$$\gamma_D^\pm = \left(\frac{\alpha^\pm}{3m^\pm}\right)^{\frac{1}{2}}$$

$$\int_0^\infty \left\{1 - \left(\frac{t^2}{2}\right)\left(\frac{\alpha^0}{3\mu}\right) + \text{(higher order over } t^4)\right\} dt = \frac{1}{\tilde{\gamma}(0)} \tag{10-7-45}$$

$$\tilde{\gamma}(0) = \left(\frac{\alpha^0}{3\mu}\right)^{\frac{1}{2}}$$

これらを用いて L_{qq} に代入する. ここで $C_V^+ = C_V^- = C_V$ を仮定すると,

$$\frac{L_{\mathrm{qq}}}{k_{\mathrm{B}}T^2} = \frac{1}{V}\left(C_{\mathrm{V}} + 9\times(0.758)^2 R + Y^2 R + 6\times 0.758 YR\right)\left\{\left(\frac{k_{\mathrm{B}}T}{m^+\gamma_{\mathrm{D}}^+}\right) + \left(\frac{k_{\mathrm{B}}T}{m^-\gamma_{\mathrm{D}}^-}\right)\right\}$$
$$-\frac{1}{V}(3\times 0.758 + Y)^2 R\left\{\frac{k_{\mathrm{B}}T}{(m^+ + m^-)\tilde{\gamma}(0)}\right\}$$
(10-7-46)

同様にして

$$L_{zz} = \frac{Nz^2 e^2}{3V}\left\{\frac{3k_{\mathrm{B}}T}{(m^+ + m^-)\tilde{\gamma}(0)}\right\}\left\{\left(\frac{m^-}{m^+}\right) + \left(\frac{m^+}{m^-}\right) + 2\right\}$$
(10-7-47)

そして同様にして $\left(\dfrac{L_{\mathrm{qz}}^2}{k_{\mathrm{B}}T^2}\right)$ は次式で与えられる.

$$\left(\frac{L_{\mathrm{qz}}^2}{L_{zz}}\right)\left(\frac{1}{k_{\mathrm{B}}T^2}\right)$$
$$= \left(\frac{N^2 z^2 e^2}{9V^2}\right)\left\{\frac{3k_{\mathrm{B}}T}{(m^+ + m^-)\tilde{\gamma}(0)}\right\}^2 (3\times 0.758 + Y)^2 R\left\{\left(\frac{m^-}{m^+}\right) - \left(\frac{m^+}{m^-}\right)\right\}^2$$
(10-7-48)

それゆえ

$$\left(\frac{L_{\mathrm{qz}}^2}{L_{zz}}\right)\left(\frac{1}{k_{\mathrm{B}}T^2}\right) = \left(\frac{N^2 z^2 e^2}{9V^2}\right)\left\{\frac{3k_{\mathrm{B}}T}{(m^+ + m^-)\tilde{\gamma}(0)}\right\}$$
$$\times (3\times 0.758 + Y)^2 R \times \frac{\left\{\left(\dfrac{m^-}{m^+}\right) - \left(\dfrac{m^+}{m^-}\right)\right\}^2}{\left\{\left(\dfrac{m^-}{m^+}\right) + \left(\dfrac{m^+}{m^-}\right) + 2\right\}}$$
(10-7-49)

従って

$$\lambda = \left\{L_{\mathrm{qq}} - \left(\frac{L_{\mathrm{qz}}^2}{L_{zz}}\right)\right\}\left(\frac{1}{k_{\mathrm{B}}T^2}\right)$$
$$= \frac{1}{V}\left(C_{\mathrm{V}} + 9\times(0.758)^2 R + Y^2 R + 6\times 0.758 YR\right)\left\{\left(\frac{k_{\mathrm{B}}T}{m^+\gamma_{\mathrm{D}}^+}\right) + \left(\frac{k_{\mathrm{B}}T}{m^-\gamma_{\mathrm{D}}^-}\right)\right\}$$
$$-\frac{1}{V}\left\{(3\times 0.758 + Y)^2 R\right\}\left\{\frac{k_{\mathrm{B}}T}{(m^+ + m^-)\tilde{\gamma}(0)}\right\}$$

$$-\frac{1}{V}\{(3\times 0.758+Y)^2 R\}\left\{\frac{k_B T}{(m^+ + m^-)\tilde{\gamma}(0)}\right\}\times\frac{\left\{\left(\frac{m^-}{m^+}\right)-\left(\frac{m^+}{m^-}\right)\right\}^2}{\left\{\left(\frac{m^-}{m^+}\right)+\left(\frac{m^+}{m^-}\right)+2\right\}}$$

(10-7-50)

すでに述べたように，C_V^+ および C_V^- は独立した比熱として観測されないが，$C_V^+ + C_V^-$ は観測される定積モル比熱であるから，C_V^+ および C_V^- はそれぞれ $3R$ cal/mol·deg 程度であろう．また R は気体定数 ($=Nk_B$) である．Y については すでに述べたように，多分 10 程度の値であろう．

10-8 熱の流れから導いた熱伝導度とエネルギーの流れから導いた熱伝導度の同等性

熱の流れ密度 $\boldsymbol{J}_q$ と内部エネルギーの流れの密度 $\boldsymbol{J}_e$ との間には次のような関係がある．

$$\boldsymbol{J}_q = \boldsymbol{J}_e - \left(\sum_{j=1}^{N^+} h_j \boldsymbol{v}_j + \sum_{k=1}^{N^-} h_k \boldsymbol{v}_k\right) \tag{10-8-1}$$

一方，この $\boldsymbol{J}_e$ と電流密度 $\boldsymbol{J}_\sigma$ との間にも，(10-7-1, 2) 式で示すようなオンサーガーの現象論方程式が存在する．

Galamba らは，$(\boldsymbol{J}_q, \boldsymbol{J}_\sigma)$ から導いたオンサーガー比例係数で示される熱伝導度 λ と $(\boldsymbol{J}_e, \boldsymbol{J}_\sigma)$ から導いたオンサーガー比例係数によって与えられる熱伝導度 λ との間には次のような関係があることを示している[22]．すなわち，

$$\lambda = \left\{L_{ee} - \left(\frac{L_{ez}^2}{L_{zz}}\right)\right\}\left(\frac{1}{k_B T^2}\right) = \left\{L_{qq} - \left(\frac{L_{qz}^2}{L_{zz}}\right)\right\}\left(\frac{1}{k_B T^2}\right) \tag{10-8-2}$$

ここで $L_{\alpha\beta}$ は

$$\begin{aligned}
L_{qq} &= \frac{1}{3V}\int_0^\infty \langle \boldsymbol{J}_q(t)\boldsymbol{J}_q(0)\rangle \mathrm{d}t \\
L_{qz} &= \frac{1}{3V}\int_0^\infty \langle \boldsymbol{J}_q(t)\boldsymbol{J}_\sigma(0)\rangle \mathrm{d}t \\
L_{ee} &= \frac{1}{3V}\int_0^\infty \langle \boldsymbol{J}_e(t)\boldsymbol{J}_e(0)\rangle \mathrm{d}t \\
L_{ez} &= \frac{1}{3V}\int_0^\infty \langle \boldsymbol{J}_e(t)\boldsymbol{J}_\sigma(0)\rangle \mathrm{d}t
\end{aligned} \tag{10-8-3}$$

熱伝導度表示の同等性(10-8-2)式は，以前にSindzingreとGillanがMDシミュレーションによって証明している[21].

本節では(10-8-2)式の同等性を，Galambaらが導出した巨視的表示（macroscopic representation）でなく，前節で展開したような微視的表示（micoroscopic representation）で証明する．

この系におけるエネルギー流密度（energy current density）は次のように定義される．

$$J_e = \sum_{j=1}^{N^+} \left[\left(\frac{p_j^{+2}}{2m^+} \right) + \frac{1}{2} \left\{ \sum_{i \neq j}^{N^+} \phi^{++}(r_{ji}) + \sum_{k \neq j}^{N^-} \phi^{+-}(r_{ji}) \right\} \right.$$
$$\left. + \frac{1}{2} \left\{ \sum_{i \neq j}^{N^+} (F_{ji}^{++} r_{ji}^{++}) + \sum_{k \neq j}^{N^-} (F_{jk}^{+-} r_{jk}^{+-}) \right\} \right] \left(\frac{p_j^+}{m^+} \right)$$
$$+ \sum_{k=1}^{N^-} \left[\left(\frac{p_k^{-2}}{2m^-} \right) + \frac{1}{2} \left\{ \sum_{i \neq k}^{N^-} \phi^{-+}(r_{ki}) + \sum_{l \neq k}^{N^-} \phi^{--}(r_{lk}) \right\} \right.$$
$$\left. + \frac{1}{2} \left\{ \sum_{l \neq k}^{N^-} (F_{kl}^{--} r_{kl}^{--}) + \sum_{j \neq k}^{N^+} (F_{kj}^{-+} r_{kj}^{-+}) \right\} \right] \left(\frac{p_k^-}{m^-} \right) \quad (10\text{-}8\text{-}4)$$

あるいは前節で得られた結果を用いると，次式のように簡単化される．

$$J_e = \sum_{j=1}^{N^+} \left\{ E_j^+ - 2 \times 0.758 \langle K_j^+ \rangle \right\} \left(\frac{p_j^+}{m^+} \right) + \sum_{k=l}^{N^-} \left\{ E_k^- - 2 \times 0.758 \langle K_j^- \rangle \right\} \left(\frac{p_k^-}{m^-} \right)$$
$$(10\text{-}8\text{-}5)$$

エネルギーのゆらぎ $\Delta E_{j \text{ or } k}^{\pm}$ をこの式に導入するために，平均エネルギー $\langle \Delta E_{j \text{ or } k}^{\pm} \rangle$ $\left(= h^{\pm} - \frac{P}{\rho^{\pm}} \right)$ を引いた後でそれを加える．そうすると，

$$J_q = \sum_{j=1}^{N^+} \left\{ \Delta E_j^+ - 2 \times 0.758 \langle K_j^+ \rangle - \left(\frac{P}{\rho_i^+} \right) \right\} \left(\frac{p_j^+}{m^+} \right) + h^+ \sum_{j=1}^{N^+} \left(\frac{p_j^+}{m^+} \right)$$
$$+ \sum_{k=1}^{N^-} \left\{ \Delta E_k^- - 2 \times 0.758 \langle K_k^- \rangle - \left(\frac{P}{\rho_k^-} \right) \right\} \left(\frac{p_k^-}{m^-} \right) + h^- \sum_{k=1}^{N^-} \left(\frac{p_k^-}{m^-} \right)$$

$$(10\text{-}8\text{-}6)$$

これらを用いると，次式が得られる．

$$\left(\frac{L_{ee}}{k_B T^2}\right) = \left(\frac{L_{qq}}{k_B T^2}\right)$$

$$-\left(\frac{1}{k_B^2 T^2}\right)\{2(3\times 0.758+Y)\}\left(\frac{hR}{V}\right)\left\{\frac{k_B T}{(m^++m^-)\tilde{\gamma}(0)}\right\}\left\{\left(\frac{m^-}{m^+}\right)+\left(\frac{m^+}{m^-}\right)-2\right\}$$

$$+\left(\frac{1}{k_B^2 T^2}\right)\left(\frac{Rh^2}{V}\right)\left\{\frac{k_B T}{(m^++m^-)\tilde{\gamma}(0)}\right\}\left\{\left(\frac{m^-}{m^+}\right)+\left(\frac{m^+}{m^-}\right)-2\right\}$$

(10-8-7)

ここで式の煩雑さを避けるために$h^+ = h^- = h$を仮定した．同様にして$\left(\frac{L_{ez}^2}{L_{zz} k_B T^2}\right)$の項も次のように書ける．

$$\left(\frac{L_{ez}^2}{L_{zz} k_B T^2}\right) = \left\{(3\times 0.758+Y)-\left(\frac{h}{k_B T}\right)\right\}^2 \left(\frac{R}{V}\right)\left\{\frac{k_B T}{(m^++m^-)\tilde{\gamma}(0)}\right\}\times Z \quad (10\text{-}8\text{-}8)$$

ここで

$$Z = \left\{\left(\frac{m^-}{m^+}\right)-\left(\frac{m^+}{m^-}\right)\right\}^2 \left\{\left(\frac{m^-}{m^+}\right)+\left(\frac{m^+}{m^-}\right)+2\right\} \quad (10\text{-}8\text{-}9)$$

(10-8-7) 式にみられる係数$\left\{\left(\frac{m^-}{m^+}\right)+\left(\frac{m^+}{m^-}\right)-2\right\}$は$Z$に等しい．それゆえ次の恒等式が得られる．

$$\left(\frac{L_{ee}}{k_B T^2}\right) - \left(\frac{L_{ez}^2}{L_{zz} k_B T^2}\right) = \left(\frac{L_{qq}}{k_B T^2}\right) - \left(\frac{L_{qz}^2}{L_{zz} k_B T^2}\right) \quad (10\text{-}8\text{-}10)$$

10-9 単体液体の場合の具体的計算例

溶融塩における計算の前に，単原子液体（monatomic liquid）でこの理論の妥当性を確認する．単原子液体（monatomic liquid）に対して，熱伝導度は(10-7-50)式で，$(C_V^+ + C_V^-) = C_V$，$(m^+ = m^- = m)$，$(\gamma_D^+ = \gamma_D^- = \gamma_D)$とすればよい．

$$\lambda = \left(\frac{k_B T}{Vm\gamma_D}\right) \times \left\{C_V + 9\times(0.758)^2 R + 6\times 0.758 YR + Y^2 R\right\} \quad (10\text{-}9\text{-}1)$$

後で示す Percus-Yevick 理論に基づいて，$Y \sim 9.93$ としよう．具体的計算として液体 Ar を採用する．まず，基礎データとして，$M = 39.95$ grs /mol, $m = 6.63\times 10^{-23}$ grs/atom, $V \sim 26.6$ cm^3/mol (87 K)．Egelstaff のテキストによれば，定積比熱 $C_V \sim 4.64$ cal/mol·deg とあるのでそれを用いる．friction constant として用いられる γ_D を拡散係数 $D = \dfrac{k_B T}{m\gamma_D}$ から求めるとすると，$D = 1.84\times 10^{-5}$ cm^2/sec より，$\gamma_D = 9.5\times 10^{12}$ sec^{-1} となる．$T = 87$ K とする．

これらを上式に代入すると，$\lambda = 2.40\times 10^{-4}$ cal/sec·cm·deg となる．これに対し，$\lambda_{obs} = 2.9\times 10^{-4}$ cal/sec·cm·deg であるから，同程度の値をもつといってよいであろう．

因みに，分子論的理論に基づく Zwanzig et al. [25] の計算結果は $\lambda = 2.4\times 10^{-4}$ cal/sec·cm·deg であり，今回の結果はこれに一致する．

10-10　溶融塩系における熱伝導度の具体的計算例

溶融塩の熱伝導度は (10-7-50) 式で与えられる．もう一度書くと，

$$\begin{aligned}
\lambda &= \left\{L_{qq} - \left(\frac{L_{qz}^2}{L_{zz}}\right)\right\}\left(\frac{1}{k_B T^2}\right) \\
&= \frac{1}{V}(C_V + 9\times(0.758)^2 R + Y^2 R + 6\times 0.758 YR)\left\{\left(\frac{k_B T}{m^+ \gamma_D^+}\right) + \left(\frac{k_B T}{m^- \gamma_D^-}\right)\right\} \\
&\quad - \frac{1}{V}\left\{(3\times 0.758 + Y)^2 R\right\}\left\{\frac{k_B T}{(m^+ + m^-)\tilde{\gamma}(0)}\right\} \\
&\quad - \frac{1}{V}\left\{(3\times 0.758 + Y)^2 R\right\}\left\{\frac{k_B T}{(m^+ + m^-)\tilde{\gamma}(0)}\right\} \times \frac{\left\{\left(\dfrac{m^-}{m^+}\right) - \left(\dfrac{m^+}{m^-}\right)\right\}^2}{\left\{\left(\dfrac{m^-}{m^+}\right) + \left(\dfrac{m^+}{m^-}\right) + 2\right\}}
\end{aligned}$$

$$(10\text{-}10\text{-}1)$$

のようになる．この式を溶融 NaCl と溶融 KCl に適用してみよう．

表 10-10-1 溶融 NaCl および KCl における熱伝導度の理論値と実験値.

	y	$D^+ \times 10^{-5}$ (cm^2/s) (a)	$D^- \times 10^{-5}$ (cm^2/s) (a)	$k_B T/\{(1/m^+)+(1/m^-)\}\tilde{\gamma}(0) \times 10^{-5}$ (cm^2/s) (b)	V(cc/mol) at 1100 K (c)	λ (W/m K) at 1100 K calc.	λ (W/m K) at 1100 K exp. (d)
NaCl	0.49	8.5	5.9	3.39	37.9	0.48	0.51
KCl	0.49	6.56	6.66	3.39	49.88	0.36	0.38

(a) 引用文献:S. I. Smedley, *The Interpretation of Ionic Conductivity in Liquid*, Plenum, New York, 1980.
(b) 引用文献:T. Koishi ans S. Tamaki, J. Chem. Phys., **123** (2005) 194501.
(c) 引用文献:G. J. Janz, *Molten Salt Handbook*, Academic Press, (1967) and Y. Sato, ECS Transactions, **33** (2010) 145-157.
(d) 引用文献:Y. Nagasaka, N. Nakazawa and A. Nagashima, Int. J. Thermophys., **13** (1992) 555.

補足Bで示すように,溶融塩の充填率yはおおよそ0.49である.またモル体積や拡散係数は,報告されている測定値を用いる.摩擦係数に相当する物理量$\tilde{\gamma}(0)$はこれまでに電気伝導度の計算で用いた理論値を採用する.このようにしてえられる熱伝導度の理論値は表 10-10-1 で示すように実験値と一致する.

MDシミュレーションによる溶融塩の熱伝導度の計算

近年,妥当なイオン間ポテンシャルを用い,グリーン-久保理論式に基づいたMDシミュレーションによる溶融塩の熱伝導度の導出がなされ,実験値を再現している報告がいくつか寄せられている[21, 22, 26].これらの計算手法は,いずれもエネルギー流密度と電荷流密度から(10-8-3)式で与えられるグリーン-久保公式におけるオンサーガー現象論比例係数を導出し,これを(10-8-2)式に代入して熱伝導度を求めたものである.

MDシミュレーションによる熱伝導度計算は有力な手法であることはいうまでもないが,どういったプロセスで熱が伝達,伝導されるのか,という問題には応えてくれない.その点,上で記載されている理論的解析が相補的に,この問題を解明していることになる.

10-11　フォノン伝導による熱伝導度との比較

(10-9-1) 式は，ある意味で極めて教育的かつ直感的な表式である．この式を次のように変形する．

$$\lambda = \left\{\frac{k_B T}{m\tilde{\gamma}(0)}\right\} \times \left[\frac{\{C_V + 9\times(0.758)^2 R + 6\times 0.758 YR + Y^2 R\}}{V}\right] \quad (10\text{-}11\text{-}1)$$

右辺の $\left\{\dfrac{k_B T}{m\tilde{\gamma}(0)}\right\}$ の項は系の粒子の拡散係数を意味する．その物理的内容は，単位時間に単位体積が単位面積を通って，どれだけ進むことができるか，ということだから単位数の粒子が運ぶ熱量の到達距離を示している．また，[ ] の項は単位体積，単位温度差あたり運べる熱量に対応している．

因みに，Debye は絶縁性結晶における熱伝導度の表式として

$$\lambda = \frac{1}{3} C\, ul = DC \quad (10\text{-}11\text{-}2)$$

を与えているという[27]．ここで，C は単位体積当たりのフォノンの比熱，u はフォノンの速度，l はフォノンの平均自由行程，$D\left(=\dfrac{ul}{3}\right)$ はフォノンの拡散係数である．

この理論では，フォノンの自由飛行時にはフォノン間相互作用は考慮していないので，(10-11-1) 式の [ ] 内の $9\times(0.758)^2 R$ の項は存在しない．また，フォノンによる圧力を無視すれば，[ ] 内の $Y^2 R$ の項も存在しない．それゆえ，これらの相互作用項 (cross term) に相当する $6\times 0.758 YR$ も存在しない．つまり，(10-11-2) 式は基本的に (10-11-1) 式と全く同じ表式である，といえよう．

10-12　補足 A：熱伝導の流体力学的取り扱い

ここで (10-4-7) 式に関する物理的詳細について述べる．

Landau-Lifshitz によれば，単位体積中における粒子が時間と共に変化することによるエネルギーの変化は，$\dfrac{1}{2}\rho v^2 + \rho\varepsilon$ で与えられる[13]．ここで，ρ は単位体積辺りの質量であり，ε は単位質量あたりの内部エネルギーを表わす．すなわち，$\rho = \dfrac{mN}{V}$，$\varepsilon = \dfrac{E}{m}$ となる．それゆえ，エネルギーの時間的変化は，

10. 溶融塩における熱伝導

$$\frac{\partial\left(\frac{1}{2}\rho v^2 + \rho\varepsilon\right)}{\partial t} = -\left(\frac{1}{2}v^2 + w\right)\mathrm{div}(\rho\boldsymbol{v}) - \rho\boldsymbol{v}\cdot\mathrm{grad}\left(\frac{1}{2}v^2 + w\right)$$
$$= -\mathrm{div}\left\{\rho\boldsymbol{v}\left(\frac{1}{2}v^2 + w\right)\right\} \qquad (10\text{-}12\text{-}1)$$

ここで下記のような連続の方程式および Euler の方程式を用いた．

$$\frac{\partial \rho}{\partial t} + \mathrm{div}(\rho\boldsymbol{v}) = 0, \quad \frac{\partial \boldsymbol{v}}{\partial t} + (\boldsymbol{v}\cdot\mathrm{grad})\boldsymbol{v} = -\frac{1}{\rho}\mathrm{grad}\cdot P \qquad (10\text{-}12\text{-}2)$$

また w はエンタルピーで，$w = \varepsilon + \dfrac{P}{\rho}$ である．結局, (10-12-1) 式を全体積で積分すると，

$$\frac{\partial \int\left(\frac{1}{2}\rho v^2 + \rho\varepsilon\right)\mathrm{d}V}{\partial t} = -\oint \rho\boldsymbol{v}\left(\frac{1}{2}v^2 + w\right)\mathrm{d}f \qquad (10\text{-}12\text{-}3)$$

ここで f は体積 V の表面を表わす．左辺は全体のある体積についての液体のエネルギーの時間的変化の割合であり，右辺はこの体積から流れ出るエネルギーの量である．その流れ出るエネルギー流密度（energy current density）が $\left(\frac{1}{2}v^2 + w\right)$ であり, (10-4-7) 式の右辺第 1 項に相当する．これに対し，第 2 項は温度差に伴う熱量の時間的変化である．

今度は粘性が存在する場合の熱伝導について考える. まず, $\boldsymbol{j}_\mathrm{q}$ を熱流密度（heat current density）とすると，$\boldsymbol{j}_\mathrm{q} = -\kappa\,\mathrm{grad}\,T$ であり，粘性（viscosity）によるエネルギー流密度（energy current density）部分を $-\boldsymbol{v}\boldsymbol{\sigma}'$ とすると，

$$\frac{\partial\left(\frac{1}{2}\rho v^2 + \rho\varepsilon\right)}{\partial t} = -\mathrm{div}\left\{\rho\boldsymbol{v}\left(\frac{1}{2}v^2 + w\right) - \boldsymbol{v}\boldsymbol{\sigma}' - \kappa\,\mathrm{grad}\,T\right\} \qquad (10\text{-}12\text{-}4)$$

ここで粘性歪みテンソル（viscosity stress tensor） $\boldsymbol{\sigma}'$ はすでに(4-5)で示したとおり，

$$s'_{ik} = \eta\left\{\left(\frac{\partial v_i}{\partial x_k}\right) + \left(\frac{\partial v_k}{\partial x_i}\right) - \frac{2}{3}\delta_{ik}\left(\frac{\partial v_l}{\partial x_l}\right)\right\} + \zeta\delta_{ik}\left(\frac{\partial v_l}{\partial x_l}\right) \qquad (A\text{-}6)\quad(10\text{-}12\text{-}5)$$

である．ここで l は速度（velocity）$\boldsymbol{v}$ のベクトル方向を示す．

一方, (10-12-4) 式の左辺を Navier-Stokes の方程式から求めると，

$$\frac{\partial \left(\frac{1}{2}\rho v^2 + \rho\varepsilon\right)}{\partial t} = -\mathrm{div}\left\{\rho \boldsymbol{v}\left(\frac{1}{2}v^2 + w\right) - \boldsymbol{v}\boldsymbol{\sigma}' - \kappa\,\mathrm{grad}\,T\right\}$$

$$+ \rho T\left(\frac{\partial \boldsymbol{s}}{\partial t} + \boldsymbol{v}\cdot\mathrm{grad}\,s\right) = \boldsymbol{\sigma}'_{ik}\left(\frac{\partial v_i}{\partial x_k}\right) - \mathrm{div}(\kappa\,\mathrm{grad}\,T) \qquad (10\text{-}12\text{-}6)$$

(10-12-4)式と(10-12-6)式との比較から,

$$\rho T\left(\frac{\partial \boldsymbol{s}}{\partial t} + \boldsymbol{v}\cdot\mathrm{grad}\,s\right) = \mathrm{s}'_{ik}\left(\frac{\partial v_i}{\partial x_k}\right) - \mathrm{div}(\kappa\,\mathrm{grad}\,T)$$

$$= \mathrm{s}'_{ik}\left(\frac{\partial v_i}{\partial x_k}\right) - \mathrm{div}\,\boldsymbol{j}_q \qquad (10\text{-}12\text{-}7)$$

この関係式は熱移動の一般的方程式(general equation of heat transfer)と呼ばれている.

10-13　補足B：熱伝導度に関与する局所圧力と剛体球イオンの充填率

本節ではこの章で展開した液体,とくに溶融塩における熱伝導度に関与する局所圧力について調べよう.

熱力学によれば,任意の系の圧力Pは次式で表わされる.

$$P = T\left(\frac{\partial P}{\partial T}\right)_V - \left(\frac{\partial E}{\partial V}\right)_T \qquad (10\text{-}13\text{-}1)$$

ここで,Eは系の内部エネルギーであり,V, Tはそれぞれ系の体積と絶対温度である.

この式の右辺第2項は,一定温度における系の分子・原子・イオン間の相互作用ポテンシャルおよび運動エネルギーの体積依存性を示していて,通常内部圧力(internal pressure)と呼ばれている.

一方,右辺第1項は,温度変化(熱を加えることによる)に伴う圧力変化を示し,熱圧力(thermal pressure)と呼ばれている.それゆえ,この項が(10-7-15)式における,もしくはそれ以降の式で出現した$\left\langle\dfrac{P}{\rho_j}\right\rangle$の項に関与することを示唆している.

例えば(10-13-1)式をファン・デァ・ワールス(Van der Waals)液体—その典

型がアルゴン液体であるが―に適用すると次式が得られる.

$$P = \left(\frac{\rho k_\mathrm{B} T}{1-b\rho}\right) - a\rho^2 = P_\mathrm{hs}(\rho, T) - a\rho^2 \tag{10-13-2}$$

ここで $P_\mathrm{hs}(\rho, T)$ は隣接分子・イオン間の短範囲殻-殻間斥力によってもたらされる熱圧力である.また,$a\rho^2$ の項は内部エネルギーEの中の長範囲相互作用ポテンシャルによって得られる項である.それゆえ,熱伝導をひき起こす系の局所的加熱において生ずる温度変化に伴う局所圧力は $P_\mathrm{hs}(\rho, T)$ で与えられる.

本章で展開した溶融塩における熱伝導の描像は,主として隣接イオン間の接触に伴う斥力を通しての熱エネルギーの伝搬である.それゆえ,$\left\langle \frac{P}{\rho_\mathrm{j}} \right\rangle$ の項の圧力Pは近似的に $P_\mathrm{hs}(\rho, T)$ で与えられる.

溶融塩を含む液体において,圧力項 $P_\mathrm{hs}(\rho, T)$ の表現として採用されている近似式として,剛体球モデルに基づくパーカス-イエヴィク(Percus-Yevik)理論による圧力方程式は次式で与えられる[28]).

$$P = \frac{\left(\frac{N}{V}\right) k_\mathrm{B} T (1 + y + y^2)}{(1 - y^3)} \tag{10-13-3}$$

ここでyは剛体球の空間充填率(packing fraction)と呼ばれるもので,通常の液体では$y = 0.45$程度である.もしこの値を上式に代入すると,$P \sim 9.93 \left(\frac{N}{V}\right) k_\mathrm{B} T$ となる.

Percus-Yevick理論を改良したのが次のようなカーナハン-スターリング(Carnahan-Starling)の近似式である[29]).

$$P \simeq \rho k_\mathrm{B} T Y, \quad Y = \frac{(1 + y + y^2 - y^3)}{(1 - y^3)} \tag{10-13-4}$$

Carnahan-Starlingの近似式は単純液体におけるMDシミュレーションによって得られる圧力をよく再現している.空間充填率を単純液体でよく知られた値,0.45を用いると,$Y \sim 9.385$ となる.

それでは,溶融塩の空間充填率はどの程度の大きさが妥当であろうか? 以下では溶融NaClや溶融KClのようなMX系溶融塩を念頭において,空間充填率を

同定したい.

単純液体,たとえば液体アルゴンでは,あるアルゴン原子が隣接する別のアルゴン原子に接近したとき,周辺に存在する他のアルゴン原子は,所謂第2隣接もしくは第3隣接の位置にあり,着目したアルゴン原子が感ずる斥力のほとんどは最近接アルゴン原子との斥力に基づくものであろう.そのことから液体アルゴンにおける有効的な剛体球半径σとして斥力ポテンシャルの立ち上がりの距離の$\frac{1}{2}$として同定できる.その結果,空間充填率がおおよそ0.45となる.

溶融塩におけるイオンの有効的な剛体球半径の同定のため,以下のような考察が必要である.

仮に原点に陽イオンが固定されているとしよう.そのとき,隣接する一つの陰イオンが原点の陽イオンに接近するとき,陰陽イオンの殻間の斥力と引力とが丁度等しくなる位置が,二つのイオン間の平衡位置であることはいうまでもない.勿論,この位置は陰陽イオン間相互作用ポテンシャルの極小値点である.

実際には,この陰イオンが原点の陽イオンに接近するとき,この接近方向をx軸とすると,原点の陽イオンをとりまくy-z軸上に存在する別のイオン—主として陰イオン—からのクーロン斥力も加わるはずである.

したがって,原点の陽イオンに接近しつつある陰イオンがx方向で感ずる斥力は陰陽イオン間の直接的殻間斥力と陰-陰イオン間のクーロン斥力に和となり,対応する陰イオンの有効的な剛耐球半径が大きくなることを示唆している.これを2体の陰陽イオン間ポテンシャルでいえば,斥力ポテンシャルが顕著なイオン間距離よりも大きく,たとえばイオン間ポテンシャルの極小値の位置近傍の距離が陰陽イオンの有効剛体球半径の和に対応することになる.

以上のような考察から,陰陽イオンの有効的な剛体球半径の和は,大まかに言って動径分布関数の第1ピークの$g^{+-}(r)=1$となるr_lとr_hの中間点に距離としてよいであろう.ここでr_lとr_hはそれぞれ距離の短い側と長い側をしめす.この条件を溶融NaClの場合に適用すると,$r_l = 2.22$ Å, $r_h = 3.5$ Åであるから,陰陽イオンの有効剛体球半径の和は2.86 Åとなり,観測される$g^{Na-Cl}(r)$の極大値$r \sim 2.82$ Åに極めて近い[30].

よく知られたポーリング(Pauling)およびザカリアセン(Zachariasen)[27]に

よって与えられた Na⁺ イオンと Cl⁻ イオンそれぞれの経験的イオン半径は，0.98 Å および 1.81 Å で与えられているのでその和は 2.79 Å となり，上述に定義した有効剛体球イオン半径の和 2.86 Å に極めてちかい．換言すれば，Pauling および Zachariasen のイオン半径を 1.025 (=2.86/2.79) 倍すれば，有効剛体球半径が得られる．このようにして，Na⁺ イオンの有効剛体球半径は 1.00 Å，Cl⁻ イオンのそれは 1.86 Å と同定できた．

このようにして同定された剛体球イオン半径および実測のモル体積から，1100 K における溶融 NaCl の空間充填率（packing fraction），$y = 0.49$ が得られる．

MX 型溶融塩の多くは溶融 NaCl における空間充填率と同様な値を示すと考えられる．実際，これを用いて溶融 NaCl および溶融 KCl の 1100 K における熱伝導度を計算した結果が 10-10 節で示されているが，実験値とのよい一致が得られた．

参考文献

1) P. W. Bridgeman, Rev. Mod. Phys., **7** (1935) 28.
2) I. Oshida, Nippon Subutsu Kiji, **21** (1939) 353.
3) E. N. Andrade, Phil. Mag., **17** (1934) 497.
4) M. Born and H. S. Green, Proc. Roy. Soc., **A 188** (1946) 10.
5) J. G. Kirkwood, J. Chem. Phys., **14** (1946) 180.
6) J. R. Irving and J. G. Kirkwood, J. Chem. Phys., **18** (1950) 17.
   S. A. Rice and P. Gray, *The Statistical Mechanics of Simple Liquids*, Interscience, New York, 1965.
   M. Shimoji, *Liquid Metals*, Academic Press, New York, London, 1977.
7) L. D. Ikenberry and S. A. Rice, J. Chem. Phys., **39** (1963) 1561.
8) J. G. Kirkwood and S. A. Rice, J. Chem. Phys., **31** (1959) 901.
9) S. A. Rice and A. R. Allnatt, J. Chem. Phys., **34** (1961) 2144.
   A. R. Allnatt and S. A. Rice, J. Chem. Phys., **34** (1961) 2156.
10) J. P. Hansen and I. R. McDonald, *Theory of Simple Liquids*, Academic Press, London, New York, 1986.
11) N. H. March and M. P. Tosi, *Atomic Dynamics in Liquids*, The MacMillan Press, London, 1976.

12) S. A. Rice and P. Gray, *The Statistical Mechanics of Simple Liquids*, Interscie. Publ., New York, 1965.
13) L. D. Landau and E. M. Lifshitz, *Fluid Mechanics*, Pergamon Press, 1982.
14) M. S. Green, J. Chem. Phys., **22** (1954) 398.
15) H. Mori, Phys. Rev., **112** (1958) 1892.
16) L. P. Kadanoff and P. C. Martin, Ann. Phys., 24 (1963) 419.
17) D. A. McQuarrie, *Statistical Mechanics*, Indiana Univ. Press, 1976.
18) D. N. Zubarev, *Nonequilibrium Statistical Thermodynamics*, Consultant Bureau, New York, 1974.
19) D. M. Heyes and N. H. March, Phys. Chem. Liq., **33** (1996) 66-83.
20) B. Bernue and J. P. Hansen, Phys. Rev. Lett., **48** (1982) 1375-1378.
21) P. Sindzingre and M. J. Gillan, J. Phys.:Condens. Matter, **2** (1990) 7033-7042.
22) N. Galamba, C. A. Nieto de Castro and J. F. Ely, J. Chem. Phys., **120** (2004) 8676-8682.
23) M. Kusakabe, and S. Tamaki, 8-th Liquid Matter Conference, Wien, 2011.
24) P. A. Egelstaff, *An Introduction to the Liquid State*, Academic Press, London, 1967.
25) R. W. Zwanzig, J. G. Kirkwood, K. P. Stripp and I. Oppenheim, J. Chem. Phys., **21** (1953) 2050.
26) K. Takase and N. Ohtori, Electrochem., **67** (1999) 581.
  K. Takase, I. Akiyama and N. Ohtori, Proc. Electrochem. Soc., **99** (2000) 376.
27) C. Kittel, *Introduction to Solid State Physics*, third edition, John Wiley & Sons, Inc., New York, 1966.
28) J. K. Percus and G. J. Yevick, Phys. Rev., **110** (1958) 1.
29) F. Carnahan and K. E. Starling, J. Chem. Phys., **51** (1969) 635.
30) F. G. Edward, J. E. Enderby, R. A. Howe and D. I. Page, J. Phys. C, **8** (1975) 3483.

11. 溶融塩における粘性

　溶融塩における粘性について論ずる前に，一般的な液体の粘性についての定義，展開された理論と実験事実等について述べる．その参考となるいくつかの文献もここでまとめて挙げておく[1-5]．

　流体力学における基礎方程式の中に，粘性係数や体積粘性係数とよばれる物理定数が定義されている．しかしこれらの方程式はあくまで，液体や流体の全系を巨視的に記述するだけであるから，構成粒子間の相互作用に基づく微視的理論（分子論的理論という）によって表現されねばならない．それらの系統的研究が，KirkwoodとRiceの学派によって得られた分子論的理論であり，またEyringらによる反応速度論の応用である．本章ではこれらの理論を参考にしつつ，非可逆過程の統計力学の立場に立って単純液体の粘性の具体的計算や溶融塩における粘性係数，体積粘性係数の理論的表示と具体的計算例を遂行する．最後に，物性的関心からマグマの粘性について論ずる．

11-1　粘性とは

　まず，流体（流れを持つ液体）の巨視的な見地から定義される粘性について考察する．

　ある流速をもつ液体を考えるとしよう．一般にその液体の流速は場所によって異なる．液体の流れる方向を z-軸にとることにしよう．z-軸と平行な，ある隣り合う1と0の平面層の位置をそれぞれ，z_0 および z_1 とする．二つの平面を囲む断面積を S とする．流速が $u_{z_1} > u_{z_0}$ のとき，1の面が0の面を引きずるために，1と0との間には摩擦力 F が働く．そのとき，

$$F = \eta \left(\frac{\partial u_z}{\partial x} \right) S \tag{11-1-1}$$

とおくことができる．ここでSは，考えている流体の断面積である．このηを粘性係数あるいは，ずり粘性の係数（coefficient of shear viscosity）という．

上記の取り扱いは，明示していない（implicit）けれども，流体が非圧縮性（incompressible）であることを前提としている．以下では，よりミクロな見地で一般的流体の力学を取扱うことにする．その出発点はオイラー（Euler）の運動方程式である．

いま，流体の時間tにおける位置rの点に働く外力を$\boldsymbol{K}(X, Y, Z)$，速度を$\boldsymbol{v}(u, v, w)$とするとき，次のような Euler の運動方程式が成立する．

$$\frac{\partial \boldsymbol{v}}{\partial t} + (\boldsymbol{v}\,\mathrm{grad})\boldsymbol{v} = \boldsymbol{K} - \frac{1}{\rho}\mathrm{grad}\, P \tag{11-1-2}$$

ここでPは系に働く圧力である．外力ゼロのとき，(11-1-2) 式は

$$\frac{\partial \boldsymbol{v}}{\partial t} + (\boldsymbol{v}\,\mathrm{grad})\boldsymbol{v} = -\frac{1}{\rho}\mathrm{grad}\, P \tag{11-1-3}$$

対応する運動量についての連続の方程式は(i, k, l)方向に対して，

$$\frac{\partial (\rho v_i)}{\partial t} = \frac{\partial \Pi_{ik}}{\partial x_k} \tag{11-1-4}$$

ここで $\Pi_{ik} = P\delta_{ik} + \rho v_i v_k - \sigma'_{ik}$

$$= -\sigma_{ik} + \rho v_i v_k \tag{11-1-5}$$

Π_{ik}は運動量流密度（momentum flux density）である．$(-\sigma'_{ik})$は運動量の不可逆粘性移動（irreversible viscous transfer of momentum）である．また，σ_{ik}は歪みテンソル（stress tensor）と呼ばれ，σ'_{ik}は粘性歪みテンソル（viscosity stress tensor）と呼ばれ，$\sigma_{ik} = -P\delta_{ik} + \sigma'_{ik}$の関係がある．$\sigma'_{ik}$は次のように記述される．

$$\begin{aligned}\sigma_{ik}' &= a\left(\frac{\partial v_i}{\partial x_k} + \frac{\partial v_k}{\partial x_i}\right) + b\left(\frac{\partial v_\ell}{\partial x_\ell}\right)\delta_{ik} \\ &= \eta\left\{\frac{\partial v_i}{\partial x_k} + \frac{\partial v_k}{\partial x_i} - \frac{2}{3}\delta_{ik}\left(\frac{\partial v_\ell}{\partial x_\ell}\right)\right\} + \zeta\delta_{ik}\left(\frac{\partial v_\ell}{\partial x_\ell}\right)\end{aligned} \tag{11-1-6}$$

ここで導入された η と ζ とはそれぞれ粘性係数 (coefficient of shear viscosity) と体積粘性係数 (coefficient of bulk viscosity) と呼ばれる.

これらを用いると，次式のような Navier-Stokes の方程式が得られる.

$$\rho \frac{\partial \boldsymbol{v}(\boldsymbol{r},t)}{\partial t} = -\text{grad}\, P(\boldsymbol{r},t) + \eta \Delta(\boldsymbol{r},t) + \left(\frac{1}{3}\eta + \zeta\right)\text{grad}\cdot\text{div}\,\boldsymbol{v} \tag{11-1-7}$$

流体が非圧縮性(incompressible)のとき, $\text{div}\,\boldsymbol{v} = \sum_\ell \left(\frac{\partial v_\ell}{\partial x_\ell}\right) = 0$ であるから

$$\frac{\partial \boldsymbol{v}}{\partial t} + (\boldsymbol{v}\,\text{grad})\boldsymbol{v} = -\frac{1}{\rho}\text{grad}\, P + \frac{\eta}{\rho}\Delta \boldsymbol{v} \tag{11-1-8}$$

11-2 粘性係数 η と体積粘性係数 ζ のグリーン－久保公式

一成分等方性液体 (one component isotropic fluid) に対して，密度 (density) と運動量 (momentum) に関する連続の方程式は

$$\frac{\partial \rho}{\partial t} = -\text{div}\,\rho = -\frac{1}{m}\nabla\cdot\boldsymbol{p}(\boldsymbol{r},t) \tag{11-2-1}$$

$$\dot{\boldsymbol{p}}(\boldsymbol{r},t) + \nabla\cdot\sigma(\boldsymbol{r},t) = 0 \tag{11-2-2}$$

ここで

$$\boldsymbol{p}(\boldsymbol{r},t) = m\rho(\boldsymbol{r},t)\boldsymbol{u}(\boldsymbol{r},t) \sim m\rho\boldsymbol{u}(\boldsymbol{r},t) \tag{11-2-3}$$

$$\rho m \dot{\boldsymbol{u}}(\boldsymbol{r},t) + \nabla\cdot P(\boldsymbol{r},t) - \eta\nabla^2\boldsymbol{u}(\boldsymbol{r},t) - \left(\frac{1}{3}\eta + \zeta\right)\nabla\nabla\cdot\boldsymbol{u}(\boldsymbol{r},t) = 0 \tag{11-2-4}$$

$\rho\,\boldsymbol{u}(\boldsymbol{r},t) = \boldsymbol{j}(\boldsymbol{r},t)$ とし，この式を書き直すと，

$$\left[\frac{\partial}{\partial t} - \frac{\eta}{\rho m}\nabla^2 - \frac{\left(\frac{1}{3}\eta + \zeta\right)\nabla\nabla\cdot}{\rho m}\right]\boldsymbol{j}(\boldsymbol{r},t) \\ + \left(\frac{\partial P}{\partial t}\right)_T \nabla\delta\rho(\boldsymbol{r},t) + \left(\frac{\partial P}{\partial t}\right)_\rho \nabla\delta T(\boldsymbol{r},t) = 0 \tag{11-2-5}$$

この(11-2-1), (11-2-5) 式のフーリエ－ラプラス変換は,

$$-i\omega\tilde{\rho}_k(\omega) + i\boldsymbol{k}\cdot\tilde{\boldsymbol{j}}_k(\omega) = \rho_k \tag{11-2-6}$$

$$\left[-i\omega + \frac{\eta}{\rho m}k^2 + \frac{\left(\frac{1}{3}\eta+\zeta\right)\boldsymbol{k}\boldsymbol{k}}{\rho m}\right]\tilde{\boldsymbol{j}}_k(\omega)$$
$$+\frac{i\boldsymbol{k}}{m}\left(\frac{\partial P}{\partial \rho}\right)_T \tilde{\rho}_k(\omega) + \frac{i\boldsymbol{k}}{m}\left(\frac{\partial P}{\partial T}\right)_\rho \tilde{T}_k(\omega) = \boldsymbol{j}_k \quad (11\text{-}2\text{-}7)$$

ここで

$$\tilde{\rho}_k(\omega) = \int_0^\infty dt\, \exp(i\omega t)\int \delta\rho(\boldsymbol{r},t)\exp(-i\boldsymbol{k}\cdot\boldsymbol{r})d\boldsymbol{r}$$
$$\rho_k = \int \delta\rho(\boldsymbol{r},0)\exp(-i\boldsymbol{k}\cdot\boldsymbol{r})d\boldsymbol{r}, \quad \boldsymbol{j}_k = \int \boldsymbol{j}(\boldsymbol{r},0)\exp(-i\boldsymbol{k}\cdot\boldsymbol{r})d\boldsymbol{r} \quad (11\text{-}2\text{-}8)$$

(11-2-7) 式で $\boldsymbol{k}$ を z - 軸方向にとり，縦波と横波とに分けるとそれぞれ

$$(-i\omega + bk^2)\tilde{j}_k^z(\omega) + \frac{ik}{m}\left(\frac{\partial P}{\partial T}\right)_\rho \tilde{T}_k(\omega) + \frac{ik}{m}\left(\frac{\partial P}{\partial \rho}\right)_T \tilde{\rho}_k(\omega) = j_k^z \quad (11\text{-}2\text{-}9)$$

$$(-i\omega + vk^2)\tilde{j}_k^\alpha(\omega) = j_k^\alpha, \quad \alpha = x, y \quad (11\text{-}2\text{-}10)$$

ここで $\quad b = \dfrac{\frac{4}{3}\eta+\zeta}{\rho m}, \quad v = \dfrac{\eta}{\rho m} \quad (11\text{-}2\text{-}11)$

(11-2-10) 式に時間依存性を導入するために，フーリエ変換だけを行った式を作ると，

$$\frac{\partial \boldsymbol{j}_k^x(t)}{\partial t} + vk^2 \boldsymbol{j}_k^x(t) = 0 \quad (11\text{-}2\text{-}12)$$

これに $\boldsymbol{j}_k^x$ をかけると，

$$\frac{\partial C_t(k,t)}{\partial t} + vk^2 C_t(k,t) = 0, \quad C_t(k,t) = \boldsymbol{j}_k^x(t)\cdot\boldsymbol{j}_{-k}^x(0) \quad (11\text{-}2\text{-}13)$$

それゆえ，

$$C_t(k,t) = \omega_0 \exp(-vk^2 t), \quad \omega_0^2 = k^2 \frac{k_B T}{m} \quad (11\text{-}2\text{-}14)$$

この式を更にラプラス変換すると，

$$\tilde{C}_t(k,\omega) = \frac{\omega_0^2}{(-i\omega+vk^2)} \sim \left(\frac{\omega_0^2}{-i\omega}\right)\left(1+\frac{vk^2}{i\omega}\right) = \frac{\omega_0^2}{\omega^2}(i\omega+vk^2) \quad (11\text{-}2\text{-}15)$$

11. 溶融塩における粘性 283

それゆえ, (11-2-14) 式から

$$\begin{aligned}\eta &= \beta \rho m^2 \lim_{w\to 0} \lim_{k\to 0}\left(\frac{\omega^2}{k^4}\right)\mathrm{Re}\,\tilde{C}_t(k,\omega)\\ &= \beta \rho m^2 \lim_{w\to 0} \lim_{k\to 0}\left(\frac{\omega^2}{k^4}\right) C_t(k,\omega)\end{aligned} \tag{11-2-16}$$

ここで $\beta = \dfrac{1}{k_B T}$ である.

一方,

$$\begin{aligned}\int_0^\infty \frac{k^2}{N}\left\langle j_k^x(t) j_k^x(0)\right\rangle \exp(-i\omega t)\mathrm{d}t &= \int_0^\infty \frac{\mathrm{d}^2 C_t(k,t)}{\mathrm{d}t^2}\exp(-i\omega t)\mathrm{d}t\\ &= \omega^2 \tilde{C}_t(k,\omega) - i\omega\,\omega_0^2\end{aligned} \tag{11-2-17}$$

を用いると,

$$\eta = \beta \rho m^2 \lim_{w\to 0} \int_0^\infty \lim_{k\to 0}\left(\frac{1}{Nk^2}\right)\left\langle j_k^x(t) j_{-k}^x(t)\right\rangle \exp(-i\omega t)\mathrm{d}t \tag{11-2-18}$$

また, (11-2-2) 式から

$$j_k^x(t) + \left(\frac{ik}{m}\right)\sigma_k^{xz}(t) = 0 \tag{11-2-19}$$

結局, 次式が得られる.

$$\eta = \frac{\beta}{V}\int_0^\infty \left\langle \sigma_0^{xz}(t)\sigma_0^{xz}(0)\right\rangle \mathrm{d}t \tag{11-2-20}$$

$$\sigma_k^{\alpha\beta} = \sum_{j=1}^N \left\{ m u_{j\alpha} u_{j\beta} + \frac{1}{2}\sum_{i=j}\frac{r_{ji\alpha} r_{ji\beta}}{r_{ji}^2}\Phi(r_{ji})\right\}\exp(-i\boldsymbol{k}\cdot\boldsymbol{r}) \tag{11-2-21}$$

$$\Phi(r_{ji}) = r\frac{\mathrm{d}\phi(r)}{\mathrm{d}r}\frac{(e^{ikr}-1)}{i\boldsymbol{k}\cdot\boldsymbol{r}} \tag{11-2-22}$$

(11-2-21) 式は圧力テンソルの非対角項とも呼ばれていて, 同式の最後の項は前章で議論した熱伝導度導出の際のヴィリアル表示 (Virial expression) の非対角項に相当している.

また, (11-2-9) 式は流体力学的縦方向の集団運動であり, 縦方向の stress tensor の揺らぎとして, 次式で与えられる.

$$\frac{4}{3}\eta+\zeta = \frac{\beta}{V}\int_0^\infty \left\langle \left[\sigma_0^{zz}(t)-\left\langle\sigma_0^{zz}(t)\right\rangle\right]\left[\sigma_0^{zz}(0)-\left\langle\sigma_0^{zz}(0)\right\rangle\right]\right\rangle dt$$
$$= \frac{\beta}{V}\int_0^\infty \left\langle \left[\sigma_0^{zz}(t)-PV\right]\left[\sigma_0^{zz}(0)-PV\right]\right\rangle dt \tag{11-2-23}$$

ここで Virial の定理から導かれる次式を用いた．

$$\left\langle \sigma_0^{zz}(t)\right\rangle = \left\langle \sigma_0^{zz}(0)\right\rangle = Nk_BT - \frac{1}{3}\left\langle \sum_{j=1}^N \boldsymbol{r}_j \cdot \boldsymbol{F}_j \right\rangle = PV \tag{11-2-24}$$

この等式は，以下のようにして証明される[6]．

粒子jに及ぼす壁からの力を$\boldsymbol{F}_j'$とすると，この粒子に働く力は，

$$\boldsymbol{F}_j = \boldsymbol{F}_j' + \sum_{j=1}^N \frac{-\partial\phi(r_{ij})}{\partial \boldsymbol{r}_j} \tag{11-2-25}$$

壁が粒子jに働く力を$\boldsymbol{F}_j'$としたのだから，粒子jが壁に及ぼす力は作用反作用の法則から$-\boldsymbol{F}_j'$であり，その長時間平均が壁に働く圧力Pである．壁からの力によるヴィリアルへの寄与は

$$-\frac{1}{2}\sum_{j=1}^N \left\{\boldsymbol{r}\cdot\boldsymbol{F}_j'\right\} = \frac{P}{2}\iiint_V 3\,dV = \frac{3}{2}PV \tag{11-2-26}$$

となる．ただし，面積分を体積分にするためにガウスの定理を用いた．それゆえ，ヴィリアル定理によって，

$$Nk_BT - \frac{1}{3}\left\langle \sum_{j=1}^N \boldsymbol{r}_j \cdot \boldsymbol{F}_j \right\rangle = PV$$

となる．また, (3-1-9) 式で示したように，

$$P = \rho k_B T - \frac{\rho^2}{6}\int_0^\infty r\left\{\frac{\partial \phi(r)}{\partial \boldsymbol{r}}\right\}g(r)4\pi r^2\,dr \tag{11-2-27}$$

である．

11-3　ηとζ 導出のための計算式

本節では(11-2-20)〜(11-2-23)式の計算式を表示する．まず，粘性係数ηを決定している(11-2-21)式の右辺中括弧の第1項と第2項を分けて議論しよう．

11. 溶融塩における粘性

第1項だけが有効の場合とは気体の粘性係数 η_K の導出に相当する。質量 m の構成分子の平均速度を $\langle v \rangle$ とし、粒子密度を ρ である気体の粘性係数 η_K は、

$$\eta_K = \frac{1}{3} \rho\, m \langle l \rangle \langle v \rangle \tag{11-3-1}$$

で与えられる。ここで $\langle l \rangle$ は分子の平均自由行程である。平均自由行程は、分子間の衝突、あるいは別の表現で言えば、摩擦によって、分子の速度が緩和するまでに進む距離であるから、$\frac{\langle l \rangle}{\tau} = \langle v \rangle$ の関係がある。ここで τ はその緩和時間であり、すぐ後で述べるように、摩擦係数の逆数 $\frac{1}{\gamma}$ に比例する。そこで、$\tau = \frac{A}{\gamma}$ と置く。これらを(11-3-1)に代入すると、

$$\eta_K = \frac{1}{3} \rho\, m \langle v \rangle^2 \left(\frac{A}{\gamma} \right) = \frac{2A\rho k_B T}{2\gamma} \tag{11-3-2}$$

となる。

一方、この η_K を簡単化された Langevin 方程式から導出は、以下のようになる。まず、液体中の粒子 j のランジュヴァン方程式は、

$$\frac{d\boldsymbol{p}_j}{dt} = -\gamma \boldsymbol{p}_j + \boldsymbol{R}_j(t) \tag{11-3-3}$$

ここで γ は粒子 j の拡散に関する摩擦の時間関数 $\gamma(t)$ のラプラス変換の振動数のゼロ極限値である。

従って、運動量の時間相関関数あるいは時間的ゆらぎの統計力学的平均値は

$$\langle p_{jx}(t) p_{jx}(0) \rangle = m k_B T \exp(-\gamma t)$$

$$\langle p_{jz}(t) p_{jz}(0) \rangle = m k_B T \exp(-\gamma t)$$

$$\langle p_{jx}(t) p_{jz}(0) \rangle = 0 \tag{11-3-4}$$

ここで x 方向の揺らぎと y 方向のゆらぎは独立であるから、

$$\left\langle \sum_{j=1}^{N} p_{jx}(t) p_{jz}(t) p_{jx}(0) p_{jz}(0) \right\rangle = \sum_{j=1}^{N} \langle p_{jx}(t) p_{jx}(0) \rangle \langle p_{jz}(t) p_{jz}(0) \rangle$$

$$= N(m k_B T)^2 \exp(-2\gamma_D t) \tag{11-3-5}$$

それゆえ η_K は

$$\eta_{\rm K} = \frac{N}{k_{\rm B}TV}(k_{\rm B}T)^2 \int_0^\infty {\rm d}t\, \exp(-2\gamma_{\rm D}t) = \frac{\rho\, k_{\rm B}T}{2\gamma_{\rm D}} \tag{11-3-6}$$

このようにして古典的な分子運動論によって得られた $\eta_{\rm K}$ は，$2A = 1$ とすることによってランジュヴァン方程式から出発して求められた $\eta_{\rm K}$ と一致する．以下，この式を採用する．

以上の結果，液体における構成分子の運動エネルギーに関する歪みテンソル（stress tensor）成分に関する時間的変化は，明らかに次式を満足している．

$$\left\{\sigma_0^{\rm xz}(t)\right\}_{\rm K} \left\{\sigma_0^{\rm xz}(0)\right\}_{\rm K} = \left\{\sigma_0^{\rm xz}(0)\right\}_{\rm K}^2 \exp(-2\gamma_{\rm D}t) \tag{11-3-7}$$

同様にして，(11-2-21) 式右辺中括弧の第2項だけで議論がすすむ場合を考える．換言すれば，構成分子間の相互作用による寄与だけで，粘性係数 η が殆ど決定される場合である．この場合の歪みテンソルのポテンシャル項 $(\sigma_{\rm k}^{\rm xz})_{\rm Pot}$ は

$$(\sigma_{\rm k}^{\rm xz})_{\rm Pot} = \frac{1}{2}\sum_{\rm j=1}^{\rm N}\left\{\sum_{\rm i\neq j}\left(\frac{r_{\rm jix}r_{\rm jiz}}{r_{\rm ji}^2}\right)\Phi(r_{\rm ji})\right\}\exp(-i\boldsymbol{k}\cdot\boldsymbol{r}) \tag{11-3-8}$$

波動ベクトル $\boldsymbol{k} \to 0$ のとき，(11-2-22) 式は $r\left\{\dfrac{{\rm d}\phi(r)}{{\rm d}r}\right\}$ で与えられる．すなわち，

$$(\sigma_0^{\rm xz})_{\rm Pot} = \frac{1}{2}\sum_{\rm j=1}^{\rm N}\left\{\sum_{\rm i\neq j}\left(\frac{r_{\rm jix}r_{\rm jiz}}{r_{\rm ji}^2}\right)\Phi(r_{\rm ji})\right\} \tag{11-3-9}$$

それゆえ，$\left\langle \left\{\sigma_0^{\rm xz}(t)\right\}_{\rm Pot} \left\{\sigma_0^{\rm xz}(0)\right\}_{\rm Pot} \right\rangle$ を表式化すればよい．

$$\left\langle \left\{\sigma_0^{\rm xz}(t)\right\}_{\rm Pot}\left\{\sigma_0^{\rm xz}(0)\right\}_{\rm Pot}\right\rangle = \frac{1}{2}\left\langle \sum_{\rm j=1}^{\rm N}\left[\sum_{\rm i\neq j}\left\{r_{\rm jiz}(t)F_{\rm jix}(t)\right\}\left\{r_{\rm jiz}(0)F_{\rm jix}(0)\right\}\right]\right\rangle$$

この式における相関は $\left\{r_{\rm jiz}(t)r_{\rm jiz}(0)\right\}$ と $\left\{F_{\rm jix}(t)F_{\rm jix}(0)\right\}$ の組み合わせがある．それぞれの相関関数の減衰は $\exp(-\gamma_{\rm D}t)$ で表されるであろうから，

$$\left\langle \left\{\sigma_0^{\rm xz}(t)\right\}_{\rm Pot}\left\{\sigma_0^{\rm xz}(0)\right\}_{\rm Pot}\right\rangle = \left\langle \left\{\sigma_0^{\rm xz}(t)_{\rm Pot}\right\}^2 \exp(-2\gamma_{\rm D}t)\right\rangle \tag{11-3-10}$$

となる．この式は$\exp(-2\gamma_D t)$で減衰する関数であり，ヴィリアル定理（Virial theorem）の導出に際して用いられた$\{r_{jiz}(t)F_{jix}(t)\}$の長時間平均の概念を採用することができない．従って(11-3-10)式に対してはきちんとした計算をしなければならない．以下にそれを示す．

　系の全空間を球体として，その$\frac{1}{8}$の部分を極座標$\left(\mathrm{r}=0\sim r,\ \theta=0\sim\frac{\pi}{2},\ \varphi=0\sim\frac{\pi}{2}\right)$を用いて表わすと，$r_{jix}=r_{ji}\cdot\sin\theta\cos\varphi$，$r_{jiz}=r_{ji}\cdot\cos\theta$である．位置$\boldsymbol{r}$の周辺の微小空間，すなわち，$(r,\theta,\varphi)$と$(r+\mathrm{d}r,\theta+\mathrm{d}\theta,\varphi+\mathrm{d}\varphi)$に挟まれた空間は$r^2\sin\theta\,\mathrm{d}\theta\,\mathrm{d}\varphi\,\mathrm{d}r$で表わされる．座標の原点に粒子$j$を置き，位置$\boldsymbol{r}$の周りの微小空間に$i$で表現される粒子群の数は，$\rho g(r)r^2\sin\theta\,\mathrm{d}\theta\,\mathrm{d}\varphi\,\mathrm{d}r$で与えられる．それゆえ，$\left\{\left(\sigma_0^{xz}\right)_{\mathrm{Pot}}\right\}^2$の$\frac{1}{8}$球は，

$$\left\{\left(\sigma_0^{xz}\right)_{\mathrm{Pot}}\right\}^2_{\frac{1}{8}}=\frac{1}{2}N\rho\int_0^{\frac{\pi}{2}}\cos^2\theta\sin^3\theta\,\mathrm{d}\theta\int_0^{\frac{\pi}{2}}\cos^2\varphi\,\mathrm{d}\varphi\int_0^\infty\mathrm{d}r\,r^3\left\{\frac{\mathrm{d}\phi(r)}{\mathrm{d}r}\right\}g(r)$$

$$=\frac{\pi}{60}N\rho\int_0^\infty\mathrm{d}r\,r^4\left\{\frac{\mathrm{d}\phi(r)}{\mathrm{d}r}\right\}^2 g(r)$$

(11-3-11)

ここで最初の等式の右辺の係数$\frac{1}{2}$は，i,j間を2回数えていることから生ずるもので，(11-3-9)式の係数$\frac{1}{2}$と同一のものである．また，$\Phi(r)$を次式のように定義する．

$$\Phi(r)=\int_0^\infty\mathrm{d}r\,r^4\left\{\frac{\mathrm{d}\phi(r)}{\mathrm{d}r}\right\}^2 g(r) \tag{11-3-12}$$

したがって全球体で

$$\left\{\left(\sigma_0^{xz}\right)_{\mathrm{Pot}}\right\}^2=\frac{4\pi}{30}N\rho\,\Phi(r) \tag{11-3-13}$$

単体液体の場合γ_Dは9章で議論したように，次式で与えられる．すなわち，

$$\gamma_D=\left[\frac{1}{3m}\rho\int_0^\infty\left\{\frac{\partial^2\phi}{\partial r^2}+\frac{2}{r}\frac{\partial\phi}{\partial r}\right\}g(r)4\pi r^2\,\mathrm{d}r\right]^{\frac{1}{2}} \tag{11-3-14}$$

換言すれば，γ_Dは(9-4-7)式の拡散に関する単純液体の場合の摩擦関数$\gamma_D(t)$のLaplace変換の$\omega\to0$の極限値に相当する．

従ってポテンシャル項による粘性係数 η への寄与は,

$$\eta_{\text{Pot}} = \frac{\beta}{V}\int_0^\infty \left\langle \left\{\sigma_0^{xz}(t)\sigma_0^{xz}(0)\right\}_{\text{Pot}}\right\rangle \mathrm{d}t = \frac{4\pi}{30}\frac{\beta}{V}N\rho\,\Phi(r)\frac{1}{2\gamma_{\text{D}}} \tag{11-3-15}$$

歪のテンソルは,運動エネルギーからの寄与とポテンシャルエネルギーからの寄与からなるとする. すなわち, $\sigma(t) = \sigma_{\text{K}}(t) + \sigma_{\text{Pot}}(t)$ とすると,その時間的ゆらぎの統計力学的平均は

$$\left\langle \{\sigma(t)\sigma(0)\}\right\rangle = \left\langle \{\sigma_{\text{K}}(t)\sigma_{\text{K}}(0)\}\right\rangle + 2\left\langle \{\sigma_{\text{K}}(t)\sigma_{\text{Pot}}(0)\}\right\rangle + \left\langle \{\sigma_{\text{Pot}}(t)\sigma_{\text{Pot}}(0)\}\right\rangle \tag{11-3-16}$$

それゆえ,得られる粘性係数 η は次式で近似できるであろう. すなわち,

$$\eta \sim \eta_{\text{K}} + 2(\eta_{\text{K}}\cdot\eta_{\text{Pot}})^{\frac{1}{2}} + \eta_{\text{Pot}} \tag{11-3-17}$$

なぜなら, $\sigma = \sigma_{\text{K}} + \sigma_{\text{Pot}}$ とすると, η_{K} は $\langle\sigma_{\text{K}}(t)\sigma_{\text{K}}(0)\rangle$ から求められ, η_{Pot} は $\langle\sigma_{\text{Pot}}(t)\sigma_{\text{Pot}}(0)\rangle$ から求められるからである.

一方,体積粘性係数 ζ それ自体を実験的に求めることは不可能である. むしろ流体力学的縦方向の集団運動として,縦方向の歪のテンソル (stress tensor) のゆらぎについて, (11-2-9)式で表した物理量 $\left\{\left(\frac{4}{3}\right)\eta + \zeta\right\}$ について議論すべきである. もう一度書くと,

$$\left(\frac{4}{3}\right)\eta + \zeta = \frac{\beta}{V}\int_0^\infty \left\langle \{\sigma_0^{zz}(t) - PV\}\{\sigma_0^{zz}(0) - PV\}\right\rangle \mathrm{d}t \tag{11-3-18}$$

である. この式の右辺, $[\sigma_0^{zz}(0) - PV]$ における第1項の運動エネルギーに関する項と PV の項は数値的に同程度であるからほとんど相殺されるであろう. それを仮定すると,

$$\{\sigma_0^{zz}(t) - PV\} \sim \{(\sigma_0^{zz})_{\text{Pot}}\} \tag{11-3-19}$$

とおける. 従って,

$$\begin{aligned}\left\{(\sigma_0^{zz})_{\text{Pot}}\right\}^2_{\frac{1}{8}} &= \frac{1}{2}N\rho\int_0^{\frac{\pi}{2}}\sin\theta\cos^4\theta\,\mathrm{d}\theta\int_0^{\frac{\pi}{2}}\mathrm{d}\varphi\int_0^\infty\mathrm{d}r\,r^4\left\{\frac{\mathrm{d}\phi(r)}{\mathrm{d}r}\right\}^2 g(r) \\ &= \frac{\pi}{20}N\rho\int_0^\infty\mathrm{d}r\,r^4\left\{\frac{\mathrm{d}\phi(r)}{\mathrm{d}r}\right\}^2 g(r)\end{aligned}$$

$$\tag{11-3-20}$$

それゆえ，全球体で

$$\left\{\left(\sigma_0^{zz}\right)_{\text{Pot}}\right\}^2 = \frac{2\pi}{5} N\rho\,\Phi(r) \tag{11-3-21}$$

結果として，

$$\left(\frac{4}{3}\right)\eta + \zeta = \frac{2\pi}{5}\frac{\beta}{V} N\rho\,\Phi(r)\frac{1}{2\gamma_D} = 3\eta \tag{11-3-22}$$

もし，$\eta \sim \eta_{\text{Pot}}$ を仮定すると，

$$\zeta \sim \frac{2\pi}{9}\frac{\beta}{V} N\rho\,\Phi(r)\frac{1}{2\gamma_D} = \frac{5}{3}\eta \tag{11-3-23}$$

となる．

　因みに，$\left(\frac{4}{3}\right)\eta + \zeta$ の項そのものは音波の吸収係数に関係する物理量として，例えば光散乱の実験でレーリー－ブリルアン・スペクトル（Rayleigh-Brillouin spectrum）のブリルアン・ダブレット（Brillouin doublet）の半値幅から直接求めることができる．

11-4　単純液体における η と ζ の具体的計算例

　液体における粘性係数は，系のひずみテンソル（stress tensor）を用いたグリーン－久保理論により，前2，3節で表現した．それらは，

$$\eta_K = \frac{N}{k_B TV}\left(k_B T\right)^2 \int_0^\infty dt\,\exp(-2\gamma_D t) = \frac{\rho k_B T}{2\gamma_D} \tag{11-4-1}$$

$$\eta_{\text{Pot}} = \frac{\beta}{V}\int_0^\infty \left\langle\left\{\sigma_0^{xz}(t)\sigma_0^{xz}(0)\right\}_{\text{Pot}}\right\rangle dt = \frac{4\pi}{30}\frac{\beta}{V} N\rho\,\Phi(r)\frac{1}{2\gamma_D} \tag{11-4-2}$$

$$\frac{4}{3}\eta + \zeta = \frac{2\pi}{5}\frac{\beta}{V} N\rho\,\Phi(r)\frac{1}{2\gamma_D} \tag{11-4-3}$$

ここで

$$\Phi(r) = \int_0^\infty dr\,r^4\left\{\frac{d\phi(r)}{dr}\right\}^2 g(r)$$

　これらを用いて，液体 Ar（$T = 87$ K）における場合について計算してみよう．まず，この系における分子間相互作用ポテンシャルは，有名なレナード－

ジョーンズ・ポテンシャル (Lennard-Jones potential) で近似できる．すなわち，

$$\phi(r) = 4\varepsilon \left\{ \left(\frac{\sigma}{r}\right)^{12} - \left(\frac{\sigma}{r}\right)^{6} \right\} \tag{11-4-4}$$

ここで $\varepsilon = 1.65 \times 10^{-14}$ erg, $\sigma = 3.41$ Å である．

また $g(r)$ はこれまでに報告されている実測の動径分布関数を用いる．さらに，温度における拡散係数 D は, $D = \dfrac{k_B T}{m\gamma} = 1.84 \times 10^{-5}$ cm^2/sec より, $\gamma_D = 9.5 \times 10^{12}$ sec^{-1} である．これらを上の式に代入すると，

$$\eta_K \sim 0.013 \text{ mP}, \quad \eta_{Pot} \sim 1.6 \text{ mP}, \quad \eta_{cross} = 2(\eta_K \eta_{Pot})^{1/2} \sim 0.29 \text{ mP}$$

となる．従って，

$$\eta \sim 1.9 \text{ mP である．}$$

この計算結果は，実験値の $\eta_{exp} \sim 2.34$ mP と比較しうる値である．これらを用いて $\left\{ \left(\dfrac{4}{3}\right)\eta + \zeta \right\}$ を計算すると, $\left\{ \left(\dfrac{4}{3}\right)\eta + \zeta \right\} \sim 5.7$ mP となる．また, $\zeta = \left(\dfrac{5}{3}\right)\eta \sim 3.17$ mP が得られる．

11-5　溶融塩における粘性係数 η および体積粘性係数 ζ

この節では溶融塩の粘性について調べる．採用される歪のテンソル (stress tensor) のフーリエ変換式 (11-2-21) や(11-2-22) 式がどのように拡張することができるであろうか．ここでは単体液体の場合における粘性係数の運動エネルギーに関する項 (kinetic term) η_K について適用した計算手法を用いない．その理由は，次式のように構成する陰陽イオンの運動量の総和に対して，一定(= 0)の条件が成立するため，得られる速度相関関数が単体液体のそれと異なるからである．すなわち，

$$\sum_{j=1}^{N} m^+ \boldsymbol{u}_j^+ + \sum_{k=1}^{N} m^- \boldsymbol{u}_k^- = 0 \tag{11-5-1}$$

である．この条件下で得られる種々の速度相関関数については古石－田巻の論文にその詳細が述べられている[7]．

簡単のため，溶融塩の系は等イオン電荷で，1モルの体積は V, イオン数はそれぞれ, $N^+ = N^- = N$ とする．このとき，歪みのテンソルのフーリエ変換式は

次のようになる.

$$\sigma_k^{\alpha\beta} = \left[\sum_{j=1}^{N^+} \left\{ m^+ v_{jx}^+ v_{jz}^+ + \frac{1}{2} \sum_{i \neq j}^{N^+} \left(\frac{r_{jix}^{++} r_{jiz}^{++}}{r_{ji}^{++2}} \right) \Phi^{++}(r_{ji}) \right\} \right.$$
$$\left. + \sum_{k \neq j} \left(\frac{r_{jkx}^{+-} r_{jkz}^{+-}}{r_{ji}^{+-2}} \right) \Phi^{+-}(r_{ji}) \right] \exp(-i\boldsymbol{k}\cdot\boldsymbol{r}_j) +$$
$$\left[\sum_{k=l}^{N^-} \left\{ m^- v_{kx}^- v_{kz}^- + \frac{1}{2} \sum_{l \neq j}^{N^-} \left(\frac{r_{jlx}^{--} r_{jlz}^{--}}{r_{kl}^{--2}} \right) \Phi^{--}(r_{kl}) \right\} \right.$$
$$\left. + \sum_{k \neq j} \left(\frac{r_{kjx}^{+-} r_{kjz}^{+-}}{r_{kj}^{+-2}} \right) \Phi^{+-}(r_{ji}) \right] \exp(-i\boldsymbol{k}\cdot\boldsymbol{r}_k) \quad (11\text{-}5\text{-}2)$$

$$\Phi^{\alpha\beta}(r) = r \left\{ \frac{d\phi^{\alpha\beta}(r)}{dr} \right\} \qquad (\alpha, \beta = +, -) \quad (11\text{-}5\text{-}3)$$

まず,(11-5-2) および (11-5-3) 式を用いた歪みのテンソルの横波成分の運動エネルギー成分 (kinetic term) すなわち, (11-5-2) 式の $\lim k \to 0$ における中括弧の第1項に関する粘性係数項 η_K を作ると,

$$\left[\{\sigma_0^{xz}(t)\}_K \{\sigma_0^{xz}(0)\}_K \right] = \sum_{j=i \text{ and } j \neq i}^{N^+} m^{+2} \left\langle v_{ix}^+(t) v_{iz}^+(t) v_{jx}^+(0) v_{jz}^+(0) \right\rangle$$
$$+ \sum_{j \neq k}^{N^+ \text{ and } N^-} m^+ m^- \left\langle v_{jx}^+(t) v_{jz}^+(t) v_{kx}^-(0) v_{kz}^-(0) \right\rangle \quad (11\text{-}5\text{-}4)$$
$$+ \sum_{k=l \text{ and } k \neq l}^{N^-} m^{-2} \left\langle v_{kx}^-(t) v_{kz}^-(t) v_{lx}^-(0) v_{lz}^-(0) \right\rangle$$

$$= \frac{1}{9} N m^{+2} \left\{ \left\langle \boldsymbol{v}_i^+(t) \boldsymbol{v}_j^+(0) \right\rangle \right\}^2 + \frac{2}{9} N m^+ m^- \left\{ \left\langle \boldsymbol{v}_j^+(t) \boldsymbol{v}_k^-(0) \right\rangle \right\}^2$$
$$+ \frac{1}{9} N m^{-2} \left\{ \left\langle \boldsymbol{v}_k^+(t) \boldsymbol{v}_l^-(0) \right\rangle \right\}^2 \quad (11\text{-}5\text{-}5)$$

ここで統計力学的平均 (ensemble average) である $\left\langle \boldsymbol{v}_i^\alpha(t) \boldsymbol{v}_j^\beta(0) \right\rangle (\alpha, \beta = +, -)$ は粒子1個あたりの物理量である. (+,+) および (−,−) に関与する数は N 個ずつ, (+,−) は全部で $2N$ 個が関与するため,(11-5-5) 式のような係数が出現

する.

これまでの研究から[7],

$$\langle v_i^+(t) v_j^+(0) \rangle = \frac{3k_\mathrm{B}T}{m^+} \frac{m^-}{m^+ + m^-} \left\{ 1 - \frac{t^2}{2} \frac{\alpha^0}{3\mu} + (\text{higher order over } t^4) \right\} \quad (11\text{-}5\text{-}6)$$

$$\langle v_i^-(t) v_l^-(0) \rangle = \frac{3k_\mathrm{B}T}{m^-} \frac{m^+}{m^+ + m^-} \left\{ 1 - \frac{t^2}{2} \frac{\alpha^0}{3\mu} + (\text{higher order over } t^4) \right\} \quad (11\text{-}5\text{-}7)$$

$$\langle v_j^+(t) v_k^-(0) \rangle = -\frac{3k_\mathrm{B}T}{m^+ + m^-} \left\{ 1 - \frac{t^2}{2} \frac{\alpha^0}{3\mu} + (\text{higher order over } t^4) \right\} \quad (11\text{-}5\text{-}8)$$

ここで,

$$\alpha^0 = n \int_0^\infty \left[\frac{\partial^2 \phi^{+-}(r)}{\partial r^2} + \frac{2}{r} \frac{\partial \phi^{+-}(r)}{\partial r} \right] g^{+-}(r) 4\pi r^2 \, dr \quad (11\text{-}5\text{-}9)$$

$$\frac{1}{\mu} = \frac{1}{m^+} + \frac{1}{m^-} \quad (11\text{-}5\text{-}10)$$

(11-5-6)〜(11-5-8) の速度相関関数の最後の中括弧を積分すると,次の関係があることも知られている[7,8].

$$\int_0^\infty \left\{ 1 - \frac{t^2}{2} \frac{\alpha^0}{3\mu} + (\text{higher order over } t^4) \right\} dt$$
$$= \int_0^\infty \left\{ 1 - \frac{t^2}{2} \gamma^2 + (\text{higher order over } t^4) \right\} dt = \frac{1}{\gamma} \quad (11\text{-}5\text{-}11)$$

ここで

$$\gamma = \left(\frac{\alpha^0}{3\mu} \right)^{\frac{1}{2}} \quad (11\text{-}5\text{-}12)$$

明らかに,この γ は9章で議論した $\tilde{\gamma}_\mathrm{D}^\pm(0)$ とは異なり,7-8章で論じた電気伝導度に関する摩擦の記憶関数のLaplace変換の長波長極限値 $\tilde{\gamma}(0)$ である.数値 $\frac{1}{\gamma}$ は次のような関係式で表示される.即ち,

$$\frac{1}{\gamma} = \int_0^\infty \exp(-\gamma t) \, dt \quad (11\text{-}5\text{-}13)$$

それゆえ,(11-5-6)式から(11-5-8)式までを積分するときにこの関係式を用い

ると，

$$\langle v_i^+(t) v_j^+(0) \rangle \cong \frac{3k_B T}{m^+} \frac{m^-}{m^+ + m^-} \exp(-\gamma t) \tag{11-5-14}$$

$$\langle v_k^-(t) v_l^-(0) \rangle \cong \frac{3k_B T}{m^-} \frac{m^-}{m^+ + m^-} \exp(-\gamma t) \tag{11-5-15}$$

$$\langle v_j^+(t) v_k^-(0) \rangle \cong -\frac{3k_B T}{m^+ + m^-} \exp(-\gamma t) \tag{11-5-16}$$

と近似されるであろう．これらを(11-5-5)式に代入すると，

$$\left[\{\sigma_0^{xz}(t)\}_K \{\sigma_0^{xz}(0)\}_K\right] = \frac{1}{9} N m^{+2} \left(\frac{3k_B T}{m^+}\right)^2 \left(\frac{m^-}{m^+ + m^-}\right)^2 \exp(-2\gamma t)$$

$$+ \frac{2}{9} N m^+ m^- (3k_B T)^2 \left(\frac{1}{m^+ + m^-}\right)^2 \exp(-2\gamma t)$$

$$+ \frac{1}{9} N m^{-2} \left(\frac{3k_B T}{m^-}\right)^2 \left(\frac{m^+}{m^+ + m^-}\right)^2 \exp(-2\gamma t)$$

$$\tag{11-5-17}$$

それゆえ，粘性係数の運動エネルギー成分（kinetic term）である η_K は

$$\eta_K \cong \frac{1}{9} \frac{\beta}{V} N \frac{(3k_B T)^2}{2\gamma} = \frac{\rho k_B T}{2\gamma} \tag{11-5-18}$$

となる．

　強調したいことは，溶融塩における運動エネルギーの粘性係数への寄与に関与するこの γ は陰陽イオンに共通な摩擦力であり，単純液体の場合のように，拡散係数に反比例する直接的係数 γ_D ではない．

　しかし，(11-5-18) 式が単純液体の場合の(11-3-6)式, $\dfrac{\rho k_B T}{2\gamma_D}$ と形の上では完全に一致するのは興味深い．なぜなら，溶融塩の系では全イオン数を $2N$ としているのに対し，単純液体の全粒子数は N と置いているからである．つまり，溶融塩の場合，運動エネルギーの粘性への寄与は一対の正負イオンが単純液体の場合の一個の粒子に対応していることを意味することになる．これらはまた，単純液体の場合は N 個の構成分子の全運動量がゼロであるのに対し，溶融塩では(11-5-1)

式で示されたように,陰陽イオン全部で$2N$個の運動量の和がゼロになることに対応している.

次に歪みテンソル(stress tensor)の二体のイオン間ポテンシャルによる項を求める.この場合は(11-3-8)式を拡張して,

$$\left\{\left(\sigma_k^{xz}\right)_{pot}\right\}^2 = \frac{1}{2}\sum_{j=1}^{N^+}\left\{\sum_{i\neq j}^{N^+}\left(\frac{r_{jix}^{++}r_{jiz}^{++}}{r_{ji}^{++2}}\right)^2\Psi^{++}(r_{ji})\right\}\exp(-i\boldsymbol{k}\cdot\boldsymbol{r}_j)$$

$$+\sum_{j=1}^{N^+}\left\{\sum_{k\neq j}^{N^-}\left(\frac{r_{jkx}^{+-}r_{jiz}^{+-}}{r_{ji}^{+-2}}\right)^2\Psi^{+-}(r_{jk})\right\}\exp(-i\boldsymbol{k}\cdot\boldsymbol{r}_j)$$

$$+\frac{1}{2}\sum_{k=l}^{N^-}\left\{\sum_{l\neq k}^{N^-}\left(\frac{r_{klx}^{--}r_{klz}^{--}}{r_{kl}^{--2}}\right)^2\Psi^{--}(r_{kl})\right\}\exp(-i\boldsymbol{k}\cdot\boldsymbol{r}_k) \quad (11\text{-}5\text{-}19)$$

$$= \frac{\pi}{3}N\rho\Psi_{ms}(r)$$

ここで,

$$\{\Psi_{ms}(r)\} = \int_0^\infty dr\, r^4\left\{\frac{d\phi^{++}(r)}{dr}\right\}^2 g^{++}(r) + 2\int_0^\infty dr\, r^4\left\{\frac{d\phi^{+-}(r)}{dr}\right\}^2 g^{+-}(r)$$

$$+\int_0^\infty dr\, r^2\left\{\frac{d\phi^{--}(r)}{dr}\right\}^2 g^{--}(r)$$

(11-5-20)

また,(11-3-10)式と同様に次式を仮定することができるであろう.

$$\{\sigma_0^{xz}(t)\}_{Pot}\{\sigma_0^{xz}(0)\}_{Pot} = \{\sigma_0^{xz}(0)\}_{Pot}^2\exp(-2\gamma t) \quad (11\text{-}5\text{-}21)$$

従ってポテンシャル項による粘性係数 η への寄与は,

$$\eta_{Pot} = \frac{\beta}{V}\int_0^\infty \langle\{\sigma_0^{xz}(t)\}_{Pot}\{\sigma_0^{xz}(0)\}_{Pot}\rangle dt = \frac{4\pi}{30}\frac{\beta}{V}N\rho\{\Psi_{ms}(r)\}\frac{1}{2\gamma}$$

(11-5-22)

それゆえ,溶融塩の粘性係数 η は(11-3-17)式と同様に次式で近似できるであろう.

$$\eta \sim \eta_K + 2(\eta_K \cdot \eta_{Pot})^{\frac{1}{2}} + \eta_{Pot} \tag{11-5-23}$$

次に体積粘性係数を含む項,即ち $\left(\dfrac{4}{3}\right)\eta+\zeta$ の項について,(11-3-7)式と同様の仮定をする.換言すれば,$\sigma_0^{zz}(0)-PV$ における第1項の運動エネルギーに関する項とPVの項は数値的に同程度であるから殆んど相殺されるであろうと仮定する.即ち,

$$\left\{\sigma_0^{zz}(t) - PV\right\} \sim \left\{\left(\sigma_0^{zz}\right)_{Pot}\right\} \tag{11-5-24}$$

とおける.従って,

$$\frac{4}{3}\eta+\zeta \sim \frac{2\pi}{5}\frac{\beta}{V}N\rho\{\Psi_{ms}(r)\}\left(\frac{1}{2\gamma}\right) \tag{11-5-25}$$

ここで表示した γ は(11-5-12)式である.

11-6　溶融塩における粘性の具体的計算例

前節で展開した溶融塩における粘性係数および体積粘性係数の表式を用いた計算を遂行するためには,二体のイオン間相互作用ポテンシャル $\phi^{\alpha\beta}(r)$ および部分動径分布関数 $g^{\alpha\beta}(r) (\alpha,\beta=+,-)$ の知識が必要である.現在,前者に関する問題点は,どのように多体効果を取り込むかという点にあり,それが5章で述べたような誘電関数として表現される.また,後者に関しては,6章で述べたようにいくつかの系に対しては実験的に導出されているが,それ以外の系に対しては発展途上にある.それゆえ,粘性の理論的計算の実行は今後に期待したい.

ここでは,分子動力学MDによる粘性係数 η の導出について述べよう.MDの場合には,裸の二体ポテンシャルを前提として与えても,シミュレーションが自動的にイオン間ポテンシャルにおける多体効果を取り込んでくれるので,わざわざ考慮する必要はない.

液体(溶融塩を含む)の粘性係数 η に対して,これまで多くの平衡分子動力学(Equilibrium molecular dynamics = EMD)ならびに,非平衡分子動力学(Non-equilibrium molecular dynamics = NEMD)が遂行されている.

1973年にゴスリン-マクドナルド-シンガー(Gosling-McDonald-Singer)

は NEMD を遂行する密度 ρ の粒子系に対して，z 方向に振動する外力 $F_x(z) = F_0 \sin\left(\dfrac{2\pi n z}{L}\right)$ ($n = 1,2,3,\cdots$) を与えた[9]．このとき，粘性係数 η をもつ液体の粒子の速度 $u_x(z)$ は，ナヴィアーストークス（Navier-Stokes）式により，

$$u_x(z) = \left(\frac{\rho L^2 F_0}{4\pi^2 n^2 \eta}\right) \sin\left(\frac{2\pi n z}{L}\right) \tag{11-6-1}$$

それゆえ

$$\eta\left(k = \frac{2\pi n}{L}\right) = \left(\frac{\rho L^2 F_0}{4\pi^2 n^2}\right) \tag{11-6-2}$$

この式からわかるように，実際の粘性係数は k の外挿値 $k \to 0$ から求めなければならない．

もう一つの NEMD による手法はリーズ－エドワーズ（Lees-Edwards）の方法である[10]．その手法は，遂行する粒子系に図11-6-1のようなクエット（Couette）流を作る MD である．

クエット流を作ったとき，歪のテンソル（stress tensor）σ_0^{xz} は，歪の割合 $\dfrac{\partial u_x}{\partial z}$ に比例し，その比例定数が粘性係数 η となるから，

$$\sigma_0^{xz} = -\eta \frac{\partial u_x}{\partial z} \tag{11-6-3}$$

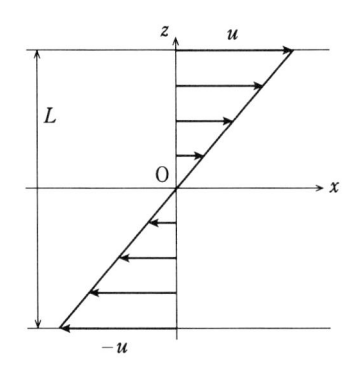

図 11-6-1 液体のクエット流を与える[11]．
(Reproduced with permission from T. Koishi, Y. Arai, Y. Shirakawa and S. Tamaki, J. Phys. Soc. Japan, **66** (1997) 3188-3193. Copyright 1997, JPS.)

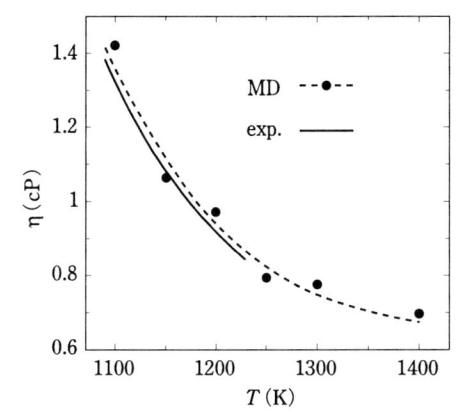

図 11-6-2 溶融 NaCl における粘性係数（MD による）の温度依存性[11].
(Reproduced with permission from T. Koishi, Y. Arai, Y. Shirakawa and S. Tamaki, J. Phys. Soc. Japan, **66** (1997) 3188-3193. Copyright 1997, JPS.)

ただしこの歪のテンソルにはクエット流が存在するため, (11-5-2) 式とは若干異なる. また，ここでも導出される η は $\frac{\partial u_x}{\partial z}$ の依存性をもつため, $\frac{\partial u_x}{\partial z} \to 0$ の外挿値から実際の粘性係数が得られる.

(11-6-3) 式のようなクエット流を作ることにより発生する歪のテンソル σ_0^{xz} は, $x\text{-}z$ 面の圧力テンソル P_{xz} であり, 近似的に次式で与えられる.

$$P_{xz} = \frac{1}{V}\left[\sum_i^{+,-} m_i v_{ix} v_{iz} + \sum_i^{+,-} \sum_{j \neq i}^{+,-}\left\{\left(\frac{1}{r_{ij}}\right)\left(\frac{\partial \phi_{ij}}{\partial r_{ij}}\right) r_{ijx} r_{ijz}\right\}\right] \quad (11\text{-}6\text{-}4)$$

この手法を用いて，古石らは溶融 NaCl に対する MD を遂行し, 粘性係数の温度依存性を導出した[11]. その結果は図 11-6-2 で示すように，実験値に近い.

その他, NEMD および EMD による粘性係数の導出手法については文献だけを挙げておく[12-14].

このように, 単純な溶融塩の粘性係数は分子動力学によってある程度信頼できる結果が導出できる段階にある, と言ってよい.

11-7　Kirkwood-Rice 学派によって得られた粘性の分子論的表示

グリーン－久保公式（Green-Kubo formulae）に先立って，液体における種々

の輸送現象の分子論的表示が，エンスコーク（Enskog），カークウッド－ライス（Kirkwood and Rice）らによって確立されていた．けれども，今日ではその理論の応用展開の論文はあまり目に付かなくなってきている．しかし，液体の物性に関する性質を統計力学に基づく統一されたミクロな理論の中心的役割を果たしてきたことは大いに評価せねばならない．これらの膨大な一連の業績はヒルシュフェルダー－カーチス－バード（Hirschfelder, Curtiss and Bird）およびライス－グレイ（Rice-Gray）等のテキストに詳しい[5,15]．

ここでは，液体における分子論（molecular theory of liquids）の一端を担う輸送現象において，歪みテンソル（stress tensor）がどのように取扱われて，粘性係数が導出されるかを概説する．

系の確率密度関数（probability density function）を$f^{(N)}$と書くと，任意の物理量αの期待値は次のように書ける．

$$\langle \alpha, f^{(N)} \rangle = \int \alpha(\Gamma_N) f^{(N)}(\Gamma_N, t)\, d\Gamma_N \tag{11-7-1}$$

ここでΓ_Nは構成粒子の位置と運動量に関する位相空間を表わしている．
αがtの顕わな関数（explicit function）でなければ，

$$\frac{\partial \langle \alpha, f^{(N)} \rangle}{\partial t} = \left\langle \alpha, \frac{\partial f^{(N)}}{\partial t} \right\rangle \tag{11-7-2}$$

一方リューヴィル（Liouville）の方程式は次のように書ける．

$$\frac{\partial f^{(N)}}{\partial t} = \left[H, f^{(N)} \right] \tag{11-7-3}$$

これを(11-7-2)に代入すると，

$$\frac{\partial \langle \alpha, f^{(N)} \rangle}{\partial t} = -\langle [H,\alpha], f^{(N)} \rangle$$
$$= \sum_{j=1}^{N} \left\langle \left(\frac{\boldsymbol{p}_j}{m} \right) \cdot \nabla_j \alpha + \boldsymbol{F} \cdot \nabla_{pj} \alpha, f^{(N)} \right\rangle \tag{11-7-4}$$

$$\left\langle \left(\frac{\boldsymbol{p}_j}{m} \right) \cdot \nabla_j \alpha + \boldsymbol{F} \cdot \nabla_{pj} \alpha, f^{(N)} \right\rangle = \boldsymbol{X} \tag{11-7-5}$$

11. 溶融塩における粘性

とすると,

$$\alpha = \sum_{j=1}^{N} m\delta(r_j - r) \tag{11-7-6}$$

のとき,

$$X = -\nabla \cdot \left[p_j \delta(r_j - r) \right] \tag{11-7-7}$$

となり, 質量密度 (mass density) の連続の方程式は次のようになる.

$$\frac{\partial \rho_m(r,t)}{\partial t} = -\nabla \cdot \left[\rho_m(r,t) v(r,t) \right] \tag{11-7-8}$$

同様に, $\alpha = \sum_{j=1}^{N} p_j \delta(r - r)$ (11-7-9)

のとき, $X = \left\{ \frac{1}{m} p_j \cdot \alpha_p + F \cdot \nabla_{pj} \alpha_p \right\}$ (11-7-10)

となる. これらを用いると, stress tensor は

$$\sigma = \sigma_K + \sigma_\phi \tag{11-7-11}$$

$$\sigma_K = -m \sum_{j=1}^{N} \left\langle \left\{ \frac{p_j}{m} - v \right\} \left\{ \frac{p_j}{m} - v \right\} \delta(r_j - r), f^{(N)} \right\rangle \tag{11-7-12}$$

$$\sigma_\phi = \frac{1}{2} \sum_{i \neq j}^{N} \sum_{j=1}^{N} \left\langle \int \left(\frac{r_{ij} \cdot r_{ij}}{r_{ij}} \right) \left\{ \frac{\partial \phi(r_{ij})}{\partial r_{ij}} \right\} \delta(r_j - r), f^{(N)} \right\rangle \tag{11-7-13}$$

(11-7-12) 式について, (N-1) 個の分子 (molecules) の位相空間 (phase space) を積分すると,

$$\sigma_K = -m \int \left(\frac{p_1}{m} - v \right) \left(\frac{p_1}{m} - v \right) f^{(1)}(1) \, dp_1 \tag{11-7-14}$$

$f^{(1)}(1)$ として Maxwell-Boltzmann 分布を用いると, η_K は

$$\eta_K = \left\{ \frac{5k_B T}{8g(r_c)} \right\} \left[\frac{1 + \left\{ \dfrac{4\pi \rho r_c^3(r_c)}{15} \right\}}{\left\{ \dfrac{4\pi k_B T}{m} \right\}^{\frac{1}{2}} (r_c)^2 + \left\{ \dfrac{5\gamma}{4\rho m g(r_c)} \right\}} \right] \tag{11-7-15}$$

ここで r_c は斥力が顕著となり二体の粒子間ポテンシャルが正となる距離を示している.

このように,輸送係数の導出は必ずしも容易ではない.詳しくは,ライス－グレイ(Rice-Gray)のテキストを参照することを薦める.

このようにして,ライス－カークウッド(Rice-Kirkwood)[16]によって導出された粘性係数および体積粘性係数の理論式の結果を以下に紹介する.多分これらが分子論的理論の最終結果であると思われる.

1959年になって彼らは歪みテンソル(stress tensor)をニュートン力学形式(Newtonian form)から出発して,次式を導出した.

$$\eta = \frac{n^2}{30\gamma}\int_0^\infty r^2\left[\frac{\partial^2\phi(r)}{\partial r^2} + \frac{4}{r}\frac{\partial\phi(r)}{\partial r}\right]g(r)4\pi r^2\,\mathrm{d}r \tag{11-7-16}$$

$$\zeta = \frac{n^2}{18\gamma}\int_0^\infty r^2\left[\frac{\partial^2\phi(r)}{\partial r^2} + \frac{1}{r}\frac{\partial\phi(r)}{\partial r}\right]g(r)4\pi r^2\,\mathrm{d}r \tag{11-7-17}$$

これらの表式はいずれも二体の相互作用ポテンシャルのみで近似した結果であるが,簡単な理論式として採用の意義がある.

本来,液体の中の分子の摩擦係数(friction constant)γ が大きければ,大まかには,それに比例して粘性係数も増大する筈である.ところが,上の式では γ が分母にある,ということで疑問を持つかもしれない.しかし,上の各式の積分は大雑把に言って,γ^2 に比例している.従ってそれを考慮すれば,粘性係数が摩擦係数 γ に比例することが理解されるであろう.

11-8 Eyringらの反応速度論に基づく粘性係数と拡散係数との関係

アイリング(Eyring)らが発展させた反応速度の理論(Theory of rate process)(1941)に基づいて,粘性係数 η と拡散係数 D との関係を明らかにする[17].これについてはエーゲルスタッフ(Egelstaff)のテキストにもその詳細が述べられている[18].

これは粘性係数 η を定義した(11-1-1)式を分子配列のレベルに適用する,という明快な物理的背景から出発している.

○ ○ ○ ○ ○
○ ○→◎ ○ ○　　外力 F を→方向にかける
○ ○ ○ ○ ○

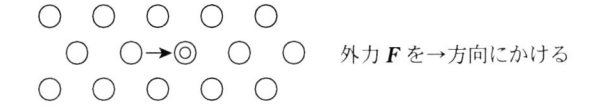

図 11-8-1　単純原子もしくは分子液体における拡散.

図11-8-1のように，ある単純液体の微小部分を考える．微小部分であるから，構成分子である○は図のように，ある程度配列している，と考えることができる．この配列の中の○→◎は○が移動して◎になることを示している．

外力が加わる時，分子が→方向に飛躍（jump）する頻度（frequency）k_f は逆方向の k_r より大きく，正味の流れの速さ v は

$$v = a(k_f - k_r) \tag{11-8-1}$$

である．ここで a は分子間の距離を示す．

単位面積当たりの外力を F とすると，分子1個あたりにかかる力は $\dfrac{F}{a \cdot n}$ となる．なぜなら，$a \times 1^2$ の体積に存在する分子数は $a \cdot n$ であり，ここに働く力がFとしたからである．

外力 F によって，分子が a の距離を移動するとき，実際には距離 $\dfrac{a}{2}$ まで活性化（activate）されて残りの距離 $\dfrac{a}{2}$ は力が存在しなくても移動できると仮定する．つまり，$\dfrac{a}{2}$ の移動距離の地点で移動に要するポテンシャルの山があるとしたことに相当する．

従って，その活性化のための障壁（activation barrier）に逆らってなす仕事は

$$w = \frac{F}{a \cdot n} \frac{a}{2} = \frac{F}{2n} \tag{11-8-2}$$

外力が働かない場合の移動の頻度（frequency）を k_0 とすると，k_f, k_r はそれぞれ次式のようになる．

$$k_f = k_0 \exp\left(\frac{\beta F}{2n}\right), \quad k_r = k_0 \exp\left(-\frac{\beta F}{2n}\right) \tag{11-8-3}$$

これらを粘性の式に代入すると，

$$\eta = \frac{aF}{v} = \frac{aF}{a(k_f - k_r)} \sim \frac{nk_B T}{k_0} \tag{11-8-4}$$

一方，二つの分子層間の数密度（number density）の差は $n(x)$ と $n(x+dx) \sim n(x)$ $+ \left(\dfrac{\Delta n}{\Delta x}\right)\Delta x$ である．$\Delta x = a$ である．そうすると，第1層（first layer）から第2層（second layer）に単位時間あたり，並びに単位面積あたり通過する分子の数は $a \cdot n \cdot k_0$ であり，拡散係数 D の定義から，

$$a \cdot k_0 \cdot \Delta n = a \cdot k_0 \cdot \left(\frac{dn}{dx}\right)\Delta x = a \cdot k_0 \cdot a\left(\frac{dn}{dx}\right) = D\left(\frac{dn}{dx}\right) \tag{11-8-5}$$

であるから，$D = a^2 k_0$ である．これを(11-8-4)式に代入すると，

$$\eta = \frac{k_B T}{D} a^2 n = \frac{k_B T}{aD} \quad (n = a^3 \text{とした}) \tag{11-8-6}$$

となり，粘性係数は拡散係数に反比例していることがわかる．
拡散係数 D は $\dfrac{k_B T}{m\gamma}$ と表わされるので，

$$\eta = m\, n\, a^2\, \gamma \tag{11-8-7}$$

ここで γ は拡散係数に関係した摩擦係数（friction constant）であり，溶融塩における電気伝導度や拡散係数に関する緩和または減衰係数（decaying constant）については，これまでの章で十分説明がなされている．

11-9　マグマの粘性

よく知られているように，マグマの主成分は溶融二酸化珪素 SiO_2 である．ここで論じたいことは，溶融塩としての SiO_2 その他の酸化物の溶融混合体としての粘性である．マグマが地球内部から地上付近に流出する際には，元の主成分である酸化物に加えて水蒸気や空気を抱合した流体となるため，地球内部における挙動とはかなり異なってくることが考えられる．しかし，たとえ挙動が変化したにせよ，地上におけるマグマの粘性は，元々の内部における粘性の大小の度合いをある程度継承するであろう．言い換えれば，地上表面に流出したマグマの流速は，地球内部におけるマグマの粘性に逆比例するであろう．

地上表面に流出した後固化したマグマの成分や,地表に近い地球内部温度の推定から,大体4種類に分類することができる,という[19]. それによると,

(1) Ultramafic (picritic) magma；SiO_2 の成分が 45% 以下,温度は 1500℃ 程度で粘性が非常に小さい.
(2) Mafic (basaltic) magma；SiO_2 の成分が 50% 以下,温度は ~1300℃ で粘性はかなり小さい.
(3) Intermediate (andesitic) magma；SiO_2 の成分が ~60%,温度は ~1000℃ で粘性が中程度.
(4) Felsic (rhyolitic) magma；SiO_2 の成分が 70% 以上,温度は 900℃ 以下で粘性はかなり大きい.

このように酸化珪素 SiO_2 の成分が高いと粘性が小さく,SiO_2 の成分が低いと粘性が大きくなる. 何故か？

80年前,ザッカリアセン Zachariasen は SiO_2 を含むいくつかの酸化物の三次元ネットワーク構造を提唱して以来,これらのガラス状もしくは溶融状態の構造について多くの研究がある[20,21]. その結果,溶融 SiO_2 の構造は,中心に Si をもつ正四面体の各頂点に O を配置した SiO_4 がネットワークの基本構造となっていることが判明している. それゆえ,純度の高い SiO_2,あるいは SiO_2 の成分比が大きい溶融物質の粘性が大きいことは容易に理解される. また,SiO_2 の成分比が小さくなれば,SiO_2 の三次元的ネットワーク構成が困難になり,二次元的な SiO_2 構造,つまり Si の回りの正三角形の頂点に O が存在する局所的なネットワーク構造をとり,従って粘性の小さい溶融状態が出現する. これがマグマにおける SiO_2 の成分比と粘性との相関の物理的背景である.

常行らは高圧下の溶融 SiO_2 における MD を遂行し,圧力下（つまり地球内部の溶融 SiO_2 を想定して）では粘性が減少することを見出している[22]. 多分,構造的には三次元ネットワークが圧力増加によって破壊され,二次元的ネットワーク構造が出現して粘性を低くしているものと思われる.

参考文献

1) L. D. Landau and E. M. Lifshitz, *Fliud Mechanics*, Pergamon Press, 1982.
2) J. P. Hansen and I. R. McDonald, *Theory of Simple Liquids*, Academic Press, 1986.
3) D. A. McQuarrie, *Statistical Mechanics*, Indiana Univ. Press, 1976.
4) F. Reif, *Fundamentals of statical and thermal physics*, McGraw-Hill, 1965.
5) J. O. Hirschfelder, C. F. Curtiss and R. B. Bird, *Molecular Theory of Gases and Liquids*, Wiley, New York, 1954.
6) 広池和夫, 田中 実, 演習熱力学・統計力学, サイエンス社, 1972年.
7) T. Koishi and S. Tamaki, J. Chem. Phys., **121** (2004) 333-340.
8) T. Koishi, S. Kawase and S. Tamaki, J. Chem. Phys., **116** (2002) 3018-3026.
    T. Koishi and S. Tamaki, J. Chem. Phys., **123** (2005) 194501-194511.
9) E. M. Gosling, I. R. McDonald and K. Singer, Mol. Phys., **26** (1973) 1475.
10) W. Lees and S. F. Edwards, J. Phys., C **5** (1972) 1921.
11) T. Koishi, Y. Arai, Y. Shirakawa and S. Tamaki, J. Phys. Soc. Japan, **66** (1997) 3188-3193.
12) W. T. Ashurst and W. G. Hoover, Phys. Rev. Lett., **31** (1973) 206.
    W. G. Hoover, D. J. Evans, R. B. Hickman, A. J. C. Ladd, W. T. Ashurst and B. Moran, Phys. Rev. A **22** (1980) 1690.
    D. J. Evans, Phys. Rev. A, **23** (1981) 1988.
13) C. Trozzi and G. Ciccotti, Phys. Rev. A, **29** (1984) 916.
14) N. Galamba, C. A. Nieto de Castro and J. F. Ely, J. Phys. Chem., B, **108** (2004) 3658-3662.
15) S. A. Rice and P. Gray, *The Statistical Mechanics of Simple Liquids*, Interscie. Publishers, 1965.
16) S. A. Rice and J. Kirkwood, J. Chem. Phys., **31** (1959) 901-8.
17) S. Glasstone, K. J. Laidler and H. Eyring, *Theory of Rate Process*, McGraw-Hill, New York, 1941.
18) P. A. Egelstaff, *An Introduction to the Liquid State*, Academic Press, London, 1967.
19) Wikipedia, *Magma*.
20) W. H. Zachariasen, J. Am. Chem. Soc., **54** (1932) 3841.
21) G. N. Greaves and S. Sen, Adv. in Phys., **56** (2007) 1-166.
22) S. Tsuneyuki, M. Tsukada, H. Aoki and Y. Matsui, Phys. Rev. Letters, **61** (1988) 869-872.

12. 光散乱

　単一の振動数をもつ光，つまりレーザー光を液体に照射し，散乱された光を，分光器を通して観測すると，入射光と同じ振動数の散乱光（レーリーRayleigh散乱とよばれる）と，物質内の原子・分子・イオン等のいわゆる分子振動等によって入射光が変調されて現れる散乱光（これはラマンRaman散乱とよばれる）が観測される．

　また，レーリー散乱光も液体における熱のゆらぎや密度ゆらぎといった集団的な協力現象によって，入射光の周波数からわずかにずれた散乱光（これをブリルアンBrilloiun散乱という）も精密に測定されるので，そのような集団的ゆらぎに関する物理量の知見を得ることができる．

　本章では，溶融塩を含む液体一般に対して遂行されているラマン散乱実験とレーリー－ブリルアン散乱について述べる．

12-1　ラマン散乱

　本書はラマン（Rahman）散乱についての専門的解説ではなく，液体もしくは溶融塩の中で，どのような物理現象が発生しているのかをラマン散乱によって調べるのが目的である．従ってラマン散乱の描像は，量子論的に入射光・ラマン散乱光の 2 個のフォトンと液体内の局所的分子（もしくは分子状）の振動エネルギー準位との係わり合いを調べるような本格的議論を発展させる必要はなく，液体内の分子の局所的振動によって，振動電磁波として入射した光が変調された結果，元の波長と異なる波長の光が観測される，という古典的描像の解釈で十分である．

　液体内の原子・イオン・分子に光が照射されると，その光電場 E によってこ

れらの粒子に次のような双極子モーメント（electric dipole moment），Pが発生する．すなわち，

$$P = \alpha E \tag{12-1-1}$$

ここでαは粒子の分極率である．

分極率αは粒子の局所的な振動（その角振動数をω_{vib}であるとする）によって変調（modulate）される．

$$\alpha = \alpha_0 + \alpha_1 \cos \omega_{\text{vib}} t \tag{12-1-2}$$

また入射光の振動電場が，

$$E = E_0 \cos \omega_0 t \tag{12-1-3}$$

と書けたとすると，

$$P = \alpha E = (\alpha_0 + \alpha_1 \cos\omega_{\text{vib}} t)E_0 \cos\omega_0 t$$
$$= \alpha_0 E_0 \cos\omega_0 t + \frac{1}{2}\{\alpha_1 E_0 \cos(\omega_0 + \omega_{\text{vib}})t + \alpha_1 E_0 \cos(\omega_0 - \omega_{\text{vib}})t\} \tag{12-1-4}$$

で与えられる．

ここで，最後の式の第1項は変調を受けない散乱光で，レーリー散乱（Rayleigh scattering）であり，第3項と第2項がそれぞれストークス成分（Stokes componen）tと反ストークス成分（anti-Stokes component）と呼ばれる．ストークス成分は量子論的に言えば，振動基底状態から振動励起状態へのエネルギー転移であり，反ストークス成分はその逆を意味している．

通常，強度の強いストークス散乱を用いて分光分析をおこなう．

1960年代から，溶融塩におけるラマン散乱の実験的研究が遂行されているが，主として荷電－荷電相関（charge-charge correlation）の観点から調べられている．我々の関心はむしろレーリー－ブリルアン散乱（Rayleigh-Brillouin scattering）にあるので，ここではいくつかの文献だけを列挙しておくだけにした[1]．

12-2　レーリー－ブリルアン散乱

本章の初めに述べたように，レーリー－ブリルアン散乱（以下R-B散乱と称す

る) は，液体内における散乱となる粒子集合部分の熱ゆらぎ，密度ゆらぎによって入射光が変調される現象であり，当然巨視的物理量としての熱的性質，音波物性や粘性等と深い関連性をもつ．

R-B 散乱の実験装置は低波長ラマン光シフト領域を計測するファブリペロー干渉計を設置したブリルアン散乱計測装置としてよく知られており，今日では優れた市販製品が販売されている．実験装置のについては，我々が液体に使用した実際の実験例を引用しておくことにする[2]．

R-B 散乱は本質的には，中性子線やX線の非弾性散乱と同様に，測定される散乱光の強度は時空構造因子 $S(k,\omega)$ の長波長近似すなわち流体力学的近似によって論ずることができる[3,4]．その骨子は，粘性係数や熱伝導度の項でのべたような数密度のフーリエーラプラス変換の実数部分 $\tilde{\rho}_k(\omega)$ の逆変換 $\rho_k(t)$ をつくり，さらにその複素共役（conjugate complex） $\rho_{-k}(0)$ との積から $F(\boldsymbol{k}, t)$ を求め，そのフーリエ変換式，すなわち $S(k, \omega)$ を導出すると[4]，

$$\frac{2\pi S(k,\omega)}{S(k)} = \frac{\gamma-1}{\gamma}\frac{2D_T k^2}{\left(D_T k^2\right)^2+\omega^2}$$
$$+\frac{1}{\gamma}\frac{\Gamma k^2}{\left(\Gamma k^2\right)^2+(\omega+v_s k)^2}+\frac{1}{\gamma}\frac{\Gamma k^2}{\left(\Gamma k^2\right)^2+(\omega-v_s k)^2} \quad (12\text{-}2\text{-}1)$$

ここで

$$\gamma=\frac{C_P}{C_V}, \quad D_T=\frac{\lambda}{\rho C_P}, \quad \Gamma=\frac{1}{2}\frac{a(\lambda-1)}{\gamma}+b, \quad a=\frac{\lambda\gamma}{\rho C_P}, \quad b=\frac{\frac{4}{3}\eta+\zeta}{\rho m}$$

λ は熱伝導度，ρ は数密度，η は粘性係数，ζ は体積粘性係数，m は粒子の質量である．

(9-5) 式の右辺第1項はレーリー散乱であり，第2，3項がブリルアン散乱である．それぞれがガウス分布（Gaussian distribution）になっている．参考のため，一般的なレーリーーブリルアン散乱の結果を図12-2-1にしめす．ただし，この図は著者らが観測した二元系有機液体である．

このブリルアン散乱部の半値幅と他の測定容易量である，λ，γ，ρ および C_P を用いれば，測定困難量である粘性項 $\frac{4}{3}\eta+\zeta$，もしくは実験的に得られる η を

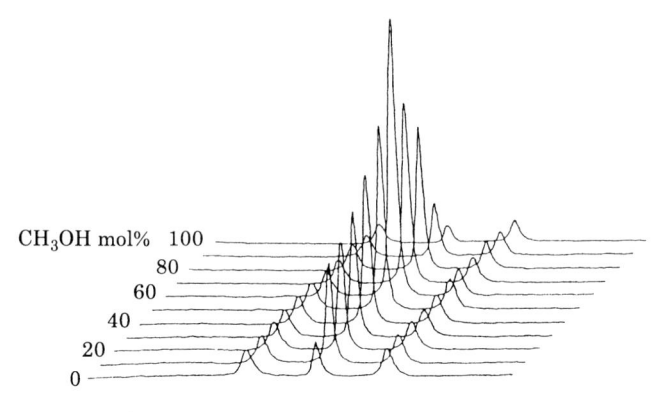

図12-2-1 二元系有機液体 CH$_3$OH-C$_6$H$_{14}$ におけるレーリー－ブリルアン散乱.

併用することにより ζ_v が得られることを特記したい.

　溶融塩におけるレーリー－ブリルアン散乱実験が1970年代から遂行され始めているが，粘性項の導出に至っていない場合もある[5,6]．この粘性項の導出のため，トレル－ネイプ（Torell-Knape）による溶融 AgNO$_3$ の測定やキウ－ブンテン－ダッター－ミッチェル－カミンズ（Qiu-Bunten-Dutta-Mitchell-Cummins）による溶融 KCl および CsCl の測定が見られる[7,8]．

12-3 （塩＋微量金属）の溶融した状態におけるF中心

　1-5節で述べたように，イオン結晶，例えば NaCl に極く微量の Na 蒸気を吹き付けたり，あるいはX線を照射させたりして，Cl イオンの空格子を作ると，その Cl イオン1個の空格子ができた場所の廻りに隣接する Na イオンは，電子1個を共有してF中心を形成したが，溶融塩ではこれと同等な電子状態を形成するためには，溶融状態の（微小量のM+MX）系を考えればよいであろう．

　F中心が観測されることを示した理論ならびに実験がなされているのでこれを紹介しよう．

　溶融アルカリ・ハロゲン化物におけるF中心の系統的実験の報告がフライランド－ガーベイド－ヘイヤー－ファイファー（Freyland-Garbade-Heyer-Pfeiffer）によってなされている[9]．その結果，吸収エネルギーの中心は固体のそれに比べ

てかなり小さい値となっている．固体の場合の2.3, 2.2, 2.0 eVに対して，彼らの結果はNaBr, NaI, KCl, CsClの値はそれぞれ，1.42, 1.65, 1.30, 1.01 eVであった．

固体のアルカリ・ハライドにおけるF中心の機構は，陰イオン空格子に電子を周りの陽イオンが捕獲するもので，光学吸収はF中心の束縛された励起状態への電気的双極子遷移によって生ずる，と言われている[10]．

もし，溶融アルカリ・ハライド中のF中心も同様の機構だとすれば，光学吸収のエネルギーも固体状態に近いはずである．しかし，フライランド (Freyland) らの結果はそうでない．このことから，束縛された電子と周囲に存在する陽イオンとの相互作用は溶融することによって大幅に異なってくることを示唆している．

実際，Finley-Kestner-Rao, Senatore-Parrinello-Tosi, Parrinello-Rahman, Selloni-Fois-Parrinello-Carらによって計算されたF中心の吸収エネルギーは固体よりも低い値をもつことが報告されている[11-14]．

参考文献

1) C. Raptis and E. W. J. Mitchell, J. Phys. C: Solid State Phys., **20** (1987) 4513.
2) S. Kawase, K. Maruyama, S. Tamaki and H. Okazaki, J. Phys. Condens. Matter, **6** (1994) 10237.
   S. Kawase, K. Maruyama, S. Tamaki and H. Okazaki, Phys. Chem. Liq., **27** (1994) 49.
   K. Maruyama, S. Kawase, S. Tamaki and H. Okazaki, J. Phys. Chem., **99** (1995) 10644-10647.
3) R. D. Mountain, Rev. Mod. Phys., **38** (1966) 205.
4) J. P. Hansen and I. R. McDonald, *Theory of Simple Liquids*, Academic Press, 1986.
5) T. Ejima and T. Yamamura, Int. J. Thermophys., **5** (1984) 131-148.
6) R. A. Bunten, R. I. McGreevy, E. W. Mitchel, C. Raptis and P. I. Walker, J. Phys. C: Solid State Phys., **17** (1984) 4705.
7) L. M. Torell and H. E. G. Knape, J. Phys. D: Applied Phys., **9** (1976) 2605.
8) S. L. Qiu, R. A. J. Bunten, M. Dutta, E. W. J. Mitchell and H. Z. Cummins, Phys. Rev. B, **31** (1985) 2456-2463.
9) W. Freyland, K. Garbade, H. Heyer and E. Pfeiffer, J. Phys. Chem., **88** (1984) 3745.

10) R. K. Swank and F. C. Brown, Phys. Rev., **130** (1963) 34.
11) C. W. Finley, N. R. Kestner and B. K. Rao, Radiation Phys. And Chem., **15** (1980) 337.
12) G. Senatore, M. Parrinello and M. P. Tosi, Phil. Mag. **B, 41**(1980) 595.
13) M. Parrinello and A. Rahman, J. Chem. Phys., **80** (1984) 860.
14) A. Selloni, E. S. Fois, M. Parrinello and R. Car, Physica Scripta, **25** (1989) 261.

13. イオン性の不完全な溶融塩

　ここまで主としてイオン性の顕著な溶融塩の物性を念頭にした議論を展開してきた．しかし以下で示されるように，必ずしも単純なイオン性を有する溶融塩として分類されない系もある．

　実在の溶融塩においては，1) イオン性と共有結合性が共存する系，2) 金属性とイオン性とが共存する系，3) 温度によってイオン性から共有結合的要素が増加して分子性に転換する系等，種々の場合について概説する．

13-1　イオン性と共有結合性とが共存する溶融塩

　Na^{1+} イオン，Mg^{2+} イオン，Al^{3+} イオン，Si^{4+} イオンのように，周期律表の同一周期でイオン半径を考えると，価数が増加するにつれてイオン半径は減少する．従って組み合わされる陰イオン，例えば Cl^{1-} イオンとで形成される溶融塩では，隣接する陽イオン－陰イオン間のクーロン引力が大きくなり，それらイオン間の結合は離れがたい状況を作る．それゆえ，一つの陽イオンのまわりに，陰イオンが立体的に対称的な分布，すなわち，4配位とか6配位の構造配置を構成しようとする．

　Al^{3+} イオンと Cl^{1-} イオンとの組みあわせの溶融塩では，1個の Al^{3+} イオンの周りに4個の Cl^{1-} イオンが4配位して四面体を形成し，2個の四面体が一つの稜を共有する Al_2Cl_6 の2量体となり易く，イオン結合性よりも共有結合性が優位の溶融塩を形成する．従って，これらの溶融塩の電気伝導度は溶融食塩等のそれと比べて格段に低い．また，$GaCl_3$，GaI_3 についても，同様のことがいえる．

　Si^{4+} イオンと Cl^{1-} イオンとの組みあわせの溶融塩では，$SiCl_4$ で構成される分

子が他の分子とファン・デァ・ワールス力で結びついた構成になっているため溶融塩に分類し難くなる．

13-2 金属性とイオン性とが共存する溶融塩；
Ag-chalcogenides (Ag$_2$S, Ag$_2$Se)

これらの系は，固体状態で電子伝導とイオン伝導（銀イオンによる）とが共存する系で，超イオン導電体として知られている．常識的には，電子伝導は主として非化学量論組成による伝導電子もしくはホールによって生ずると考えられる．また，銀イオンはカルコゲン・イオンの格子の間を比較的自由に動き回ることによってもたらされるイオン伝導である．

液体状態では，カルコゲン・イオンも移動が容易になるため，イオン伝導は更に増大するであろう．加えて銀とカルコゲンの二元系は液体状態で全率が一相になることから，組成によって液体金属→溶融塩→液体半導体もしくは共有結合性液体のように特性が変化する観点から考えると興味深い系である．

大野－バーンズ－エンダービー（Ohno-Barnes-Enderby）は，Ag-S系，およびAg-Se系の電子伝導度を測定し，それぞれ，Ag$_2$SおよびAg$_2$Seの化学量論組成で最大値をとること，およびその組成における電子伝導度の温度依存性が負の値をとることを見出した[1]．これらのことは液体半導体の特性と相反する傾向である．

化学量論組成の溶融Ag$_2$Sおよび溶融Ag$_2$Seにおける電子状態は，真性半導体における伝導電子帯と価電子帯との間のエネルギー幅，すなわち，バンドギャップが狭いことに近いため，価電子帯から伝導電子帯に励起された電子による伝導，つまり電子伝導度も多少は存在する．

これらの寄与を除いた純然たるイオン伝導度そのものが，化学量論組成の溶融Ag$_2$Sおよび溶融Ag$_2$Seで最大値をとり，かつその温度依存性が負である，という極めて興味深い性質はどのように説明されるであろうか．

安仁屋の説明では，液体状態でAgとX（カルコゲン）との間の結合のゆらぎがあり，着目したあるAgイオン近傍に別のAgイオンが接近し，それが原因でAgイオンの拡散が促進されることにより，イオン伝導が増すという[2]．

安仁屋が導出したこれらの系の化学量論組成におけるイオン伝導度は次式で与

えられる.

$$\sigma = \left(\frac{A}{T^t}\right)\exp\left(-\frac{E_g}{k_B T}\right)\left[1+\lambda_0 \exp(-aT)\right] \quad (13\text{-}2\text{-}1)$$

ここで A は物質特有の定数,t はゆらぎの度合いを示すパラメーター,E_g はバンドギャップ,λ_0 は構成元素間の電気陰性度の差に比例する定数であり,a はある比例定数である.この式はパラメーターが多いにも拘わらず,実験データをよく説明することができる.

13-3 温度変化に伴い結合変化する溶融塩

融点直上では,イオンの空間的配置もそれほど乱れておらず長範囲のイオン結合を主体とする溶融塩であっても,高温になるにつれて空間的配置が大きく乱れた場合,もはや長範囲のイオン性結合が切れてしまうような系である.換言すれば,高温になると,部分的にイオン対(ion-pair)あるいは分子(molecule)が生成される系と言えよう.

これらも融点直上では,温度上昇とともにイオンの移動性がよくなり,したがって電気伝導度が温度と共に上昇する.しかし,部分的にそのイオン結合が切られて局所的なイオン対や分子状態が出現すると,電気伝導度は減少し始める.すなわち,伝導度の温度依存性において極大が存在することが予想される.実際,CdI_2,$BiCl_3$ ではそのことが観測されている[3,4].

13-4 金属元素同士の結合による溶融塩

電子構造が $(5s^2 5p^6 6s^1)$ である金属Csの最外殻電子 $6s^1$ はその軌道半径が比較的大きいことから,他の金属に比して電離が容易であることは言うまでもない.一方,電子構造が $(5d^{10} 6s^1)$ である金(Au)は外殻の近くに局在性の強い(バンド理論で言えば,エネルギー帯の狭い)5dの閉軌道をもっている.従って,両者の組成が1:1の合金では,Csの $6s^1$ 電子がAuの5d閉軌道の強い引力を受けてAuの6s軌道に入り,$(5d^{10} 6s^2)$ のような閉軌道を形成するであろう.そうであれば,Cs-Au の液体合金系では組成によって金属的であり,あるいは1:1の組成でイオン性であることが考えられる.

実際に，星野－シュムッツラー－ヘンゼル（Hoshino, Smutzler and Hensel）は液体Cs-Au合金の電気伝導度を測定し，液体Csで~5000 $(\Omega cm)^{-1}$であったものが，CsAuでは~3.0 $(\Omega cm)^{-1}$程度にまで減少する極端な性質の変化を見出し，1：1の組成では強いイオン性をもつ，いはば溶融塩であることを示した[5]．

　その結果，2002年松永はCs^{+1}-Au^{-1}系に対する，ある妥当な二体イオン間ポテンシャルを基礎にしてMDを遂行し，溶融CsAuにおけるCsイオンおよびAuイオンの部分電気伝導度を計算し，両者の和が星野らの測定結果に見事に一致することを見出している[6]．

　これらの極めて興味深い結果を受けて，二人のフランス人研究者（Charpentier and Clérouin）は液体Cs-Au合金の電子状態を第一原理から計算した．その結果は，1：1の組成で，電子伝導を受け持っていたCsの伝導電子帯が空になり，Csからの寄与が$(5s^25p^6)$であるのに対し，Au側で$(5d^{10}6s^2)$となることを示し，CsAuが溶融塩であることを証明した[7]．

参考文献

1) S. Ohno, A. C. Barnes and J. E. Enderby, J. Phys. Condens. Matter, **2** (1990) 7707-7714.
　　S. Ohno, A. C. Barnes and J. E. Enderby, J. Phys. Condens. Matter, **6** (1994) 5335-5350.
2) M. Aniya, J. Thermal Analysis and Calorimetry, **99** (2010) 109-115.
3) CdI_2, $BiCl_3$ 伝導度のデータ：B. R. Sundheim, ed., *Fused Salts*, McGraw-Hill, N. Y., 1964.
4) Milton Blanda, ed., *Molten Salt Chemistry*, Interscience, N. Y. 1964.
5) H. Hoshino, R. W. Smutzler and F. Hensel, Phys. Lett., **51A** (1975) 7.
6) S. Matsunaga, J. Non-Cryst. Solids, **312-314** (2002) 409-413.
7) N. Charpentier and J. Clérouin, Phys. Rev. B, **78** (2008) 100202-100204.

14. 室温溶融塩（イオン性液体）

　物質に電圧をかけた時，発生する電流はその物質固有の抵抗に比例する，これがオームの法則であることは，万人の周知するところである．しかし，イオン性液体ではこのオームの法則が成立しない．本章ではイオン性液体でなぜそのような稀有な現象が発生するのか，について解説する．

　今日では室温溶融塩でなく，イオン液体もしくはイオン性液体と総称されている常温近傍での溶融塩について紹介する．19世紀末に100℃以下で融点をもつイオン性液体が発見されて以来，急速にイオン性液体の合成やその物性研究が進展しつつある．その中で，1914年に発見された室温で液体状態である，エチール硝酸アンモニウム，$(C_2H_5)NH_3^+ \cdot NO_3^-$（融点が12℃）が名高い．とくに，1970年代，80年代にはバッテリーに有効な電解質の探索が行なわれている．
　イオン性液体の工業的応用や薬理学的研究への関心をもつ読者は，イオン液体の平易な専門書等を参照されたい[1,2]．ここでは，本書で展開したような，電気伝導度における部分伝導度の割合が逆質量比に等しい，という普遍的黄金則（universal golden rule）が成り立つのかどうか，について論じたい．
　これまでに部分伝導度の測定結果の報告は見当たらない．しかしながら，妥当なイオン間ポテンシャルを前提にした MD シミュレーションによるいくつかの輸送現象の物理量，すなわち，電気伝導度や粘性係数は，測定によって得られた実験データと比較しうる程度の一致を示すことが報告されて以来[3]，MD シミュレーションによる計算の期待が高まりつつある．
　ここでは最近遂行された古石－藤川の MD シミュレーションを紹介し，部

図 14-1 イオン性液体におけるオームの法則の不成立（MDによる，いわば計算機実験）[4]．
(Reproduced with permission from T. Koishi and S. Fujikawa, Molecular Simulation, **36** (2010) 1237-1242. Copyright 2010, Taylor & Francis Ltd.)

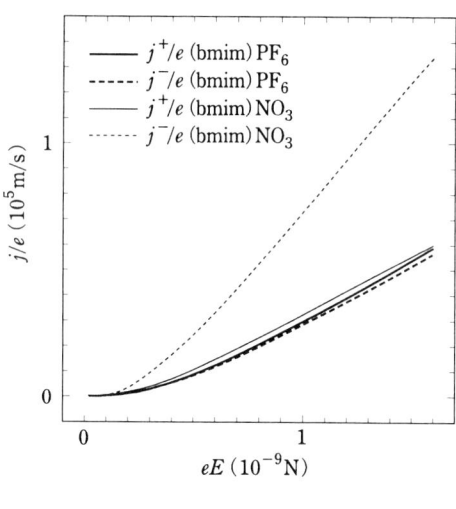

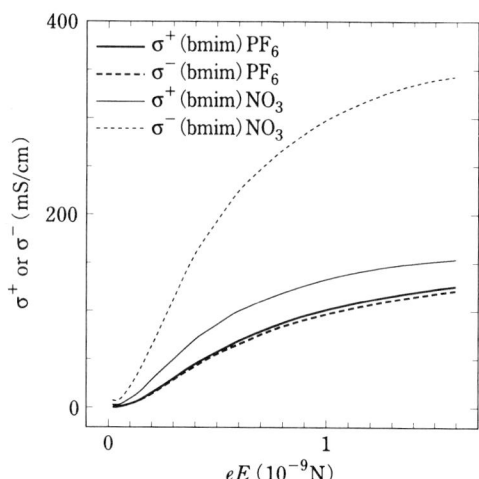

図 14-2 図14-1から求めたイオン伝導度の電場依存性（MDによる結果）[4]．
(Reproduced with permission from T. Koishi and S. Fujikawa, Molecular Simulation, **36** (2010) 1237-1242. Copyright 2010, Taylor & Francis Ltd.)

分電気伝導度比について述べよう[4]．彼らは，陽イオンとして1-butyl-3-methylimidazolium (=[bmim]) を選び，陰イオンとしてPF_6^-，NO_3^- およびCl^- を採用した．構成分子内の全原子に働くポテンシャルとしては，ロペス等（Lopes et al.) が開発した[5]，共有結合間の伸び縮み，結合角の変化および二面角の変化までを考慮して，これに分子間のクーロン力とファン・デア・ワールス力を加え

たポテンシャルを採用した．遂行したMDは非平衡分子動力学法である．

このようにして[bmim]NO$_3$および[bmim]PF$_6$系に可変外場eE($<10^{-9}$N)を加えて部分伝導度σ^+とσ^-を導出した．図14-1からわかるように，外場（電場）に対して印加される電流が直線的に変化していない，換言すればオームの法則が成り立たないという興味ある結果となった．

このことは，図14-2からもわかるように，非平衡の外場をかけると，外場の強さに従って部分伝導度が増加し，構成分子イオンが動き易くなる要素をもつことを示している．分子イオンは，外場の方向に向かって移動する．その際，外場に向かう分子イオンの立体的な向き方が，外場の強さによって次第に変化していくことを示唆している．たとえば，NO$_3^-$の構造は正三角形の中心にN原子があり，各頂点にO原子が配置されるとしよう．外場がないときには，この正三角形の空間的配置はランダムの筈である．外場がかかってNO$_3^-$イオンが移動をし始めたとき，外場に対して直交する向きの正三角形が多くなり，その割合が外場とともに増加すると仮定すると，外場の増大と共に易動度が増加し，従って部分伝導度が増加することになる．

表14-1 非平衡MDによる[bmim]PF$_6$系における印加電場と部分伝導度との関係．

eE (10^{-9}N)	σ^+ (mS/cm)	σ^- (mS/cm)	(σ^+/σ^-)
0.02	0.85	0.90	1.06
0.20	14.7	14.2	0.97
100	101.1	97.1	0.96
1.60	125.8	120.9	0.96

表14-2 非平衡MDによる[bmim]NO$_3$系における印加電場と部分伝導度との関係．

eE (10^{-9}N)	σ^+ (mS/cm)	σ^- (mS/cm)	(σ^+/σ^-)
0.02	3.23	7.36	2.28
0.20	28.8	64.7	2.25
1.00	132.4	297.2	2.25
1.60	152.6	342.7	2.25

古石-藤川はさらに, [bmim]NO_3 系では部分伝導度の割合 (σ^-/σ^+) が電場の強さとは無関係にほぼ一定 (~2.25) であることを見出している. それに反して, [bmim]PF_6系では部分伝導度の割合 (σ^-/σ^+) が電場の強さとともに1.07から0.96のように変化することを見出している.（表14-1および14-2参照）

参考文献

1) 大野弘幸 監修,「イオン液体」シーエムシー出版, 2003, *"Electrochemical Aspect of Ionic Liquids"*, ed. by H. Ohno, Wiley Interscience, New York, 2005.
2) 北爪智哉,「イオン液体」, コロナ社, 2005.
3) M. H. Kowsari, S. Alavi, M. Ashrafizaadeh and B. Najafi, J. Chem. Phys., **129** (2008) 224508-224513; **130** (2009) 014703-014710.
4) T. Koishi and S. Fujikawa, Molecular Simulation, **36** (2010) 1237-1242.
5) J. N. C. Lopes, J. Deschamps and A. A. H. Padua, J. Phys. Chem. **B, 108** (2004) 2038-2047.

あとがき

　溶融塩の性質解明のために，筆者に直接協力していただいた研究協力者である，九州大学名誉教授 武田信一，長岡高専教授 松永茂樹，新潟大学教授 齋藤正敏，新潟工科大学教授 日下部政信，福井大学准教授 古石貴裕の諸氏に心から感謝申しあげます．また，液体や超イオン導電体の研究に従事していた筆者の長年の研究協力者であった新潟大学名誉教授 岡崎秀雄，東北大学名誉教授 早稲田嘉夫，新潟薬科大学教授 大野 智，新潟大学教授 原田修治，茨城大学教授 高橋東之，新潟大学准教授 丸山健二，同志社大学教授 白川善幸の諸氏に感謝申しあげます．

単位換算表

物理量	慣用表示	CGS 単位表示	SI 単位表示 (SI 組立単位)
エネルギー 熱量	1 cal	4.184×10^7 erg	4.184 J
	2.390×10^{-8} cal	1 erg $= g \cdot cm^2 \cdot s^{-2}$	10^{-7} J $= 0.1$ μJ
	2.390×10^{-1} cal	1×10^7 erg	1 J (1 N·m $= 1$ m$^2 \cdot$ kg $\cdot$ s^{-2})
比熱	1 cal/(g·deg)	4.184×10^7 erg/(g·deg)	4.184×10^3 J/(kg·K)
	2.390×10^{-4} cal/(g·deg)	1×10^4 erg/(g·deg)	1 J/(kg·K) (m$^2 \cdot$ s$^{-2} \cdot$ K^{-1})
モル比熱	1 cal/(mol·deg)	4.184×10^7 erg/(mol·deg)	4.184 J/(mol·K)
	2.390×10^{-1} cal/(mol·deg)	1×10^7 erg/(mol·deg)	1 J/(mol·K) (m$^2 \cdot$kg$\cdot$s$^{-2} \cdot$K$^{-1} \cdot$mol^{-1})
電気伝導度	1 (Ω·cm)$^{-1}$		10^2 S/m
	10^{-2} (Ω·cm)$^{-1}$		1 S/m (m$^{-3} \cdot$ kg$^{-1} \cdot$ s$^3 \cdot$ A^2)
拡散係数	1 cm^2/s	1 cm^2/s	10^{-4} m^2/s
	10^4 cm^2/s	10^4 cm^2/s	1 m^2/s
熱伝導度	1 cal/(cm·s·deg)	4.184×10^7 erg/(cm·s·deg)	4.184×10^2 W/(m·K)
	2.390×10^{-3} cal/(cm·s·deg) $= 8.604 \times 10^{-1}$ kcal/(m·h·deg)	1×10^5 erg/(cm·s·deg)	1 W/(m·K) (m·kg·s$^{-3} \cdot$K^{-1})
粘性係数	1 P (ポアズ) $= 10^3$ mP	1 g/(cm·s)	10^{-1} Pa·s
	10 P	10 g/(cm·s)	1 Pa·s (1 N·s/m$^2 = 1$ m$^{-1} \cdot$kg$\cdot$s^{-1})

索引

あ

アイソトープ・エンリッチメント法 ………99, 116, 125
アインシュタイン関係式（Einstein relation）………15, 205, 212
――――関係式からのずれ……227
――――振動……46
アシュクロフトーラングレス（Ashcroft-Langreth）型構造因子………109, 113

い

イオン間ポテンシャル………87, 95, 97
イオン間相互作用ポテンシャル………167
イオン結合性………14, 87
イオン結晶………1
イオン性………311
イオン性液体………315
イオン伝導………312
イオン度………13, 16
イオン導電性………12
イオンの集団運動………133
イオン半径………277
異常比熱………31, 33, 34, 39
位相関数………182
位相空間………298, 299
1次相転移………25, 34
易動度………205, 211

う

ヴィネヤード（Vineyard）近似……132, 134
ヴィリアル定理（Virial theorem）………44, 284, 287
ヴィリアル表示（Virial expression）………283

え

液相線………70, 71, 72, 75, 80
液体における分子論………298
液体のエントロピー………53
液体の構造因子………102
X線異常散乱（法）………15, 99, 116, 125
X線回折………99, 103, 118, 126
エネルギー・ギャップ………13
――――のゆらぎ………246, 262, 268
――――流密度………238, 268, 271
F中心………11, 308
MD（分子動力学）シミュレーション………14, 40, 164, 222
――――による
　拡散係数と温度依存性………214
　熱伝導計算………271
エントロピー密度………238

お

オイラー（Euler）の運動方程式………280
大きなカノニカル集合………49
オームの法則………186
オルンシュタインーツェルニケ（Ornstein-Zernike）の方程式………119
音響的横波………136
オンサーガー関係式（Onsager relation）………251, 252, 267
――――の現象論比例係数………252, 253, 256, 271
――――の現象論方程式………254, 267

か

解析関数………157
――――形………158

索 引

カイユテーマティアス（Cailletet-Mathias）の法則……………………58
ガウス関数………………………164
化学ポテンシャル………21, 25, 65, 83, 255
化学量論組成……………………312
拡散………………………………7
拡散係数…8, 132, 205, 212, 213, 222, 225, 300
─────の測定方法…………………225, 226
拡散のような個別運動……………131
拡散方程式………………………206, 207
確率密度……………………………49
─────関数………………………298
活性化エネルギー…………………9
活量係数……………………65, 70, 75
カーナハンースターリング（Carnahan-Starling）の近似式………………………275
可変最適化パラメーター…………164
CALPHAD…………………………85
干渉………………………………101
干渉性散乱項……………………131
ガンマ関数………………………162
緩和………………………………184
緩和時間……………………194, 225
緩和の速さ………………………166

き

記憶関数………151, 157, 164, 181, 198, 200
記憶効果…………………………184
擬似液体………………32, 34, 36, 39
規則－不規則転移…………………25
気体の粘性係数…………………285
擬二元系状態図……………………78
擬二元系溶融塩…………………169
Gibbs の自由エネルギー
　………………19, 20, 35, 51, 54, 73, 80, 85
───────── の温度依存性……22
ギブスーデューエム（Gibbs-Duhem）の式
　………………………………………69
ギブスーヘルムホルツ（Gibbs-Helmholtz）の式………………………………31

逆質量比……………………140, 205, 214
逆フーリエ変換……………………95
逆モンテ・カルロ・シミュレーション
　（Reverse Monte Carlo, RMC）
　………………………116, 118, 124, 127
（気体の）凝縮理論………………26
共晶温度……………………………84
共有結合性……………………14, 87, 311
共有結合性液体……………………40
局所質量密度……………………133
局所的圧力………………………243
局所的熱ゆらぎ…………………249
局所電荷密度……………………133
局所融解……………………………7
巨視的輸送係数……………210, 248
金属性……………………………312
金属性液体…………………………40

く

空格子点……………………………8
クエット（Couette）流……………296
久保の公式（Kubo-formulae）………187
久保の線形応答理論………………209
クラウジウス（Clausius）のヴィリアル定理（Virial theorem）…………257, 261
クラスター＝微小集合体
　…………………………27, 28, 33, 34, 35, 37
クラペイロン－クラウジウス（Clapeyron-Clausius）の式……………………51
クラマース－クローニッヒの関係式
　（Kramers-Kronig relation）……195, 197
グリューナイゼン定数（Grüneisen constant）
　…………………………………………6
グリーン－久保公式（Green-Kubo formulae）
　…………148, 150, 249, 253, 256, 271, 281
─────理論………………………139, 237

け

計算機シミュレーション………27, 135, 167
─────────Li$_2$CO$_3$-K$_2$CO$_3$系…170

欠陥イオン対⋯⋯⋯⋯⋯⋯⋯⋯⋯6
欠陥形成エネルギー⋯⋯⋯⋯⋯⋯⋯32
欠陥一欠陥相互作用⋯⋯⋯⋯⋯25, 31
欠陥の形成自由エネルギー⋯⋯⋯⋯7
結合エネルギー⋯⋯⋯⋯⋯⋯⋯52, 55
結晶構造：塩化ナトリウム（NaCl）型，塩化セシウム（CsCl）型，立方硫化亜鉛（ジンクブレンド=ZnS）型⋯⋯⋯⋯4, 13
減衰過程⋯⋯⋯⋯⋯⋯⋯⋯⋯⋯198
減衰緩和⋯⋯⋯⋯⋯⋯⋯⋯⋯⋯165
減衰記憶関数⋯⋯⋯⋯⋯⋯⋯⋯164
減衰調和振動子⋯⋯⋯⋯⋯⋯⋯134

こ

光学的性質⋯⋯⋯⋯⋯⋯⋯⋯⋯⋯10
格子気体の理論⋯⋯⋯⋯⋯⋯⋯⋯58
格子振動⋯⋯⋯⋯⋯⋯⋯⋯⋯6, 32
高次相転移⋯⋯⋯⋯⋯⋯⋯⋯⋯⋯25
格子不安定性⋯⋯⋯⋯⋯⋯⋯⋯⋯35
構造因子⋯⋯⋯⋯⋯⋯51, 107, 108
剛体イオンモデル⋯⋯⋯⋯⋯88, 90
剛体核近似⋯⋯⋯⋯⋯⋯⋯⋯⋯⋯60
剛体球イオン⋯⋯⋯⋯⋯⋯⋯⋯274
剛体球モデル⋯⋯⋯⋯⋯⋯⋯⋯263
剛体球半径⋯⋯⋯⋯⋯⋯⋯⋯⋯276
交流伝導度⋯⋯⋯⋯⋯⋯⋯⋯⋯193
交流複素伝導度⋯⋯⋯⋯⋯⋯⋯198
コーシィの関係式（Cauchy relation）
⋯⋯⋯⋯⋯⋯⋯⋯⋯⋯⋯⋯⋯88
固相線⋯⋯⋯⋯⋯⋯⋯71, 72, 75, 80
コヒーレント・ポテンシャル近似（CPA）
⋯⋯⋯⋯⋯⋯⋯⋯⋯⋯⋯⋯⋯38
固溶限⋯⋯⋯⋯⋯⋯⋯⋯⋯⋯⋯⋯80
固溶体⋯⋯⋯⋯⋯⋯⋯⋯⋯⋯⋯⋯80
コール－コール関数（Cole-Cole function）
⋯⋯⋯⋯⋯⋯⋯⋯⋯⋯⋯⋯195
混合液体における熱伝導度⋯⋯⋯249
混合熱⋯⋯⋯⋯⋯⋯⋯⋯⋯⋯⋯⋯84
混合のエンタルピー⋯⋯⋯⋯76, 79
―――――に関するデータ⋯⋯77

さ

三元系のGibbsの自由エネルギー⋯⋯83
三次元ネットワーク構造⋯⋯⋯⋯303
酸素－水素燃料電池⋯⋯⋯⋯⋯77, 78
散乱振幅⋯⋯⋯⋯⋯⋯⋯100, 112, 117
散乱波⋯⋯⋯⋯⋯⋯⋯⋯⋯⋯⋯101

し

シェルイオンモデル⋯⋯⋯⋯⋯⋯89
時空相関関数⋯⋯⋯⋯⋯⋯⋯⋯128
自己相関関数⋯⋯⋯⋯⋯⋯148, 185
自己速度相関関数⋯⋯144, 145, 213, 217
指数関数的減衰関数⋯⋯⋯⋯⋯⋯95
質量密度⋯⋯⋯⋯⋯⋯⋯⋯⋯⋯299
射影⋯⋯⋯⋯⋯⋯⋯⋯⋯⋯⋯⋯180
射影作用素⋯⋯⋯⋯⋯⋯⋯⋯⋯181
遮蔽定数⋯⋯⋯⋯⋯⋯⋯⋯⋯⋯⋯56
集団運動⋯⋯⋯⋯⋯⋯⋯⋯135, 184
　フォノンを運ぶ―――⋯⋯⋯131
充填率⋯⋯⋯⋯⋯⋯⋯⋯⋯⋯⋯271
　イオンの―――⋯⋯⋯⋯⋯263
　剛体球の空間―――⋯⋯⋯275
　溶融NaClの空間―――⋯⋯⋯277
シュレーダー－ファン・ラール式（Schröder-Van Laar equation）⋯⋯⋯⋯67, 69
蒸発潜熱⋯⋯⋯⋯⋯⋯⋯⋯⋯⋯⋯55
ショットキー型欠陥（Schottky-type defects）
⋯⋯⋯⋯⋯⋯⋯⋯⋯⋯⋯5, 33
振動数スペクトル⋯⋯⋯⋯⋯⋯⋯6
親和力⋯⋯⋯⋯⋯⋯⋯⋯⋯⋯⋯⋯65

す

ストークス－アインシュタイン（Stokes-Einstein）の方程式⋯⋯⋯⋯226
ストークス成分（Stokes componen）
⋯⋯⋯⋯⋯⋯⋯⋯⋯⋯⋯⋯306
スピン・エコー⋯⋯⋯⋯⋯⋯⋯225
SPring-8⋯⋯⋯⋯⋯⋯⋯⋯118, 135
ずり粘性の係数⋯⋯⋯⋯⋯⋯⋯280

せ

正準集合··················104
正則溶液············73, 75, 76
斥力ポテンシャル···········90
（正負イオンの）接触距離······191, 192
線形応答関数··············133
────理論··············197
全熱流··················254

そ

双極子··················91
双極子－双極子相互作用ポテンシャル
·····················92
双極子モーメント··········91, 306
相互作用ポテンシャル·········70
相似するような二元系········112
相平衡··················20
速度相関関数······144, 147, 155, 163, 216
────Naイオン, Clイオンの······167
粗視化···············180, 181
存在確率··············165, 166

た

第1ブリルアン・ゾーン（the first Brillouin zone）················131
対数減衰型関数············200
体積粘性係数······237, 279, 281, 288, 295
多元ガウス関数（poly-Gaussian functions）
·····················198
多体効果·················295
縦波···················131
縦方向の流れの相関関数········131
単原子液体の熱伝導度·········269
炭酸塩燃料電池············169
単純化されたランジュヴァン方程式···193
断熱圧縮率················48
短範囲規則性···············99
────構造···············166
────の立体構造······124, 126, 127

ち

遅延記憶関数··············202
遅延摩擦関数······197, 200, 201, 216
中間関数·················186
中間散乱関数··············130
中性子線回折··········99, 103, 126
超イオン導電体·········1, 7, 12, 14
長波長極限値···········69, 111
調和振動のポテンシャル項·······46

て

定圧比熱··················47
ディアデック··············257
定積比熱············45, 47, 48
デバイ型の緩和関数··········196
────誘電緩和理論··········195
デバイーシェラー（Debye-Scherrer）環
·····················99
デバイーヒュッケル近似（Debye-Hükel approximation）··········6
デューロンープチ（Dulong-Petit）の項···47
電荷中性条件···············5
電荷の条件·············174, 175
電荷密度·················185
電荷流密度················271
電気陰性度················13
電気化学ポテンシャル·········254
電気伝導度·········36, 139, 155, 203
────[K$_2$CO$_3$]$_{1-c}$[Li$_2$CO$_3$]$_c$系の······169
電気変位·················10
伝導度係数················150
電流密度··············149, 185

と

等温圧縮率··········19, 36, 48, 49, 63
動径分布関数············62, 102
統計力学的平均······106, 185, 187, 200, 262
動的構造因子······130, 133, 135, 136
トムソン（Thomson）散乱·······100

ドルーデ（Drude）理論…………………193

な
内部圧力……………………………59, 274
内部エネルギー……………………43, 47, 52
内部電場………………………………192
ナヴィアーストークス（Navier-Stokes）の
　方程式………………234, 237, 239, 296

に
二元系液体…………………………110, 112
二元系状態図………67, 71, 72, 80, 81, 85
二体のイオン間相互作用ポテンシャル
　………………23, 97, 115, 118, 294, 295
二体の時空相関関数…………………129
二体の動径分布関数………………44, 45
二体の分布関数………………………107
二体の密度……………………………105
ニュートン（Newton）の運動方程式（運動
　の第2法則）…………………140, 179

ね
熱圧力…………………………………274
熱エネルギー密度……………………238
熱振動……………………………23, 232
熱伝導……………………………231, 232
熱伝導度………………235, 267, 270
（古典的な）熱伝導度理論……………232
熱伝導度の分子論的理論……………233
熱の流れ………………………………245
熱膨張係数…………………………20, 48
熱ゆらぎ………………………………244
熱容量……………………………23, 24
熱力学的力……………………………254
熱力学的変数…………………………26
熱力学の第3法則……………………53
熱流ベクトル…………………………235
熱流密度………………………………273
ネルンストーアインシュタイン関係式
　（Nernst-Einstein relation, N-E relation）
　………………………………9, 212
粘性…………………………225, 232
――によるエネルギー流密度………273
粘性係数…………237, 279, 281, 295, 300
粘性歪みテンソル………………273, 280

の
濃度ゆらぎ……………………………111, 112
―――――の長波長極限値……………69
能勢の方法……………………………213

は
ハーヴェン比（Haven ratio）……………15
パーカスーイエヴィク（Percus-Yevik）方程式
　…………………………………119
―――――――理論………………275
バチアーソーントン（Bhatia-Thornton）型
　構造因子…………………………110, 113
ハミルトン（Hamilton）の運動方程式
　…………………………………176, 180
パルス印加勾配核磁気共鳴法（Pulsed Field
　Gradient NMR = PFG-NMR）………226
反ストークス成分（anti-Stokes component）
　…………………………………306
反応速度（の理）論……………279, 300

ひ
非干渉性散乱項………………………131
微視的な動的変数………………210, 248
歪みテンソル…237, 280, 286, 288, 297, 298
―――――――のフーリエ変換……290
非弾性X線散乱………………………135
非調和項…………………………32, 46, 47
非等価溶融塩…………………………168
比熱………………………………23, 24
非平衡分子動力学………………295, 317
表面張力…………………………61, 62

ふ
ファン・デア・ワールス（Van der Waals）の

索 引

状態方程式……………………56, 58
不安定性………………………………60
フィック (Fick) の法則………………205
フェーバーーザイマン (Faber-Ziman) 型
　（部分）構造因子………………109, 113
フォノン……………………………272
───伝導……………………………272
複素記憶関数…………………………134
沸点……………………………………55
部分構造因子…51, 115, 116, 125, 126, 127, 191
部分伝導度…140, 147, 150, 151, 168, 171, 211, 317
部分動径分布関数…116, 120, 125, 126, 127, 295
普遍的黄金則……………………140, 141
ブラウン運動の方程式………………139
Bragg 反射……………………………99
フーリエ逆変換 (Fourier inversion transform)
　……………………………………186, 188
フーリエ変換………187, 209, 239, 242
フーリエーラプラス変換………133, 281, 307
Fourier (空間)-Laplace (時間) 変換………239
ブリルアン・ダブレット (Brillouin doublet)
　……………………………………………289
フレンケル型欠陥 (Frenkel-type defects)
　………………………………………5, 34
フローリ (Flory) 近似…………73, 75
分極……………………………………9, 94
分極可能イオンモデル………………90, 92
分極破綻距離…………………………92, 93
分極率………………………………91, 306
分子間相互作用ポテンシャル………43, 289
分子配列の周期的規則性………………99
分子論的表示…………………………298
分配関数……………………23, 24, 44, 47

へ

平均球対称近似………………………122
平均ポテンシャル……………………45, 97
平衡分子動力学………………………295
冪級数展開表現式……………………161
ベータ関数……………………………162

ほ

ポアッソン (Poisson) の運動方程式
　………………142, 145, 182, 187, 217, 228
飽和蒸気圧……………………………59
ポテンシャル・エネルギー…………2
ポテンシャルの非調和項……………23
ボルンーグリーン (Born-Green) の方程式
　………………………………………118

ま

マグマの粘性…………………………302
摩擦係数………………………152, 300, 302
摩擦に関する記憶関数……156, 165, 195, 224
摩擦力………………………………142
マックスウェルーボルツマン (Maxwell-
　Boltzmann) 分布…………………299
マーデルング定数 (Madelung constant)
　………………………………………3, 55
マルコフ (Markov) 過程……………181
───的………………………………180

み・も

密度分布関数…………………………104
密度ゆらぎ……………………………111
モーメント和則………………………197
モル体積………………………………76
モンテ・カルロ・シミュレーション……99

ゆ

融解前駆現象………………28, 31, 36, 40
融解潜熱………………………30, 33, 52
有効媒質近似…………………………38
有効摩擦定数…………………………160
誘電関数………………………95, 96, 133
融点降下………………………73, 76, 83
───の温度…………………………84
誘電率………………………………10, 39, 94
ゆらぎ………………………………25, 26, 110
───の力……………………………184

輪率と構成イオンの質量との関係……140

よ

ヨウ化銀AgI……………………………11, 14
揺動散逸定理………133, 152, 200, 237, 249
溶融 AgI………………………………224
──────の拡散係数…………………228, 229
溶融NaClの拡散係数…………………223
──────の構造……………………………223
──────の粘性係数……………………297
溶融 NaCl, 溶融 KCl の熱伝導度………271
溶融 SiO$_2$ の粘性……………………302
溶融炭酸塩……………………………77

ら

ライス−アルナット（Rice-Allnatt）理論
　………………………………………236
ラグランジェ（Lagrange）の未定係数法
　…………………………………………29
ラプラス変換…………150, 196, 197, 220
──────変換値…………………………198
ラマン（Raman）散乱…………………305
乱雑位相近似……………………………189
ランジュヴァン（Langevin）方程式
　…139, 142, 148, 153, 179, 182, 184, 199, 216
ランダムウォーク………………………7, 206

──────なゆらぎの力…………………200, 216
──────な揺動力………………………151, 152

り

力学量のゆらぎ…………………………182
理想的希薄溶液………………………65, 67
リチャーズ（Richards）の法則…………52
粒子密度…………………………………129
リュウヴィル（Liouville）方程式………180
流体（液体）の巨視的運動方程式………234
臨界温度……………………………………57
リンデマン不安定性（Lindemann instability）
　…………………………………………27

る・れ・ろ

類推関係式………………………………221
レーリー散乱（Rayleigh scattering）
　……………………………………305, 306
レーリー−ブリルアン散乱（Rayleigh-
　Brillouin scattering）…………306, 308
──────・スペクトル
　…………………………………………289
連結した速度相関関数………………154, 186
連続の方程式…………185, 206, 237, 250
ローレンツ曲線（Lorentzian curve）
　…………………………………………134

田巻　繁（たまき　しげる）

1956 年　新潟大学理学部化学科 卒業
1959 年　東北大学大学院理学研究科修士課程物理学専攻 中途退学
1959 年　東北大学金属材料研究所 助手
1968 年　新潟大学理学部物理学科 助教授
1969 年　理学博士（東北大学）
1970 年 9 月から 2 ヵ年　英国イーストアングリア大学 上級客員研究員
1977 年　新潟大学理学部 教授
1977 年 12 月から 1 ヵ年　英国イーストアングリア大学客員教授
1998 年　新潟大学 停年退職，新潟大学名誉教授
専門：金属物理学，液体の物性

溶融塩の物性
イオン性無機液体の構造，熱力学，輸送現象の微視的側面

2013 年 9 月 15 日　初版第 1 刷発行

著　者	田巻　繁
発 行 者	青木　豊松
発 行 所	株式会社 アグネ技術センター
	〒107-0062 東京都港区南青山 5-1-25 北村ビル
	TEL 03 (3409) 5329（代表）／ FAX 03 (3409) 8237
	http://www.agne.co.jp/books/　振替 00180-8-41975
印刷・製本	株式会社 平河工業社

© Shigeru TAMAKI, 2013
Printed in Japan

落丁本・乱丁本はお取り替えいたします．
定価の表示は表紙カバーにしてあります．

ISBN978-4-901496-69-8　C3043

BOOK

アグネ技術センター　出版案内
Tel 03-3409-5329　Fax 03-3409-8237　URL http://www.agne.co.jp/

新版 アグネ元素周期表 ［第2版］

井上　敏・近角聰信・長崎誠三・田沼静一　編
888 mm × 610 mm・カラー，解説書 A5 判 54 頁
定価（本体 2,800 円 + 税）

好評の大型カラー周期表．周期表の見方・考え方の解説書付．
金属（強磁性体，超伝導体），非金属，半金属・半導体の各グループを一目で判別できるよう色分けし，各元素ごとに日常必要とするデータ30数項目を掲載．材料開発，物性研究にたずさわる技術者・研究者必需の1枚！

［掲載項目］

元素記号，元素英語名・日本語名，原子番号，原子量，同位元素の質量数と存在比，原子の基底状態・電子配置，結晶形と格子定数，沸点，融点，密度，原子価，イオン半径，室温の電気抵抗，室温の熱伝導率，質量磁化率，X線スペクトルの波長，デバイ温度，室温の線膨張係数，地球の地殻中の存在量，ホール係数，熱電能，仕事関数，磁気変態点，飽和磁化，金属のフェルミエネルギー，半導体のエネルギーギャップ，超伝導の臨界温度・臨界磁場

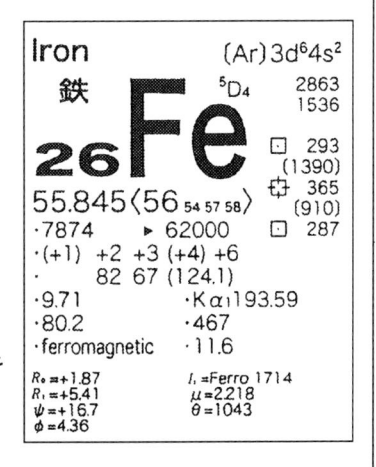

研究開発の源泉「アグネ元素周期表」を
教室・研究室・工場の壁に *1* 枚！
自室にもう *1* 枚！！

アグネ技術センター　出版案内
Tel 03-3409-5329　Fax 03-3409-8237　URL http://www.agne.co.jp/

融かして測る
高温物性の手作り実験室 ―雑学満載の測定指南―

白石 裕・阿座上竹四 編　A5判348頁，定価（本体3,500円＋税）

メタル，スラグ，ソルトなどの高温融体の物性測定を，密度，熱量，蒸気圧，表面・界面，粘性，拡散，電気伝導，熱伝導の各章で解説．
実際に現場で装置を自作した著者らが，測定装置の構成・作製方法，データ取得方法などを，長年の経験にもとづいて実験者の視点でわかりやすくまとめている．

＊＊＊＊＊＊

高温融体の化学 ―溶融酸化物の酸・塩基と化学構造―

横川敏雄 著　A5判236頁，定価（本体3,500円＋税）

マグマ，あるいはガラス製品，そして金属製錬に関係するスラグ，これが高温度で融けて液体になったものが本書で取り扱う「高温融体」である．酸化物の熱化学および金属製錬学の基礎を述べ，初学者から専門の研究者までその段階に応じて利用できる参考書．

＊＊＊＊＊＊

二元合金状態図集

長崎誠三・平林 眞 編著，A5判365頁，定価（本体5,600円＋税）

金属の研究・材料開発に重要な役割を果たす合金状態図を，侵入型合金と置換型合金に大別して整理し，600を超える二元合金系ごとに簡潔な説明を付した状態図集．携帯事典として好適．

＊＊＊＊＊＊

鉄合金状態図集 ―二元系から七元系まで―

O.A.バニフ・江南和幸・長崎誠三・西脇 醇 編著
A5判610頁，定価（本体7,000円＋税）

最新データと状態図研究の歴史的アプローチを盛り込み，二元系77，多元系366を掲載．膨大な状態図の中から基本的なものを厳選し，手元において利用しやすいようハンディーにまとめた，初の本格的鉄基合金状態図集．付録として「金属元素の各種基礎データ」を所載．